가스기능사

실기

서상희 편저

🌀 일진사

우리나라는 첨단산업 및 중화학 공업의 발전과 더불어 가스분야의 산업이 획기적으로 발전을 하고 있고, 우리의 일상생활에서는 전기, 수도, 통신과 함께 가스는 없어서는 안 될 필수 불가결한 분야가 되었습니다. 이에 따라 가스기능사 자격증을 취득하려는 수험생이 증가하는 추세에 있으며, 2001년 제5회부터 2020년까지 시행해 오던 실기시험(동영상 50점 + 배관작업형 50점)이 2021년부터는 배관작업형이 폐지되면서 필답형과 동영상으로 시험방법이 변경되었습니다.

이에 저자는 현장실무와 강의 경험을 토대로 가스기능사 실기시험을 준비하는 수험생에게 꼭 필요한 수험서가 될 수 있도록 다음과 같은 부분에 중점을 두어 가스기능사 실기 교재를 새롭게 내놓게 되었습니다.

첫째. 한국산업인력공단의 출제기준에 맞추어 필답형(가스설비)과 동영상(가스시설 안전관리) 부분으로 구분하여 한 권으로 실기시험을 준비할 수 있도록 구성하였습니다.

둘째. 필답형(가스설비) 부분에서는 단원별 핵심이론 정리와 예상문제를 자세한 설명과 풀이 과정을 수록하여 이해가 쉽도록 하였습니다.

셋째. 동영상(가스시설 안전관리) 부분에서는 분야별로 예상문제와 해답 그리고 해설을 수록하여 동영상 시험을 준비할 수 있도록 하였습니다.

넷째. 필답형(가스설비) 및 동영상(가스시설 안전관리) 과년도 출제문제는 연도별로 구분하여 최근 출제 문제를 파악하는 데 도움이 되도록 하였습니다.

끝으로 저자는 이 책으로 공부하는 수험생 여러분이 가스기능사 시험에 최종 합격의 영광이 있기를 기원하며, 책이 출판될 때까지 많은 도움을 주신 도서출판 **일진사** 임직원 여러분께 깊은 감사를 드립니다.

저자 씀

수험자 유의사항

1 ▷ 일반사항

1. 시험문제를 받은 즉시 응시하고자 하는 종목의 문제지가 맞는지 여부를 확인하여야 합니다.

2. 시험문제지의 총 면수, 문제번호 순서, 인쇄상태 등을 확인하고(**확인 이후 시험문제지 교체 불가**), 수험번호 및 성명을 답안지에 기재하여야 합니다.

3. 부정 또는 불공정한 방법(시험문제 내용과 관련된 메모지 사용 등)으로 시험을 치른 자는 부정행위자로 처리되어 당해 시험을 중지 또는 무효로 하고, 3년간 국가기술자격검정의 응시자격이 정지됩니다.

4. 저장용량이 큰 전자계산기 및 유사 전자제품 사용 시에는 반드시 저장된 메모리를 초기화한 후 사용하여야 하며, 시험위원이 초기화 여부를 확인할 시 협조하여야 합니다. 초기화되지 않은 전자계산기 및 유사 전자제품을 사용하여 적발 시에는 부정행위로 간주합니다.

5. 시험 중에는 통신기기 및 전자기기(휴대용 전화기 및 스마트워치 등)를 지참하거나 사용할 수 없습니다.

6. 문제 및 답안(지), 채점기준은 공개하지 않습니다.

7. 복합형 시험의 경우 시험의 전 과정(필답형, 작업형)을 응시하지 않은 경우 채점대상에서 제외합니다.

2 ▷ 채점사항

1. 수검자 인적사항 및 계산식을 포함한 답안작성은 **흑색 필기구만 사용해야 하며**, 그 외 연필류, 빨간색, 청색 등 필기구 및 수정테이프(액)를 사용해 작성한 답항은 0점 처리되오니 불이익을 당하지 않도록 유의해 주시기 바랍니다.

2. 답란에는 문제와 관련 없는 불필요한 낙서나 특이한 기록사항 등을 기재하여서는 안 되며, 답안지의 인적사항 기재란 외의 부분에 답안과 관련 없는 **특수한 표시를 하거나 특정인임을 암시하는 경우 답안지 전체를 0점 처리합니다.**

3. 계산문제는 반드시 「계산과정」과 「답」란에 기재하여야 하며, **계산과정이 틀리거나 없는 경우 0점 처리됩니다.**

4. 계산문제는 최종 결과 값(답)에서 소수 셋째자리에서 반올림하여 둘째자리까지 구하여야하나 개별문제에서 소수 처리에 대한 요구사항이 있을 경우 그 요구사항에 따라야 합니다.

5. 답에 단위가 없으면 오답으로 처리됩니다. (단, 문제의 요구사항에 단위가 주어졌을 경우는 생략되어도 무방합니다.)

6. 문제에서 요구한 가지 수(항수) 이상을 답란에 표기한 경우에는 답란기재 순으로 요구한 가지 수(항수)만 채점하고 한 항에 여러 가지를 기재하더라도 한 가지로 보며 그 중 정답과 오답이 함께 기재되어 있을 경우 오답으로 처리됩니다.

7. 답안 정정 시에는 정정하고자 하는 단어에 두 줄(=)을 긋고 다시 작성하시기 바랍니다.

※ 수험자 유의사항 미준수로 인한 채점상의 불이익은 수험자 본인에게 책임이 있습니다.

3 ▸ 가스기능사 실기시험 시행방식 변경 [2024. 1. 1부터 적용]

변경 전		변경 후
당일 시행(필답형+동영상)	▶	• 필답형 : 필답시험일에 시행 • 동영상 : 별도 시험일에 시행
※ 유의사항 – 가스 종목 실기시험 응시희망 수험자는 접수 시 ① 필답형 시험장, ② 동영상 시험장을 각각 선택한 후 접수하여야 합니다. – 필답형 및 동영상 시험의 각 시험시간 및 채점방식은 기존과 동일합니다.		

4 ▸ 실기시험 변경사항 [2021년 제1회 실기시험부터 시행]

변경 전		변경 후
◇시험방법 : 작업형 **1. 가스사용시설 설치작업** • 시험시간 : 2시간 정도 • 배점 : 50점 **2. 동영상 시험** • 시험시간 : 1시간 • 배점 : 50점 • 문제수 : 10문제	▶	◇시험방법 : 복합형 **1. 동영상 시험** • 시험시간 : 1시간 • 배점 : 50점 • 문제 수 : 12문제 **2. 필답형 시험** • 시험시간 : 1시간 • 배점 : 50점 • 문제 수 : 12문제
※ 가스사용시설 설치작업(배관작업)을 필답형 시험으로 대체 ※ 동영상 시험 문제 10문제 → 12문제로 변경		

5 ▷ 동영상시험 변경사항 [2020년 제4회 실기시험부터 시행]

구 분	내용	
	변경 전	변경 후
동영상 문제 구성	동영상(화면)과 문제(문제지겸 답안지) 별도 구성	동영상, 문제가 화면에 동시에 연출
답안지	문제를 포함한 답안지 제공	답안지만 제공

6 ▷ 동영상 답안 작성 방법

- 답안지에 종목명, 문제 수를 수험생이 직접 기입
- 동영상 문제번호에 해당되는 답란에 답안 작성

7 ▷ 동영상 응시 화면 안내

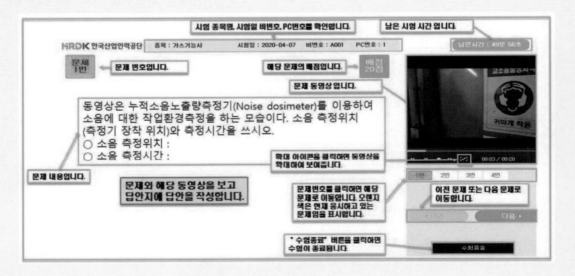

8 ▷ 동영상 시험 체험판 프로그램 배포

- 산업인력공단 홈페이지(Q-net)에서 동영상 모의테스트 프로그램이 제공됩니다.

가스기능사 실기 출제기준

직무 분야	안전관리	중직무 분야	안전관리	자격 종목	가스기능사	적용 기간	2021.1.1.~2024.12.31.

○ 직무내용 : 가스 제조·저장·충전·공급 및 사용 시설과 용기, 기구 등의 제조 및 수리시설을 시공, 조작, 검사하기 위한 기술적 사항의 관리, 생산 공정에서 가스 생산기계 및 장비를 운전하고 충전하기 위해 예방조치 등의 업무를 수행하는 직무이다.

○ 수행준거 : 1. 가스제조에 대한 기초적인 지식 및 기능을 가지고 각종 가스 장치를 운용할 수 있다.
　　　　　　 2. 가스설비, 운전, 저장 및 공급에 대한 취급과 가스장치의 유지관리를 할 수 있다.
　　　　　　 3. 가스기기 및 설비에 대한 검사업무 및 가스안전관리 업무를 수행할 수 있다.

실기검정방법	복합형	시험시간	2시간 30분 정도 (필답형: 1시간, 작업형: 1시간 30분 정도)

실기과목명	주요항목	세부항목	세세항목
가스 실무	1. 가스설비	1. 가스장치 운용하기	1. 제조, 저장, 충전장치를 운용할 수 있다. 2. 기화장치를 운용할 수 있다. 3. 저온장치를 운용할 수 있다. 4. 가스용기, 저장탱크를 관리 및 운용할 수 있다. 5. 펌프 및 압축기를 운용할 수 있다.
		2. 가스 설비 작업하기	1. 가스배관 설비작업을 할 수 있다. 2. 가스저장 및 공급설비작업을 할 수 있다. 3. 가스 사용설비 관리 및 운용을 할 수 있다.
		3. 가스 제어 및 계측기기 운용하기	1. 온도계를 유지 보수할 수 있다. 2. 압력계를 유지 보수할 수 있다. 3. 액면계를 유지 보수할 수 있다. 4. 유량계를 유지 보수할 수 있다. 5. 가스검지기기를 운용할 수 있다. 6. 각종 제어기기를 운용할 수 있다.
	2. 가스시설 안전관리	1. 가스안전 관리하기	1. 가스의 특성을 알 수 있다. 2. 가스 위해예방 작업을 할 수 있다. 3. 가스장치의 유지관리를 할 수 있다. 4. 가스 연소기기에 대하여 알 수 있다. 5. 가스화재·폭발의 위험 인지와 응급대응을 할 수 있다.
		2. 가스시설 안전검사 수행하기	1. 가스관련 안전인증대상 기계·기구와 자율안전 확인 대상 기계·기구 등을 구분할 수 있다. 2. 가스관련 의무안전인증 대상 기계·기구와 자율안전 확인대상 기계·기구 등에 따른 위험성의 세부적인 종류, 규격, 형식의 위험성을 적용할 수 있다. 3. 가스관련 안전인증 대상 기계·기구와 자율안전 대상 기계·기구 등에 따른 기계·기구에 대하여 측정장비를 이용하여 정기적인 시험을 실시할 수 있도록 관리계획을 작성할 수 있다. 4. 가스관련 안전인증 대상 기계·기구와 자율안전 대상 기계·기구 등에 따른 기계·기구 설치방법 및 종류에 의한 장단점을 조사할 수 있다. 5. 공정진행에 의한 가스관련 안전인증 대상 기계·기구와 자율안전 확인 대상 기계·기구 등에 따른 기계기구의 설치, 해체, 변경 계획을 작성할 수 있다.

차례

PART 2 필답형 모의고사 및 과년도문제

1 필답형 모의고사

2 필답형 과년도문제

10

필답형 예상문제

가스설비

제 1 장

열역학 기초

1 열역학 기초

1-1 ▶ 압력(pressure)

(1) 표준대기압(atmospheric) : $0℃$, 위도 $45°$ 해수면을 기준으로 중력가속도 $9.8m/s^2$일 때의 압력으로 "atm"으로 표시한다.

 ※ $1atm = 760mmHg = 76cmHg = 0.76mHg = 29.9inHg = 760torr$
   $= 10332kgf/m^2 = 1.0332kgf/cm^2 = 10.332mH_2O = 10332mmH_2O$
   $= 101325N/m^2 = 101325Pa = 101.325kPa = 0.101325MPa$
   $= 1.01325bar = 1013.25mbar = 14.7lb/in2 = 14.7psi$

(2) 게이지압력(gauge pressure) : 대기압을 기준으로 측정한 압력으로 단위에 "g"를 붙이거나 생략한다.

(3) 진공압력(vacuum pressure) : 대기압보다 낮은 압력으로 단위에 "v"를 붙여 구별한다. 완전진공 상태는 $-760mmHg$ 이다.

(4) 절대압력(absolute pressure) : 완전진공을 기준으로 그 이상 형성된 압력으로 단위에 "abs", "a"를 붙여 구별한다.

 ※ 절대압력 = 대기압 + 게이지압력
     = 대기압 - 진공압력

1-2 ▶ 온도(temperature)

(1) 섭씨온도 : 물의 빙점을 $0℃$, 비점을 $100℃$로 정하고, 그 사이를 100등분하여 하나의 눈금을 $1℃$로 표시하는 온도

(2) 화씨온도 : 물의 빙점을 $32℉$, 비점을 $212℉$로 정하고, 그 사이를 180등분하여 하나의 눈금을 $1℉$로 표시하는 온도

(3) 섭씨온도와 화씨온도의 관계

 ① $℃ = \dfrac{5}{9}(℉ - 32)$ ② $℉ = \dfrac{9}{5}℃ + 32$

(4) 절대온도 : 열역학적 눈금으로 정의할 수 있으며 자연계에서는 그 이하의 온도로 내릴 수

없는 최저의 온도를 절대온도라 한다.

① 켈빈온도(K)=$t[℃]+273$

$$K=\frac{t[℉]+460}{1.8}=\frac{℉R}{1.8}$$

② 랭킨온도(℉R)=$t[℉]+460$

$$℉R=1.8(t[℃]+273)=1.8 \cdot K$$

1-3 ▸ 동력

(1) $1PS=75kgf \cdot m/s=632.2kcal/h=0.735kW=0.735kJ/s$

(2) $1kW=102kgf \cdot m/s=860kcal/h=1.36PS=1kJ/s=3600kJ/h$

1-4 ▸ 비열 및 비열비

(1) **비열** : 물질 1kg의 온도를 1℃(또는 1K) 상승시키는 데 소요되는 열량

(2) **비열비** : 정압비열과 정적비열의 비

$$k=\frac{C_p}{C_v}>1 \ (C_p>C_v 이므로 \ k>1이 \ 되어야 \ 한다.)$$

(3) **정압비열과 정적비열의 관계**

$$C_p-C_v=R \qquad C_p=\frac{k}{k-1}R \qquad C_v=\frac{1}{k-1}R$$

여기서, C_p : 정압비열(kJ/kg · K) C_v : 정적비열(kJ/kg · K)

R : 기체상수$\left(\frac{8.314}{M} \ kJ/kg \cdot K\right)$

[공학단위]

$$C_p-C_v=AR \qquad C_p=\frac{k}{k-1}AR \qquad C_v=\frac{1}{k-1}AR$$

여기서, k : 비열비 C_p : 정압비열(kcal/kgf · K) C_v : 정적비열(kcal/kgf · K)

A : 일의 열당량$\left(\frac{1}{427} \ kcal/kgf \cdot K\right)$ R : 기체상수$\left(\frac{848}{M} \ kgf \cdot m/kg \cdot K\right)$

1-5 ▸ 현열과 잠열

(1) **현열(감열)** : 상태변화는 없이 온도변화에 총 소요된 열량

$$Q=G \cdot C \cdot \Delta t$$

여기서, Q : 현열(kcal) G : 물체의 중량(kgf)

C 비열(kcal/kgf · ℃) Δt : 온도변화(℃)

(2) 잠열 : 온도변화는 없이 상태변화에 총 소요된 열량

$$Q = G \cdot \gamma$$

여기서, Q : 잠열(kcal)　　G : 물체의 중량(kgf)　　γ : 잠열량(kcal/kgf)

㉮ 물의 증발잠열 : 539 kcal/kgf

㉯ 얼음의 융해잠열 : 79.68 kcal/kgf

1-6 ◈ 열역학 법칙

(1) 열역학 제0법칙 : 열평형의 법칙

$$t_m = \frac{G_1 \cdot C_1 \cdot t_1 + G_2 \cdot C_2 \cdot t_2}{G_1 \cdot C_1 + G_2 \cdot C_2}$$

여기서, t_m : 평균온도(℃)　　　　　　　　G_1, G_2 : 각 물질의 중량(kgf)

　　　　C_1, C_2 : 각 물질의 비열(kcal/kgf · ℃)　　t_1, t_2 : 각 물질의 온도(℃)

(2) 열역학 제1법칙 : 에너지보존의 법칙

$$Q = A \cdot W \qquad\qquad W = J \cdot Q$$

여기서, Q : 열량(kcal)　　W : 일량(kgf · m)

　　　　A : 일의 열당량$\left(\dfrac{1}{427} \text{ kcal/kgf} \cdot \text{K}\right)$　　J : 열의 일당량(427kgf · m/kcal)

[SI 단위]

$$Q = W \qquad\qquad$$ 여기서, Q : 열량(kJ)　　W : 일량(kJ)

　　　　　　　　　　　※ SI 단위에서는 열과 일은 같은 단위(kJ)를 사용한다.

(3) 열역학 제2법칙 : 방향성의 법칙

(4) 열역학 제3법칙 : 절대온도 0도(−273℃)를 이룰 수 없다.

1-7 ◈ 비중, 밀도, 비체적

(1) 비중

① 가스 비중 $= \dfrac{\text{기체 분자량(질량)}}{\text{공기의 평균 분자량(29)}}$

② 액체 비중 $= \dfrac{t[℃]\text{의 물질의 밀도}}{4[℃] \text{ 물의 밀도}}$

(2) 가스 밀도(g/L, kg/m³) $= \dfrac{\text{분자량}}{22.4}$

(3) 가스 비체적(L/g, m³/kg) $= \dfrac{22.4}{\text{분자량}} = \dfrac{1}{\text{밀도}}$

2 가스의 기초 법칙

2-1 ◈ 보일-샤를의 법칙

(1) **보일의 법칙** : 일정온도 하에서 일정량의 기체가 차지하는 부피는 압력에 반비례한다.

(2) **샤를의 법칙** : 일정압력 하에서 일정량의 기체가 차지하는 부피는 절대온도에 비례한다.

(3) **보일-샤를의 법칙** : 일정량의 기체가 차지하는 부피는 압력에 반비례하고, 절대온도에 비례한다.

$$\frac{P_1 \cdot V_1}{T_1} = \frac{P_2 \cdot V_2}{T_2}$$

여기서, P_1 : 변하기 전의 절대압력　　　P_2 : 변한 후의 절대압력
　　　　V_1 : 변하기 전의 부피　　　　　V_2 : 변한 후의 부피
　　　　T_1 : 변하기 전의 절대온도(K)　T_2 : 변한 후의 절대온도(K)

2-2 ◈ 이상기체 상태 방정식

(1) **이상기체의 성질**

　① 보일-샤를의 법칙을 만족한다.

　② 아보가드로의 법칙에 따른다.

　③ 내부에너지는 체적에 무관하며, 온도에 의해서만 결정된다.

　④ 비열비는 온도에 관계없이 일정하다.

　⑤ 기체의 분자력과 크기도 무시되며, 분자간의 충돌은 완전 탄성체이다.

　⑥ 줄의 법칙이 성립한다.

(2) **이상기체 상태 방정식**

　① SI 단위

$$PV = nRT \qquad PV = \frac{W}{M}RT \qquad PV = Z\frac{W}{M}RT$$

여기서, P : 압력(atm)　　　V : 체적(L)　　　n : 몰(mol)수
　　　　R : 기체상수(0.082 L · atm/mol · K)　M : 분자량(g/mol)
　　　　W : 질량(g)　　　　T : 절대온도(K)　Z : 압축계수

$$PV = GRT$$

여기서, P : 압력(kPa · a)　　V : 체적(m^3)　　G : 질량(kg)　　T : 절대온도(K)
　　　　R : 기체상수$\left(\dfrac{8.314}{M} \text{ kJ/kg · K}\right)$

② 공학단위

$$PV = GRT$$

여기서, P : 압력($kgf/m^2 \cdot a$) V : 체적(m^3) G : 중량(kgf) T : 절대온도(K)

R : 기체상수$\left(\dfrac{848}{M} \, kgf \cdot m/kg \cdot K \right)$

2-3 ▸ 혼합가스의 성질

(1) 달톤의 분압법칙 : 혼합기체가 나타내는 전압은 각 성분 기체의 분압의 총합과 같다.

(2) 아메가의 분적법칙 : 혼합가스가 나타내는 전 부피는 같은 온도, 같은 압력하에 있는 각 성분 기체의 부피의 합과 같다.

(3) 전압

$$P = \frac{P_1 V_1 + P_2 V_2 + P_3 V_3 + \cdots + P_n V_n}{V}$$

여기서, P : 전압 V : 전 부피

P_1, P_2, P_3, P_n : 각 성분 기체의 분압

V_1, V_2, V_3, V_n : 각 성분 기체의 부피

(4) 분압

$$\text{분압} = \text{전압} \times \frac{\text{성분 몰수}}{\text{전 몰수}} = \text{전압} \times \frac{\text{성분 부피}}{\text{전 부피}} = \text{전압} \times \frac{\text{성분 분자수}}{\text{전 분자수}}$$

(5) 혼합가스의 확산속도(그레이엄의 법칙) : 일정한 온도에서 기체의 확산속도는 기체의 분자량(또는 밀도)의 평방근(제곱근)에 반비례한다.

$$\frac{U_2}{U_1} = \sqrt{\frac{M_1}{M_2}} = \frac{t_1}{t_2}$$

여기서, U_1, U_2 : 1번 및 2번 기체의 확산속도

M_1, M_2 : 1번 및 2번 기체의 분자량

t_1, t_2 : 1번 및 2번 기체의 확산시간

(6) 르샤틀리에의 법칙(폭발한계 계산) : 폭발성 혼합가스의 폭발한계를 계산할 때 이용한다.

$$\frac{100}{L} = \frac{V_1}{L_1} + \frac{V_2}{L_2} + \frac{V_3}{L_3} + \frac{V_4}{L_4} \cdots \text{ 에서} \qquad L = \frac{100}{\dfrac{V_1}{L_1} + \dfrac{V_2}{L_2} + \dfrac{V_3}{L_3} + \dfrac{V_4}{L_4}} \text{ 이다.}$$

여기서, L : 혼합가스의 폭발한계치

V_1, V_2, V_3, V_4 : 각 성분 체적(%)

L_1, L_2, L_3, L_4 : 각 성분 단독의 폭발한계치

열역학 기초 **예상문제**

01 다음 ( ) 안에 알맞은 내용을 넣으시오.

> 절대압력＝대기압＋(①)
> ＝대기압－(②)

해답 ① 게이지압력 ② 진공압력

02 대기압이 750mmHg이고 게이지압력이 3.5kgf/cm²이다. 이때 절대압력(MPa)은 얼마인가?

풀이 절대압력＝대기압＋게이지압력

$$=\left(\frac{750}{760}\times0.101325\right)+\left(\frac{3.5}{1.0332}\times0.101325\right)=0.443\fallingdotseq0.44\text{MPa}$$

해답 0.44 MPa

해설 ① 1atm＝760mmHg＝76cmHg＝0.76mHg＝29.9inHg＝760torr
＝10332kgf/m²＝1.0332kgf/cm²＝10.332mH₂O＝10332mmH₂O
＝101325N/m²＝101325Pa＝101.325kPa＝0.101325MPa
＝1.01325bar＝1013.25mbar＝14.7lb/in²＝14.7psi

② 압력 환산식

$$환산압력=\frac{주어진\ 압력}{주어진\ 압력\ 단위의\ 표준대기압}\times구하려는\ 단위의\ 표준\ 대기압$$

03 대기압이 735mmHg이고 진공압력이 280mmHg일 때 절대압력은 몇 bar인가?

풀이 절대압력＝대기압－진공압력

$$=\left(\frac{735}{760}\times1.01325\right)-\left(\frac{280}{760}\times1.01325\right)=0.606\fallingdotseq0.61\text{bar}$$

해답 0.61bar

04 온도계의 눈금이 40℃이다. 화씨 절대온도(°R)는 얼마인가?

풀이 ① 섭씨온도(℃)에서 화씨온도(°F)로 계산

$$°F = \frac{9}{5}℃ + 32 = \left(\frac{9}{5} \times 40\right) + 32 = 104°F$$

② 화씨온도(°F)에서 랭킨온도(°R)로 계산

$$°R = °F + 460 = 104 + 460 = 564°R$$

해답 564°R

별해 $°R = 1.8K = 1.8 \times (273 + 40) = 563.4°R$

05 화씨 86°F는 절대온도로 몇 K인가?

풀이 ① 화씨온도(°F)에서 섭씨온도(℃)로 계산

$$℃ = \frac{5}{9}(°F - 32) = \frac{5}{9} \times (86 - 32) = 30℃$$

② 섭씨온도(℃)에서 켈빈온도(K)로 계산

$$K = t[℃] + 273 = 30 + 273 = 303K$$

별해 $K = \dfrac{t[°F] + 460}{1.8} = \dfrac{86 + 460}{1.8} = 303.333 ≒ 303.33K$

06 섭씨온도(℃)와 화씨온도(°F)의 눈금이 일치하는 숫자는 얼마인가?

풀이 $°F = \dfrac{9}{5}℃ + 32$에서 화씨온도(°F)와 섭씨온도(℃)가 같으므로 x로 놓으면

$x = \dfrac{9}{5}x + 32$가 된다.

$$\therefore x - \frac{9}{5}x = 32, \qquad x\left(1 - \frac{9}{5}\right) = 32$$

$$\therefore x = \frac{32}{1 - \dfrac{9}{5}} = -40$$

해답 -40

07 분자량이 30인 어느 가스의 정압비열이 0.75kJ/kg · K이라고 가정할 때 이 가스의 비열비 k는 얼마인가?

풀이 ① 정적비열(C_v) 계산

$C_p - C_v = R$에서

$$C_v = C_p - R = 0.75 - \frac{8.314}{30} = 0.472 ≒ 0.47 \ kJ/kg \cdot K$$

② 비열비(k) 계산

$$k = \frac{C_p}{C_v} = \frac{0.75}{0.47} = 1.595 ≒ 1.60$$

해답 1.6

08 25℃의 물 10kg을 대기압 하에서 비등시켜 모두 기화시키는 데 몇 kcal의 열이 필요한가? (단, 물의 증발잠열은 540kcal/kg 이다.)

풀이 ① 25℃ 물이 100℃ 물로 변하는 데 필요한 열 계산 : 현열

$$Q_1 = G \cdot C \cdot \varDelta t = 10 \times 1 \times (100 - 25) = 750 \, kcal$$

② 100℃ 물이 100℃ 수증기로 변하는 데 필요한 열 계산 : 잠열

$$Q_2 = G \cdot \gamma = 10 \times 540 = 5400 \, kcal$$

③ 전체 열 계산

$$Q = Q_1 + Q_2 = 750 + 5400 = 6150 \, kcal$$

해답 6150 kcal

09 60℃의 물 300kg과 20℃의 물 800kg을 혼합하면 약 몇 ℃의 물이 되겠는가? (단, 물의 평균비열은 1kcal/kg · ℃이다.)

풀이 $$t_m = \frac{G_1 C_1 t_1 + G_2 C_2 t_2}{G_1 C_1 + G_2 C_2} = \frac{300 \times 1 \times 60 + 800 \times 1 \times 20}{300 \times 1 + 800 \times 1} = 30.909 ≒ 30.91℃$$

해답 30.91 ℃

10 공기의 평균분자량을 계산하시오. (단, 공기의 조성은 질소 : 78%, 산소 : 21%, 아르곤 : 1%이며, 소수점 이하는 반올림한다.)

풀이　$M=(28\times0.78)+(32\times0.21)+(40\times0.01)=28.96≒29$

해답　29

11　15℃ 물 160kg과 75℃ 물 몇 kg을 혼합하면 40℃의 온수가 되는지 계산하시오. (단, 열손실은 없는 것으로 가정한다.)

풀이　$t_m=\dfrac{G_1\cdot C_1\cdot t_1+G_2\cdot C_2\cdot t_2}{G_1\cdot C_1+G_2\cdot C_2}$에서 G_2를 구하는 식을 유도하면

$G_1\cdot C_1\cdot t_1+G_2\cdot C_2\cdot t_2=t_m(G_1\cdot C_1+G_2\cdot C_2)$

$G_1\cdot C_1\cdot t_1+G_2\cdot C_2\cdot t_2=t_m\cdot G_1\cdot C_1+t_m\cdot G_2\cdot C_2$

$G_2\cdot C_2\cdot t_2-t_m\cdot G_2\cdot C_2=t_m\cdot G_1\cdot C_1-G_1\cdot C_1\cdot t_1$

$G_2(C_2\cdot t_2-t_m\cdot C_2)=t_m\cdot G_1\cdot C_1-G_1\cdot C_1\cdot t_1$

$\therefore\ G_2=\dfrac{t_m\cdot G_1\cdot C_1-G_1\cdot C_1\cdot t_1}{C_2\cdot t_2-t_m\cdot C_2}$

$=\dfrac{40\times160\times1-160\times1\times15}{1\times75-40\times1}=114.285≒114.29\,\mathrm{kg}$

해답　114.29 kg

12　[보기]에서 설명하는 열역학 법칙은?

> | 보기 |
>
> 어떤 물체의 외부에서 일정량의 열을 가하면 물체는 이 열량의 일부분을 소비하여 외부에 대하여 일을 하고 남은 부분은 전부 내부에너지로 내부에 저장되고, 그 사이에 소비된 열은 발생되는 일과 같다.

해답　열역학 제1법칙

해설　열역학 제1법칙 : 에너지보존의 법칙이라 하며 기계적 일이 열로 변하거나, 열이 기계적 일로 변할 때 이들의 비는 일정한 관계가 성립된다.

참고　열역학 법칙

① 열역학 제0법칙 : 열평형의 법칙

② 열역학 제1법칙 : 에너지보존의 법칙

③ 열역학 제2법칙 : 방향성의 법칙

④ 열역학 제3법칙 : 어느 열기관에서나 절대온도 0도로 이루게 할 수 없다.

13 STP 상태(0℃, 1기압)에서 부탄(C_4H_{10})의 밀도(kg/m³) 및 비체적(m³/kg)을 계산하시오.

풀이 ① 밀도 $= \dfrac{분자량}{22.4} = \dfrac{58}{22.4} = 2.589 ≒ 2.59\,kg/m^3$

② 비체적 $= \dfrac{22.4}{분자량} = \dfrac{22.4}{58} = 0.386 ≒ 0.39\,m^3/kg$

또는 비체적 $= \dfrac{1}{밀도} = \dfrac{1}{2.59} = 0.386 ≒ 0.39\,m^3/kg$

해답 ① 밀도 : $2.59\,kg/m^3$

② 비체적 : $0.39\,m^3/kg$

14 어느 기체가 10℃, 740mmHg에서 200mL의 무게가 0.6g이라면 표준상태(STP상태)에서 이 기체의 밀도는 얼마인가? (단, 압력은 절대압력이다.)

풀이 ① 분자량 계산

$PV = \dfrac{W}{M}RT$에서

$M = \dfrac{WRT}{PV} = \dfrac{0.6 \times 0.082 \times (273+10)}{\dfrac{740}{760} \times 0.2} = 71.499 ≒ 71.50\,g$

② 밀도(g/L) 계산

밀도 $= \dfrac{분자량}{22.4} = \dfrac{71.5}{22.4} = 3.191 ≒ 3.19\,g/L$

해답 $3.19\,g/L$

15 20℃, 100kg의 물을 온수기를 이용하여 60℃까지 상승시키는데 STP상태에서 0.2m³의 LPG를 소비하였다. 이때 연소기의 효율은 얼마인가? (단, LPG의 발열량은 24000kcal/m³이다.)

풀이 $\eta = \dfrac{G \cdot C \cdot \Delta t}{G_f \cdot H_l} \times 100 = \dfrac{100 \times 1 \times (60-20)}{0.2 \times 24000} \times 100 = 83.333 ≒ 83.33\,\%$

해답 $83.33\,\%$

16 250L의 물을 5℃에서 15분간 가열하여 40℃로 상승시키는 데 가스를 10m³/h를 사용하였다. 이때 열효율(%)은 얼마인가? (단, 가스의 발열량은 5000kcal/m³, 물의 비열은 1kcal/kg · ℃, 물의 비중은 1이다.)

풀이 물을 가열하는 데 사용한 가스는 1시간 동안 사용한 양으로 주어졌지만, 물은 15분간 가열한 것이므로 15분간 가열한 시간을 '시간(hour)' 단위로 환산해 주어야 하며, 1시간은 60분이므로 15분을 60으로 나눠 주면 가열한 시간단위가 된다.

$$\therefore \eta = \frac{G \cdot C \cdot \Delta t}{G_f \cdot H_l} \times 100 = \frac{250 \times 1 \times (40-5)}{10 \times 5000 \times \left(\frac{15}{60}\right)} \times 100 = 70\%$$

해답 70%

17 최고사용압력이 5kgf/cm² · g인 가스설비에서 현재의 온도가 20℃, 압력이 3kgf/cm² · g인 가스를 몇 ℃까지 온도를 올리면 최고사용압력에 도달할 수 있는지 계산하시오.

풀이 $\frac{P_1 V_1}{T_1} = \frac{P_2 V_2}{T_2}$ 에서 $V_1 = V_2$이다.

$$\therefore T_2 = \frac{P_2 T_1}{P_1} = \frac{(5+1.0332) \times (273+20)}{(3+1.0332)} = 438.294\text{K} - 273$$
$$= 165.294 ≒ 165.29℃$$

해답 165.29℃

18 60℃에서 부피를 일정하게 유지하고 기체의 압력을 3배로 증가시켰을 때 이 기체의 온도(℃)는 얼마인가?

풀이 $\frac{P_1 V_1}{T_1} = \frac{P_2 V_2}{T_2}$ 에서 $V_1 = V_2$이다.

$$\therefore T_2 = \frac{P_2 T_1}{P_1} = \frac{3P_1 \times (273+60)}{P_1} = 999\text{K} - 273 = 726℃$$

해답 726℃

19 15℃에서 150kgf/cm²으로 충전된 산소 저장탱크에서 온도가 40℃로 상승되었을 때 압력은 몇 kgf/cm²인가?

풀이 $\dfrac{P_1 V_1}{T_1} = \dfrac{P_2 V_2}{T_2}$ 에서 $V_1 = V_2$이고, 보일—샤를의 법칙에서 압력은 절대압력이므로 계산된 압력은 절대압력이 되는데, 산소 저장탱크의 압력은 게이지압력이 되어야 한다. 그러므로 계산된 절대압력에서 대기압을 제외하여야 한다.

$$\therefore P_2 = \frac{P_1 T_2}{T_1} = \frac{(150 + 1.0332) \times (273 + 40)}{273 + 15}$$
$$= 164.143 \mathrm{kgf/cm^2 \cdot a} - 1.0332 = 163.109 ≒ 163.11 \mathrm{kgf/cm^2 \cdot g}$$

해답 $163.11 \mathrm{kgf/cm^2 \cdot g}$

---

20 0℃에서 10L의 밀폐된 용기 속에 32g의 산소가 들어 있다. 온도를 150℃로 가열하면 압력(atm)은 얼마가 되는가?

풀이 $PV = \dfrac{W}{M} RT$ 에서

$$P = \frac{WRT}{VM} = \frac{32 \times 0.082 \times (273 + 150)}{10 \times 32} = 3.468 = 3.47 \mathrm{atm}$$

해답 $3.47 \mathrm{atm}$

---

21 27℃에서 2000L의 용기에 공기 5kg이 있을 때 압력(kPa)은 얼마인가? (단, 공기의 기체상수 R은 0.287kJ/kg · K이다.)

풀이 $PV = GRT$ 에서

$$P = \frac{GRT}{V} = \frac{5 \times 0.287 \times (273 + 27)}{2} = 215.25 \mathrm{kPa \cdot a} - 101.325$$
$$= 113.925 ≒ 113.93 \mathrm{kPa \cdot g}$$

해답 $113.93 \mathrm{kPa \cdot g}$

---

22 내용적 3L의 고압용기에 암모니아를 충전하여 온도를 173℃로 상승시켰더니 압력이 220atm을 나타내었다. 이 용기에 충전된 암모니아는 몇 g인가? (단, 173℃, 220atm에서 암모니아의 압축계수는 0.4이다.)

풀이 $PV = Z \dfrac{W}{M} RT$ 에서

$$W = \frac{PVM}{ZRT} = \frac{220 \times 3 \times 17}{0.4 \times 0.082 \times (273 + 173)} = 766.980 ≒ 766.98 \mathrm{g}$$

해답 $766.98 \mathrm{g}$

23 체적 5L의 고압용기에 메탄 1500g을 충전하여 용기의 온도가 100℃일 때 압력은 210atm을 지시하고 있었다. 이때 메탄의 압축계수는 얼마인가?

풀이 $PV = Z \dfrac{W}{M} RT$ 에서

$$Z = \frac{PVM}{WRT} = \frac{210 \times 5 \times 16}{1500 \times 0.082 \times (273 + 100)} = 0.366 \fallingdotseq 0.37$$

해답 0.37

24 방안의 압력이 100kPa이며 온도가 27℃일 때 5m×10m×4m에 들어 있는 공기의 질량은 몇 kg인가? (단, 공기의 기체상수 $R = 0.287$kJ/kg · K이고, 대기압은 101.3kPa이다.)

풀이 $PV = GRT$ 에서

$$G = \frac{PV}{RT} = \frac{(100 + 101.3) \times (5 \times 10 \times 4)}{0.287 \times (273 + 27)} = 467.595 \fallingdotseq 467.60 \, \text{kg}$$

해답 467.6 kg

25 프로판 20kg이 내용적 50L의 용기에 들어 있다. 이 프로판을 매일 0.5m³씩 사용한다면 며칠을 사용할 수 있겠는가? (단, 25℃, 1atm 기준이며, 이상기체로 가정한다.)

풀이 ① 50L 용기에 들어있는 프로판 20kg을 1atm, 25℃ 상태의 기체 체적으로 계산

$PV = GRT$ 에서

$$V = \frac{GRT}{P} = \frac{20 \times \dfrac{848}{44} \times (273 + 25)}{10332} = 11.117 \fallingdotseq 11.12 \, \text{m}^3$$

② 사용 일 계산

$$\text{사용일} = \frac{\text{가스량}}{1\text{일 소비량}} = \frac{11.12}{0.5} = 22.24\text{일}$$

해답 22.24일

26 내용적 110L의 LPG 용기에 부탄(C_4H_{10})이 50kg 충전되어 있다. 이 부탄을 10시간 소비한 후 용기 내의 압력을 측정하니 27℃에서 4kgf/cm² · g이었다면 남아있는 부탄은 몇 kg인가?

풀이 $PV = \dfrac{W}{M} RT$ 에서

$$W = \frac{PVM}{RT} = \frac{\left(\dfrac{4+1.0332}{1.0332}\right) \times 110 \times 58}{0.082 \times (273+27) \times 1000} = 1.263 \fallingdotseq 1.26\,\text{kg}$$

해답 $1.26\,\text{kg}$

---

27 밀폐된 용기 내에 1atm, 27℃로 프로판과 산소가 부피비로 1 : 5의 비율로 혼합되어 있다. 프로판이 다음과 같이 완전연소하여 화염의 온도가 1000℃가 되었다면 용기 내에 발생하는 압력(atm)은 얼마인가?

> $$C_3H_8 + 5O_2 \longrightarrow 3CO_2 + 4H_2O$$

풀이 $PV = nRT$ 에서

반응 전의 상태 : $P_1 V_1 = n_1 R_1 T_1$

반응 후의 상태 : $P_2 V_2 = n_2 R_2 T_2$라 하면 $V_1 = V_2$, $R_1 = R_2$이다.

$\therefore \dfrac{P_2}{P_1} = \dfrac{n_2 \cdot T_2}{n_1 \cdot T_1}$ 에서 반응 전의 몰수 n_1은 프로판(C_3H_8) 1몰과 산소(O_2) 5몰로 합계 6몰이고, 반응 후의 몰수 n_2는 이산화탄소(CO_2) 3몰, 수증기(H_2O) 4몰로 합계는 7몰이다.

$$\therefore P_2 = \frac{P_1 \cdot n_2 \cdot T_2}{n_1 \cdot T_1} = \frac{1 \times (3+4) \times (273+1000)}{(1+5) \times (273+27)} = 4.950 \fallingdotseq 4.95\,\text{atm}$$

해답 4.95 atm

---

28 10kgf/cm^2의 공기 중 질소와 산소의 분압을 계산하시오. (단, 체적비로 질소 79%, 산소 21% 이다.)

풀이 분압 = 전압 $\times \dfrac{\text{성분 부피}}{\text{전 부피}}$ = 전압 $\times$ 체적비율이다.

① 질소 분압 계산

$\text{PN}_2 = 10 \times 0.79 = 7.9\,\text{kgf/cm}^2$

② 산소 분압 계산

$\text{PO}_2 = 10 \times 0.21 = 2.1\,\text{kgf/cm}^2$

(또는 PO_2 = 전압 - 질소 분압 = $10 - 7.9 = 2.1\,\text{kgf/cm}^2$)

해답 ① 질소 : $7.9\ \text{kgf/cm}^2$　② 산소 : $2.1\ \text{kgf/cm}^2$

29 어떤 온도에서 압력 6.0atm, 부피 125L의 산소와 압력 8.0atm, 부피 200L의 질소가 있다. 두 기체를 부피 300L의 용기에 넣으면 용기 내 혼합기체의 압력은 몇 atm인가?

풀이 $P = \dfrac{P_1 V_1 + P_2 V_2}{V} = \dfrac{6 \times 125 + 8 \times 200}{300} = 7.833 ≒ 7.83 \, \text{atm}$

해답 7.83 atm

30 표준상태에서 프로판(C_3H_8) 액 1L가 기화하면 체적은 몇 배가 증가하는지 계산하시오. (단, C_3H_8 액비중은 0.5이다.)

풀이 프로판의 액비중이 0.5kg/L이므로 액 1L=0.5kg=500g이 된다.

∴ 44g : 22.4L = 500g : x[L]

$x = \dfrac{500 \times 22.4}{44} = 254.545 ≒ 254.55 \, \text{L}$

∴ 프로판(C_3H_8) 액체 1L이 기화하면 체적은 254.55배로 증가한다.

해답 254.55배

별해 $PV = \dfrac{W}{M} RT$ 에서 $V = \dfrac{WRT}{PM} = \dfrac{500 \times 0.082 \times 273}{1 \times 44} = 254.386 ≒ 254.39 \, \text{L}$

31 비점이 −160℃인 LNG(액비중 0.49, 메탄 90vol%, 에탄 10vol%)를 10℃에서 기화시키면 체적은 몇 배 증가하는가?

풀이 ① 평균분자량 계산

$M = (16 \times 0.9) + (30 \times 0.1) = 17.4$

② LNG 1L가 10℃에서 기화하였을 때 기체 체적 계산 : LNG의 액비중 0.49는 액체 1L의 무게가 0.49kg=490g 이다.

$PV = \dfrac{W}{M} RT$ 에서

$V = = \dfrac{WRT}{PM} = \dfrac{490 \times 0.082 \times (273 + 10)}{1 \times 17.4} = 653.502 ≒ 653.50 \, \text{L}$

해답 653.5배 증가

해설 함유율(비율) 표시방법

① vol% : 체적(volume) 백분율(%)을 의미한다.

② wt% : 무게(weight) 백분율(%)을 의미한다.

32 물 27kg을 전기분해하여 산소와 수소를 내용적 30L의 용기에다가 0℃에서 14MPa로 충전한다면 제조된 가스를 모두 충전하는 데 필요한 최소 용기 수는 몇 개인가?

풀이 ① 물의 전기분해 반응식에서, 물 27kg을 전기분해할 때 생성되는 산소와 수소의 양 (m^3) 계산

$$2H_2O \rightarrow 2H_2 \ + \ O_2$$

$$36kg : 2 \times 22.4m^3 : 22.4m^3$$

$$27kg : H_2 \ m^3 \ : O_2 \ m^3$$

$$\therefore H_2 = \frac{27 \times 2 \times 22.4}{36} = 33.6\,m^3$$

$$O_2 = \frac{27 \times 22.4}{36} = 16.8\,m^3$$

② 30L 충전용기 1개에 충전할 수 있는 가스량(m^3) 계산

$$Q = (10P+1) \times V = (10 \times 14 + 1) \times (30 \times 10^{-3}) = 4.23\,m^3$$

③ 충전용기 수 계산 : 용기 수 $= \dfrac{제조된\ 가스량}{용기\ 1개에\ 충전할\ 수\ 있는\ 양}$ 이다.

$$\therefore 수소용기\ 수 = \frac{33.6}{4.23} = 7.943 = 8개$$

$$산소용기\ 수 = \frac{16.8}{4.23} = 3.971 = 4개$$

$$\therefore 총용기\ 수 = 수소용기\ 수 + 산소용기\ 수 = 8 + 4 = 12개$$

해답 12개

---

33 체적비로 수소 20%, 메탄 50%, 에탄 30%의 혼합가스 폭발하한계의 값은 얼마인가? (단, 폭발하한계 값은 각각 수소는 4%, 메탄은 5%, 에탄은 3% 이다.)

풀이 $\dfrac{100}{L} = \dfrac{V_1}{L_1} + \dfrac{V_2}{L_2} + \dfrac{V_3}{L_3}$ 에서

$$L = \frac{100}{\dfrac{V_1}{L_1} + \dfrac{V_2}{L_2} + \dfrac{V_3}{L_3}} = \frac{100}{\dfrac{20}{4} + \dfrac{50}{5} + \dfrac{30}{3}} = 4\%$$

해답 4%

34 프로판 4%, 메탄 16%, 공기 80%의 체적비를 가지는 혼합기체의 폭발하한 값은 얼마인가? (단, 프로판과 메탄의 폭발하한 값은 각각 2.2%, 5.0% 이다.)

풀이 $\dfrac{100}{L}=\dfrac{V_1}{L_1}+\dfrac{V_2}{L_2}$ 에서 가연성가스가 차지하는 체적비율이 20%이다.

$$\therefore L=\dfrac{20}{\dfrac{V_1}{L_1}+\dfrac{V_2}{L_2}}=\dfrac{20}{\dfrac{4}{2.2}+\dfrac{16}{5.0}}=3.985 = 3.99\%$$

해답 3.99%

35 A 기체를 대기 중으로 확산하는데 20분이 소요되었다. 같은 조건에서 수소의 확산시간은 4분이 소요되었다면 A 기체의 분자량은 얼마인가?

풀이 $\dfrac{U_2}{U_1}=\sqrt{\dfrac{M_1}{M_2}}=\dfrac{t_1}{t_2}$ 에서 $\sqrt{\dfrac{M_A}{M_{H_2}}}=\dfrac{t_A}{t_{H_2}}$ 가 된다.

$$\therefore M_A=\left(\dfrac{t_A}{t_{H_2}}\right)^2 \times M_{H_2}=\left(\dfrac{20}{4}\right)^2 \times 2 = 50$$

해답 50

36 다음 (   ) 안에 알맞은 용어를 쓰시오.

> 기체가 액체에 녹는 경우의 용해도는 일반적으로 온도의 상승에 대하여 (①)한다. 또 온도가 일정한 경우에는 일정 양의 액체에 용해하는 기체의 무게는 그 (②)에 비례하고 혼합기체이면 (③)에 비례한다. 이 관계를 헨리의 법칙이라 한다.

해답 ① 감소   ② 압력   ③ 분압

해설 헨리의 법칙 : 기체 용해도의 법칙이라 하며 일정한 온도에서 일정량의 용매에 녹는 기체의 용해도는 압력에 비례하고, 기체의 부피는 그 기체의 압력에 관계없이 일정하다. 또 기체가 일정온도로 일정 양의 액체에 용해되는 무게는 압력에 비례하며 온도가 상승하면 용해도는 감소한다.

① 수소(H_2), 산소(O_2), 질소(N_2), 이산화탄소(CO_2) 등과 같이 물에 잘 녹지 않는 기체만 적용된다.

② 염화수소(HCl), 암모니아(NH_3), 이산화황(SO_2) 등과 같이 물에 잘 녹는 기체는 적용되지 않는다

제 2 장

고압가스의 종류

1 고압가스의 정의 및 분류

1-1 ◈ 고압가스의 정의

(1) 상용의 온도에서 압력(게이지압력)이 1MPa이 되는 압축가스로서 실제로 그 압력이 1MPa 이상이 되는 것 또는 35℃의 온도에서 압력이 1MPa 이상이 되는 압축가스(아세틸렌가스를 제외한다.)

(2) 15℃의 온도에서 압력이 0Pa을 초과하는 아세틸렌가스

(3) 상용의 온도에서 압력이 0.2MPa 이상이 되는 액화가스로서 실제로 그 압력이 0.2MPa 이상이 되는 것 또는 압력이 0.2MPa 이 되는 경우의 온도가 35℃ 이하인 액화가스

(4) 35℃의 온도에서 압력이 0Pa을 초과하는 액화가스 중 액화시안화수소, 액화브롬화메탄 및 액화산화에틸렌가스

1-2 ◈ 고압가스의 분류

(1) 상태에 따른 분류

　① 압축가스 : 일정한 압력에 의하여 압축되어 있는 것

　② 액화가스 : 가압, 냉각에 의하여 액체 상태로 되어 있는 것으로서 대기압에서 비점이 40℃ 이하 또는 상용의 온도 이하인 것

　③ 용해가스 : 용제 속에 가스를 용해시켜 취급되는 것으로 아세틸렌(C_2H_2)이 해당

(2) 연소성에 의한 분류

　① 가연성가스 : 폭발한계 하한이 10% 이하이거나 폭발한계 상한과 하한의 차가 20% 이상의 것

　② 조연성가스 : 다른 가연성가스의 연소를 도와주거나(촉진) 지속시켜 주는 것

　③ 불연성가스 : 가스 자신이 연소하지도 않고 다른 물질도 연소시키지 않는 것

(3) 독성에 의한 분류

　① 독성가스 : 허용농도가 100만분의 5000 이하의 가스

　② 비독성가스 : 독성가스 이외의 독성이 없는 가스

2 고압가스의 종류 및 특징

2-1 ◈ 고압가스

(1) 수소(H_2)

① 무색, 무취, 무미의 가스이다.

② 고온에서 강재, 금속재료를 쉽게 투과한다.

③ 확산속도(1.8km/s)가 대단히 크다.

④ 열전달률이 대단히 크고, 열에 대해 안정하다.

⑤ 폭발범위가 넓다. : 공기 중 폭발범위 4~75%, 산소 중 폭발범위 4~94%

⑥ 폭굉속도는 1400~3500m/s에 달한다.

⑦ 산소와 수소의 혼합가스를 연소시키면 2000℃ 이상의 고온도를 발생시킬 수 있다.

⑧ 수소폭명기 : 공기 중 산소와 체적비 2 : 1로 반응하여 물을 생성한다.

⑨ 염소폭명기 : 수소와 염소의 혼합가스는 빛(직사광선)과 접촉하면 심하게 반응한다.

⑩ 수소취성 : 고온, 고압 하에서 강재 중의 탄소와 반응하여 탈탄작용을 일으킨다.

 ※ 수소취성 방지원소 : 텅스텐(W), 바나듐(V), 몰리브덴(Mo), 티타늄(Ti), 크롬(Cr)

(2) 산소(O_2)

① 상온, 상압에서 무색, 무취이며 물에는 약간 녹는다.

② 공기 중에 약 21% 함유하고 있다.

③ 강력한 조연성가스이나 그 자신은 연소하지 않는다.

④ 액화산소는 담청색을 나타낸다.

⑤ 화학적으로 활발한 원소로 모든 원소와 직접 화합하여(할로겐 원소, 백금, 금 등 제외) 산화물을 만든다.

참고 공기액화 분리장치의 폭발원인 및 대책

폭발원인	폭발방지 대책
① 공기 취입구로부터 아세틸렌의 혼입 ② 압축기용 윤활유 분해에 따른 탄화수소의 생성 ③ 공기 중 질소화합물(NO, NO_2)의 혼입 ④ 액체공기 중에 오존(O_3)의 혼입	① 아세틸렌이 흡입되지 않는 장소에 공기 흡입구를 설치한다. ② 양질의 압축기 윤활유를 사용한다. ③ 장치 내 여과기를 설치한다. ④ 장치는 1년에 1회 정도 내부를 사염화탄소(CCl_4)를 사용하여 세척한다.

⑥ 철, 구리, 알루미늄선 또는 분말을 반응시키면 빛을 내면서 연소한다.

⑦ 산소+수소 불꽃은 2000~2500℃, 산소+아세틸렌 불꽃은 3500~3800℃까지 오른다.

⑧ 산소 또는 공기 중에서 무성방전을 행하면 오존(O_3)이 된다.

⑨ 비점 −183℃, 임계압력 50.1atm, 임계온도 −118.4℃

(3) 일산화탄소(CO)

① 무색, 무취의 가연성가스이다.

② 독성이 강하고(TLV−TWA 50ppm, LC50 3760ppm), 불완전연소에 의한 중독사고가 발생될 위험이 있다.

③ 철족의 금속(Fe, Co, Ni)과 반응하여 금속카르보닐을 생성한다.

④ 상온에서 염소와 반응하여 포스겐($COCl_2$)을 생성한다(촉매 : 활성탄).

⑤ 압력 증가 시 폭발범위가 좁아지며, 공기 중 질소를 아르곤, 헬륨으로 치환하면 폭발범위는 압력과 더불어 증대된다.

(4) 이산화탄소(CO_2)

① 건조한 공기 중에 약 0.03% 존재한다.

② 액화가스로 취급되며, 드라이아이스(고체탄산)를 만들 수 있다.

③ 무색, 무취, 무미의 불연성가스이다.

④ 독성(TLV−TWA 5000ppm)이 없으나, 88% 이상인 곳에서는 질식의 위험이 있다.

⑤ 수분이 존재하면 탄산을 생성하여 강재를 부식시킨다.

(5) 염소(Cl_2)

① 상온에서 황록색의 심한 자극성이 있다.

② 비점(−34.05℃)이 높아 액화가 쉽고, 액화가스는 갈색이다(충전용기 도색 : 갈색).

③ 조연성, 독성(TLV−TWA 1ppm, LC50 293ppm)가스이다.

④ 수분과 작용하면 염산(HCl)이 생성되고 철을 심하게 부식시킨다.

⑤ 수소와 접촉 시 폭발한다(염소폭명기).

⑥ 메탄과 작용하면 염소치환제를 만든다.

(6) 암모니아(NH_3)

① 가연성가스(폭발범위 : 15~28%)이며, 독성가스(TLV−TWA 25ppm, LC50 7338ppm)이다.

② 물에 잘 녹는다(상온, 상압에서 물 1cc 대하여 800cc 용해).

③ 액화가 쉽고(비점 : −33.3℃), 증발잠열(301.8kcal/kg)이 커서 냉동기 냉매로 사용된다.

④ 동과 접촉 시 부식의 우려가 있다(동 함유량 62% 미만 사용 가능).

⑤ 액체암모니아는 할로겐, 강산과 접촉하면 심하게 반응하여 폭발, 비산하는 경우가 있다.

⑥ 염소(Cl_2), 염화수소(HCl), 황화수소(H_2S)와 반응하면 백색연기가 발생한다.

참고 암모니아 합성공정의 분류 : 하버-보시법

구분	반응압력	종류
고압 합성	$600 \sim 1000 kgf/cm^2$	클라우드법, 카자레법
중압 합성	$300 kgf/cm^2$	IG법, 뉴파우더법, 뉴데법, 동공시법, JCI법, 케미크법
저압 합성	$150 kgf/cm^2$	켈로그법, 구데법

---

(7) 아세틸렌(C_2H_2)

① 무색의 기체이고 불순물로 인한 특유의 냄새가 있다.

② 폭발범위가 가연성가스 중 가장 넓다(공기 중 2.5~81%, 산소 중 2.5~93%).

③ 액체 아세틸렌은 불안정하나, 고체 아세틸렌은 비교적 안정하다.

④ 15℃에서 물 1L에 1.1L, 아세톤 1L에 25L 녹는다.

⑤ 동(Cu), 은(Ag), 수은(Hg) 등의 금속과 접촉 반응하여 폭발성의 아세틸드가 생성된다.

⑥ 아세틸렌을 접촉적으로 수소화하면 에틸렌(C_2H_4), 에탄(C_2H_6)이 생성된다.

⑦ 아세틸렌의 폭발성

  ㈎ 산화폭발 : 공기 중 산소와 반응하여 일으키는 폭발

  ㈏ 분해폭발 : 가압, 충격에 의하여 탄소와 수소로 분해되면서 일으키는 폭발

  ㈐ 화합폭발 : 동(Cu), 은(Ag), 수은(Hg) 등과 접촉할 때 아세틸드가 생성되어 일으키는 폭발

⑧ 제조방법

  ㈎ 카바이드(CaC_2)를 이용한 제조 : 카바이드(CaC_2)와 물(H_2O)을 접촉시켜 제조하는 방법

    $CaC_2 + 2H_2O \rightarrow Ca(OH)_2 + C_2H_2$

  ㈏ 탄화수소에서 제조 : 메탄, 나프타를 열분해 시 얻어진다.

⑨ 아세틸렌 충전작업

  ㈎ 용제 : 아세톤$[(CH_3)_2CO]$, DMF(디메틸 포름아미드)

  ㈏ 다공물질의 종류 : 규조토, 석면, 목탄, 석회, 산화철, 탄산마그네슘, 다공성 플라스틱 등

  ㈐ 다공도 기준 : 75% 이상 92% 미만

　⑩ 충전 작업 시 주의사항

　　㈎ 충전 중 압력은 2.5MPa 이하로 할 것

　　㈏ 충전은 서서히 2~3회에 걸쳐 충전할 것

　　㈐ 충전 후 압력은 15℃에서 1.5MPa 이하로 할 것

　　㈑ 충전 전 빈용기는 음향검사를 실시할 것

　　㈒ 아세틸렌이 접촉하는 부분에는 동 또는 동함유량 62%를 초과하는 동합금 사용을 금지한다.

　　㈓ 충전용 지관에는 탄소의 함유량이 0.1% 이하의 강을 사용한다.

(8) 메탄(CH_4)

　① 파라핀계 탄화수소의 안정된 가스이다.

　② 천연가스(NG)의 주성분이다.

　③ 무색, 무취, 무미의 가연성 기체이다(폭발범위 : 5~15%).

　④ 유기물의 부패나 분해 시 발생한다.

　⑤ 공기 중에서 연소가 쉽고 화염은 담청색의 빛을 발한다.

　⑥ 염소와 반응하면 염소화합물이 생성된다.

(9) 시안화수소(HCN)

　① 독성가스(TLV-TWA 10ppm, LC50 140ppm)이며, 가연성가스(6~41%)이다.

　② 액체는 무색(투명)이나 감, 복숭아 냄새가 난다.

　③ 액화가 용이하다(비점 : 25.7℃).

　④ 중합폭발을 일으킬 염려가 있다.

　　※ 안정제 사용 : 황산, 아황산가스, 동, 동망, 염화칼슘, 인산, 오산화인

　⑤ 알칼리성 물질(암모니아, 소다)을 함유하면 중합이 촉진된다.

(10) 포스겐($COCl_2$)

　① 맹독성가스(TLV-TWA 0.1ppm, LC50 5ppm)로 자극적인 냄새(푸른 풀 냄새)가 난다.

　② 사염화탄소(CCl_4)에 잘 녹는다.

　③ 가수분해하여 이산화탄소와 염산이 생성된다.

　④ 건조한 상태에서는 금속에 대하여 부식성이 없으나, 수분이 존재하면 금속을 부식시킨다.

　⑤ 건조제로 진한 황산을 사용한다.

　⑥ TLV-TWA 50ppm 이상 존재하는 공기를 흡입하면 30분 이내에 사망한다.

(11) 산화에틸렌(C_2H_4O)

① 무색의 가연성가스이다(폭발범위 : 3~80%).

② 독성가스이며, 자극성의 냄새가 있다(TLV-TWA 50ppm, LC50 2900ppm).

③ 물, 알코올, 에테르에 용해된다.

④ 산, 알칼리, 산화철, 산화알루미늄 등에 의해 중합폭발한다.

⑤ 액체 산화에틸렌은 연소하기 쉬우나 폭약과 같은 폭발은 없다.

2-2 ◈ 특정고압가스 및 특수고압가스

(1) 특정고압가스

① 법에서 정한 것(법 제20조) : 수소, 산소, 액화암모니아, 아세틸렌, 액화염소, 천연가스, 압축모노실란, 압축디보레인, 액화알진, 그밖에 대통령령이 정하는 고압가스

② 대통령령이 정한 것(고법 시행령 제16조) : 포스핀, 세렌화수소, 게르만, 디실란, 오불화비소, 오불화인, 삼불화인, 삼불화질소, 삼불화붕소, 사불화유황, 사불화규소

(2) 특수고압가스(고법 시행규칙 제2조) : 압축모노실란, 압축디보레인, 액화알진, 포스핀, 세렌화수소, 게르만, 디실란 및 그밖에 반도체의 세정 등 산업통상자원부장관이 인정하는 특수한 용도에 사용하는 고압가스

고압가스의 종류 **예상문제**

01 고압가스 안전관리법 적용을 받는 고압가스 중 35℃의 온도에서 압력이 0Pa을 초과하는 액화가스에 해당하는 가스 종류 3가지를 쓰시오.

해답 ① 액화시안화수소 ② 액화브롬화메탄 ③ 액화산화에틸렌

해설 고압가스의 정의 : 고압가스 안전관리법(고법) 시행령 제2조
① 상용의 온도에서 압력이 1MPa 이상이 되는 압축가스로 실제로 그 압력이 1MPa 이상이 되는 것 또는 35℃의 온도에서 압력이 1MPa 이상이 되는 압축가스
② 15℃의 온도에서 압력이 0Pa을 초과하는 아세틸렌가스
③ 상용의 온도에서 압력이 0.2MPa 이상이 되는 액화가스로서 실제로 그 압력이 0.2MPa 이상이 되는 것 또는 압력이 0.2MPa이 되는 경우의 온도가 35℃ 이하의 액화가스
④ 35℃의 온도에서 압력이 0Pa을 초과하는 액화가스 중 액화시안화수소, 액화브롬화메탄 및 액화산화에틸렌가스

02 가스 종류를 상태에 따라 3가지로 구분하고 설명하시오.

해답 ① 압축가스 : 비등점이 극히 낮거나 임계온도가 낮아 상온에서 압력을 가하여도 액화되지 않는 가스로서 일정한 압력에 의하여 압축되어 있는 것
② 액화가스 : 가압, 냉각에 의하여 액체 상태로 되어 있는 것으로서 대기압에서 비점이 40℃ 이하 또는 상용의 온도 이하인 것
③ 용해가스 : 아세틸렌과 같이 용제 속에 가스를 용해시켜 취급되는 고압가스

해설 ① 연소성에 의한 분류 : 가연성가스, 조연성가스, 불연성가스
② 독성에 의한 분류 : 독성가스, 비독성가스

03 허용농도에 대하여 설명하시오.

해답 해당 가스를 성숙한 흰쥐 집단에게 대기 중에서 1시간 동안 계속하여 노출시킨 경우 14일 이내에 그 흰쥐의 2분의 1 이상이 죽게 되는 가스의 농도를 말한다.

해설 독성가스는 허용농도 100만분의 5000 이하인 가스이다.

---

04 고압가스 안전관리법에서 정한 가연성가스의 정의를 설명하시오.

해답 폭발한계 하한이 10% 이하의 것과 폭발한계 상한과 하한의 차가 20% 이상인 고압가스

---

05 가연성가스의 폭발범위에 대한 압력과 온도의 영향에 대하여 설명하시오.

해답 압력과 온도가 높아지면 폭발범위 하한값은 저하하고, 상한값은 증가하여 폭발범위가 넓어지나, 수소와 일산화탄소는 압력이 높아지면 반대로 폭발범위가 좁아진다(수소는 10atm 이상 압력이 높아지면 다시 폭발범위가 넓어진다).

---

06 가연성가스에서 산소의 농도나 분압이 높아짐에 따라 다음 사항은 어떻게 변화되는지 답하시오.
(1) 발화온도 :　　　　　　　　　　 (2) 화염온도 :
(3) 폭발범위 :　　　　　　　　　　 (4) 발화에너지 :
(5) 연소속도 :

해답 (1) 낮아진다. (2) 상승한다. (3) 넓어진다. (4) 감소한다. (5) 증가한다.
해설 공기 중 산소농도가 증가함에 따라 나타나는 현상
① 증가(상승) : 연소속도, 폭발범위, 화염온도, 화염길이
② 감소(저하) : 발화온도, 발화에너지

---

07 폭발범위를 벗어나 100% 존재 시에도 폭발을 일으키는 물질의 종류 3가지를 쓰시오.

해답 ① 아세틸렌(C_2H_2)　 ② 산화에틸렌(C_2H_4O)　 ③ 히드라진(N_2H_4)

---

08 수소취성에 대한 다음 물음에 답하시오.
(1) 수소취성을 설명하시오.
(2) 수소취성을 방지하기 위하여 첨가하는 원소 5가지를 쓰시오.

해답 (1) 수소는 고온, 고압 하에서 강재중의 탄소와 반응하여 메탄(CH_4)을 생성하고 취성을 발생시키는 것으로 수소취화, 탈탄작용이라 한다.
(2) ① W(텅스텐)　 ② V(바나듐)　 ③ Mo(몰리브덴)　 ④ Ti(티타늄)　 ⑤ Cr(크롬)
해설 수소취성 반응식 : $Fe_3C + 2H_2 \rightarrow 3Fe + CH_4$

---

09 고압가스 안전관리법에서 정하는 가연성가스이면서 독성인 가스 4가지를 쓰시오.

[해답] ① 아크릴로 니트릴 ② 일산화탄소 ③ 벤젠 ④ 산화에틸렌 ⑤ 모노메틸아민
⑥ 염화메탄 ⑦ 브롬화메탄 ⑧ 이황화탄소 ⑨ 황화수소 ⑩ 시안화수소

---

10 수소가스의 특성 중 폭명기의 종류 2가지를 설명하시오.

[해답] ① 수소폭명기 : 공기 중 산소와 체적비가 2 : 1로 반응하여 물을 생성한다.
② 염소폭명기 : 수소와 염소의 혼합가스는 빛(직사광선)과 접촉하면 심하게 반응한다.

[해설] 폭명기 반응식
① 수소폭명기 : $2H_2 + O_2 \rightarrow 2H_2O + 136.6kcal$
② 염소폭명기 : $H_2 + Cl_2 \rightarrow 2HCl + 44kcal$

---

11 고온으로 가열한 코크스에 수증기를 작용시키면 발생하는 가스명칭과 조성을 쓰시오.

[해답] ① 가스명칭 : 수성가스
② 조성 : $CO + H_2$

---

12 산소에 대한 물음에 답하시오.
(1) 대기압 하에서 비점은 몇 ℃인가?
(2) 임계압력 및 임계온도는 얼마인가?
(3) 충전용기의 도색을 공업용과 의료용으로 구분하여 쓰시오.

[해답] (1) −183℃
(2) ① 임계압력 : 50.1 atm ② 임계온도 : −118.4℃
(3) ① 공업용 : 녹색 ② 의료용 : 백색

---

13 공기액화 분리장치에서 액화산소와 액화질소를 제조하는 것에 대한 물음에 답하시오.
(1) 공기액화 분리장치에서 산소와 질소 중 어느 것이 먼저 액화하는가?
(2) 액체공기를 대기 중에 방치하면 산소와 질소 중 어느 것이 먼저 기화하는가?

[해답] (1) 산소 (2) 질소

---

14 공기액화 분리장치에서 수분 및 CO_2를 제거하여야 하는 이유와 제거방법을 설명하시오.

해답 (1) 제거이유 : 장치 내에서 수분은 얼음이 되고, 탄산가스는 고형의 드라이아이스가
되어 밸브 및 배관을 폐쇄하여 장애를 발생시키므로 제거하여야 한다.
(2) 제거방법
① 수분 : 겔 건조기에서 실리카 겔(SiO_2), 활성알루미나(Al_2O_3), 소바이드 등을 사
용하여 흡착, 제거시킨다.
② 탄산가스(CO_2) : CO_2 흡수기에서 가성소다($NaOH$) 수용액을 사용하여 제거하
며 반응식은 다음과 같다.
반응식 : $2NaOH + CO_2 \rightarrow Na_2CO_3 + H_2O$

---

15 공기액화 분리장치의 폭발원인 4가지를 쓰시오.

해답 ① 공기 취입구로부터 아세틸렌(C_2H_2)의 혼입
② 압축기용 윤활유 분해에 따른 탄화수소의 생성
③ 공기 중 질소화합물(NO, NO_2) 혼입
④ 액체공기 중에 오존(O_3)의 혼입
해설 폭발방지대책
① 아세틸렌이 흡입되지 않는 장소에 공기 흡입구를 설치한다.
② 양질의 압축기 윤활유를 사용한다.
③ 장치 내 여과기를 설치한다.
④ 장치는 1년에 1회 정도 내부를 사염화탄소(CCl_4)를 사용하여 세척한다.

---

16 고온, 고압 하에서 일산화탄소를 사용하는 장치에 철재를 사용할 때 영향을 쓰시오.

해답 철족의 금속(Fe, Ni, Co)과 반응하여 금속카르보닐을 생성하며 침탄의 원인이 된다.
해설 고온, 고압 하에서 일산화탄소의 영향
① 고압에서 철(Fe)과 반응하여 철-카르보닐[$Fe(CO)_5$]을 생성한다.
$Fe + 5CO \rightarrow Fe(CO)_5$
② 100℃ 이상에서 니켈(Ni)과 반응하여 니켈-카르보닐[$Ni(CO)_4$]을 생성한다.
$Ni + 4CO \rightarrow Ni(CO)_4$
③ 카르보닐 생성을 방지하기 위하여 장치 내면에 은(Ag), 구리(Cu), 알루미늄(Al) 등
을 라이닝하여 사용한다.

17 염소에 대한 물음에 답하시오.

(1) TLV-TWA 기준농도 및 LC50 허용농도는 얼마인가?

(2) 연소성에 의한 가스의 종류는?

(3) 대기압 하에서 염소의 비점은 몇 ℃인가?

해답 (1) ① TLV-TWA 기준농도 : 1 ppm　② LC50 허용농도 : 293 ppm

(2) 조연성(지연성)가스

(3) -34.05℃

18 염소(Cl_2)에 대한 다음 물음에 답하시오.

(1) 염소용기의 재료 및 도색을 쓰시오.

(2) 염소용기에 사용하는 안전밸브의 종류를 쓰시오.

(3) 염소의 건조제를 쓰시오.

(4) 염소가스 압축기에 사용되는 내부윤활유의 명칭을 쓰시오.

해답 (1) 탄소강, 갈색

(2) 가용전식

(3) 진한 황산

(4) 진한 황산

해설 염소용기 가용전의 용융온도 : 65~68℃

19 암모니아(NH_3)에 대한 물음에 답하시오.

(1) 폭발범위를 공기 및 산소 중에 대하여 쓰시오.

(2) 상온, 상압에서 물 1cc에 대하여 얼마 정도 용해되는지 쓰시오.

(3) 충전용기의 충전구 나사 형식을 쓰시오.

해답 (1) ① 공기 중 : 15~28%　② 산소 중 : 15~79%

(2) 800배 용해

(3) 오른나사

20 암모니아 제조 장치에 동(Cu)을 사용할 수 없는 이유를 설명하시오.

해답 암모니아는 동 및 동합금과 접촉 시 부식이 발생하기 때문이다.

해설 동 및 동합금에서 동 함유량이 62% 미만일 경우 사용이 가능하다.

---

21 아세틸렌(C_2H_2)에 대한 물음에 답하시오.
  (1) 동 및 동합금 사용을 제한하고 있는 이유와 동 및 동 함유량 제한은 얼마인가?
  (2) 폭발범위를 공기 및 산소 중에 대하여 쓰시오.

해답 (1) ① 사용 제한 이유 : 폭발성 물질인 동-아세틸드(Cu_2C_2)를 생성하여 약간의 충격
          에도 폭발 위험성이 있기 때문에
       ② 동 및 동 함유량 62% 초과 사용 금지
    (2) ① 공기 중 : 2.5~81%   ② 산소 중 : 2.5~93%

---

22 아세틸렌의 폭발성 3가지를 설명하시오.

해답 ① 산화폭발 : 산소와 혼합하여 점화하면 폭발을 일으킨다.
    ② 분해폭발 : 가압, 충격에 의해 탄소와 수소로 분해되면서 폭발을 일으킨다.
    ③ 화합폭발 : 동(Cu), 은(Ag), 수은(Hg) 등의 금속과 화합 시 폭발성의 아세틸드를
       생성하여 충격, 마찰에 의하여 폭발한다.
해설 폭발성 3가지 반응식
    ① 산화폭발 : $C_2H_2 + 2.5O_2 \rightarrow 2CO_2 + H_2O$
    ② 분해폭발 : $C_2H_2 \rightarrow 2C + H_2 + 54.2kcal$
    ③ 화합폭발 : $C_2H_2 + 2Cu \rightarrow Cu_2C_2$(동-아세틸드)$+ H_2$
          $C_2H_2 + 2Ag \rightarrow Ag_2C_2$(은-아세틸드)$+ H_2$

---

23 아세틸렌 충전용기에 부착하는 가용전식 안전밸브의 용융온도는 얼마인가?

해답 105 ± 5℃
해설 가용전 안전밸브의 특징
    ① 고온의 영향을 받는 곳에서는 사용이 불가능하다.
    ② 재료 : 납(Pb), 주석(Sn), 비스무트(Bi), 안티몬(Sb) 등
    ③ 가용전이 작동하면 재사용할 수 없다.
참고 염소용기 가용전 용융온도 : 65~68℃

---

24 아세틸렌 충전용기 다공물질의 다공도 시험에 사용하는 물질 3가지를 쓰시오.

해답 ① 아세톤   ② 디메틸포름아미드   ③ 물

25 아세틸렌 용기에 주입하는 다공물질에 관한 물음에 답하시오.
(1) 다공물질을 충전하는 이유를 설명하시오.
(2) 다공물질의 종류 4가지를 쓰시오.
(3) 다공물질의 구비조건 4가지를 쓰시오.
(4) 다공도 기준은 얼마인가?

해답 (1) 분해폭발을 방지하고, 분해폭발이 일어나도 용기 전체로 파급되는 것을 방지하기
위하여
(2) ① 규조토   ② 목탄   ③ 석회
④ 산화철   ⑤ 탄산마그네슘   ⑥ 다공성 플라스틱
(3) ① 고다공도일 것
② 기계적 강도가 클 것
③ 가스충전이 쉽고, 안전성이 있을 것
④ 경제적일 것
⑤ 화학적으로 안정할 것
(4) 75% 이상 92% 미만

참고 '다공물질'을 '다공질물'로 표현하는 경우도 있음

26 아세틸렌 충전용기의 다공물질의 용적이 150L이고, 아세톤의 침윤 잔용적이 40L일 때
다공도(%)를 계산하시오.

풀이 다공도 $= \dfrac{V-E}{V} \times 100 = \dfrac{150-40}{150} \times 100 = 73.333 = 73.33\%$

해답 73.33%

27 아세틸렌 충전용기에 대한 물음에 답하시오.
(1) 충전용기 재료와 제조방법에 의한 분류는 무엇인가?
(2) 다공질물에 침윤시키는 용해제 종류 2가지를 쓰시오.

해답 (1) ① 탄소강
② 용접용기
(2) ① 아세톤
② DMF(디메틸 포름아미드)

28 아세틸렌 제조공정도를 참고하여 물음에 답하시오.

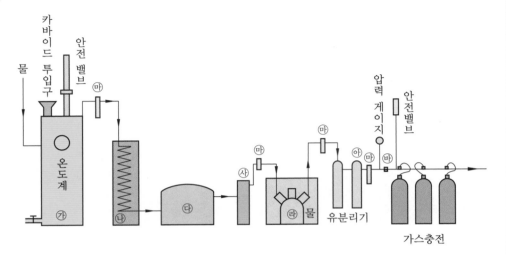

(1) 공정도에서 ㉮~㉯ 의 명칭을 쓰시오.

(2) 아세틸렌 제조 시 발생되는 불순물 종류 4가지를 쓰고, 불순물 존재 시 영향을 쓰시오.

(3) 가스발생기를 발생압력(MPa)에 의하여 분류하시오.

(4) 가스발생기의 구비조건 4가지를 쓰시오.

해답 (1) ㉮ 가스발생기 ㉯ 쿨러   ㉰ 가스청정기   ㉱ 가스압축기

   ㉲ 역화방지기 ㉳ 체크밸브 ㉴ 저압건조기 ㉵ 고압건조기

(2) ① 불순물의 종류 : 인화수소(PH_3), 황화수소(H_2S), 규화수소(SiH_4), 암모니아
   (NH_3), 일산화탄소(CO), 메탄(CH_4)

   ② 영향 : 순도저하 및 충전 시 아세톤에 용해되는 것을 방해하며 자연폭발의 원인
   이 된다.

(3) ① 저압식 : 0.007MPa 미만

   ② 중압식 : 0.007~0.13MPa 미만

   ③ 고압식 : 0.13MPa 이상

(4) ① 구조가 간단하고 취급이 쉬울 것

   ② 가열, 지연 발생이 적을 것

   ③ 일정압력을 유지하고 가스 수요에 맞을 것

   ④ 안정기를 갖추고 산소의 역류, 역화 시 위험을 방지할 수 있을 것

29 아세틸렌 제조 시 가스청정기에 사용하는 청정제의 종류 3가지를 쓰시오.

해답 ① 에퓨렌 ② 카다리솔 ③ 리가솔

30 **아세틸렌 충전작업에 대한 물음에 답하시오.**

(1) 아세틸렌을 2.5MPa 압력으로 압축할 때 첨가하는 희석제의 종류 4가지를 쓰시오.

(2) 습식 아세틸렌 발생기가 유지하여야 하는 표면 온도는 얼마인가?

(3) 아세틸렌을 용기에 충전하는 때의 충전 중의 압력은 (①)MPa 이하로 하고, 충전 후에는 압력이 (②)℃에서 (③)MPa 이하로 될 때까지 정치하여 둔다. ( )안에 알맞은 내용을 넣으시오.

(4) 충전용 지관의 탄소 함유량은 얼마로 제한하는가?

해답 (1) ① 질소(N_2) ② 메탄(CH_4) ③ 일산화탄소(CO) ④ 에틸렌(C_2H_4)

(2) 70℃ 이하

(3) ① 2.5 ② 15 ③ 1.5

(4) 0.1% 이하

31 **아세틸렌의 품질검사에 대한 물음에 답하시오.**

(1) 시험방법 3가지를 쓰시오.

(2) 검사주기는 얼마인가?

(3) 순도는 몇 % 이상이어야 하는가?

해답 (1) ① 발연황산을 사용한 오르사트법

② 브롬시약을 사용한 뷰렛법

③ 질산은 시약을 사용한 정성시험

(2) 1일 1회 이상

(3) 98% 이상

32 **[보기]에서 설명하는 가스의 명칭은 무엇인가?**

──| 보기 |──

① 가연성가스이다.

② 물과 반응하여 글리콜을 생성한다.

③ 암모니아와 반응하여 에탄올아민을 생성한다.

④ 물, 알코올, 에테르, 유기용제에 녹는다.

해답 산화에틸렌(C_2H_4O)

33 독성, 불연성의 부식성이 있는 액화압축가스로서 수분이 있는 금속, 알칼리, 고무 등과 격렬히 반응하고 염료제조공정, 이소시아네이트 유기물합성, 살충제 등의 원료로 사용되는 가스는?

> **해답** 포스겐($COCl_2$)

34 시안화수소(HCN)에 대한 물음에 답하시오.
  (1) 폭발범위, TLV−TWA 기준농도 및 LC50 허용농도는 얼마인가?
  (2) 충전용기에 충전할 때 순도는 얼마인가?
  (3) 중합폭발을 방지하기 위하여 첨가하는 안정제의 종류 2가지를 쓰시오.
  (4) 충전 후 보관할 수 있는 기간은 얼마인가?
  (5) 누설검지 시험지의 명칭과 반응색은?

> **해답** (1) ① 폭발범위 : 6~41%
>   ② TLV−TWA 기준농도 : 10ppm
>   ③ LC50 허용농도 : 140ppm
>   (2) 98% 이상
>   (3) ① 아황산가스   ② 황산
>   (4) 60일
>   (5) ① 시험지 : 질산구리 벤젠지   ② 반응 : 청색

35 석유정제시설에서 장치를 부식시키는 황화합물 명칭을 쓰시오.

> **해답** 황화수소(H_2S)

36 염화메틸(CH_3Cl)을 냉매로 사용하는 냉동장치에서 사용할 수 없는 금속재료 1가지를 쓰시오.

> **해답** 알루미늄 합금
> **해설** 냉매가스 종류에 따른 사용제한 금속 : 부식 발생으로 사용을 제한
>   ① 암모니아(NH_3) : 동 및 동합금
>   ② 염화메틸(CH_3Cl) : 알루미늄 합금
>   ③ 프레온 : 2%를 넘는 마그네슘을 함유한 알루미늄 합금

37 다음 물음에 답하시오.

(1) 아세틸렌 충전 시 첨가하는 희석제의 종류 4가지를 쓰시오.

(2) 시안화수소 충전 시 첨가하는 안정제의 종류 2가지를 쓰시오.

(3) 산화에틸렌 충전 시 저장탱크 및 용기에 45℃에서 압력이 0.4MPa 이상이 되도록 충전하는 것 2가지를 쓰시오.

해답 (1) ① 질소 ② 메탄 ③ 일산화탄소 ④ 에틸렌

(2) ① 황산 ② 아황산가스

(3) ① 질소 ② 탄산가스

---

38 수분이 존재할 때 수분과 반응하여 강재를 부식시키는 가스 종류 4가지를 쓰시오.

해답 ① 이산화탄소(CO_2)

② 염소(Cl_2)

③ 황화수소(H_2S)

④ 포스겐($COCl_2$)

---

39 다음 물음에 답하시오.

(1) 공기 중에서 자연 발화하는 가스 2가지를 쓰시오.

(2) 폭발하한계가 10%를 넘는 가연성가스 2가지를 쓰시오.

(3) 압력이 100atm 이상 시 폭발범위가 좁아지는 가스를 쓰시오.

해답 (1) ① 모노게르만(GeH_4) ② 모노실란(SiH_4) ③ 디실란(Si_2H_6)

(2) ① 일산화탄소 ② 암모니아 ③ 황화카보닐

(3) 일산화탄소

해설 폭발범위

① 일산화탄소 : 12.5~74%

② 암모니아 : 15~28%

③ 황화카보닐 : 12~29%

제 3 장

LPG 및 도시가스 설비

1 LPG 설비

1-1 ◈ LPG(액화석유가스)

(1) LP가스의 조성

석유계 저급탄화수소의 혼합물로 탄소 수가 3개에서 5개 이하의 것으로 프로판(C_3H_8), 부탄(C_4H_{10}), 프로필렌(C_3H_6), 부틸렌(C_4H_8), 부타디엔(C_4H_6) 등이 포함되어 있다.

> 참고 액화석유가스(액화석유가스의 안전관리 및 사업법 제2조) : 프로판이나 부탄을 주성분으로 한 가스를 액화(液化)한 것[기화(氣化)된 것을 포함한다]을 말한다.

(2) 제조법

① 습성천연가스 및 원유에서 회수 : 압축냉각법, 흡수유에 의한 흡수법, 활성탄에 의한 흡착법
② 제유소 가스(원유 정제공정)에서 회수
③ 나프타 분해 생성물에서 회수
④ 나프타의 수소화 분해

1-2 ◈ 특징

(1) 일반적인 특징

① LP가스는 공기보다 무겁다.   ② 액상의 LP가스는 물보다 가볍다.
③ 액화, 기화가 쉽다.   ④ 기화하면 체적이 커진다.
⑤ 기화열(증발잠열)이 크다.   ⑥ 무색, 무미, 무취하다.
⑦ 용해성이 있다.

(2) 연소 특징

① 타 연료와 비교하여 발열량이 크다.   ② 연소 시 공기량이 많이 필요하다.
③ 폭발범위(연소범위)가 좁다.   ④ 연소속도가 느리다.
⑤ 발화온도가 높다.

1-3 충전 설비

(1) 차압에 의한 방법 : 펌프 등을 사용하지 않고 압력차를 이용하는 방법(탱크로리 > 저장탱크)

(2) 액펌프에 의한 방법

① 분류 : 기상부에 균압관이 없는 경우, 기상부에 균압관이 있는 경우

② 특징

  ㈎ 재액화 현상이 없다.   ㈏ 드레인 현상이 없다.

  ㈐ 충전시간이 길다.   ㈑ 잔가스 회수가 불가능하다.

  ㈒ 베이퍼 로크 현상이 발생한다.

(3) 압축기에 의한 방법

① 특징

  ㈎ 펌프에 비해 이송시간이 짧다.   ㈏ 잔가스 회수가 가능하다.

  ㈐ 베이퍼 로크 현상이 없다.   ㈑ 부탄의 경우 재액화 현상이 일어난다.

  ㈒ 압축기 오일로 인한 드레인의 원인이 된다.

② 부속기기 : 액트랩(액분리기), 자동정지 장치, 사방밸브(4-way valve), 유분리기

(4) 충전(이송) 작업 중 작업을 중단해야 하는 경우

① 과 충전이 되는 경우

② 충전작업 중 주변에서 화재 발생 시

③ 탱크로리와 저장탱크를 연결한 호스 등에서 누설이 되는 경우

④ 압축기 사용 시 워터해머(액 압축)가 발생하는 경우

⑤ 펌프 사용 시 액배관 내에서 베이퍼 로크가 심한 경우

1-4 저장 설비 및 수송 방법

(1) 저장설비의 종류

① 저장탱크 : 액화석유가스를 저장하기 위하여 지상 또는 지하에 고정 설치된 탱크로서 그 저장능력이 3톤 이상인 탱크

② 소형 저장탱크 : 액화석유가스를 저장하기 위하여 지상이나 지하에 고정 설치된 탱크로서 그 저장능력이 3톤 미만인 탱크

③ 마운드형 저장탱크 : 액화석유가스를 저장하기 위하여 지상에 설치된 원통형 탱크에 흙과 모래를 사용하여 덮은 탱크로서 자동차에 고정된 탱크 충전사업 시설에 설치되는 탱크

④ 용기 : 고압가스를 충전하기 위한 것(부속품을 포함한다)으로서 이동할 수 있는 것

(2) 수송 방법

① 용기에 의한 방법

② 탱크로리에 의한 방법

③ 철도차량에 의한 방법

④ 유조선에 의한 방법

⑤ 파이프라인에 의한 방법

1-6 ◈ 공급 설비

(1) 기화 방식 분류

① 자연 기화 방식

㈎ 부하변동이 비교적 적을 경우

㈏ 연간 온도 차이가 크지 않을 경우

㈐ 용기설치 장소를 용이하게 확보할 수 있을 경우

② 강제 기화 방식

㈎ 선정 목적(이유)

㉮ 부하변동이 비교적 심한 경우

㉯ 한랭지에서 사용하는 경우

㉰ 용기설치 장소를 확보하지 못하는 경우

㈏ 공급 방법 : 생가스 공급 방식, 공기혼합가스 공급 방식, 변성가스 공급 방식

> **참고** **공기혼합가스의 공급 목적**
> ① 발열량 조절 ② 연소효율 증대 ③ 누설 시 손실 감소 ④ 재액화 방지

(2) 기화기(vaporizer)

① 기능 : 액상의 LP가스를 열교환기에서 열매체와 열교환하여 가스화시키는 장치이다.

② 구성 3요소 : 기화부, 제어부, 조압부

③ 기화기 사용 시 장점

㈎ 한랭시에도 연속적으로 가스공급이 가능하다.

㈏ 공급가스의 조성이 일정하다.

㈐ 설치 면적이 적어진다.

㈑ 기화량을 가감할 수 있다.

㈒ 설비비, 인건비가 절약된다.

1-6 ◈ 사용 설비

(1) 충전용기

① 탄소강으로 제작하며 용접용기이다.

② 용기 재질은 사용 중 견딜 수 있는 연성, 전성, 강도가 있어야 한다.

③ 내식성, 내마모성이 있어야 한다.

④ 안전밸브는 스프링식을 부착한다.

(2) 조정기(調整器, regulator)

① 기능 : 유출압력 조절로 안정된 연소를 도모하고, 소비가 중단되면 가스를 차단한다.

② 조정기의 분류

㈎ 1단 감압식 조정기 : 저압 조정기와 준저압 조정기로 구분

㈏ 2단 감압식 조정기 : 1차 조정기와 2차 조정기를 사용하여 가스를 공급한다.

㈐ 자동교체식 조정기 : 분리형과 일체형으로 구분

㈑ 그 밖의 조정기

(3) 가스미터(gas meter)의 종류 및 특징

구분	막식(diaphragm type) 가스미터	습식 가스미터	Roots형 가스미터
장점	① 가격이 저렴하다. ② 유지관리에 시간을 요하지 않는다.	① 계량이 정확하다. ② 사용 중에 오차의 변동이 적다.	① 대유량의 가스 측정에 적합하다. ② 중압가스의 계량이 가능하다. ③ 설치면적이 적다.
단점	대용량의 것은 설치면적이 크다.	① 사용 중에 수위조정 등의 관리가 필요하다. ② 설치면적이 크다.	① 여과기의 설치 및 설치 후의 유지관리가 필요하다. ② 적은 유량(0.5m³/h)의 것은 부동(不動)의 우려가 있다.
용도	일반 수용가	기준용, 실험실용	대량 수용가
용량범위	1.5~200 m³/h	0.2~3000 m³/h	100~5000 m³/h

1-7 ◈ 배관 설비

(1) 배관 내의 압력손실

① 마찰저항에 의한 압력손실

㈎ 유속의 2승에 비례한다(유속이 2배이면 압력손실은 4배이다).

㈏ 관의 길이에 비례한다(길이가 2배이면 압력손실은 2배이다).

　　㈐ 관 안지름의 5승에 반비례한다(관 안지름이 1/2로 작아지면 압력손실은 32배이다).

　　㈑ 관 내벽의 상태에 관련 있다(내면에 요철부가 있으면 압력손실이 커진다).

　　㈒ 유체의 점도에 관련 있다(유체의 점성이 크면 압력손실이 커진다).

　　㈓ 압력과는 관계가 없다.

② 입상배관에 의한 압력손실

$$H = 1.293(S-1)h$$

　여기서, H : 입상배관에 의한 압력손실(mmH_2O), S : 가스의 비중, h : 입상높이(m)

　※ 가스 비중이 공기보다 작은 경우 "−" 값이 나오면 압력이 상승되는 것이다.

(2) 배관 지름의 결정

① 저압배관의 유량 결정

$$Q = K\sqrt{\frac{D^5 \cdot H}{S \cdot L}} \qquad D = \sqrt[5]{\frac{Q^2 \cdot S \cdot L}{K^2 \cdot H}} \qquad H = \frac{Q^2 \cdot S \cdot L}{K^2 \cdot D^5}$$

　여기서, Q : 가스의 유량(m³/h)　　　D : 관 안지름(cm)

　　　　　H : 압력손실(mmH_2O)　　　S : 가스의 비중

　　　　　L : 관의 길이(m)　　　　　K : 유량계수(폴의 상수 : 0.707)

② 중ㆍ고압배관의 유량 결정

$$Q = K\sqrt{\frac{D^5 \cdot (P_1^2 - P_2^2)}{S \cdot L}} \qquad D = \sqrt[5]{\frac{Q^2 \cdot S \cdot L}{K^2 \cdot (P_1^2 - P_2^2)}}$$

　여기서, Q : 가스의 유량(m³/h)　　　D : 관 안지름(cm)

　　　　　P_1 : 초압(kgf/cm² · a)　　　P_2 : 종압(kgf/cm² · a)

　　　　　S : 가스의 비중　　　　　　L : 관의 길이(m)

　　　　　K : 유량계수(코크스의 상수 : 52.31)

1-8 ◈ 연소 기구

(1) 연소 방식의 분류

① 적화(赤化)식 : 연소에 필요한 공기를 2차 공기로 취하는 방식

② 분젠식 : 가스를 노즐로부터 분출시켜 주위의 공기를 1차 공기로 흡입하는 방식

③ 세미분젠식 : 적화식과 분젠식의 혼합형(1차 공기량 40% 미만 취함)

④ 전1차 공기식 : 송풍기로 공기를 압입하여 연소용 공기를 1차 공기로 하여 연소하는 방식

(2) 노즐

① 가스 분출량 계산

$$Q = 0.011K \cdot D^2\sqrt{\frac{P}{d}} = 0.009D^2\sqrt{\frac{P}{d}}$$

여기서, Q : 분출가스량(m^3/h) K : 유출계수(0.8)

         D : 노즐의 지름(mm) P : 노즐 직전의 가스압력(mmH_2O)

         d : 가스 비중

② 노즐 조정

$$\frac{D_2}{D_1} = \frac{\sqrt{WI_1\sqrt{P_1}}}{\sqrt{WI_2\sqrt{P_2}}}$$

여기서, D_1 : 변경 전 노즐 지름(mm) D_2 : 변경 후 노즐 지름(mm)

         WI_1 : 변경 전 가스의 웨버지수 WI_2 : 변경 후 가스의 웨버지수

         P_1 : 변경 전 가스의 압력(mmH_2O) P_2 : 변경 후 가스의 압력(mmH_2O)

※ 웨버지수 $WI = \dfrac{H_g}{\sqrt{d}}$ H_g : 도시가스의 발열량($kcal/m^3$) d : 도시가스의 비중

(3) 연소 기구에서 발생하는 이상 현상

① 역화 : 연소속도가 가스 유출속도보다 클 때 불꽃이 노즐 선단에서 연소하는 현상

② 선화 : 가스의 유출속도가 연소속도보다 클 때 염공을 떠나 공간에서 연소하는 현상

역화의 원인	선화의 원인
① 염공이 크게 되었을 때	① 염공이 작아졌을 때
② 노즐의 구멍이 너무 크게 된 경우	② 공급압력이 지나치게 높을 경우
③ 콕이 충분히 개방되지 않은 경우	③ 배기 또는 환기가 불충분할 때 (2차 공기량 부족)
④ 가스의 공급압력이 저하되었을 때	④ 공기 조절장치를 지나치게 개방하였을 때 (1차 공기량 과다)
⑤ 버너가 과열된 경우	

③ 블로 오프(blow off) : 불꽃 주변 기류에 의하여 불꽃이 염공에서 떨어져 연소하는 현상

④ 옐로 팁(yellow tip, 황염) : 불꽃의 끝이 적황색으로 되어 연소하는 현상으로 연소반응이 충분한 속도로 진행되지 않을 때, 1차 공기량이 부족하여 불완전연소가 될 때 발생한다.

⑤ 불완전연소의 원인

     (가) 공기 공급량 부족   (나) 배기 불충분

     (다) 환기 불충분   (라) 가스 조성의 불량

     (마) 연소 기구의 부적합   (바) 프레임의 냉각

(4) 연소 기구가 갖추어야 할 조건

① 가스를 완전연소시킬 수 있을 것

② 연소열을 유효하게 이용할 수 있을 것

③ 취급이 쉽고 안정성이 높을 것

2 도시가스 설비

2-1 ◈ 도시가스의 원료

(1) **천연가스(NG : Natural Gas)** : 지하에서 생산되는 탄화수소를 주성분으로 하는 가연성 가스
 ① 도시가스 원료 : C/H 비가 3이므로 그대로 도시가스로 공급할 수 있다.
 ② 정제 : 제진, 탈유, 탈탄산, 탈황, 탈습 등 전처리 공정에 해당하는 정제설비가 필요하다.
 ③ 공해 : 사전에 불순물이 제거된 상태이기 때문에 환경문제 영향이 적다.
 ④ 저장 : 천연가스는 상온에서 기체이므로 가스홀더 등에 저장하여야 한다.

(2) **액화천연가스(LNG : Liquefaction Natural Gas)** : 지하에서 생산된 천연가스를 −161.5℃ 까지 냉각, 액화한 것이다.
 ① 불순물이 제거된 청정연료로 환경문제가 없다.
 ② LNG 수입기지에 저온 저장설비 및 기화장치가 필요하다.
 ③ 불순물을 제거하기 위한 정제설비는 필요하지 않다.
 ④ 초저온 액체로 설비재료의 선택과 취급에 주의를 요한다.
 ⑤ 냉열이용이 가능하다.

(3) **정유가스(Off gas)** : 석유정제 또는 석유화학 계열공장에서 부산물로 생산되는 가스

(4) **나프타(Naphtha, 납사)** : 원유를 상압에서 증류할 때 얻어지는 비점이 200℃ 이하인 유분(액체성분)으로 경질의 것을 라이트 나프타, 중질의 것을 헤비 나프타라 부른다.

(5) **LPG(액화석유가스)** : 도시가스로 공급하는 방법으로 직접 혼입 방식, 공기 혼합 방식, 변성 혼입 방식으로 구분

> **참고** **LNG에서 발생되는 현상**
> ① 롤 오버(roll over) 현상 : LNG 저장탱크에서 상이한 액체 밀도로 인하여 층상화된 액체의 불안정한 상태가 바로 잡히며 생기는 LNG의 급격한 물질 혼합 현상을 말하며, 일반적으로 상당한 양의 증발가스(BOG)가 탱크 내부에서 방출되는 현상이 수반된다.
> ② BOG(boil off gas) : LNG 저장시설에서 외부로부터 전도되는 열에 의하여 LNG 중 극소량이 기화된 가스로 증발가스라 한다. 처리방법에는 발전용에 사용, 탱커의 기관용(압축기 가동용)에 사용, 대기로 방출하여 연소하는 방법이 있다.

2-2 ❖ 가스의 제조

(1) 가스화 방식에 의한 분류

① 열분해 공정(thermal craking process) : 고온하에서 탄화수소를 가열하여 수소(H_2), 메 탄(CH_4), 에탄(C_2H_6), 에틸렌(C_2H_4), 프로판(C_3H_8) 등의 가스상의 탄화수소와 벤젠, 톨루엔 등의 조경유 및 타르 나프탈렌 등으로 분해하고, 고열량 가스($10000kcal/Nm^3$)를 제조하는 방법이다.

② 접촉분해 공정(steam reforming process) : 촉매를 사용해서 반응온도 $400 \sim 800\,°C$에 서 탄화수소와 수증기를 반응시켜 메탄(CH_4), 수소(H_2), 일산화탄소(CO), 이산화탄소 (CO_2)로 변환하는 공정이다.

③ 부분연소 공정(partical combustion process) : 탄화수소의 분해에 필요한 열을 노(爐) 내에 산소 또는 공기를 흡입시킴에 의해 원료의 일부를 연소시켜 연속적으로 가스를 만드는 공정이다.

④ 수첨분해 공정(hydrogenation cracking process) : 고온, 고압하에서 탄화수소를 수소 기류 중에서 열분해 또는 접촉분해하여 메탄(CH_4)을 주성분으로 하는 고열량의 가스를 제조하는 공정이다.

⑤ 대체천연가스 공정(substitute natural process) : 수분, 산소, 수소를 원료 탄화수소와 반응시켜 수증기 개질, 부분연소, 수첨분해 등에 의해 가스화하고 메탄합성, 탈산소 등 의 공정과 병용해서 천연가스의 성상과 거의 일치하게끔 가스를 제조하는 공정으로 제조된 가스를 대체천연가스(SNG)라 한다.

(2) 원료의 송입법에 의한 분류

① 연속식 : 원료가 연속적으로 송입되며 가스의 발생도 연속으로 된다.

② 배치(batch)식 : 일정량의 원료를 가스화 실에 넣어 가스화하는 방법이다.

③ 사이클릭(cyclic)식 : 연속식과 배치식의 중간적인 방법이다.

(3) 가열방식에 의한 분류

① 외열식 : 원료가 들어있는 용기를 외부에서 가열하는 방법이다.

② 축열식 : 반응기 내에서 연료를 연소시켜 충분히 가열한 후 원료를 송입하여 가스화하는 방법이다.

③ 부분연소식 : 원료에 소량의 공기와 산소를 혼합하여 반응기에 넣어 원료의 일부를 연소시켜 그 열을 이용하여 원료를 가스화 열원으로 한다.

④ 자열식 : 가스화에 필요한 열을 발열반응에 의해 가스를 발생시키는 방식이다.

2-3 ◈ 부취제(付臭製)

(1) 부취제의 종류

① TBM(Tertiary Buthyl Mercaptan) : 양파 썩는 냄새가 나며 내산화성이 우수하고 토양투과성이 우수하며 토양에 흡착되기 어렵다.

② THT(Tetra Hydro Thiophen) : 석탄가스 냄새가 나며 산화, 중합이 일어나지 않는 안정된 화합물이다. 토양의 투과성이 보통이며, 토양에 흡착되기 쉽다.

③ DMS(DiMethyl Sulfide) : 마늘 냄새가 나며 안정된 화합물이다. 내산화성이 우수하며 토양의 투과성이 우수하고 토양에 흡착되기 어렵다.

(2) 부취제의 구비조건

① 화학적으로 안정하고 독성이 없을 것

② 보통 존재하는 냄새(생활취)와 명확하게 식별될 것

③ 극히 낮은 농도에서도 냄새가 확인될 수 있을 것

④ 가스관이나 가스미터 등에 흡착되지 않을 것

⑤ 배관을 부식시키지 않을 것

⑥ 물에 잘 녹지 않고 토양에 대하여 투과성이 클 것

⑦ 완전연소가 가능하고 연소 후 냄새나 유해한 성질이 남지 않을 것

(3) 부취제의 주입방법

① 액체 주입식 : 부취제를 액상 그대로 가스흐름에 주입하는 방법으로 펌프 주입방식, 적하 주입방식, 미터 연결 바이패스 방식으로 분류한다.

② 증발식 : 부취제의 증기를 가스흐름에 혼합하는 방법으로 바이패스 증발식, 위크 증발식으로 분류한다.

(4) 냄새 측정방법

① 오더미터법(냄새측정기법) : 공기와 시험가스의 유량조절이 가능한 장비를 이용하여 시료기체를 만들어 감지희석배수를 구하는 방법이다.

② 주사기법 : 채취용 주사기로 채취한 일정량의 시험가스를 희석용 주사기에 옮기는 방법으로 시료기체를 만들어 감지희석배수를 구하는 방법이다.

③ 냄새주머니법 : 일정한 양의 깨끗한 공기가 들어 있는 주머니에 시험가스를 주사기로 첨가하여 시료기체를 만들어 감지희석배수를 구하는 방법이다.

④ 무취실법

(5) 희석배수 : 500배, 1000배, 2000배, 4000배

(6) 착취농도 : $\dfrac{1}{1000}$ 의 농도(0.1%)

(7) 부취제 누설 시 제거방법

① 활성탄에 의한 흡착 : 소량 누설 시 적합하다.

② 화학적 산화처리 : 대량으로 누설 시 차아염소산나트륨을 사용하여 분해 처리한다.

③ 연소법 : 부취제 용기, 배관을 기름으로 닦고 그 기름을 연소하는 방법이다.

2-4 ◈ 도시가스 공급 설비

(1) 공급 방식의 분류

① 저압 공급 방식 : 0.1MPa 미만

② 중압 공급 방식 : 0.1~1MPa 미만

③ 고압 공급 방식 : 1MPa 이상

(2) LNG 기화장치

① 오픈 랙(open rack) 기화법 : 베이스 로드용으로 바닷물을 열원으로 사용하므로 초기 시설비가 많으나 운전비용이 저렴하다.

② 중간매체법 : 베이스 로드용으로 프로판(C_3H_8), 펜탄(C_5H_{12}) 등을 사용한다.

③ 서브머지드(submerged)법 : 피크 로드용으로 액중 버너를 사용한다. 초기 시설비가 적으나 운전비용이 많이 소요된다.

(3) 가스 홀더(gas holder)

① 기능

㈎ 가스 수요의 시간적 변동에 대하여 공급 가스량을 확보한다.

㈏ 공급 설비의 일시적 중단에 대하여 어느 정도 공급량을 확보한다.

㈐ 공급 가스의 성분, 열량, 연소성 등의 성질을 균일화한다.

㈑ 소비지역 근처에 설치하여 피크시의 공급, 수송효과를 얻는다.

② 종류 : 유수식, 무수식, 구형 가스 홀더

③ 가스 홀더의 활동량(Nm^3) 계산

$$\Delta V = V \times \frac{(P_1 - P_2)}{P_0} \times \frac{T_0}{T_1}$$

여기서, ΔV : 가스 홀더의 활동량(Nm^3)　　　　V : 가스홀더의 내용적(m^3)

P_1 : 가스 홀더의 최고사용압력($kgf/cm^2 \cdot a$)　P_2 : 가스 홀더의 최저사용압력($kgf/cm^2 \cdot a$)

P_0 : 표준대기압($1.0332kgf/cm^2$)　　　　T_0 : 표준상태의 절대온도(273K)

T_1 : 가동상태의 절대온도(K)

※ 가스 홀더의 내용적 : $V = \dfrac{4}{3}\pi \cdot \gamma^3 = \dfrac{\pi}{6}D^3$

2-5 ◈ 정압기(governor)

(1) 정압기의 기능(역할)
① 감압 기능 : 도시가스 압력을 사용처에 맞게 낮추는 기능
② 정압 기능 : 2차측의 압력을 허용범위 내의 압력으로 유지하는 기능
③ 폐쇄 기능 : 가스의 흐름이 없을 때는 밸브를 완전히 폐쇄하여 압력상승을 방지하는 기능

(2) 정압기의 구성요소
① 다이어프램 : 2차 압력을 감지하고, 2차 압력의 변동을 메인밸브에 전달하는 부분
② 스프링 : 조정할 압력(2차 압력)을 설정하는 부분
③ 메인밸브(조정밸브) : 가스의 유량을 밸브 개도에 따라서 직접 조정하는 부분

(3) 정압기의 특성
① 정특성 : 유량과 2차 압력의 관계
　(가) 로크업(lock up) : 유량이 0으로 되었을 때 끝맺은 압력과 기준압력(P_s)과의 차이
　(나) 오프셋(offset) : 유량이 변화했을 때 2차 압력과 기준압력(P_s)과의 차이
　(다) 시프트(shift) : 1차 압력의 변화에 의하여 정압곡선이 전체적으로 어긋나는 것
② 동특성(動特性) : 부하 변동에 대한 응답의 신속성과 안정성이 요구된다.
　(가) 응답속도가 빠르면 안정성은 떨어진다.
　(나) 응답속도가 늦으면 안정성은 좋아진다.
③ 유량 특성 : 메인밸브의 열림과 유량의 관계
④ 사용 최대 차압 : 메인밸브에 1차와 2차 압력이 작용하여 최대로 되었을 때 차압
⑤ 작동 최소 차압 : 정압기가 작동할 수 있는 최소 차압

(4) 직동식 정압기의 작동 원리

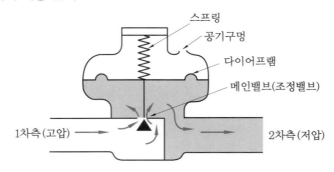

① 설정압력이 유지될 때 : 다이어프램에 걸려 있는 2차 압력과 스프링의 힘이 평형 상태를 유지하면서 메인밸브는 움직이지 않고 일정량의 가스가 메인밸브를 경유하여 2차측으로 가스를 공급한다.

② 2차측 압력이 설정압력보다 낮을 때 : 2차측 가스 사용량이 증가하여 2차측 압력이 설정압력 이하로 떨어질 경우 정압기 스프링 힘이 다이어프램을 받치고 있는 힘보다 커서 다이어프램에 연결된 메인밸브를 열리게 하여 가스의 유량이 증가하게 되며, 2차 압력을 설정압력으로 유지되도록 작동한다.

③ 2차측 압력이 설정압력보다 높을 때 : 2차측 가스 사용량이 감소하여 2차측 압력이 설정압력 이상으로 상승하며, 이때 다이어프램을 들어 올리는 힘이 증가하여 스프링의 힘에 이기고 다이어프램에 연결된 메인밸브를 닫히게 하여 가스의 유량을 제한하므로 2차 압력을 설정압력으로 유지되도록 작동한다.

2-6 ◈ 웨버지수

$$WI = \frac{H_g}{\sqrt{d}}$$

여기서, H_g : 도시가스의 발열량($kcal/m^3$)

d : 도시가스의 비중

LPG 및 도시가스 설비 예상문제

---

01 LPG 성분 2가지를 쓰시오.

해답 ① 프로판(C_3H_8) ② 부탄(C_4H_{10})

해설 액화석유가스(LPG)

① LP가스의 조성 : 석유계 저급탄화수소의 혼합물로 탄소 수가 3개에서 5개 이하의 것으로 프로판(C_3H_8), 부탄(C_4H_{10}), 프로필렌(C_3H_6), 부틸렌(C_4H_8), 부타디엔(C_4H_6) 등이 포함되어 있다.

② 액화석유가스(액법 제2조) : 프로판이나 부탄을 주성분으로 한 가스를 액화(液化)한 것[기화(氣化)된 것을 포함한다]을 말한다.

---

02 LP가스의 특징 4가지를 쓰시오.

해답 ① LP가스는 공기보다 무겁다. ② 액상의 LP가스는 물보다 가볍다.
③ 액화, 기화가 쉽다. ④ 기화하면 체적이 커진다.
⑤ 기화열(증발잠열)이 크다. ⑥ 무색, 무취, 무미하다.
⑦ 용해성이 있다.

---

03 LP가스의 연소 특징 4가지를 쓰시오.

해답 ① 타 연료와 비교하여 발열량이 크다.
② 연소 시 공기량이 많이 필요하다.
③ 폭발범위(연소한계)가 좁다.
④ 연소속도가 느리다.
⑤ 발화온도가 높다.

---

04 유전지대에서 채취되는 습성 천연가스 및 원유에서 LPG를 회수하는 방법 3가지를 쓰시오.

해답 ① 압축 냉각법 ② 흡수유에 의한 흡수법 ③ 활성탄에 의한 흡착법

05 탄화수소에서 탄소(C) 수가 증가할수록 아래 사항은 어떻게 변화되는가?
　(1) 비등점 :　　　　　 (2) 증기압 :　　　　　　(3) 비중 :
　(4) 발화점 :　　　　　 (5) 폭발하한값 :　　　　(6) 발열량 :

해답 (1) 높아진다.　 (2) 낮아진다.　 (3) 증가한다.
　　　　(4) 낮아진다.　 (5) 낮아진다.　 (6) 증가한다.

해설 탄화수소에서 탄소(C) 수가 증가할수록
　　　　① 증가(상승) : 비등점, 융점, 비중, 발열량(연소열)
　　　　② 저하(감소) : 증기압, 발화점, 폭발범위, 폭발범위 하한값, 증발잠열

---

06 탱크로리에서 저장탱크로 LPG를 이송하는 방법 4가지를 쓰시오.

해답 ① 차압에 의한 방법
　　　　② 균압관이 없는 액펌프에 의한 방법
　　　　③ 균압관이 있는 액펌프에 의한 방법
　　　　④ 압축기에 의한 방법

---

07 LPG를 이입, 충전방법 중 압축기를 이용한 방식이 갖는 특징 4가지를 쓰시오.

해답 ① 펌프에 비해 이송시간이 짧다.
　　　　② 잔가스 회수가 가능하다.
　　　　③ 베이퍼 로크 현상이 없다.
　　　　④ 부탄의 경우 재액화 현상이 일어난다.
　　　　⑤ 압축기 오일이 탱크에 유입되어 드레인의 원인이 된다.

해설 액펌프 사용 시 특징
　　　　① 재액화 현상이 없다.
　　　　② 드레인 현상이 없다.
　　　　③ 충전시간이 길다.
　　　　④ 잔가스 회수가 불가능하다.
　　　　⑤ 베이퍼 로크 현상이 일어나 누설의 원인이 된다.

---

08 탱크로리에서 저장탱크로 LPG를 이입, 충전작업 중 작업을 중단해야 하는 경우 4가지를 쓰시오.

해답 ① 과충전이 되는 경우
② 충전작업 중 주변에서 화재가 발생하였을 때
③ 탱크로리와 저장탱크를 연결한 호스 등에서 누설이 되는 경우
④ 압축기 사용 시 워터해머(액압축)가 발생하는 경우
⑤ 펌프 사용 시 액배관 내에서 베이퍼 로크가 심한 경우

---

09 압축기에 의한 LPG 이송방식 중 압축기의 흡입측과 토출측을 전환하여 액이송과 가스 회수를 동시에 할 수 있는 장치의 명칭을 쓰시오.

해답 사방밸브(또는 사로밸브, 4-way valve)

---

10 LPG 사용 시설에서 공기희석가스를 공급하는 목적 4가지를 쓰시오.

해답 ① 발열량 조절　　② 재액화 방지
③ 누설 시 손실 감소　　④ 연소효율 증대

---

11 액화석유가스를 사용할 때 자연기화방식과 강제기화방식을 선정하는 이유(목적)를 각각 2가지씩 설명하시오.

해답 (1) 자연기화방식
① 부하변동이 비교적 적을 경우
② 연간 온도 차이가 크지 않을 경우
③ 용기설치 장소를 용이하게 확보할 수 있을 경우
(2) 강제기화방식
① 부하변동이 비교적 심한 경우
② 한랭지에서 사용하는 경우
③ 용기설치 장소를 확보하지 못하는 경우

---

12 LPG 저장설비의 종류 4가지를 쓰시오.

해답 ① 저장탱크　② 마운드형 저장탱크　③ 소형 저장탱크　④ 용기

해설 용어의 정의(KGS FP331) : 저장설비란 액화석유가스를 저장하기 위한 설비로서 저장탱크, 마운드형 저장탱크, 소형 저장탱크 및 용기(용기집합설비와 충전용기보관실을 포함한다)를 말한다.

13 액화석유가스를 저장하기 위하여 지상에 설치된 원통형 탱크에 흙과 모래를 사용하여 덮은 저장탱크의 명칭을 쓰시오.

해답 마운드형 저장탱크

해설 마운드형 저장탱크 설치 기준 : KGS FP333
① 마운드형 저장탱크는 높이 1m 이상의 견고하게 다져진 모래기반 위에 설치한다.
② 마운드형 저장탱크의 모래기반 주위에는 지하수 침입 등으로 인한 붕괴의 위험이 없도록 높이 50cm 이상의 철근콘크리트 옹벽을 설치한다.
③ 마운드형 저장탱크는 그 주위를 20cm 이상 모래로 덮은 후 두께 1m 이상의 흙으로 채운다.
④ 마운드형 저장탱크는 덮은 흙의 유실을 막기 위해 적절한 사면 경사각을 유지하고 그 표면에 잔디를 심는다.
⑤ 마운드형 저장탱크 주위에 물의 침입 및 동결에 대비하여 배수공을 설치하고 바닥은 물이 빠지도록 적절한 구배를 둔다.
⑥ 마운드형 저장탱크 주위에는 해당 저장탱크로부터 누출하는 가스를 검지할 수 있는 관을 바닥면 둘레 20m에 대하여 1개 이상 설치하고, 그 관끝은 빗물 등이 침입하지 아니하도록 뚜껑을 설치한다.

14 기화장치의 주요 구성 부분 3가지를 쓰시오.

해답 ① 기화부 ② 제어부 ③ 조압부

15 기화장치를 작동원리에 따라 2가지로 구분하시오.

해답 ① 가온 감압방식 ② 감압 가온방식

해설 작동원리에 따른 기화기의 분류
① 가온 감압방식 : 열교환기에 액체상태의 LPG를 보내 여기서 기화된 가스를 조정기에 의해 감압하여 공급하는 방식
② 감압 가온방식 : 액체상태의 LP가스를 액체조정기 또는 팽창밸브를 통하여 감압하여 온도를 내려서 열교환기에 보내 대기 또는 온수 등으로 가열하여 기화를 시키는 방식

16 LPG 기화장치의 구조도에서 ①~⑤의 명칭을 쓰시오.

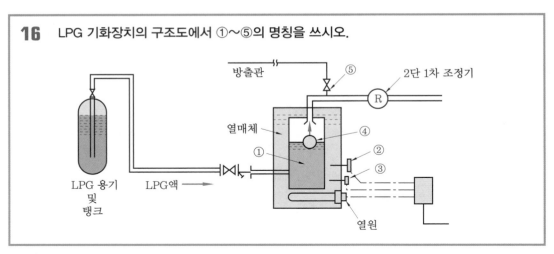

(해답) ① 열교환기　② 온도제어장치　③ 과열방지장치　④ 액면제어장치　⑤ 안전밸브

17 기화장치에 대한 물음에 답하시오.
⑴ 프로판 및 부탄의 기화방식의 차이점을 설명하시오.
⑵ 기화기 사용 시 장점 4가지를 쓰시오.

(해답) ⑴ 프로판은 자연 기화방식을 사용하고, 부탄은 강제 기화방식을 사용한다.
⑵ ① 한랭시에도 연속적인 가스공급이 가능하다.
　② 공급가스의 조성이 일정하다.　　③ 설치 면적이 적어진다.
　④ 기화량을 가감할 수 있다.　　⑤ 설비비 및 인건비가 절약된다.

18 LPG 사용 시설에 사용하는 조정기의 역할을 설명하시오.

(해답) 용기 내의 압력과 관계없이 유출압력을 조절하여 안정된 연소를 도모하고, 소비가 중단되면 가스를 차단한다.

19 LPG 조정기의 종류 4가지를 쓰시오.

(해답) ① 1단 감압식 저압 조정기　　② 1단 감압식 준저압 조정기
③ 2단 감압식 1차용 조정기　　④ 2단 감압식 2차용 조정기
⑤ 자동절체식 분리형 조정기　　⑥ 자동절체식 일체형 조정기
⑦ 자동절체식 일체형 준저압 조정기

20 1단 감압식 저압 조정기 사용 시 특징을 쓰시오.

해답 ① 장치가 간단하다. ② 조작이 간단하다.
③ 배관 지름이 커야 한다. ④ 최종 압력이 부정확하다.

---

21 LPG 사용 시설에서 2단 감압방식을 사용할 때 장점 4가지를 쓰시오.

해답 ① 입상배관에 의한 압력손실을 보정할 수 있다.
② 가스배관이 길어도 공급압력이 안정된다.
③ 각 연소기구에 알맞은 압력으로 공급이 가능하다.
④ 중간 배관의 지름이 작아도 된다.

해설 2단 감압방식의 단점
① 설비가 복잡하고, 검사방법이 복잡하다.
② 조정기 수가 많아서 점검부분이 많다.
③ 부탄의 경우 재액화의 우려가 있다.
④ 시설의 압력이 높아서 이음방식에 주의하여야 한다.

---

22 1단 감압식 저압 조정기의 입구압력과 조정압력을 쓰시오.

해답 ① 입구압력 : 0.07~1.56 MPa ② 조정압력 : 2.3~3.3 kPa

---

23 LPG 사용 시설에서 자동교체식 조정기 사용 시 장점 4가지를 쓰시오.

해답 ① 전체용기 수량이 수동교체식의 경우보다 적어도 된다.
② 잔액이 거의 없어질 때까지 소비된다.
③ 용기 교환주기의 폭을 넓힐 수 있다.
④ 분리형을 사용하면 배관의 압력손실을 크게 해도 된다.

---

24 조정압력이 3.3 kPa 이하인 조정기에 대한 물음에 답하시오.
(1) 안전장치 작동 표준압력(kPa)은 얼마인가?
(2) 안전장치 작동 개시압력(kPa)은 얼마인가?
(3) 안전장치 작동 정지압력(kPa)은 얼마인가?

해답 (1) 7 kPa

(2) 5.6~8.4 kPa

(3) 5.04~8.4 kPa

해설 조정기의 성능(조정압력 3.3 kPa 이하)

① 입구압력 : 0.07~1.56 MPa

② 조정압력(출구압력) : 2.3~3.3 kPa

③ 최대폐쇄압력 : 3.5 kPa 이하

④ 안전장치 작동 표준압력 : 7 kPa

⑤ 안전장치 작동 개시압력 : 5.6~8.4 kPa

⑥ 안전장치 작동 정지압력 : 5.04~8.4 kPa

---

25 습식 가스미터에 대한 물음에 답하시오.

(1) 특징 4가지를 쓰시오.

(2) 용도 2가지를 쓰시오.

해답 (1) ① 계량이 정확하다.

② 사용 중 오차의 변동이 적다.

③ 사용 중에 수위조정 등의 관리가 필요하다.

④ 설치면적이 크다.

(2) ① 기준용   ② 실험실용

---

26 막식 가스미터의 특징 3가지를 쓰시오.

해답 ① 가격이 저렴하다.

② 유지관리에 시간을 요하지 않는다.

③ 대용량의 것은 설치면적이 크다.

④ 용량범위가 1.5~200m³/h로 일반수용가에 사용된다.

---

27 가스배관의 경로 선정 요소 4가지를 쓰시오.

해답 ① 최단거리로 할 것

② 구부러지거나 오르내림이 적을 것

③ 은폐, 매설을 피할 것

④ 옥외에 설치할 것

28 LP가스 배관 시공 시 옥내로의 인입관을 설치할 경우 주의사항 4가지를 쓰시오.

해답
① 가능한 한 배관은 노출할 것   ② 가능한 한 온도변화가 적을 것
③ 가능한 한 사주배관을 피할 것   ④ 벽 관통부에서의 접합은 피할 것
⑤ 굴곡부분이 적고 최단거리로 할 것

29 가스배관에서 가스누설을 검사하는 방법 3가지를 쓰시오.

해답
① 발포법(비눗물 또는 누설검지액 사용)   ② 할로겐 디텍터(detector)법
③ 검지기법   ④ 검사지법

해설
할로겐 디텍터(halogen detector)법 : 고압가스설비, 용기를 검사할 때 주입되는 공기
또는 질소에 할로겐 화합물(프레온가스)을 혼입시켜 두고 외부에서 할로겐 화합물 검
출기로 검출하면 극히 미량의 누설도 검출할 수 있다. 이때 사용되는 검출기를 할로겐
디텍터라 한다.

30 프로판 60v%, 부탄 40v%의 혼합 LPG를 시간당 1kg씩 사용하는 어떤 음식점이 있다.
이 음식점의 저압배관을 통과하는 LPG의 시간당 용적은 몇 L인가? (단, 저압배관을 통
과하는 가스의 평균 압력은 수주 280mm, 온도는 27℃이다.)

풀이
① 혼합가스 평균 분자량 계산
$$M = (44 \times 0.6) + (58 \times 0.4) = 49.6$$
② 시간당 통과하는 체적 계산

$$PV = \frac{W}{M} RT \text{에서}$$

$$V = \frac{WRT}{PM} = \frac{1000 \times 0.082 \times (273 + 27)}{\dfrac{280 + 10332}{10332} \times 49.6} = 482.881 \fallingdotseq 482.88 \, \text{L/h}$$

해답 $482.88 \, \text{L/h}$

31 입상높이 20m인 곳에 프로판(C_3H_8)을 공급할 때 압력손실은 수주로 몇 mm인가? (단,
C_3H_8의 비중은 1.5이다.)

해설 $H = 1.293(S-1) \times h = 1.293 \times (1.5-1) \times 20 = 12.93 \, \text{mmH}_2\text{O}$
해답 $12.93 \, \text{mmH}_2\text{O}$

---

32 LP가스 저압배관의 유량 계산식을 쓰고 설명하시오.

해답 $Q = K\sqrt{\dfrac{D^5 \cdot H}{S \cdot L}}$

Q : 가스의 유량(m³/h) D : 관 안지름(cm) H : 압력손실(mmH₂O)

S : 가스의 비중 L : 관의 길이(m) K : 유량계수(폴의 상수 : 0.707)

참고 중·고압배관의 유량 계산식

$Q = K\sqrt{\dfrac{D^5 \cdot (P_1^2 - P_2^2)}{S \cdot L}}$

Q : 가스의 유량(m³/h) D : 관 안지름(cm) P_1 : 초압(kgf/cm²·a)

P_2 : 종압(kgf/cm²·a) S : 가스의 비중 L : 관의 길이(m)

K : 유량계수(코크스의 상수 : 52.31)

---

33 입상배관에 의한 압력손실을 구하는 공식을 쓰고 각 인자에 대하여 설명하시오.

해답 $H = 1.293(S - 1) \times h$

H : 가스의 압력손실(mmH₂O) S : 가스의 비중 h : 입상높이(m)

---

34 가스 비중이 0.5인 도시가스가 수직으로 100m 상승한 곳에 공급될 때 배관 내의 압력손실은 수주로 몇 mm인가?

풀이 $H = 1.293(S - 1) \times h = 1.293 \times (0.5 - 1) \times 100 = -64.65\,\text{mmH}_2\text{O}$

해답 $-64.65\,\text{mmH}_2\text{O}$

해설 "−"값은 가스가 공기보다 가볍기 때문에 압력이 상승되는 것을 의미한다.

---

35 공기와 가스의 혼합방식에 의한 연소방식을 4가지로 분류하고 설명하시오.

해답 ① 적화식(赤火式) : 연소에 필요한 공기를 2차 공기로 모두 취하는 방식

② 분젠식 : 가스를 노즐로부터 분출시켜 주위의 공기를 흡입하여 1차 공기로 취한 후 연소과정에서 나머지는 2차 공기를 취하는 방식

③ 세미분젠식 : 적화식과 분젠식의 혼합형으로 1차 공기량을 40% 미만을 취하는 방식

④ 전 1차 공기식 : 연소용 공기를 송풍기로 압입하여 가스와 강제 혼합하여 필요한 공기를 모두 1차 공기로 하여 연소하는 방식

36 LPG 저압배관 설계요소 4가지를 쓰시오.

[해답] ① 최대가스유량 ② 압력손실 ③ 관지름 ④ 관길이

37 분젠식 연소장치의 특징 4가지를 쓰시오.

[해답] ① 불꽃은 내염과 외염을 형성한다.
② 연소속도가 크고, 불꽃길이가 짧다.
③ 연소온도가 높고, 연소실이 작아도 된다.
④ 선화현상이 발생하기 쉽다.
⑤ 소화음, 연소음이 발생한다.

38 연소기구를 사용하다가 부주의로 점화되지 않은 상태에서 콕이 전부 개방되었다. 이때 노즐로부터 분출되는 생가스의 양은 몇 m³/h 인가? (단, 유량계수는 0.8, 노즐 지름은 2mm, 가스 비중은 1.52, 가스압력은 280mmH₂O 이다.)

[풀이] $Q = 0.011KD^2\sqrt{\dfrac{P}{d}} = 0.011 \times 0.8 \times 2^2 \times \sqrt{\dfrac{280}{1.52}} = 0.477 = 0.48\,\mathrm{m^3/h}$

[해답] $0.48\,\mathrm{m^3/h}$

39 가스난로를 사용하다가 부주의로 점화되지 않은 상태에서 콕을 전부 개방하였다. 이때 노즐로부터 분출되는 생가스의 양은 몇 m³/h 인가? (단, 노즐의 지름 1.5mm, 가스비중 0.5, 유량계수 0.8, 가스압력 2kPa 이다.)

[풀이] 1kPa = 약 100mmH₂O에 해당된다.

$Q = 0.011KD^2\sqrt{\dfrac{P}{d}} = 0.011 \times 0.8 \times 1.5^2 \times \sqrt{\dfrac{2 \times 100}{0.5}} = 0.396 = 0.40\,\mathrm{m^3/h}$

[해답] $0.4\,\mathrm{m^3/h}$

40 발열량이 5000kcal/Nm³, 비중이 0.61, 공급표준압력이 100mmH₂O인 가스에서 발열량 11000kcal/Nm³, 비중이 0.66, 공급표준압력이 200mmH₂O인 도시가스로 변경할 경우의 노즐지름 변경률을 계산하시오.

풀이 $\dfrac{D_2}{D_1} = \dfrac{\sqrt{WI_1\sqrt{P_1}}}{\sqrt{WI_2\sqrt{P_2}}} = \sqrt{\dfrac{\dfrac{5000}{\sqrt{0.61}} \times \sqrt{100}}{\dfrac{11000}{\sqrt{0.66}} \times \sqrt{200}}} = 0.578 ≒ 0.58$

해답 0.58

---

41 분젠식 연소기에서 발생하는 이상 연소현상 3가지를 쓰시오.

해답 ① 역화   ② 선화   ③ 옐로 팁   ④ 블로 오프

---

42 가스 연소 중 발생하는 역화(back fire)를 설명하고, 원인 4가지를 쓰시오.

해답 (1) 역화 : 가스의 연소속도가 염공의 가스 유출속도보다 크게 됐을 때, 불꽃이 버너 내부에 침입하여 노즐의 선단에서 연소하는 현상

(2) 원인

　　① 염공이 크게 되었을 때　　　　② 노즐의 구멍이 너무 크게 된 경우
　　③ 콕이 충분히 개방되지 않은 경우　④ 가스의 공급압력이 저하되었을 때
　　⑤ 버너가 과열된 경우

---

43 선화(lifting)를 설명하고 원인 4가지를 쓰시오.

해답 (1) 선화 : 가스의 유출속도가 연소속도보다 커서 염공에 접하여 연소하지 않고 염공을 떠나 공간에서 연소하는 현상

(2) 원인

　　① 염공이 작아졌을 때
　　② 가스의 공급압력이 높을 때
　　③ 배기 또는 환기가 불충분할 때 (2차 공기량 부족)
　　④ 공기 조절장치를 지나치게 개방하였을 때 (1차 공기량 과다)

---

44 불꽃의 주위, 특히 기저부에 대한 공기의 움직임이 세지면 불꽃이 노즐(염공)에 정착하지 않고 떨어지게 되어 꺼지는 현상은 무엇인가?

해답 블로 오프(blow off)

45 **LPG 연소기구가 갖추어야 할 조건 3가지를 쓰시오.**

해답 ① 가스를 완전연소시킬 수 있을 것
② 열을 유효하게 이용할 수 있을 것
③ 취급이 간편하고, 안전성이 높을 것

46 **LP가스가 불완전연소되는 원인 4가지를 쓰시오.**

해답 ① 공기 공급량 부족   ② 환기 및 배기 불충분
③ 가스조성의 불량   ④ 가스기구의 부적합
⑤ 프레임의 냉각

47 **지하에서 채굴한 천연가스는 액화하기 전에 어떤 전처리 과정을 거치는지 4가지를 쓰시오.**

해답 ① 제진   ② 탈유   ③ 탈탄산   ④ 탈수   ⑤ 탈습

48 **다음 내용을 설명하시오.**
(1) roll over 현상 :
(2) BOG(boil off gas) :

해답 (1) LNG 저장탱크에서 상이한 액체 밀도로 인하여 층상화된 액체의 불안정한 상태가
바로 잡힐 때 생기는 LNG의 급격한 물질 혼입현상으로 상당한 양의 증발가스가 발
생하는 현상이다.
(2) LNG 저장시설에서 외부로부터 전도되는 열에 의하여 LNG 중 극소량이 기화된 가
스로 증발가스라 한다.
해설 (1) 롤 오버(roll over) 현상 원인 : 외부에서 열량 침입 시, 탱크 벽면을 통한 열전도
(2) BOG 처리방법 : 발전용에 사용, 탱커의 기관용(압축기 가동용) 사용, 대기로 방출
하여 연소

49 **LPG를 도시가스 원료로 사용할 경우 공급방식의 종류 3가지를 쓰시오.**

해답 ① 직접 혼입 방식   ② 공기 혼합 방식   ③ 변성 혼입 방식

50 천연가스(NG)를 도시가스로 공급할 경우의 특징 4가지를 쓰시오.

해답 ① 천연가스를 그대로 공급한다.
② 천연가스를 공기로 희석해서 공급한다.
③ 종래의 도시가스에 혼합하여 공급한다.
④ 종래의 도시가스와 유사 성질의 가스로 개질하여 공급한다.

51 나프타(Naphtha)의 가스화에 따른 영향을 나타내는 것으로 PONA를 사용하는데 각각을 설명하시오.

해답 ① P : 파라핀계 탄화수소 ② O : 올레핀계 탄화수소
③ N : 나프텐계 탄화수소 ④ A : 방향족 탄화수소

52 LPG를 도시가스로 공급할 때 공기 혼합가스(air direct gas) 공급방식의 목적 3가지를 쓰시오.

해답 ① 발열량 조절 ② 재액화 방지
③ 누설 시 손실감소 ④ 연소효율 증대

53 도시가스 제조 공정에서 접촉분해 공정에 대하여 설명하시오.

해답 촉매를 사용해서 반응온도 $400 \sim 800\,^\circ\mathrm{C}$에서 탄화수소와 수증기를 반응시켜 메탄($CH_4$), 수소($H_2$), 일산화탄소(CO), 이산화탄소($CO_2$)로 변환하는 공정이다.

54 도시가스 제조 프로세스(process)에 대한 물음에 답하시오.
(1) 원료의 송입법에 의한 분류 3가지를 쓰시오.
(2) 가열방식에 의한 분류 3가지를 쓰시오.

해답 (1) ① 연속식 ② 배치(batch)식 ③ 사이클릭(cyclic)식
(2) ① 외열식 ② 축열식 ③ 부분연소식 ④ 자열식

55 도시가스 제조 프로세스에서 가스화 촉매에 요구되는 성질 4가지를 쓰시오.

해답 ① 활성이 높을 것   ② 수명이 길 것
　　　③ 가격이 저렴할 것   ④ 유황 등의 피독물에 대해서 강할 것
　　　⑤ 열, 마찰, 석출 카본 등에 대한 강도가 강할 것

---

56 도시가스 열량조정 공정 중 증열법과 희석법에 대하여 설명하시오.

해답 ① 증열법 : 발열량이 낮은 제조가스(부분연소 프로세스, 사이클릭식 접촉 프로세
　　　　스, 접촉분해 프로세스 등)에 발열량이 높은 천연가스(NG), 액화천연가스(LNG),
　　　　LPG, 나프타 분해가스 등을 일정량 첨가하여 발열량을 높여 도시가스로 공급하는
　　　　방법으로 일반적으로 발열량이 높은 LPG(프로판, 부탄)를 첨가하는 방법을 이용한
　　　　다.
　　　② 희석법 : 발열량이 높은 천연가스(NG), 액화천연가스(LNG), LPG, 나프타 분해가
　　　　스 등에 일정량의 공기를 혼합하여 발열량을 낮춰 도시가스로 공급하는 방법이다.

---

57 도시가스의 공급압력에 따른 분류 3가지를 쓰시오.

해답 ① 저압 공급 방식 : 0.1MPa 미만
　　　② 중압 공급 방식 : 0.1~1MPa 미만
　　　③ 고압 공급 방식 : 1MPa 이상

---

58 부취제에 대한 물음에 답하시오.
(1) 부취제 주입방법을 2가지로 분류하시오.
(2) 공기 중에서 부취제의 착취농도(감지농도)는 몇 % 인가?
(3) 부취제의 구비조건 4가지를 쓰시오.

해답 (1) ① 액체 주입식 ② 증발식
　　　(2) 0.1%
　　　(3) ① 화학적으로 안정하고 독성이 없을 것
　　　　　② 보통 존재하는 냄새(생활취)와 명확하게 식별될 것
　　　　　③ 극히 낮은 농도에서도 냄새가 확인될 수 있을 것
　　　　　④ 가스관이나 가스미터 등에 흡착되지 않을 것
　　　　　⑤ 배관을 부식시키지 않을 것
　　　　　⑥ 물에 잘 녹지 않고 토양에 대하여 투과성이 클 것
　　　　　⑦ 완전연소가 가능하고 연소 후 냄새나 유해한 성질이 남지 않을 것

---

59 부취제 주입방식 중 액체주입방식 3가지를 쓰시오.

해답 ① 펌프 주입방식 ② 적하 주입방식 ③ 미터 연결 바이패스방식

해설 부취제의 주입방법

① 액체 주입식 : 부취제를 액상 그대로 가스흐름에 주입하는 방법으로 펌프 주입방식, 적하 주입방식, 미터 연결 바이패스방식으로 분류한다.

② 증발식 : 부취제의 증기를 가스흐름에 혼합하는 방법으로 바이패스 증발식, 위크 증발식으로 분류한다.

---

60 도시가스 부취제 주입방법 중 위크 증발식에 대하여 설명하시오.

해답 부취제를 담은 용기에 아스베스토 심(芯)을 전달하여 부취제가 상승하고 이것에 가스가 접촉하는 데 따라 부취제가 증발하여 첨가된다. 첨가량 조절이 어렵고 소규모 시설에 적합하다.

---

61 액화석유가스 및 도시가스에 첨가하는 냄새가 나는 물질의 측정방법 4가지를 쓰시오.

해답 ① 오더 미터법(냄새측정기법) ② 주사기법 ③ 냄새주머니법 ④ 무취실법

---

62 부취제가 누설되었을 때 제거하는 방법 3가지를 쓰시오.

해답 ① 활성탄에 의한 흡착 ② 화학적 산화처리 ③ 연소법

---

63 다음 그림은 LNG 기화장치의 개략도이다. 이 기화설비의 형식을 쓰시오.

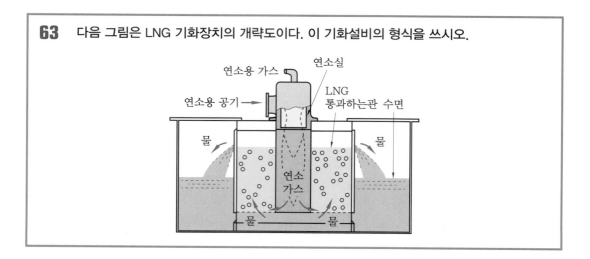

해답 서브머지드(submerged) 기화기
해설 LNG 기화기의 종류 : 오픈 랙(open rack) 기화기, 중간매체법, 서브머지드 (submerged) 기화기

---

64 도시가스의 제조 및 공급 시설 중 가스홀더의 기능에 대하여 4가지를 쓰시오.

해답 ① 가스 수요의 시간적 변동에 대하여 공급 가스량을 확보한다.
② 공급 설비의 일시적 중단에 대하여 어느 정도 공급량을 확보한다.
③ 공급 가스의 성분, 열량, 연소성 등의 성질을 균일화한다.
④ 소비 지역 근처에 설치하여 피크시의 공급, 수송효과를 얻는다.
해설 가스홀더의 종류 : 유수식, 무수식, 구형 가스홀더

---

65 지름이 20m인 구형 가스홀더에 10kgf/cm² · g의 압력으로 도시가스가 저장되어 있다. 이 가스를 압력이 4kgf/cm² · g로 될 때까지 공급하였을 때 공급된 가스량(Nm³)을 계산하시오. (단, 가스 공급 시 온도는 20℃로 일정하다.)

풀이 ① 구형 가스홀더의 내용적(m³) 계산

$$V = \frac{\pi}{6} \times D^3 = \frac{\pi}{6} \times 20^3 = 4188.790 ≒ 4188.79 \text{m}^3$$

② 공급된 가스량(Nm³) 계산

$$\Delta V = V \times \frac{(P_1 - P_2)}{P_0} \times \frac{T_0}{T_1}$$

$$= 4188.79 \times \frac{(10 + 1.0332) - (4 + 1.0332)}{1.0332} \times \frac{273}{273 + 20}$$

$$= 22664.725 ≒ 22664.73 \text{Nm}^3$$

해답 22664.73Nm³

---

66 도시가스 시설에 설치되는 정압기(governer)의 기능(역할) 3가지를 쓰시오.

해답 ① 도시가스 압력을 사용처에 맞게 낮추는 감압 기능
② 2차측의 압력을 허용범위 내의 압력으로 유지하는 정압 기능
③ 가스의 흐름이 없을 때는 밸브를 완전히 폐쇄하여 압력상승을 방지하는 폐쇄 기능

67 정압기의 기본 구조 중 2차 압력을 감지하여 그 2차 압력의 변동을 메인밸브로 전하는 부분의 명칭은 무엇인가?

해답 다이어프램

해설 정압기 구성 요소
① 다이어프램 : 2차 압력을 감지하고 2차 압력의 변동을 메인밸브에 전달하는 부분
② 스프링 : 조정할 압력(2차 압력)을 설정하는 부분
③ 메인밸브(조정밸브) : 가스의 유량을 밸브 개도에 따라서 직접 조정하는 부분

68 정압기를 평가 선정할 경우 각 특성이 사용조건에 적합하도록 정압기를 선정할 필요가 있다. 이때 정압기의 특성 3가지를 설명하시오.

해답 ① 정특성(靜特性) : 정상상태에 있어서 유량과 2차 압력의 관계
② 동특성(動特性) : 부하변화가 큰 곳에 사용되는 정압기에 대하여 중요한 특성으로 부하변동에 대한 응답의 신속성과 안정성이 요구된다.
③ 유량특성 : 메인밸브의 열림과 유량과의 관계
④ 사용 최대 차압 : 메인밸브에 1차와 2차 압력이 작용하여 최대로 되었을 때 차압
⑤ 작동 최소 차압 : 정압기가 작동할 수 있는 최소 차압

69 피셔(fisher)식 정압기의 2차 압력 이상 상승 원인 4가지를 쓰시오.

해답 ① 메인밸브에 먼지류가 끼어들어 완전차단(cut-off) 불량
② 메인밸브의 밸브 폐쇄 무
③ 파일럿 서플라이 밸브(pilot supply valve)에서의 누설
④ 센터 스템과 메인밸브의 접속 불량
⑤ 바이패스 밸브의 누설
⑥ 가스 중 수분의 동결

70 피셔(fisher)식 정압기의 2차 압력 이상 저하 원인 4가지를 쓰시오.

해답 ① 정압기의 능력 부족　　　　② 필터의 먼지류 막힘
③ 파일럿의 오리피스 녹 막힘　　④ 센터 스템의 작동 불량
⑤ 스트로크 조정 불량　　　　　⑥ 주 다이어프램 파손

71 레이놀즈(reynolds)식 정압기의 2차 압력 이상 상승 원인 4가지를 쓰시오.

해답 ① 메인밸브에 먼지류가 끼어들어 완전차단(cut-off) 불량
② 저압 보조 정압기의 완전차단(cut-off) 불량
③ 메인밸브 시트의 조립 불량
④ 종·저압 보조 정압기의 다이어프램 누설
⑤ 바이패스 밸브류의 누설
⑥ 2차압 조절관의 파손
⑦ 보조구반 내 물이 침입한 경우
⑧ 가스 중 수분의 동결

72 레이놀즈(reynolds)식 정압기의 2차 압력 이상 저하 원인 4가지를 쓰시오.

해답 ① 정압기의 능력 부족 ② 필터의 먼지류 막힘
③ 센터 스템의 조립 불량 ④ 저압 보조 정압기의 열림 정도 부족
⑤ 주, 보조 추의 부족 ⑥ 니들 밸브의 열림 정도 초과
⑦ 가스 중 수분의 동결

73 액시얼-플로(axial flow)식 정압기의 2차 압력 이상 상승 원인 4가지를 쓰시오.

해답 ① 고무 슬리브, 게이지 사이에 먼지류가 끼어들어 완전차단(cut-off) 불량
② 파일럿의 완전차단(cut-off) 불량
③ 파일럿계통의 필터, 조리개의 막힘
④ 고무 슬리브 하류측의 파손
⑤ 2차압 조절관 파손
⑥ 바이패스 밸브류의 누설
⑦ 파일럿 대기 측 다이어프램 파손

74 액시얼-플로(axial flow)식 정압기의 2차 압력 이상 저하 원인 4가지를 쓰시오.

해답 ① 정압기의 능력 부족 ② 필터의 먼지류 막힘
③ 조리개 열림 정도 초과 ④ 고무 슬리브 상류측 파손
⑤ 파일럿 2차 측 다이어프램 파손

75 발열량이 30000kcal/Nm³인 부탄(C_4H_{10}) 가스에 공기를 3배 희석하였다면 발열량 (kcal/Nm³)은 얼마로 변경되는가 계산하시오.

풀이 $Q_2 = \dfrac{Q_1}{1+x} = \dfrac{30000}{1+3} = 7500\,\text{kcal/Nm}^3$

해답 $7500\,\text{kcal/Nm}^3$

76 프로판 가스의 총발열량은 24000kcal/m³이다. 이를 공기와 혼합하여 5000kcal/m³의 발열량을 갖는 가스로 제조하려면 프로판 가스 1m³에 대하여 얼마의 공기를 희석하여 야 하는지 계산하시오.

풀이 $Q_2 = \dfrac{Q_1}{1+x}$ 에서

$x = \dfrac{Q_1}{Q_2} - 1 = \dfrac{24000}{5000} - 1 = 3.8\,\text{m}^3$

해답 $3.8\,\text{m}^3$

77 웨버지수 계산식을 쓰고 각 인자에 대하여 설명하시오.

해답 $WI = \dfrac{H_g}{\sqrt{d}}$

WI : 웨버지수

H_g : 도시가스의 총발열량(kcal/m³)

d : 도시가스의 비중

78 발열량이 11000kcal/Nm³, 비중이 0.55인 도시가스(LNG)의 웨버지수를 구하시오.

풀이 $WI = \dfrac{H_g}{\sqrt{d}} = \dfrac{11000}{\sqrt{0.55}} = 14832.396 \fallingdotseq 14832.40$

해답 14832.4

제 4 장

압축기 및 펌프

1 압축기(compressor)

1-1 용적형 압축기

(1) 왕복동식 압축기

  ① 특징

    ㈎ 용적형으로 고압이 쉽게 형성된다.

    ㈏ 급유식(윤활유식) 또는 무급유식이다.

    ㈐ 배출가스 중 오일이 혼입될 우려가 있다.

    ㈑ 압축이 단속적이므로 맥동현상이 발생한다(소음 및 진동 발생).

    ㈒ 형태가 크고 설치면적이 크다.

    ㈓ 접촉부가 많아서 고장 시 수리가 어렵다.

    ㈔ 용량조절범위가 0~100%로 넓고, 압축효율이 높다.

    ㈕ 반드시 흡입, 토출밸브가 필요하다.

  ② 피스톤 압출량 계산

    ㈎ 이론적 피스톤 압출량

$$V = \frac{\pi}{4} \times D^2 \times L \times n \times N \times 60$$

    ㈏ 실제적 피스톤 압출량

$$V' = \frac{\pi}{4} \times D^2 \times L \times n \times N \times \eta_v \times 60$$

      여기서, V : 이론적인 피스톤 압출량(m^3/h) V' : 실제적인 피스톤 압출량(m^3/h)

             D : 피스톤의 지름(m) L : 행정거리(m)

             n : 기통수 N : 분당 회전수(rpm)

             η_v : 체적효율

  ③ 압축기 효율

    ㈎ 체적효율(η_v) : $\eta_v = \dfrac{\text{실제적 피스톤 압출량}}{\text{이론적 피스톤 압출량}} \times 100$

(나) 압축효율(η_c) : $\eta_c = \dfrac{\text{이론 동력}}{\text{실제 소요동력(지시동력)}} \times 100$

(다) 기계효율(η_m) : $\eta_m = \dfrac{\text{실제적 소요동력(지시동력)}}{\text{축동력}} \times 100$

④ 용량 제어법

(가) 연속적인 용량 제어법

㉮ 흡입 주 밸브를 폐쇄하는 방법

㉯ 타임드 밸브 제어에 의한 방법

㉰ 회전수를 변경하는 방법

㉱ 바이패스 밸브에 의한 압축가스를 흡입측에 복귀시키는 방법

(나) 단계적인 용량 제어법

㉮ 클리어런스 밸브에 의한 방법

㉯ 흡입밸브 개방에 의한 방법

⑤ 다단 압축의 목적

(가) 1단 단열압축과 비교한 일량의 절약

(나) 이용효율의 증가

(다) 힘의 평형이 양호해진다.

(라) 온도 상승을 피할 수 있다.

⑥ 압축비

(가) 1단 압축비

$$a = \frac{P_2}{P_1}$$

여기서, a : 압축비

P_1 : 흡입 절대압력

(나) 다단 압축비

$$a = \sqrt[n]{\frac{P_2}{P_1}}$$

n : 단수

P_2 : 최종 절대압력

⑦ 윤활유

(가) 구비조건

㉮ 화학반응을 일으키지 않을 것

㉯ 인화점은 높고 응고점은 낮을 것

㉰ 점도가 적당하고 항유화성이 클 것

㉱ 불순물이 적을 것

㉲ 잔류탄소의 양이 적을 것

㉳ 열에 대한 안정성이 있을 것

(나) 각종 가스 압축기의 윤활유

㉮ 산소 압축기 : 물 또는 묽은 글리세린수(10% 정도)

㉯ 공기 압축기, 수소 압축기, 아세틸렌 압축기 : 양질의 광유

㉰ 염소 압축기 : 진한 황산

㉱ LP가스 압축기 : 식물성유

㉲ 이산화황(아황산가스) 압축기 : 화이트유, 정제된 용제 터빈유

㉳ 염화메탄(메틸 클로라이드) 압축기 : 화이트유

(2) 회전식 압축기

① 용적형이며, 오일 윤활방식(급유식)으로 소용량에 사용된다.

② 압축이 연속적으로 이루어져 맥동현상이 없다.

③ 왕복 압축기와 비교하여 구조가 간단하며, 동작이 단순하다.

④ 고진공을 얻을 수 있다.

⑤ 직결 구동이 용이하고, 고압축비를 얻을 수 있다.

⑥ 고정익형과 회전익형이 있다.

(3) 나사 압축기(screw compressor)

① 용적형이며 무급유식 또는 급유식이다.

② 흡입, 압축, 토출의 3행정을 가지고 있다.

③ 압축이 연속적으로 이루어져 맥동현상이 없다.

④ 용량조정이 어렵고(70~100%), 효율이 낮다.

⑤ 소음방지 장치가 필요하다.

⑥ 토출압력 변화에 의한 용량변화가 적다.

⑦ 고속회전이므로 형태가 작고, 경량이다.

⑧ 두 개의 암(female), 수(male)의 치형을 가진 로터의 맞물림에 의해 압축한다.

1-2 ▶ 터보(turbo)형 압축기

(1) 원심식 압축기

① 특징

(가) 원심형 무급유식이다.

(나) 연속토출로 맥동이 적다.

(다) 고속회전이 가능하므로 모터와 직결사용이 가능하다.

(라) 형태가 적고 경량이어서 기초, 설치면적이 적게 차지한다.

    ㈜ 용량조정범위가 70~100%로 좁고, 어렵다.

    ㈐ 압축비가 적고 효율이 나쁘다.

    ㈑ 운전 중 서징(surging) 현상에 주의하여야 한다.

    ㈒ 다단식은 압축비를 높일 수 있으나 설비비가 많이 소요된다.

    ㈓ 토출압력 변화에 의해 용량변화가 크다.

② 용량제어법

    ㈎ 속도 제어에 의한 방법   ㈏ 토출밸브 조정에 의한 방법

    ㈐ 흡입밸브 조정에 의한 방법   ㈑ 바이패스에 의한 방법

③ 상사 법칙

    ㈎ 풍량 $Q_2 = Q_1 \times \left(\dfrac{N_2}{N_1}\right) \times \left(\dfrac{D_2}{D_1}\right)^3$

    ㈏ 풍압 $P_2 = P_1 \times \left(\dfrac{N_2}{N_1}\right)^2 \times \left(\dfrac{D_2}{D_1}\right)^2$

    ㈐ 동력 $L_2 = L_1 \times \left(\dfrac{N_2}{N_1}\right)^3 \times \left(\dfrac{D_2}{D_1}\right)^5$

      여기서, Q_1, Q_2 : 변경 전, 후 풍량 P_1, P_2 : 변경 전, 후 풍압
              L_1, L_2 : 변경 전, 후 동력 N_1, N_2 : 변경 전, 후 임펠러 회전수
              D_1, D_2 : 변경 전, 후 임펠러 지름

④ 서징(surging)현상 : 토출측 저항이 커지면 유량이 감소하고 맥동과 진동이 발생하며 불안전운전이 되는 현상으로 방지법으로는 다음과 같다.

    ㈎ 우상(右上)이 없는 특성으로 하는 방법   ㈏ 방출밸브에 의한 방법

    ㈐ 베인 컨트롤에 의한 방법   ㈑ 회전수를 변화시키는 방법

    ㈒ 교축밸브를 기계에 가까이 설치하는 방법

(2) 축류 압축기

① 특징

    ㈎ 동익식인 경우 날개의 각도 조절에 의하여 축동력을 일정하게 한다.

    ㈏ 효율이 좋지 않다.

    ㈐ 압축비가 작아서 공기조화 설비용으로 사용된다.

② 베인의 배열

    ㈎ 후치 정익형 : 반동도 80~100%

    ㈏ 전치 정익형 : 반동도 100~120%

    ㈐ 전후치 정익형 : 반동도 40~60%

2 │ 펌프(pump)

2-1 ◈ 터보(turbo)식 펌프

(1) 원심펌프

① 특징

(가) 원심력에 의하여 유체를 압송한다.

(나) 용량에 비하여 소형이고 설치면적이 작다.

(다) 흡입, 토출밸브가 없고 액의 맥동이 없다.

(라) 기동 시 펌프 내부에 유체를 충분히 채워야 한다.

(마) 고양정에 적합하다.

(바) 서징 현상, 캐비테이션 현상이 발생하기 쉽다.

② 종류

(가) 벌류트 펌프 : 임펠러에 안내 베인이 없는 펌프

(나) 터빈 펌프 : 임펠러에 안내 베인이 있는 펌프

③ 터보 펌프의 구조 및 특징

(가) 특성곡선 : 횡축에 토출량(Q)을, 종축에 양정(H), 축동력(L), 효율(η)을 취하여 표시한 것으로 펌프의 성능을 나타낸다.

  ㉮ $H-Q$ 곡선 : 양정 곡선　　　　㉯ $L-Q$ 곡선 : 축동력 곡선

  ㉰ $\eta-Q$ 곡선 : 효율 곡선

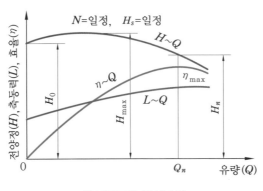

원심펌프의 특성곡선

(나) 축봉장치 : 축이 케이싱을 관통하여 회전하는 부분에 설치하여 액의 누설을 방지하는 것이다.

    ㉮ 그랜드 패킹 : 내부의 액이 누설되어도 무방한 경우에 사용

    ㉯ 메커니컬 실 : 내부의 액이 누설되는 것이 허용되지 않는 가연성, 독성 등의 액체 이송 시 사용한다.

(2) 사류 펌프 : 액체의 흐름이 축에 대하여 비스듬히 토출되는 형식이다.

(3) 축류 펌프 : 축 방향으로 흡입하여 축 방향으로 토출되는 형식이다.

2-2 ▸ 용적식 펌프

(1) 왕복 펌프 : 실린더 내의 피스톤 또는 플런저를 왕복시켜 액체를 흡입하여 압출하는 형식이다.

  ① 특징

    ㉮ 소형으로 고압, 고점도 유체에 적당하다.

    ㉯ 회전수가 변하여도 토출압력의 변화가 적다.

    ㉰ 토출량이 일정하여 정량토출이 가능하고 수송량을 가감할 수 있다.

    ㉱ 송출이 단속적이라 맥동이 일어나기 쉽고 진동이 있다.

    ㉲ 고압으로 액의 성질이 변할 수 있고, 밸브의 그랜드패킹이 고장이 많다.

  ② 종류

    ㉮ 피스톤 펌프 : 용량이 크고, 압력이 낮은 경우에 사용

    ㉯ 플런저 펌프 : 용량이 적고, 압력이 높은 경우에 사용

    ㉰ 다이어프램 펌프 : 특수 약액, 불순물이 많은 유체를 이송할 수 있고 그랜드 패킹이 없어 누설을 방지할 수 있다.

(2) 회전 펌프 : 회전자의 회전에 의해 생기는 원심력을 이용하여 유체를 이송한다.

  ① 특징

    ㉮ 왕복펌프와 같은 흡입, 토출밸브가 없다.

    ㉯ 연속으로 송출하므로 맥동현상이 없다.

    ㉰ 점성이 있는 유체의 이송에 적합하다.

    ㉱ 고압 유압펌프로 사용된다(안전밸브를 반드시 부착한다).

  ② 종류 : 기어펌프, 나사펌프, 베인펌프 등

2-3 ▸ 특수 펌프

(1) 제트 펌프 : 노즐에서 고속으로 분출된 유체에 의하여 주위의 유체를 흡입하여 토출하는 펌프로 2종류의 유체를 혼합하여 토출하므로 에너지손실이 크고 효율(약 30% 정도)이 낮

으나 구조가 간단하고 고장이 적은 이점이 있다.

(2) 기포 펌프 : 압축공기를 이용하여 유체를 이송한다.

(3) 수격 펌프 : 유체의 위치에너지를 이용한다.

2-4 ◆ 펌프의 성능

(1) 축동력

① PS

② kW

$$PS = \frac{\gamma \cdot Q \cdot H}{75 \cdot \eta}$$

$$kW = \frac{\gamma \cdot Q \cdot H}{102 \cdot \eta}$$

여기서, γ : 액체의 비중량(kgf/m^3) Q : 유량(m^3/s)

H : 전양정(m) η : 효율

> **참고** **압축기의 축동력**
>
> ① $PS = \dfrac{P \cdot Q}{75 \cdot \eta}$ ② $kW = \dfrac{P \cdot Q}{102 \cdot \eta}$
>
> 여기서, P : 압축기의 토출압력(kgf/m^2) Q : 유량(m^3/s) η : 효율

(2) 원심펌프의 상사법칙

① 유량 $Q_2 = Q_1 \times \left(\dfrac{N_2}{N_1}\right) \times \left(\dfrac{D_2}{D_1}\right)^3$ ② 양정 $H_2 = H_1 \times \left(\dfrac{N_2}{N_1}\right)^2 \times \left(\dfrac{D_2}{D_1}\right)^2$

③ 동력 $L_2 = L_1 \times \left(\dfrac{N_2}{N_1}\right)^3 \times \left(\dfrac{D_2}{D_1}\right)^5$

여기서, Q_1, Q_2 : 변경 전, 후 유량 H_1, H_2 : 변경 전, 후 양정

L_1, L_2 : 변경 전, 후 동력 N_1, N_2 : 변경 전, 후 임펠러 회전수

D_1, D_2 : 변경 전, 후 임펠러 지름

(3) 원심펌프의 운전 특성

① 직렬 운전 : 양정 증가, 유량 일정

② 병렬 운전 : 양정 일정, 유량 증가

2-5 ◆ 펌프에서 발생되는 현상

(1) 캐비테이션(cavitation) 현상 : 유수 중에 그 수온의 증기압력보다 낮은 부분이 생기면 물이 증발을 일으키고 기포를 다수 발생하는 현상

① 발생조건

    ㈎ 흡입양정이 지나치게 클 경우

    ㈏ 흡입관의 저항이 증대될 경우

    ㈐ 과속으로 유량이 증대될 경우

    ㈑ 관로 내의 온도가 상승될 경우

② 일어나는 현상

    ㈎ 소음과 진동이 발생

    ㈏ 깃(임펠러)의 침식

    ㈐ 특성곡선, 양정곡선의 저하

    ㈑ 양수 불능

③ 방지법

    ㈎ 펌프의 위치를 낮춘다(흡입양정을 짧게 한다).

    ㈏ 수직축 펌프를 사용한다.

    ㈐ 회전차를 수중에 완전히 잠기게 한다.

    ㈑ 펌프의 회전수를 낮춘다.

    ㈒ 양흡입 펌프를 사용한다.

    ㈓ 두 대 이상의 펌프를 사용한다.

(2) 수격작용(water hammering) : 펌프에서 물을 압송하고 있을 때 정전 등으로 펌프가 급히 멈춘 경우 관내의 유속이 급변하면 물에 심한 압력변화가 생기는 현상이다.

① 발생원인

    ㈎ 밸브의 급격한 개폐

    ㈏ 펌프의 급격한 정지

    ㈐ 유속이 급변할 때

② 방지법

    ㈎ 배관 내부의 유속을 낮춘다(관지름이 큰 배관을 사용한다).

    ㈏ 배관에 조압수조(調壓水槽, surge tank)를 설치한다.

    ㈐ 펌프에 플라이 휠(fly wheel)을 설치한다.

    ㈑ 밸브를 송출구 가까이 설치하고 적당히 제어한다.

(3) 서징(surging) 현상 : 맥동현상이라 하며 펌프를 운전 중 주기적으로 운동, 양정, 토출량이 규칙적으로 바르게 변동하는 현상이다.

① 발생원인

㉮ 양정곡선이 산형 곡선이고 곡선의 최상부에서 운전했을 때

㉯ 유량조절 밸브가 탱크 뒤쪽에 있을 때

㉰ 배관 중에 물탱크나 공기탱크가 있을 때

② 방지법

㉮ 임펠러, 가이드 베인의 형상 및 치수를 변경하여 특성을 변화시킨다.

㉯ 방출밸브를 사용하여 서징 현상이 발생할 때의 양수량 이상으로 유량을 증가시킨다.

㉰ 임펠러의 회전수를 변경시킨다.

㉱ 배관 중에 있는 불필요한 공기탱크를 제거한다.

(4) 베이퍼 로크(vapor lock) 현상 : 저비점 액체 등을 이송 시 펌프의 입구에서 발생하는 현상으로 액의 끓음에 의한 동요를 말한다.

① 발생원인

㉮ 흡입관 지름이 작을 때

㉯ 펌프의 설치위치가 높을 때

㉰ 외부에서 열량 침투 시

㉱ 배관 내 온도 상승 시

② 방지법

㉮ 실린더 라이너 외부를 냉각시킨다.

㉯ 흡입배관을 크게 하고 단열처리한다.

㉰ 펌프의 설치위치를 낮춘다.

㉱ 흡입관로를 청소한다.

압축기 및 펌프 **예상문제**

---

01 왕복동형 압축기의 특징 4가지를 쓰시오.

해답 ① 용적형으로 고압이 쉽게 형성된다.
② 급유식(윤활유식) 또는 무급유식이다.
③ 배출가스 중 오일이 혼입될 우려가 있다.
④ 압축이 단속적이므로 진동이 크고 소음이 크다.
⑤ 형태가 크고, 설치면적이 크다.
⑥ 접촉부가 많아서 고장 시 수리가 어렵다.
⑦ 용량 조정범위가 넓고(0~100%), 압축효율이 높다.
⑧ 반드시 흡입, 토출밸브가 필요하다.

---

02 압축기 운전 개시 전 점검사항 4가지를 쓰시오.

해답 ① 압력계 및 온도계 확인
② 냉각수 및 밸브 확인
③ 윤활유 점검
④ 압축기에 부착된 볼트의 조임상태 확인

---

03 압축기 운전 중 점검사항 5가지를 쓰시오.

해답 ① 압력 이상 유무 확인　　② 온도 이상 유무 확인
③ 누설 유무 점검　　④ 작동 중 이상음 유무 점검
⑤ 진동 유무 점검

---

04 압축기에서 용량제어를 하는 목적 4가지를 쓰시오.

해답 ① 수요 공급의 균형 유지　　② 압축기 보호
③ 소요동력의 절감　　④ 경부하 기동

---

05 왕복동형 압축기의 연속적인 용량제어 방법 4가지를 쓰시오.

해답 ① 흡입 주 밸브를 폐쇄하는 방법　　② 타임드 밸브에 의한 방법
③ 회전수를 변경하는 방법　　④ 바이패스 밸브에 의한 방법

해설 압축기 용량 제어법
(1) 왕복동형 압축기의 단계적인 용량 제어법
　① 클리어런스 밸브에 의한 방법
　② 흡입밸브 개방에 의한 방법
(2) 터보(turbo) 압축기의 용량제어 방법
　① 속도제어에 의한 방법　　② 토출밸브에 의한 방법
　③ 흡입밸브에 의한 방법　　④ 베인 컨트롤에 의한 방법
　⑤ 바이패스에 의한 방법

---

06 [보기]에서 설명된 기호를 이용하여 왕복동형 압축기의 실제 피스톤 압출량 계산식을 완성하시오.

> **│ 보기 │**
> - V : 실제 피스톤 압출량(m³/h)　　· D : 실린더 지름(m)
> - L : 행정거리(m)　　· N : 분당 회전수(rpm)
> - n : 기통수　　· η_v : 체적효율

해답 $V = \dfrac{\pi}{4} \times D^2 \times L \times N \times n \times \eta_v \times 60$

---

07 왕복동 압축기의 실린더 안지름이 200mm, 행정거리가 200mm, 실린더수가 2, 회전수가 450rpm일 때 이론적 피스톤 압출량(m³/h)을 계산하시오.

풀이 $V = \dfrac{\pi}{4} \times D^2 \times L \times N \times n \times \eta_v \times 60$

$= \dfrac{\pi}{4} \times 0.2^2 \times 0.2 \times 2 \times 450 \times 60 = 339.292 ≒ 339.29 \, \text{m}^3/\text{h}$

해답 $339.29 \, \text{m}^3/\text{h}$

---

08 왕복 압축기에서 체적효율에 영향을 주는 요소 4가지를 쓰시오.

해답　① 톱 클리어런스에 의한 영향
　　　② 사이드 클리어런스에 의한 영향
　　　③ 밸브 하중 및 기체 마찰에 의한 영향
　　　④ 누설에 의한 영향
　　　⑤ 압축기 불완전 냉각에 의한 영향

---

09 왕복 압축기에서 톱 클리어런스(top clearlance)가 크면 어떤 영향이 있는지 4가지를 쓰시오.

해답　① 토출가스 온도 상승
　　　② 체적효율 감소
　　　③ 압축기의 과열 운전
　　　④ 윤활유의 열화 및 탄화
　　　⑤ 압축기 소요동력의 증대

---

10 가스 압축에 사용하는 압축기에서 다단 압축의 목적 4가지를 쓰시오.

해답　① 1단 단열압축과 비교한 일량의 절약
　　　② 이용효율의 증가
　　　③ 힘의 평형이 양호해진다.
　　　④ 가스의 온도 상승을 피할 수 있다.

---

11 압축기 단수를 결정하는데 고려하여야 할 사항 4가지를 쓰시오.

해답　① 최종의 토출압력　　② 취급 가스량
　　　③ 취급가스의 종류　　④ 연속운전의 여부
　　　⑤ 동력 및 제작의 경제성

---

12 흡입압력이 대기압과 같으며 최종단의 토출압력이 26kgf/cm$^2 \cdot$g인 3단 압축기의 압축비는 얼마인가? (단, 대기압은 1kgf/cm^{2}이다.)

풀이　$a = \sqrt[n]{\dfrac{P_2}{P_1}} = \sqrt[3]{\dfrac{26+1}{1}} = 3$

해답　3

13 다음 가스 압축기의 내부 윤활제를 쓰시오.

(1) 산소 압축기 :　　　　　　　　　　(2) 공기 압축기 :

(3) LP가스 압축기 :　　　　　　　　　(4) 염소 압축기 :

해답 (1) 물 또는 10% 이하의 묽은 글리세린수

(2) 양질의 광유

(3) 식물성유

(4) 진한 황산

해설 각종 가스 압축기의 내부 윤활제

① 산소 압축기 : 물 또는 묽은 글리세린수(10% 정도)

② 공기 압축기, 수소 압축기, 아세틸렌 압축기 : 양질의 광유

③ 염소 압축기 : 진한 황산

④ LP가스 압축기 : 식물성유

⑤ 이산화황(아황산가스) 압축기 : 화이트유, 정제된 용제 터빈유

⑥ 염화메탄(메틸 클로라이드) 압축기 : 화이트유

14 산소 압축기 내부 윤활제로 사용할 수 없는 것 3가지를 쓰시오.

해답 ① 석유류　② 유지류　③ 글리세린

15 산소 시설에 설치하는 압력계는 금유라 표시된 전용 압력계를 사용하는 이유를 설명하시오.

해답 산소는 화학적으로 활발한 원소로 산소농도가 높으면 반응성이 풍부해져 오일(석유류, 유지류)과 접촉 시 인화, 폭발의 위험성이 있기 때문에 금유라 표시된 전용압력계를 사용하여야 한다.

16 풍량이 150m³/min이고 풍압이 6kPa인 송풍기가 있다. 송풍기의 전압효율이 60%일 때 축동력(kW)을 구하시오.

풀이 SI단위로 축동력 kW를 계산

$$kW = \frac{P \cdot Q}{\eta} = \frac{6 \times 150}{0.6 \times 60} = 25\,kW$$

해답 $25\,kW$

17 터보 압축기에서 발생하는 서징(surging) 현상에 대한 물음에 답하시오.
　　(1) 서징(surging) 현상을 설명하시오.
　　(2) 방지법 4가지를 쓰시오.

해답 (1) 토출측 저항이 커지면 유량이 감소하고 맥동과 진동이 발생하여 불안전 운전이 되
　　　는 현상
　　(2) ① 우상(右上)이 없는 특성으로 하는 방법
　　　　② 방출밸브에 의한 방법
　　　　③ 베인 컨트롤에 의한 방법
　　　　④ 회전수를 변경하는 방법
　　　　⑤ 교축밸브를 기계에 가까이 설치하는 방법

18 압축기 가동 중 실린더에서 이상음이 발생하는 원인 4가지를 쓰시오.

해답 ① 실린더와 피스톤이 닿는다.
　　② 피스톤링이 마모되었다.
　　③ 실린더에 이물질이 혼입하고 있다.
　　④ 실린더 라이너에 편감 또는 홈이 있다.
　　⑤ 실린더 내에 액압축(액해머)가 발생하고 있다.

19 압축기의 과열원인 3가지를 쓰시오.

해답 ① 가스량의 부족
　　② 윤활유의 부족
　　③ 압축비의 증대
　　④ 냉각수량 부족 (냉각능력 부족)

20 압축기의 압축비가 증대될 때 나타나는 현상 4가지를 쓰시오.

해답 ① 소요동력이 증대한다.
　　② 실린더 내의 온도가 상승한다.
　　③ 체적효율이 저하한다.
　　④ 토출가스량이 감소한다.
　　⑤ 압축기 능력이 감소한다.

21 압축기에서 토출온도가 상승되었다. 원인 4가지를 쓰시오.

해답 ① 토출밸브 불량에 의한 역류
② 흡입밸브 불량에 의한 고온가스 혼입
③ 압축비 증가
④ 전단 냉각기 불량에 의한 고온가스 혼입

해설 토출온도 저하 원인
① 흡입가스 온도의 저하   ② 압축비 저하   ③ 실린더의 과냉각

22 원심펌프의 특징 4가지를 쓰시오.

해답 ① 원심력에 의하여 유체를 압송한다.
② 용량에 비하여 소형이고 설치면적이 적다.
③ 흡입, 토출밸브가 없고 액의 맥동이 없다.
④ 고양정에 적합하다.
⑤ 기동 시 펌프 내부에 액체를 충분히 채워야 한다.
⑥ 서징 현상, 캐비테이션 현상이 발생하기 쉽다.

23 원심펌프를 직렬 운전할 때와 병렬 운전할 때 양정과 유량은 어떻게 변화되는지 설명하시오.

해답 ① 직렬 운전 : 양정 증가, 유량 일정
② 병렬 운전 : 양정 일정, 유량 증가

24 다음 그림은 터빈 펌프의 성능곡선이다. ①, ②, ③ 은 각각 어떠한 곡선을 나타내는가?

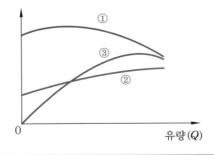

해답 ① 양정곡선   ② 동력곡선   ③ 효율곡선

25 전양정 25m, 유량이 1.5m³/min인 펌프로 물을 이송하는 경우 이 펌프의 축동력(kW)을 계산하시오. (단, 펌프의 효율은 75% 이다.)

풀이 $kW = \dfrac{\gamma \cdot Q \cdot H}{102\eta} = \dfrac{1000 \times 1.5 \times 25}{102 \times 0.75 \times 60} = 8.169 \fallingdotseq 8.17\,kW$

해답 $8.17\,kW$

26 양정 15m, 송수량 4m³/min일 때 축동력 20PS를 필요로 하는 원심펌프의 효율은 몇 % 인가?

풀이 $PS = \dfrac{\gamma \cdot Q \cdot H}{75\eta}$에서

$\eta = \dfrac{\gamma \cdot Q \cdot H}{75PS} \times 100 = \dfrac{1000 \times 4 \times 15}{75 \times 20 \times 60} \times 100 = 66.666 \fallingdotseq 66.67\%$

해답 $66.67\,\%$

27 양정 40m, 송수량 2000L/min인 원심펌프의 효율이 70%일 때 물음에 답하시오.
  (1) 축동력은 몇 kW 인가?
  (2) 펌프의 회전수가 2배로 변화하였을 때 유량, 양정, 축동력을 계산하시오.

풀이 (1) $kW = \dfrac{\gamma \cdot Q \cdot H}{102 \cdot \eta} = \dfrac{1000 \times 2 \times 40}{102 \times 0.7 \times 60} = 18.674 \fallingdotseq 18.67\,kW$

  (2) 변경된 유량(Q_2), 양정(H_2), 축동력(L_2) 계산

   ① $Q_2 = Q_1 \times \left(\dfrac{N_2}{N_1}\right) = 2000 \times 2 = 4000\,L/min$

   ② $H_2 = H_1 \times \left(\dfrac{N_2}{N_1}\right)^2 = 40 \times 2^2 = 160\,m$

   ③ $L_2 = L_1 \times \left(\dfrac{N_2}{N_1}\right)^3 = 18.67 \times 2^3 = 149.36\,kW$

해답 (1) $18.67\,kW$
  (2) ① 유량 4000L/min
    ② 양정 : 160m
    ③ 축동력 : 149.36kW

28 전양정 27m, 유량 1.2m³/min, 펌프의 효율 80%인 경우 펌프의 축동력(PS)은 얼마인가? (단, 액체의 비중량은 1000kgf/m³이다.)

풀이 $PS = \dfrac{\gamma \cdot Q \cdot H}{75 \cdot \eta} = \dfrac{1000 \times 1.2 \times 27}{75 \times 0.8 \times 60} = 9\,PS$

해답 9 PS

---

29 1000rpm으로 회전하고 있는 원심펌프의 회전수를 2000rpm으로 증가시켰을 때 다음은 몇 배로 변화되겠는가? (단, 다른 조건은 변함이 없다.)

(1) 펌프의 토출량 :   (2) 펌프의 양정 :

(3) 소요동력 :   (4) 펌프의 효율 :

해답 (1) 2배   (2) 4배   (3) 8배   (4) 변화 없음

해설 원심펌프 상사법칙에서 유량은 회전수 변화에 비례하고, 양정은 회전수 변화의 제곱에 비례한다. 동력은 회전수 변화의 3제곱에 비례하며, 펌프의 효율은 변화가 없다.

---

30 내압이 0.4~0.5MPa 이상이고 LPG나 액화가스와 같이 저비점의 액체일 때 사용되는 원심펌프의 메커니컬 실 형식은?

해답 밸런스 실

---

31 원심펌프에서 발생하는 공동현상(cavitation)을 설명하시오.

해답 유수 중에 그 수온의 증기압력보다 낮은 부분이 생기면 물이 증발을 일으키고 기포를 다수 발생하는 현상을 말한다.

---

32 원심펌프가 높은 능력으로 운전되는 경우 임펠러 흡입부의 압력이 유체의 증기압력보다 낮아지면 흡입부의 유체는 증발하게 되며, 이 증기는 임펠러의 고압부로 이동하여 갑자기 응축하게 된다. 이러한 현상을 무엇이라 하는가?

해답 캐비테이션(cavitation) 현상

---

33 캐비테이션(cavitation) 현상의 발생원인 4가지를 쓰시오.

해답 ① 흡입양정이 지나치게 클 경우 ② 흡입관의 저항이 증대될 경우
③ 과속으로 유량이 증대될 경우 ④ 배관 내의 온도가 상승될 경우

---

34 캐비테이션(cavitation) 현상이 발생하였을 때 일어나는 현상 4가지를 쓰시오.

해답 ① 소음과 진동이 발생 ② 깃(임펠러)의 침식
③ 특성곡선, 양정곡선의 저하 ④ 양수 불능

---

35 캐비테이션(cavitation) 현상 방지법 4가지를 쓰시오.

해답 ① 펌프의 위치를 낮춘다(흡입양정을 짧게 한다).
② 수직축 펌프를 사용한다.
③ 회전차를 수중에 완전히 잠기게 한다.
④ 펌프의 회전수를 낮춘다.
⑤ 양흡입 펌프를 사용한다.
⑥ 두 대 이상의 펌프를 사용한다.

---

36 펌프에서 발생하는 수격작용(water hammering)을 설명하고 방지법 4가지를 쓰시오.

해답 (1) 수격작용 : 펌프에서 물을 압송하고 있을 때 정전 등으로 펌프가 급히 멈춘 경우 관
내의 유속이 급변하면 물에 심한 압력변화가 생기는 작용을 말한다.
(2) 방지법
① 관내 유속을 낮게 한다.
② 압력조절용 탱크를 설치한다.
③ 펌프에 플라이 휠(fly wheel)을 설치한다.
④ 밸브를 펌프 토출구 가까이 설치하고 적당히 제어한다.

---

37 펌프에서 발생하는 서징(surging) 현상을 설명하시오.

해답 펌프를 운전 중 주기적으로 운동, 양정, 토출량이 규칙적으로 바르게 변동하는 현상을
말한다.

---

38 서징(surging) 현상의 발생원인 3가지를 쓰시오.

해답 ① 펌프의 양정곡선이 산고곡선이고 곡선의 최상부에서 운전했을 때
② 유량조절밸브가 탱크 뒤쪽에 있을 때
③ 배관 중에 물탱크나 공기탱크가 있을 때

해설 서징 현상 방지법
① 임펠러, 가이드 베인의 형상 및 치수를 변경하여 특성을 변화시킨다.
② 방출밸브를 사용하여 서징 현상이 발생할 때의 양수량 이상으로 유량을 증가시킨다.
③ 임펠러의 회전수를 변경시킨다.
④ 배관 중에 있는 불필요한 공기탱크를 제거한다.

---

39 저비점 액체용 펌프를 사용할 때의 주의사항 4가지를 쓰시오.

해답 ① 펌프는 가급적 저장탱크 가까이 설치한다.
② 펌프의 흡입, 토출관에는 신축 조인트를 설치한다.
③ 펌프와 밸브 사이에 안전밸브를 설치한다.
④ 운전개시 전 펌프를 청정하여 건조한 다음 펌프를 충분히 냉각시킨다.

---

40 LPG를 이송하는 펌프에 발생되는 베이퍼 로크(vapor lock) 현상의 발생원인 4가지를 쓰시오.

해답 ① 흡입관 지름이 작을 때　　② 펌프의 설치위치가 높을 때
③ 외부에서 열량 침투 시　　④ 배관 내 온도 상승 시

해설 (1) 베이퍼 로크(vapor lock) 현상 : 저비점 액체 등을 이송 시 펌프의 입구에서 발생
하는 현상으로 액의 끓음에 의한 동요를 말한다.
(2) 방지법
① 실린더 라이너의 외부를 냉각한다.
② 흡입배관을 크게 하고 단열 처리한다.
③ 펌프의 설치위치를 낮춘다.
④ 흡입배관을 청소한다.

---

41 펌프에서 토출량이 감소하는 원인 4가지를 쓰시오.

해답 ① 임펠러의 마모 또는 부식되었을 때　　② 임펠러에 이물질이 끼었을 때
③ 관로 저항이 증대될 경우　　④ 공기를 흡입하였을 경우
⑤ 캐비테이션 현상이 발생하였을 때

42   펌프의 흡입배관에서 공기가 혼입되었을 때 일어나는 현상 3가지를 쓰시오.

해답 ① 송수량이 감소하며 혼입량이 많을 경우 송수 불능이 된다.
② 기동 불능이 발생된다.
③ 이상음, 진동이 발생하며 압력계의 지침이 변동한다.

해설 공기 혼입 원인
① 탱크의 수위가 낮아졌을 때
② 흡입배관 중에 공기가 체류하는 부분이 있을 때
③ 흡입배관에서 누설되는 부분이 있을 때

43   펌프에서 전동기 과부하의 원인 4가지를 쓰시오.

해답 ① 양정이나 유량이 증가한 때   ② 액의 점도가 증가되었을 때
③ 액비중이 증가되었을 때   ④ 임펠러, 베인에 이물질이 혼입되었을 때

44   펌프에서 이상소음 및 진동이 발생하는 원인 4가지를 쓰시오.

해답 ① 캐비테이션이 발생되었을 때   ② 공기가 흡입되었을 때
③ 서징 현상이 발생되었을 때   ④ 임펠러에 이물질이 끼었을 때

45   [보기]에서 주어진 터보(원심식) 펌프의 정지 순서를 번호로 나열하시오.

┌─| 보기 |
│ ① 흡입밸브를 천천히 닫는다.
│ ② 전동기 스위치를 끊는다.
│ ③ 드레인 밸브를 개방시켜 펌프 내의 액을 빼낸다.
│ ④ 토출밸브를 천천히 닫는다.

해답 ④ → ② → ① → ③
해설 원심펌프 기동 순서
① 흡입밸브를 개방한다.
② 흡입관 및 펌프 내의 가스를 제거한다.
③ 전동기 스위치를 켠다.
④ 토출밸브를 서서히 연다

제 5 장 가스 장치 및 설비 일반

1 저온 장치

1-1 ◇ 가스 액화의 원리

(1) 단열팽창 방법 : 줄-톰슨 효과에 의한 방법(단열팽창 사용)

(2) 팽창기에 의한 방법

① 린데(Linde) 액화 사이클 : 단열팽창(줄-톰슨 효과)을 이용

② 클라우드(Claude) 액화 사이클 : 피스톤 팽창기에 의한 단열교축 팽창 이용

③ 캐피자(Kapitza) 액화 사이클 : 터보 팽창기, 열교환기에 축랭기 사용, 공기압축 압력 7atm

④ 필립스(Philips) 액화 사이클 : 실린더에 피스톤과 보조 피스톤 사용. 냉매는 수소, 헬륨 사용

⑤ 캐스케이드 액화 사이클 : 다원 액화 사이클이라 하며 암모니아, 에틸렌, 메탄을 냉매로 사용

(3) 액화분리장치 구성

① 한랭발생 장치 : 가스액화 분리장치의 열 제거를 돕고 액화가스에 필요한 한랭을 공급

② 정류(분축, 흡수) 장치 : 원료가스를 저온에서 분리, 정제하는 장치

③ 불순물 제거장치 : 원료 가스 중의 수분, 탄산가스 등을 제거하기 위한 장치

1-2 ◇ 저온 단열법

(1) 상압 단열법 : 단열 공간에 분말, 섬유 등의 단열재 충전

(2) 진공 단열법

① 고진공 단열법 : 단열 공간을 진공으로 처리

② 분말 진공 단열법 : 샌다셀, 펄라이트, 규조토, 알루미늄 분말 사용

③ 다층 진공 단열법 : 고진공 단열법에 알루미늄 박판과 섬유를 이용하여 단열처리

2   금속재료

2-1 ◈ 응력(stress)

(1) 원주방향 응력

$$\sigma_A = \frac{PD}{2t}$$

(2) 축방향 응력

$$\sigma_B = \frac{PD}{4t}$$

여기서, σ_A : 원주방향 응력(kgf/cm^2) σ_B : 축방향 응력(kgf/cm^2)
P : 사용압력(kgf/cm^2) D : 안지름(mm) t : 두께(mm)

2-2 ◈ 저온 장치용 금속재료

(1) 저온 취성 : 철강 재료는 온도가 내려감에 따라 인장강도, 항복응력, 경도가 증대하지만 연신율, 수축률, 충격치가 온도 강하와 함께 감소하고, 어느 온도(탄소강의 경우 $-70℃$) 이하가 되면 충격치가 0으로 되어 소성변형을 일으키는 성질이 없어지게 되는 현상을 말한다.

(2) 저온 장치용 재료

① 응력이 극히 적은 부분 : 동 및 동합금, 알루미늄, 니켈, 모넬메탈 등
② 어느 정도 응력이 생기는 부분
  ㉮ 상온보다 약간 낮은 온도 : 탄소강을 적당하게 열처리한 것 사용
  ㉯ $-80℃$까지 : 저합금강을 적당하게 열처리한 것 사용
  ㉰ 극저온 : 오스테나이트계 스테인리스강(18-8 STS) 사용

2-3 ◈ 열처리의 종류

(1) 담금질(quenching) : 강도, 경도 증가
(2) 불림(normalizing) : 결정조직의 미세화
(3) 풀림(annealing) : 내부응력 제거, 조직의 연화
(4) 뜨임(tempering) : 연성, 인장강도 부여, 내부응력 제거

2-4 ◈ 금속재료의 부식(腐蝕)

(1) 부식의 정의 : 금속이 전해질 속에 있을 때 「양극 → 전해질 → 음극」이란 전류가 형성되어 양극 부위에서 금속이온이 용출되는 현상으로서 일종의 전기화학적인 반응이다. 즉 금속이 전해질과 접하여 금속표면에서 전해질 중으로 전류가 유출하는 양극반응이다. 양극반응이 진행되는 것이 부식이 발생되는 것이다.

(2) 습식 : 철이 수분의 존재 하에 일어나는 것으로 국부전지에 의한 것이다.

① 부식의 원인

  ㉮ 이종 금속의 접촉　　　　　　㉯ 금속재료의 조성, 조직의 불균일

  ㉰ 금속재료의 표면상태의 불균일　㉱ 금속재료의 응력상태, 표면온도의 불균일

  ㉲ 부식액의 조성, 유동상태의 불균일

② 부식의 형태

  ㉮ 전면부식 : 전면이 균일하게 부식되므로 부식량은 크나, 쉽게 발견하여 대처하므로 피해는 적다.

  ㉯ 국부부식 : 특정 부분에 부식이 집중되는 현상으로 부식속도가 크고, 위험성이 높다. 공식(孔蝕), 극간부식(隙間腐蝕), 구식(溝蝕) 등이 있다.

  ㉰ 선택부식 : 합금의 특정 부문만 선택적으로 부식되는 현상으로 주철의 흑연화 부식, 황동의 탈아연 부식, 알루미늄 청동의 탈알루미늄 부식 등이 있다.

  ㉱ 입계부식 : 결정입자가 선택적으로 부식되는 현상으로 스테인리스강에서 발생된다.

(3) 건식

① 고온가스 부식 : 고온가스와 접촉한 경우 금속의 산화, 황화, 할로겐 등의 반응이 일어난다.

② 용융금속에 의한 부식 : 금속재료가 용융금속 중 불순물과 반응하여 일어나는 부식

(4) 가스에 의한 고온부식의 종류

① 산화 : 산소 및 탄산가스

② 황화 : 황화수소(H_2S)

③ 질화 : 암모니아(NH_3)

④ 침탄 및 카르보닐화 : 일산화탄소(CO)

⑤ 바나듐 어택 : 오산화바나듐(V_2O_5)

⑥ 탈탄작용 : 수소(H_2)

2-5 ◈ 방식(防蝕) 방법

(1) 부식을 억제하는 방법

　① 부식환경의 처리에 의한 방식법

　② 부식억제제(인히비터)에 의한 방식법

　③ 피복에 의한 방식법

　④ 전기 방식법

(2) 전기방식(電氣防蝕) : 지중 및 수중에 설치하는 강재배관 및 저장탱크 외면에 전류를 유입시켜 양극반응을 저지함으로써 배관의 전기적 부식을 방지하는 것이다.

　① 종류

　　㈎ 희생 양극법(犧牲 陽極法) : 지중 또는 수중에 설치된 양극(anode) 금속과 매설배관 (cathode : 음극)을 전선으로 연결해 양극 금속과 매설배관 사이의 전지작용(고유 전위차)으로 부식을 방지하는 방법이다. 양극 재료로는 마그네슘(Mg), 아연(Zn)이 사용되며, 토양 중에 매설되는 배관에는 마그네슘이 사용되고 있다. 유전 양극법, 전기 양극법, 전류 양극법으로 불린다.

　　　㉮ 시공이 간편하다.

　　　㉯ 단거리의 배관에는 경제적이다.

　　　㉰ 다른 매설 금속체로의 장해가 없다.

　　　㉱ 과방식의 우려가 없다.

　　　㉲ 효과 범위가 비교적 좁다.

　　　㉳ 장거리 배관에는 비용이 많이 소요된다.

　　　㉴ 전류 조절이 어렵다.

　　　㉵ 관리장소가 많게 된다.

　　　㉶ 강한 전식에는 효과가 없다.

　　㈏ 외부 전원법(外部 電源法) : 외부 직류전원장치의 양극(anode)은 매설배관이 설치되어 있는 토양이나 수중에 설치한 외부전원용 전극(불용성 양극)에 접속하고, 음극 (cathode)은 매설배관에 접속시켜 부식을 방지하는 방법으로 직류전원장치(정류기), 양극, 부속배선으로 구성된다.

　　　㉮ 효과 범위가 넓다.

　　　㉯ 평상시의 관리가 용이하다.

　　　㉰ 전압, 전류의 조성이 일정하다.

　　　㉱ 전식에 대해서도 방식이 가능하다.

　　　㉲ 초기 설비비가 많이 소요된다.

ⓑ 장거리 배관에는 전원 장치 수가 적어도 된다.

ⓢ 과방식의 우려가 있다.

ⓐ 전원을 필요로 한다.

ⓩ 다른 매설 금속체로의 장해에 대해 검토가 필요하다.

(다) 배류법(排流法) : 매설배관의 전위가 주위의 타 금속 구조물의 전위보다 높은 장소에서 매설배관과 주위의 타 금속 구조물을 전기적으로 접속시켜 매설배관에 유입된 누출전류를 전기회로적으로 복귀시키는 방법으로 직류 전기철도가 가까이 있는 곳에서 이용하며 배류기를 설치하여야 한다.

㉮ 유지관리비가 적게 소요된다.

㉯ 전철과의 관계 위치에 따라 효과적이다.

㉰ 설치비가 저렴하다.

㉱ 전철 운행 시에는 자연부식의 방지효과도 있다.

㉲ 다른 매설 금속체로의 장해에 대해 검토가 필요하다.

㉳ 전철 휴지기간에는 전기방식의 역할을 못한다.

㉴ 과방식의 우려가 있다.

② 전기방식 방법

(가) 직류 전철 등에 따른 누출 전류의 영향이 없는 경우에는 외부 전원법 또는 희생 양극법으로 한다.

(나) 직류 전철 등에 따른 누출 전류의 영향을 받는 배관에는 배류법으로 하되, 방식효과가 충분하지 않을 경우에는 외부 전원법 또는 희생 양극법을 병용한다.

③ 도시가스 시설 전기방식 시설 기준

(가) 도시가스 시설의 전위 측정용 터미널(TB) 설치 거리

㉮ 희생 양극법, 배류법 : 300m 이내의 간격

㉯ 외부 전원법 : 500m 이내의 간격

(나) 전기방식 기준

㉮ 방식전류가 흐르는 상태에서 토양 중에 있는 배관의 방식전위 상한값은 포화황산동 기준 전극으로 −0.85V 이하(황산염환원 박테리아가 번식하는 토양에서는 −0.95V 이하)로 한다.

㉯ 방식전위 하한값은 전기철도 등의 간섭영향을 받는 곳을 제외하고는 포화황산동 기준 전극으로 −2.5V 이상이 되도록 한다.

㉰ 방식전류가 흐르는 상태에서 자연전위와의 전위변화가 최소한 −300mV 이하로 한다.

(다) 방식전위 측정 및 시설의 점검

㉮ 관대지전위(管對地電位) 점검 : 1년에 1회 이상

㉯ 외부 전원법 전기방식 시설 점검 : 3개월에 1회 이상

㉰ 배류법 전기방식 시설 점검 : 3개월에 1회 이상

㉱ 절연부속품, 역 전류방지 장치, 결선(bond), 보호절연체 효과 점검 : 6개월에 1회 이상

2-6 ◈ 비파괴 검사

(1) 육안검사(VT : Visual Test)

(2) 음향검사 : 간단한 공구를 이용하여 음향에 의해 결함 유무를 판단하는 방법

(3) 침투탐상검사(PT : Penetrant Test) : 표면의 미세한 균열, 작은 구멍, 슬러그 등을 검출하는 방법

(4) 자분탐상검사(MT : Magnetic Particle Test) : 피검사물이 자화한 상태에서 표면 또는 표면에 가까운 손상에 의해 생기는 누설 자속을 사용하여 검출하는 방법

(5) 방사선투과검사(RT : Radiographic Test) : X선이나 γ선으로 투과한 후 필름에 의해 내부결함의 모양, 크기 등을 관찰할 수 있고 검사 결과의 기록이 가능

(6) 초음파탐상검사(UT : Ultrasonic Test) : 초음파를 피검사물의 내부에 침입시켜 반사파를 이용하여 내부의 결함과 불균일층의 존재 여부를 검사하는 방법

(7) 와류검사 : 교류전원을 이용하여 금속의 표면이나 표면에 가까운 내부의 결함이나 조직의 부정, 성분의 변화 등의 검출에 적용되며 비자성 금속재료인 동 합금, 18 − 8 STS의 검사에 사용

(8) 전위차법 : 결함이 있는 부분에 전위차를 측정하여 균열의 깊이를 조사하는 방법

3 가스배관 설비

3-1 ◈ 강관

(1) 특징

① 인장강도가 크고, 내충격성이 크다.

② 배관 작업이 용이하다.

③ 비철금속관에 비하여 경제적이다.

④ 부식으로 인한 배관수명이 짧다.

(2) 스케줄 번호(schedule number) : 배관 두께의 체계를 표시하는 것으로 번호가 클수록 두께가 두껍다.

$$\text{Sch No} = 10 \times \frac{P}{S}$$

여기서, P : 사용압력(kgf/cm^2) S : 재료의 허용응력(kgf/mm^2)

$$S = \frac{\text{인장강도}(\text{kgf/mm}^2)}{\text{안전율}(4)}$$

3-2 ▸ 밸브의 종류 및 특징

(1) 고압밸브의 특징
  ① 주조품보다 단조품을 이용하여 제조한다.
  ② 밸브 시트는 내식성과 경도가 높은 재료를 사용한다.
  ③ 밸브 시트는 교체할 수 있도록 한다.
  ④ 기밀유지를 위하여 스핀들에 패킹이 사용된다.

(2) 밸브의 종류
  ① 글로브 밸브(glove valve) : 스톱 밸브라 하며 유량조정용으로 사용된다.
  ② 슬루스 밸브(sluice valve) : 게이트 밸브라 하며 유로의 개폐용에 사용된다.
  ③ 체크 밸브(check valve) : 유체의 역류를 방지하기 위하여 사용하는 밸브이다.

(3) 안전밸브(safety valve) : 가스설비의 내부압력이 상승 시 파열사고를 방지할 목적으로 사용된다.
  ① 스프링식 : 기상부에 설치하며 일반적으로 가장 많이 사용된다.
  ② 파열판식 : 구조가 간단하며 취급, 점검이 용이하다.
  ③ 가용전식 : 일정온도 이상이 되면 용전이 녹아 가스를 배출하는 것으로 구리(Cu), 주석(Sn), 납(Pb), 안티몬(Sb) 등이 사용된다.
  ④ 릴리프 밸브(relief valve) : 액체 배관에 설치하여 액체를 저장탱크나 펌프의 흡입측으로 되돌려 보낸다.

3-3 ▸ 신축 조인트

(1) 종류
  ① 루프형 : 곡관의 형태로 만들어진 것으로 구조가 간단하다.
  ② 슬리브형 : 이중관으로 만들어진 것으로 누설의 우려가 있어 가스관에는 부적합하다.

③ 벨로스형 : 주름통형으로 만들어진 것으로 설치장소의 제약이 없다.

④ 스위블형 : 2개 이상의 엘보를 이용한 것으로 누설의 우려가 있어 가스관에는 부적합
하다.

⑤ 상온 스프링(cold spring) : 배관의 자유팽창량을 미리 계산하여 자유팽창량의 1/2 만
큼 짧게 절단하여 강제배관을 하여 열팽창을 흡수하는 방법이다.

⑥ 볼 조인트(ball joint) : 볼 조인트와 오프셋 배관을 이용해서 신축을 흡수하는 방법으로
설치공간이 적고, 평면상의 변위뿐만 아니라 입체적인 변위까지도 안전하게 흡수하므
로 어떤 현상에 의한 신축에도 배관이 안전한 신축이음이다.

(2) 열팽창에 의한 신축길이 계산

$$\Delta L = L \cdot \alpha \cdot \Delta t$$

여기서, ΔL : 관의 신축길이(mm) L : 관의 길이(mm)
    α : 선팽창계수(강관 : 1.2×10^{-5}/℃) Δt : 온도차(℃)

---

4 압력용기 및 충전용기

4-1 ◈ 압력용기(저장탱크)

(1) 고압 원통형 저장탱크 구조

① 동체(동판)와 경판으로 구성되며, 수평형(횡형)과 수직형(종형)으로 나눈다.

② 경판의 종류 : 접시형, 타원형, 반구형

③ 부속 기기 : 안전밸브, 유체 입출구, 드레인 밸브, 액면계, 온도계, 압력계 등

④ 동일 용량, 동일 압력의 구형 저장탱크에 비하여 철판두께가 두껍다(표면적이 크다).

⑤ 수평형이 강도, 설치 및 안전성이 수직형에 비해 우수하며, 수직형은 바람, 지진 등의
영향을 받기 때문에 철판두께를 두껍게 하여야 한다.

(2) 구형(球形) 저장탱크 구조

① 원통형 저장탱크에 비해 표면적이 작고, 강도가 높다.

② 기초가 간단하고, 외관 모양이 안정적이다.

③ 부속 기기 : 상하 맨홀, 유체의 입출구, 안전밸브, 압력계, 온도계 등

④ 단열성이 높아 −50℃ 이하의 액화가스를 저장하는 데 적합하다.

(3) 구면 지붕형 저장탱크 : 액화산소, 액화질소, LPG, LNG 등의 액화가스를 대량으로 저장
할 때 사용한다.

(4) LNG 저장설비 및 방호 종류

① 단일 방호(single containment)식 저장탱크 : 내부탱크와 단열재를 시공한 외부벽으로 이루어진 것으로 저장탱크에서 LNG의 유출이 발생할 때 이를 저장하기 위한 낮은 방류둑으로 둘러싸여 있는 형식이다.

② 이중 방호(double containment))식 저장탱크 : 내부탱크와 외부탱크가 각기 별도로 초저온의 LNG를 저장할 수 있도록 설계, 시공된 것으로 유출되는 LNG의 액이 형성하는 액면을 최소한으로 줄이기 위해 외부탱크는 내부탱크에서 6m 이내의 거리에 설치하여 내부탱크에서 유출되는 액을 저장하도록 되어 있는 형식이다.

③ 완전 방호(full containment))식 저장탱크 : 내부탱크와 외부탱크를 모두 독립적으로 초저온의 액을 저장할 수 있도록 설계, 시공된 것으로 외부탱크 또는 벽은 내부탱크에서 1~2m 사이에 위치하여 내부탱크의 사고 발생 시 초저온의 액을 저장할 수 있으며 누출된 액에서 발생된 BOG를 제어하여 벤트(vent)시킬 수 있도록 되어 있는 형식이다.

④ 멤브레인식 저장탱크(membrane containment tank) : 멤브레인의 1차 탱크와 단열재와 콘크리트가 조합된 복합구조의 2차 탱크로 구성된 저장탱크이다.

4-2 ◈ 충전용기

(1) 용기 재료의 구비조건

① 내식성, 내마모성을 가질 것
② 가볍고 충분한 강도를 가질 것
③ 저온 및 사용 중 충격에 견디는 연성, 전성을 가질 것
④ 가공성, 용접성이 좋고 가공 중 결함이 생기지 않을 것

(2) 용기의 종류

① 이음매 없는 용기(무계목[無繼目] 용기, 심리스 용기)
　㈎ 압축가스 또는 액화 이산화탄소 등을 충전
　㈏ 제조방법 : 만네스만식, 에르하트식, 딥 드로잉식

이음매 없는 용기 특징	용접 용기 특징
① 고압에 견디기 쉬운 구조이다.	① 강판을 사용하므로 제작비가 저렴하다.
② 내압에 대한 응력분포가 균일하다.	② 이음매 없는 용기에 비해 두께가 균일하다.
③ 제작비가 비싸다.	③ 용기의 형태, 치수 선택이 자유롭다.
④ 두께가 균일하지 못할 수 있다.	

② 용접 용기(계목[繼目] 용기, 월딩 용기)

  ⑺ 액화가스 및 아세틸렌 등을 충전

  ⑷ 제조방법 : 심교 용기, 종계 용기

③ 초저온 용기

  ⑺ 정의 : -50℃ 이하인 액화가스를 충전하기 위하여 단열재로 용기를 씌우거나 냉동 설비로 냉각시키는 등의 방법으로 용기 내의 가스 온도가 상용의 온도를 초과하지 아 니하도록 조치를 한 용기이다.

  ⑷ 재료 : 알루미늄 합금, 오스테나이트계 스테인리스강(18-8 STS강)

④ 화학 성분비 제한

구분	탄소(C)	인(P)	황(S)
이음매 없는 용기	0.55% 이하	0.04% 이하	0.05% 이하
용접 용기	0.33% 이하	0.04% 이하	0.05% 이하

(3) 용기 밸브

① 충전구 형식에 의한 분류

  ⑺ A형 : 충전구가 숫나사

  ⑷ B형 : 충전구가 암나사

  ⑸ C형 : 충전구에 나사가 없는 것

② 충전구 나사 형식에 의한 분류

  ⑺ 왼나사 : 가연성가스 용기(단, 액화암모니아, 액화브롬화메탄은 오른나사)

  ⑷ 오른나사 : 가연성가스 외의 용기

(4) 충전용기 안전장치

① LPG 용기 : 스프링식

② 염소, 아세틸렌, 산화에틸렌 용기 : 가용전식

③ 산소, 수소, 질소, 액화이산화탄소 용기 : 파열판식

④ 초저온 용기 : 스프링식과 파열판식의 2중 안전밸브

4-3 ◈ 저장능력 산정식

(1) 압축가스의 저장탱크 및 용기

$$Q = (10P + 1) \cdot V_1$$

(2) 액화가스 저장탱크

$$W = 0.9d \cdot V_2$$

(3) 액화가스 용기(충전용기, 탱크로리)

$$W = \frac{V_2}{C}$$

여기서, Q : 저장능력(m^3) P : 35℃에서 최고충전압력(MPa)

            V_1 : 내용적(m^3) W : 저장능력(kg) V_2 : 내용적(L) d : 액화가스의 비중

            C : 액화가스 충전상수(C_3H_8 : 2.35, C_4H_{10} : 2.05, NH_3 : 1.86)

(4) 안전공간

$$Q = \frac{V-E}{V} \times 100$$

여기서, Q : 안전공간(%) V : 저장시설의 내용적 E : 액화가스의 부피

4-4 ◇ 두께 산출식

(1) 용접 용기 동판 두께 산출식

$$t = \frac{P \cdot D}{2S \cdot \eta - 1.2P} + C$$

여기서, t : 동판의 두께(mm) P : 최고충전압력(MPa) D : 안지름(mm)

            S : 허용응력(N/mm^2) η : 용접효율 C : 부식 여유수치(mm)

(2) 구형 가스홀더 두께 산출식

$$t = \frac{P \cdot D}{4f \cdot \eta - 0.4P} + C$$

여기서, t : 동판의 두께(mm) P : 최고충전압력(MPa) D : 안지름(mm)

            S : 허용응력(N/mm^2) η : 용접효율 C : 부식 여유수치(mm)

※ 허용응력 $= \dfrac{\text{인장강도}(N/mm^2)}{\text{안전율}}$ 이고, 일반적으로 안전율은 4를 적용함(단, 스테인리스 강은 3.5를 적용함)

4-5 ◇ 용기의 검사

(1) 신규검사 항목

① 강으로 제조한 이음매 없는 용기 : 외관검사, 인장시험, 충격시험(Al용기 제외), 파열시험(Al용기 제외), 내압시험, 기밀시험, 압궤시험

② 강으로 제조한 용접 용기 : 외관검사, 인장시험, 충격시험(Al용기 제외), 용접부 검사, 내압시험, 기밀시험, 압궤시험

③ 초저온 용기 : 외관검사, 인장시험, 용접부 검사, 내압시험, 기밀시험, 압궤시험, 단열성능시험

④ 납붙임 접합용기 : 외관검사, 기밀시험, 고압가압시험

※ 파열시험을 한 용기는 인장시험, 압궤시험을 생략할 수 있다.

(2) 재검사

① 재검사를 받아야 할 용기

   (개) 일정한 기간이 경과된 용기   (내) 합격표시가 훼손된 용기

   (대) 손상이 발생된 용기   (래) 충전가스 명칭을 변경할 용기

   (매) 유통 중 열영향을 받은 용기

② 재검사 주기

구분		15년 미만	15년 이상~20년 미만	20년 이상
용접 용기 (LPG용 용접 용기 제외)	500L 이상	5년	2년	1년
	500L 미만	3년	2년	1년
LPG용 용접 용기	500L 이상	5년	2년	1년
	500L 미만	5년		2년
이음매 없는 용기	500L 이상	5년		
	500L 미만	신규검사 후 경과 연수가 10년 이하인 것은 5년, 10년을 초과한 것은 3년마다		

(3) 내압시험

① 수조식 내압시험 : 용기를 수조에 넣고 내압시험에 해당하는 압력을 가했다가 대기압 상태로 압력을 제거하면 원래 용기의 크기보다 약간 늘어난 상태로 복귀한다. 이때의 체적변화를 측정하여 영구 증가량을 계산하여 합격, 불합격을 판정한다.

② 비수조식 내압시험 : 저장탱크와 같이 고정설치된 경우에 펌프로 가압한 물의 양을 측정해 팽창량을 계산한다.

③ 항구(영구) 증가율(%) 계산

$$항구(영구) 증가율(\%) = \frac{항구\ 증가량}{전\ 증가량} \times 100$$

④ 합격기준

   (개) 신규검사 : 항구 증가율 10% 이하

   (내) 재검사

      ⑦ 질량검사 95% 이상 : 항구 증가율 10% 이하

      ⑭ 질량검사 90% 이상 95% 미만 : 항구 증가율 6% 이하

(4) 초저온 용기의 단열성능시험

① 침입열량 계산식

$$Q = \frac{W \cdot q}{H \cdot \Delta t \cdot V}$$

여기서, Q : 침입열량(J/h · ℃ · L) W : 측정 중의 기화가스량(kg)

q : 시험용 액화가스의 기화잠열(J/kg) H : 측정시간(h)

Δt : 시험용 액화가스의 비점과 외기와의 온도차(℃) V : 용기 내용적(L)

② 합격기준

내용적	침입열량	
	kcal/h · ℃ · L	J/h · ℃ · L
1000L 미만	0.0005 이하	2.09 이하
1000L 이상	0.002 이하	8.37 이하

③ 시험용 액화가스의 종류 : 액화질소, 액화산소, 액화아르곤

(5) 충전용기의 시험압력

구분	최고충전압력(FP)	기밀시험압력(AP)	내압시험압력(TP)	안전밸브 작동압력
압축가스 용기	35℃, 최고충전압력	최고충전압력	$FP \times \frac{5}{3}$ 배	$TP \times 0.8$배 이하
아세틸렌 용기	15℃에서 최고압력	$FP \times 1.8$배	$FP \times 3$ 배	가용전식 (105±5℃)
초저온, 저온 용기	상용압력 중 최고압력	$FP \times 1.1$배	$FP \times \frac{5}{3}$ 배	$TP \times 0.8$배 이하
액화가스 용기	$TP \times \frac{3}{5}$ 배	최고충전압력	액화가스 종류별로 규정	$TP \times 0.8$배 이하

4-6 ◆ 합격용기의 각인

(1) 신규검사에 합격된 용기

① 용기 제조업자의 명칭 또는 약호

② 충전하는 가스의 명칭

③ 용기의 번호

④ V : 내용적(L)

⑤ W : 밸브 및 부속품을 포함하지 아니한 용기의 질량(kg)

　　⑥ TW : 아세틸렌가스 충전용기는 ⑤의 질량에 다공물질, 용제, 밸브의 질량을 합한
　　　질량(kg)

　　⑦ 내압시험에 합격한 연월

　　⑧ TP : 내압시험압력(MPa)

　　⑨ FP : 압축가스를 충전하는 용기는 최고충전압력(MPa)

　　⑩ t : 동판의 두께(mm) → 내용적 500L 초과하는 용기만 해당

　　⑪ 충전량(g) → 납붙임 또는 접합용기만 해당

(2) 용기 종류별 부속품 기호

　　① AG : 아세틸렌가스를 충전하는 용기의 부속품

　　② PG : 압축가스를 충전하는 용기의 부속품

　　③ LG : 액화석유가스 외의 액화가스를 충전하는 용기의 부속품

　　④ LPG : 액화석유가스를 충전하는 용기의 부속품

　　⑤ LT : 초저온 용기 및 저온 용기의 부속품

(3) 용기의 도색 및 표시

가스 종류	용기 도색		글자 색깔		띠의 색상 (의료용)
	공업용	의료용	공업용	의료용	
산소(O_2)	녹색	백색	백색	녹색	녹색
수소(H_2)	주황색	–	백색	–	–
액화탄산가스(CO_2)	청색	회색	백색	백색	백색
액화석유가스	밝은 회색	–	적색	–	–
아세틸렌(C_2H_2)	황색	–	흑색	–	–
암모니아(NH_3)	백색	–	흑색	–	–
액화염소(Cl_2)	갈색	–	백색	–	–
질소(N_2)	회색	흑색	백색	백색	백색
아산화질소(N_2O)	회색	청색	백색	백색	백색
헬륨(He)	회색	갈색	백색	백색	백색
에틸렌(C_2H_4)	회색	자색	백색	백색	백색
사이클로 프로판	회색	주황색	백색	백색	백색
기타의 가스	회색	–	백색	백색	백색

[비고] 1. 스테인리스강 등 내식성 재료를 사용한 용기 : 용기 동체의 외면 상단에 10cm 이상의 폭
　　　　　으로 충전가스에 해당하는 색으로 도색

　　　　2. 선박용 액화석유가스 용기 : 용기 상단부에 2cm의 백색 띠 두 줄, 백색 글씨로 선박용 표시

가스 장치 및 설비 일반 **예상문제**

01 단열을 한 배관 중에 작은 구멍을 내고 이 관에 압력이 있는 유체를 흐르게 하면 유체가 작은 구멍을 통할 때 유체의 압력이 하강함과 동시에 온도가 변화하는 현상을 무엇이라고 하는가?

해답 줄-톰슨 효과

02 [보기]에서 설명하는 공기액화 사이클의 명칭을 쓰시오.

> ─| 보기 |─
> • 공기의 압축압력은 약 7atm 정도이다.
> • 열교환기에 축랭기를 사용하여 원료공기를 냉각시킴과 동시에 원료공기 중의 수분과 탄산가스를 제거한다.
> • 공기는 팽창식 터빈에서 −145℃ 정도로 90% 처리한다.

해답 캐피자 공기액화 사이클

03 프로판, 에틸렌, 메탄 등 비점이 점차 낮은 고순도 냉매를 사용하여 저비점의 기체를 냉각, 액화하는 사이클의 명칭은 무엇인가?

해답 캐스케이드 액화 사이클 (또는 다원액화 사이클)

04 가스액화 분리장치의 축랭기에 사용되는 축랭체 종류 2가지를 쓰시오.

해답 ① 알루미늄 리본 ② 자갈
해설 축랭기의 구조
  ① 축랭기는 열교환기이다.
  ② 축랭기 내부에는 표면적이 넓고 열용량이 큰 충전물(축랭체)이 들어 있다.
  ③ 축랭체로는 주름이 있는 알루미늄 리본이 사용되었으나 현재는 자갈을 이용한다.
  ④ 축랭기에서는 원료공기 중의 수분과 탄산가스가 제거된다.

05 가스액화 분리장치의 구성요소 3가지를 쓰시오.

해답 ① 한랭 발생장치   ② 정류장치   ③ 불순물 제거장치

06 저비점(低沸点) 액체용 펌프를 사용할 때의 주의사항 4가지를 쓰시오.

해답 ① 펌프는 가급적 저장탱크 가까이 설치한다.
② 펌프의 흡입, 토출관에는 신축이음장치를 설치한다.
③ 밸브와 펌프 사이에 기화가스를 방출할 수 있는 안전밸브를 설치한다.
④ 운전개시 전 펌프를 청정(淸淨)하여 건조시킨 다음 예랭(豫冷)하여 사용한다.

07 LNG의 용도 중 한랭을 이용하는 방법 4가지를 쓰시오.

해답 ① 공기분리에 의한 액화산소, 액화질소의 제조
② 액화탄산, 드라이아이스 제조   ③ 냉동식품의 제조 및 냉동창고에 의한 저장
④ 고무, 플라스틱 등의 저온 분쇄 처리   ⑤ 해수의 담수화
⑥ 저온에 의한 배연 탈황   ⑦ 에틸렌 분리, 크실렌 분리 등 화학 공업용

08 단열재의 구비조건 4가지를 쓰시오.

해답 ① 열전도도가 적을 것   ② 화학적으로 안정할 것   ③ 불연성, 난연성일 것
④ 흡습, 흡수성이 없을 것   ⑤ 밀도가 작을 것(가벼울 것)   ⑥ 가격이 저렴할 것

09 내조와 외조로 구성된 2중 단열 액화가스 저장탱크의 공간부분은 진공작업 후 단열재를 이용하여 단열을 실시한다. 이때 단열재로 사용하는 재료는?

해답 ① 펄라이트   ② 경질폴리우레탄폼   ③ 폴리염화비닐폼

10 저온장치에 사용되고 있는 단열법 중 단열을 하는 공간에 분말, 섬유 등의 단열재를 충전하는 방법으로 일반적으로 사용되는 단열법은 무엇인가?

해답 상압 단열법

11 저온장치에 사용되는 진공단열법의 종류 3가지를 쓰시오.

해답 ① 고진공 단열법   ② 분말 진공 단열법   ③ 다층 진공 단열법

12 분말 진공 단열법에 사용되는 충진용 분말의 종류 4가지를 쓰시오.

해답 ① 샌다셀   ② 펄라이트   ③ 규조토   ④ 알루미늄 분말

13 지름 50mm의 강재로 된 둥근 막대가 8000kgf의 인장하중을 받을 때의 응력(kgf/mm²)은?

풀이 $\sigma = \dfrac{F}{A} = \dfrac{8000}{\dfrac{\pi}{4} \times 50^2} = 4.074 \fallingdotseq 4.07\,\text{kgf/mm}^2$

해답 $4.07\,\text{kgf/mm}^2$

14 200A 강관에 내압 10kgf/cm²을 받을 경우 관에 생기는 원주방향 응력(kgf/cm²)과 축방향 응력(kgf/cm²)을 계산하시오. (단, 200A 강관의 바깥지름(D)은 216.3mm, 두께(t)는 5.8mm이다.)

풀이 ① 원주방향 응력 계산

$$\sigma_A = \frac{PD}{2t} = \frac{10 \times (216.3 - 2 \times 5.8)}{2 \times 5.8} = 176.465 \fallingdotseq 176.47\,\text{kgf/cm}^2$$

② 축방향 응력 계산

$$\sigma_B = \frac{PD}{4t} = \frac{10 \times (216.3 - 2 \times 5.8)}{4 \times 5.8} = 88.232 \fallingdotseq 88.23\,\text{kgf/cm}^2$$

해답 ① 원주방향 응력 : $176.47\,\text{kgf/cm}^2$ ② 축방향 응력 : $88.23\,\text{kgf/cm}^2$

해설 ① 원주방향 응력 및 축방향 응력을 계산하는 공식에서 D는 안지름인데 문제에서는 바깥지름으로 주어졌으므로 바깥지름에 양쪽의 두께를 빼 주어야 안지름으로 계산된다.

② 안지름과 두께의 단위는 동일한 단위를 사용하면 약분되므로 "mm" 단위를 적용해도 이상이 없다.

③ 원주방향 응력, 축방향 응력 단위를 kgf/mm²으로 계산하면 공식은 다음과 같다.

• 원주방향 응력 : $\sigma_A = \dfrac{PD}{200t}$ • 축방향 응력 : $\sigma_B = \dfrac{PD}{400t}$

15 저온장치의 열침입 원인 4가지를 쓰시오.

해답 ① 외면에서의 열복사   ② 지지점에서의 열전도
      ③ 밸브, 안전밸브에 의한 열전도   ④ 연결된 배관을 통한 열전도
      ⑤ 단열재를 충진한 공간에 남은 가스분자의 열전도

16 안지름 10cm의 배관을 플랜지 이음을 하였다. 이 배관에 50kgf/cm²의 압력이 작용할 때 볼트 1개에 걸리는 힘을 400kgf으로 한다면 필요한 볼트 수는 최소한 몇 개가 있어야 하는가?

풀이 볼트 수 $= \dfrac{\text{전체에 걸리는 힘}(P \cdot A)}{\text{볼트 1개당 걸리는 힘}} = \dfrac{50 \times \dfrac{\pi}{4} \times 10^2}{400} = 9.817 \fallingdotseq 10개$

해답 10개

해설 필요한 볼트 수 계산에서 나오는 소숫점 수는 무조건 1개로 계산하여야 한다.

17 안지름이 10cm의 원통형 용기의 막힘 플랜지(bland flange)가 8개의 볼트, 너트로 조립되어 있다. 이때 내부의 가스압이 15kgf/cm²일 때 볼트 1개가 받는 힘(kgf)은 얼마인가?

풀이 볼트 1개당 걸리는 힘 $= \dfrac{\text{전체에 걸리는 힘}(P \cdot A)}{\text{볼트 수}} = \dfrac{15 \times \dfrac{\pi}{4} \times 10^2}{8}$
$= 147.262 \fallingdotseq 147.26 \, \text{kgf}$

해답 147.26 kgf

18 탄소강에서 발생하는 저온취성을 설명하시오.

해답 탄소강은 온도가 저하함에 따라 인장강도, 항복점, 경도는 증가하지만 연신율, 단면수축률, 충격치는 감소한다. 탄소강의 경우 −70℃ 부근에서는 충격치가 거의 0에 가깝게 되어 소성변형을 일으키는 성질이 없어진다. 이와 같은 성질을 저온취성이라 한다.

19 금속재료 중 저온취성에 견딜 수 있는 재료 3가지를 쓰시오.

해답 ① 동 및 동합금   ② 알루미늄 합금   ③ 18-8 스테인리스강   ④ 9% 니켈강

20 고압가스 장치용 금속재료에 대한 물음에 답하시오.
(1) 액화산소 저장탱크의 재료로 적당한 것 3가지를 쓰시오.
(2) 상온에서 건조한 염소의 저장탱크 재료로 적당한 것은?

해답 (1) ① 알루미늄 합금   ② 동 및 동합금   ③ 18-8 스테인리스강
(2) 탄소강

21 고압장치용 금속재료 중 고온재료의 구비조건 4가지를 쓰시오.

해답 ① 접촉유체에 대한 내식성이 클 것
② 사용 중 고온에서의 기계적 강도가 클 것
③ 크리프 강도가 클 것
④ 가공이 용이하고 가격이 저렴할 것

22 고압장치에 사용되는 금속재료 선택 시 고려할 사항 4가지를 쓰시오.

해답 ① 내식성   ② 내열성   ③ 내랭성   ④ 내마모성

23 금속재료에 대한 용어를 설명하시오.
(1) 크리프 현상 :   (2) 가공경화 :
(3) 청열취성 :   (4) 피로파괴 :

해답 (1) 어느 온도 이상에서 재료에 일정한 하중을 가하여 그대로 방치하면 시간의 경과와
더불어 변형이 증대되는 현상
(2) 금속을 가공함에 따라 경도가 증대되는 현상
(3) 탄소강의 경우 300℃ 부근에서 인장강도 및 경도가 최대치를 나타내고 연신율 및
단면수축률은 최소치를 보인다. 이 온도 부근에서는 상온에서보다도 취약한 성질을
가지며, 이것을 청열취성이라 한다.
(4) 정적시험에 의한 파괴강도보다 상당히 낮은 응력에서도 그것이 반복 작용하는 경
우에 재료가 파괴되는 현상

24 금속재료의 열간가공과 냉간가공을 구분하는 기준이 되는 온도를 무엇이라 하는가?

해답 재결정 온도

해설 재결정 온도 : 금속재료를 적당한 시간 동안 가열하면 새로운 결정핵이 생겨 그 핵으로부터 새로운 결정입자가 형성될 때의 온도로 냉간가공과 열간가공을 구분하는 기준이 된다.

---

25 금속재료의 일반적인 열처리 방법 4가지를 쓰시오.

해답 ① 담금질(quenching)　　　　② 불림(normalizing)
　　　③ 풀림(annealing)　　　　　④ 뜨임(tempering)

---

26 부식은 주위 환경과의 사이에 발생되는 전기 화학적인 반응으로 강관을 부식하게 된다. 이러한 반응을 일으키는 원인 4가지를 쓰시오.

해답 ① 이종 금속의 접촉
　　　② 금속 재료의 조성, 조직의 불균일
　　　③ 금속 재료의 표면상태의 불균일
　　　④ 금속재료의 응력상태, 표면온도의 불균일
　　　⑤ 부식액의 조성, 유동상태의 불균일

---

27 철과 동을 수용액 중에 접촉하였을 때 양극반응을 일으키는 것과 부식이 일어나는 것을 쓰시오.

해답 ① 양극반응 : 철　② 부식 : 철

---

28 고압가스 설비에서 다음 가스에 의하여 발생하는 부식 명칭을 쓰시오.
　　(1) 산소(O_2) :　　　　　　　(2) 황화수소(H_2S) :
　　(3) 수소(H_2) :　　　　　　　(4) 암모니아(NH_3) :

해답 (1) 산화　(2) 황화　(3) 탈탄(수소취성)　(4) 질화, 탈탄

---

29 고압장치 금속재료의 부식을 억제하는 방법 4가지를 쓰시오.

해답 ① 부식환경의 처리에 의한 방법　② 부식억제제(인히비터)에 의한 방법
　　　③ 피복에 의한 방법　　　　　　④ 전기방식법

---

30 전기방식법의 종류 4가지를 쓰시오.

해답 ① 희생 양극법(또는 유전 양극법, 전기 양극법) ② 외부 전원법
③ 배류법 ④ 강제 배류법

---

31 매설배관 부근에 이온화가 큰 금속을 매설하여 부식을 방지하는 전기방식법의 명칭을 쓰시오.

해답 희생 양극법(또는 유전 양극법, 전기 양극법, 전류 양극법)

---

32 땅속에 매설한 애노드(anode)에 강제전압을 가하여 피방식 금속체를 캐소드(cathode) 하는 방식의 전기방식법 명칭은 무엇인가?

해답 외부 전원법

---

33 직류 전철 등에 의한 누출전류의 영향을 받는 배관에 적합한 전기방식법의 명칭과 전위 측정용 터미널 설치간격은 얼마인가?

해답 ① 전기방식법 : 배류법   ② 전위측정용 터미널 설치간격 : 300m 이내
참고 전기방식 방법 : KGS GC202 가스시설 전기방식 기준
① 직류 전철 등에 따른 누출전류의 영향이 없는 경우에는 외부 전원법 또는 희생 양 극법으로 한다.
② 직류 전철 등에 의한 누출전류의 영향을 받는 배관에는 배류법으로 하되, 방식효과 가 충분하지 않을 경우에는 외부 전원법 또는 희생 양극법을 병용한다.

---

34 희생 양극법에 대한 물음에 답하시오.
(1) 전위측정용 터미널 설치거리는 얼마인가?
(2) 포화황산동 기준전극으로 황산염환원 박테리아가 번식하는 토양의 경우 방식전위는 얼마인가?

해답 (1) 300m 이내   (2) $-0.95V$ 이하
해설 방식전위 기준 : 전기방식 전류가 흐르는 상태에서 토양 중에 있는 배관 등의 방식전 위는 포화황산동 기준전극으로 $-0.85V$ 이하(황산염환원 박테리아가 번식하는 토양

에서는 −0.95V 이하)이어야 하고, 방식전위 하한값은 전기철도 등의 간섭영향을 받는 곳을 제외하고는 포화황산동 기준전극으로 −2.5V 이상이 되도록 한다.

---

35 전기방식 시설의 유지관리에 대한 물음에 답하시오.
　(1) 관대지전위(管對地電位)의 점검 주기는?
　(2) 외부 전원법에 따른 외부 전원점 관대지전위, 정류기의 출력, 전압, 전류, 배선의 접속 상태 점검주기는?
　(3) 배류법에 따른 배류점 관대지전위, 배류기의 출력, 전압, 전류, 배선의 접속상태 및 계기류 점검주기는?
　(4) 절연부속품, 역전류방지장치, 결선 및 보호절연체의 효과 점검주기는?

해답 　(1) 1년에 1회 이상　　　　　(2) 3개월에 1회 이상
　　　　(3) 3개월에 1회 이상　　　　(4) 6개월에 1회 이상

---

36 도시가스 배관을 방식 조치를 하기 위한 정류기, 배류기에서 계기의 상태와 일치하는지 여부를 확인하기 위하여 측정하여야 할 항목 3가지를 쓰시오.

해답 　① 출력전압　② 출력전류　③ 인입전압

---

37 배관 시공에서 나사이음에 비교한 용접이음의 장점을 4가지 쓰시오.

해답 　① 이음부 강도가 크고, 하자 발생이 적다.
　　　② 이음부 관 두께가 일정하므로 마찰저항이 적다.
　　　③ 배관의 보온, 피복 시공이 쉽다.
　　　④ 시공기간을 단축할 수 있고 유지비, 보수비가 절약된다.
해설 　단점
　　　① 재질의 변형이 일어나기 쉽다.
　　　② 용접부의 변형과 수축이 발생한다.
　　　③ 용접부의 잔류응력이 현저하다.

---

38 비파괴 검사법의 종류 4가지를 쓰시오.

해답 　① 음향검사　　　　　② 침투탐상검사　　　　　③ 자분탐상검사
　　　④ 방사선투과검사　　⑤ 초음파탐상검사　　　　⑥ 와류검사

39 비파괴 검사법 중 방사선 투과시험의 특징 4가지를 쓰시오.

해답 ① 내부결함 검출이 가능하다. ② 기록 결과가 유지된다.
③ 장치의 가격이 고가이다. ④ 방호에 주의하여야 한다.
⑤ 고온부, 두께가 큰 곳은 부적당하다.
⑥ 선에 평행한 크랙 등은 검출이 불가능하다.

40 비파괴 검사법 중 내부 결함을 검사할 수 있는 검사법 2가지를 쓰시오.

해답 ① 방사선투과검사 ② 초음파탐상검사

41 오토클레이브(auto clave)란 무엇인지 설명하고, 그 형태별 종류 4가지를 쓰시오.

해답 (1) 오토클레이브 : 액체를 가열하면 온도의 상승과 함께 증기압도 상승한다. 이때 액
상을 유지하며 2종류 이상의 고압가스를 혼합하여 반응시키는 일종의 고압 반응가
마를 일컫는다.
(2) 종류 : ① 교반형 ② 진탕형 ③ 회전형 ④ 가스 교반형

42 배관용 강관의 기호에 따른 배관 명칭을 쓰시오.
(1) SPP : (2) SPPS :
(3) SPPH : (4) SPHT :

해답 (1) 배관용 탄소강관
(2) 압력 배관용 탄소강관
(3) 고압 배관용 탄소강관
(4) 고온 배관용 탄소강관

해설 배관용 강관의 규격기호

규격기호	배관 명칭	규격기호	배관 명칭
SPP	배관용 탄소강관	SPW	배관용 아크용접 탄소강관
SPPS	압력 배관용 탄소강관	SPA	배관용 합금강관
SPPH	고압 배관용 탄소강관	STS×T	배관용 스테인리스강관
SPHT	고온 배관용 탄소강관	SPPG	연료가스 배관용 탄소강관
SPLT	저온 배관용 탄소강관		

43 사용압력이 60kgf/cm², 배관의 허용응력이 20kgf/mm²일 때 스케줄번호를 구하시오.

풀이 Sch No $= 10 \times \dfrac{P}{S} = 10 \times \dfrac{60}{20} = 30$

해답 30

44 최고사용압력이 65kgf/cm²인 곳에 압력배관용 탄소강관(SPPS42)을 사용하는 경우 스케줄번호를 계산하시오. (단, 안전율은 4이다.)

풀이 Sch No $= 10 \times \dfrac{P}{S} = 10 \times \dfrac{65}{\dfrac{42}{4}} = 61.904 \fallingdotseq 61.90$

해답 61.9

해설 스케줄번호 계산식

① 압력(P) : kgf/cm², 허용응력(S) : kgf/mm²일 때

$$\text{Sch No} = 10 \times \dfrac{P}{S}$$

② 압력(P) : kgf/cm², 허용응력(S) : kgf/cm²일 때

$$\text{Sch No} = 1000 \times \dfrac{P}{S}$$

③ 허용응력 $= \dfrac{\text{인장강도}}{\text{안전율}(4)}$

45 다음 설명에 해당하는 밸브의 명칭을 쓰시오.
(1) 밸브의 리프트(lift)가 작아 개폐시간이 짧고 누설이 적으며, 유량 조절에 적당하나 유체의 흐름이 급격히 변화하여 유체의 저항이 많이 작용하는 밸브로 일명 스톱 밸브라 한다.
(2) 일명 게이트 밸브라 하며, 유량 조절이 부적당하고 완전히 개방하면 유체의 저항이 작게 걸리는 밸브이다.
(3) 유체를 한쪽 방향으로만 흐르게 하며, 유체의 압력 또는 중력에 의하여 유로를 폐쇄하는 밸브이다.

해답 (1) 글로브 밸브
(2) 슬루스 밸브
(3) 역류방지 밸브(check valve)

46 고압가스 시설에 사용되는 밸브의 특징 4가지를 쓰시오.

[해답] ① 주조품보다 단조품을 이용하여 제조한다.
② 밸브 시트는 내식성과 경도가 높은 재료를 사용한다.
③ 밸브 시트는 교체할 수 있도록 한다.
④ 기밀유지를 위하여 스핀들에 패킹이 사용된다.

47 온도변화에 따른 배관의 열팽창을 흡수하기 위하여 사용되는 신축이음장치의 종류 3가지를 쓰시오.

[해답] ① 루프형 ② 슬리브형 ③ 벨로스형
④ 스위블형 ⑤ 상온 스프링(cold spring) ⑥ 볼 조인트

[해설] 상온 스프링(cold spring) : 배관의 자유팽창량을 미리 계산하여 자유팽창량의 $\frac{1}{2}$ 만큼 짧게 절단하여 강제배관을 하여 열팽창을 흡수하는 방법이다.

48 신축이음쇠 중 설치공간이 적고, 평면상의 변위뿐만 아니라 입체적인 변위까지도 안전하게 흡수하므로 어떤 현상에 의한 신축에도 배관이 안전한 신축이음의 명칭은 무엇인가?

[해답] 볼 조인트

49 [보기]는 배관을 시공할 때 온도변화에 의한 열팽창 길이를 계산하는 공식을 나타낸 것이다. (   ) 안에 알맞은 용어를 쓰시오.

┌─ 보기 ┐
열팽창 길이 = 선팽창계수 × (   ) × 배관길이

[해답] 온도차

50 배관의 길이가 10m이고, 선팽창계수 $\alpha = 12 \times 10^{-6}/℃$일 때 −20℃에서 20℃까지 사용될 경우 신축길이(mm)는 얼마인가?

[풀이] 신축길이 계산할 때 배관길이(L)는 신축길이(ΔL)와 같은 단위(mm)를 적용한다.
$\Delta L = L \cdot \alpha \cdot \Delta t = (10 \times 1000) \times 12 \times 10^{-6} \times (20+20) = 4.8\,\mathrm{mm}$

[해답] 4.8mm

51 고압가스 충전용기 재료는 스테인리스강, 알루미늄 합금 및 강으로 제조한다. 강으로 용접 용기를 제조할 때 탄소(C), 인(P), 황(S)의 비율은 각각 얼마인가?

해답 탄소(C) : 0.33% 이하, 인(P) : 0.04% 이하, 황(S) : 0.05% 이하

해설 용기 재료의 함유량 비

구분	탄소(C)	인(P)	황(S)
용접 용기	0.33% 이하	0.04% 이하	0.05% 이하
이음매 없는 용기	0.55% 이하	0.04% 이하	0.05% 이하

52 초저온 용기의 재료 2가지를 쓰시오.

해답 ① 오스테나이트계 스테인리스강(또는 18-8 스테인리스강)
② 알루미늄 합금

53 가연성가스 충전용기의 충전구 나사가 오른나사인 것 2가지를 쓰시오.

해답 ① 암모니아   ② 브롬화메탄

54 이동식 초저온 용기 취급 시 주의사항 4가지를 쓰시오.

해답 ① 고도의 진공상태이므로 충격을 금한다.
② 용기는 직사광선, 비, 눈 등을 피한다.
③ 통풍이 불량한 지하실 같은 곳에 보관하지 않는다.
④ 적정 용량의 기화기를 사용하여야 한다.
⑤ 기름 묻은 장갑, 면장갑을 사용하지 말고, 가죽장갑을 사용하여 취급한다.
⑥ 충전용기와 잔가스용기는 각각 구분하여 보관한다.

55 초저온 액화가스 취급 중 발생할 수 있는 사고 종류 4가지를 쓰시오.

해답 ① 액체의 급격한 증발에 의한 이상 압력 상승
② 저온에 의하여 생기는 물리적 성질의 변화
③ 동상
④ 질식

56 지상에 설치되는 LNG 저장설비의 방호종류 3가지를 쓰시오.

해답 ① 단일 방호식 저장탱크
② 이중 방호식 저장탱크
③ 완전 방호식 저장탱크

57 내용적 650m³인 저장탱크에 압축질소가 5.5MPa 상태로 저장되어 있을 때 저장능력(m³)을 계산하시오.

풀이 $Q = (10P+1) \times V = (10 \times 5.5 + 1) \times 650 = 36400\,\mathrm{m}^3$

해답 $36400\,\mathrm{m}^3$

58 내용적 500L, 압력이 12MPa이고 용기 본수는 120개일 때 압축가스의 저장능력은 몇 m³ 인가?

풀이 $Q = (10P+1) \cdot V = (10 \times 12 + 1) \times 0.5 \times 120 = 7260\,\mathrm{m}^3$

해답 $7260\,\mathrm{m}^3$

59 액화가스 저장탱크의 저장능력 산정 기준 공식을 완성하시오.

해답 $W = 0.9dV$
여기서, W : 저장능력(kg)
    d : 상용온도에서의 액화가스 비중(kg/L)
    V : 내용적(L)

60 내용적 1000m³인 저장탱크에 액화가스를 충전할 때 충전량은 몇 톤인가 계산하시오. (단, 액화가스의 비중은 0.6이다.)

풀이 $W = 0.9d \cdot V = 0.9 \times 0.6 \times 1000 = 540$톤

해답 540톤

해설 액화가스의 질량은 저장탱크의 내용적 단위가 L이면 kg이 되고, 내용적 단위가 m³이면 톤(ton)이 된다.

61 탱크로리의 내용적이 20000L이다. 최고 충전압력이 21kgf/cm²일 때 최고 충전량(kg)은 얼마인가? (단, 충전상수 C는 2.35이다.)

풀이 $W = \dfrac{V}{C} = \dfrac{20000}{2.35} = 8510.638 ≒ 8510.64\,\text{kg}$

해답 8510.64 kg

62 내용적 50L인 용기에 액화암모니아를 저장하려고 한다. 이 저장설비의 저장능력은 얼마인가? (단, 액화암모니아의 충전상수는 1.86이다.)

해설 $W = \dfrac{V}{C} = \dfrac{50}{1.86} = 26.881 ≒ 26.88\,\text{kg}$

해답 26.88 kg

63 액화염소가스 1375kg을 내용적 50L인 용기에 충전하려면 몇 개의 용기가 필요한가? (단, 액화염소가스의 정수 C는 0.8이다.)

풀이 ① 용기 1개당 충전량 계산

$W = \dfrac{V}{C} = \dfrac{50}{0.8} = 62.5\,\text{kg}$

② 용기 수 계산

$용기 \ 수 = \dfrac{전체 \ 가스량}{용기 \ 1개당 \ 충전량} = \dfrac{1375}{62.5} = 22개$

해답 22개

64 용기의 내용적이 47L인 LPG 충전용기에 상온에서 액화프로판(C_3H_8) 20kg을 충전하였다. 이때 용기 내의 안전공간은 몇 %인가 계산하시오. (단, 액화프로판 비중은 0.5이다.)

풀이 ① 액화프로판(C_3H_8) 20kg이 차지하는 체적 계산

$E = \dfrac{액화가스 \ 질량(\text{kg})}{액화가스 \ 비중(\text{kg/L})} = \dfrac{20}{0.5} = 40\text{L}$

② 안전공간 계산

$안전공간(\%) = \dfrac{V-E}{V} \times 100 = \dfrac{47-40}{47} \times 100 = 14.893 ≒ 14.89\%$

해답 14.89%

65 [보기]는 용접 용기 동판 두께를 산출하는 공식이다. 물음에 답하시오.

┌─ 보기 ├─

$$t = \frac{PD}{2S\eta - 1.2P} + C$$

(1) "S"는 무엇인가 설명하시오.　　　　(2) "η"는 무엇인가 설명하시오.

해답　(1) 허용응력(N/mm^2)　　　　　　　(2) 용접효율

해설　① SI단위 용접용기 동판 두께 산출 공식

　　　t : 동판 두께(mm)　　　P : 최고충전압력(MPa)　　D : 안지름(mm)

　　　S : 허용응력(N/mm^2)　　η : 용접효율　　　　　　C : 부식여유(mm)

　　　※ 용접효율(%) $= \dfrac{\text{용접부 시험편 인장강도}}{\text{모재의 인장강도}} \times 100$

　　② 공학단위 공식

　　　$$t = \frac{P \cdot D}{200S\eta - 1.2P} + C$$

　　　t : 동판 두께(mm)　　　P : 최고충전압력(kgf/cm^2)　　D : 안지름(mm)

　　　S : 허용응력(kgf/mm^2)　η : 용접효율　　　　　　　　C : 부식여유(mm)

　　③ 허용응력 $S = \dfrac{\text{인장강도(N/mm}^2\text{, kgf/mm}^2\text{)}}{\text{안전율}}$

　　※ 허용응력과 인장강도는 같은 단위를 적용하고, 일반적으로 안전율은 4를 적용하
　　　며, 스테인리스강재의 경우는 3.5를 적용한다.

---

66 [보기]에서 주어진 조건을 이용하여 구형 가스홀더의 두께(mm)를 계산하시오.

┌─ 보기 ├─

• 압력 : 50kgf/cm^2　　　　　　• 용접효율 : 60%

• 인장강도 : 60kgf/mm^2　　　　• 안지름 : 1000mm

• 부식여유치 : 2mm

풀이　$t = \dfrac{P \cdot D}{400f \cdot \eta - 0.4P} + C$

　　　$= \dfrac{50 \times 1000}{400 \times \left(60 \times \dfrac{1}{4}\right) \times 0.6 - 0.4 \times 50} + 2 = 15.966 \fallingdotseq 15.97\,\text{mm}$

해답　15.97mm

67 최고충전압력 2.0MPa, 동체의 안지름 65cm인 강재 용접 용기의 동판 두께는 몇 mm 인가? (단, 재료의 인장강도 500N/mm², 용접효율 100%, 부식여유 1mm이다.)

풀이 $t=\dfrac{P\cdot D}{2S\cdot\eta-1.2P}+C=\dfrac{2\times65\times10}{2\times\left(500\times\dfrac{1}{4}\right)\times1-1.2\times2}+1=6.250\fallingdotseq6.25\,\mathrm{mm}$

해답 6.25 mm

68 충전용기에서 재검사를 받아야 하는 경우 4가지를 쓰시오.

해답 ① 일정한 기간이 경과된 용기　　　② 합격표시가 훼손된 용기
③ 손상이 발생된 용기　　　　　　④ 충전가스 명칭을 변경할 용기
⑤ 유통 중 열영향을 받은 용기

69 이음매 없는 용기의 재검사 항목 3가지를 쓰시오.

해답 ① 외관검사　② 음향검사　③ 내압검사

70 용접 용기 재검사 항목 4가지를 쓰시오.

해답 ① 외관검사　　　　　　② 내압검사　　　　　③ 누출검사
④ 다공질물 충전검사　　⑤ 단열성능검사
해설 용접 용기 종류별 재검사 항목
① 초저온 용기 : 외관검사, 단열성능검사
② 아세틸렌 용기 : 외관검사, 다공질물 충전검사
③ 액화석유가스 용기 : 외관검사, 내압검사, 누출검사, 도장검사, 수직도검사
④ 그 밖의 용기 : 외관검사, 내압검사

71 충전용기를 수조식 내압시험 장치에서 내압시험을 한 결과 영구 증가량이 0.04L, 전 증 가량이 0.5L일 때 영구 증가율(%)을 계산하시오.

풀이 영구 증가율(%)＝$\dfrac{\text{영구 증가량}}{\text{전 증가량}}\times100=\dfrac{0.04}{0.5}\times100=8\%$

해답 8%

72 내용적 50L의 용기에 수압 30kgf/cm²를 가해 내압시험을 하였다. 이 경우 30kgf/cm²의 수압을 걸었을 때 용기의 용적이 50.5L로 늘어났고 압력을 제거하여 대기압으로 하니 용기용적은 50.025L로 되었을 때 항구 증가율(%)은 얼마인가?

풀이 항구 증가율(%)$=\dfrac{\text{항구 증가량}}{\text{전 증가량}}\times100=\dfrac{50.025-50}{50.5-50}\times100=5\%$

해답 5%

73 고압가스 충전용기를 수조식 내압시험 장치에서 30kgf/cm²의 압력으로 내압시험을 한 결과 전 증가량이 200cc, 영구 증가량이 10cc이었을 때 영구 증가율(%)을 계산하고 합격, 불합격을 판정하시오. (단, 용기는 신규 제작된 용기이다.)

풀이 ① 영구 증가율(%) 계산

$$\text{영구 증가율}(\%)=\dfrac{\text{영구 증가량}}{\text{전 증가량}}\times100=\dfrac{10}{200}\times100=5\%$$

② 판정 : 영구 증가율이 10% 이하이므로 합격이다.

해답 ① 영구 증가율 : 5 %　② 판정 : 합격

해설 신규 및 재검사 용기 합격 기준

(1) 신규 용기 : 영구 증가율이 10% 이하가 합격

(2) 재검사 용기

　① 질량검사가 95% 이상 : 영구 증가율 10% 이하가 합격

　② 질량검사가 90% 이상, 95% 미만 : 영구 증가율 6% 이하가 합격

74 초저온 용기에서만 실시하는 신규검사 항목 2가지는 무엇인가?

해답 ① 단열성능시험　② 용접부에 대한 충격시험

75 1000L의 액산탱크에 액산을 넣어 방출밸브를 개방하여 12시간 방치했더니 탱크 내의 액산이 4.8kg 방출되었다면 1시간당 탱크에 침입하는 열량은 몇 kcal인가? (단, 액산의 증발잠열은 60kcal/kg이다.)

풀이 시간당 침입열량$=\dfrac{\text{증발잠열량}}{\text{측정시간}}=\dfrac{4.8\times60}{12}=24\,\text{kcal/h}$

해답 24 kcal/h

---

76 내용적 500L인 초저온 액화산소용기에 200kg의 액화산소를 충전하고 20시간 동안 방치한 후 150kg이 되었을 때 단열성능시험 합격 여부를 판정하시오. (단, 시험용 액화산소의 비점은 −183℃, 액화산소의 증발잠열은 51kcal/kg, 외기온도는 20℃이며, 소숫점 5째 자리에서 반올림하여 4째 자리까지 계산하시오.)

풀이 ① 침입열량 계산

$$Q = \frac{W \cdot q}{H \cdot \varDelta t \cdot V} = \frac{(200-150) \times 51}{20 \times (20+183) \times 500} = 0.00125 ≒ 0.0013 \,\text{kcal/h} \cdot ℃ \cdot \text{L}$$

② 판정 : 0.0005kcal/h · ℃ · L 이상이므로 불합격이다.

해답 ① 0.0013 kcal/h · ℃ · L   ② 불합격

해설 초저온 용기 단열성능 시험 합격 기준

내용적	침입열량	
	kcal/h · ℃ · L	J/h · ℃ · L
1000 L 미만	0.0005 이하	2.09 이하
1000 L 이상	0.002 이하	8.37 이하

---

77 내용적 500L인 초저온용기에 200kg의 산소를 넣고 외기온도 20℃인 곳에서 12시간 방치한 결과 190kg의 산소가 남아 있다. 이 용기의 침입열량을 계산하고, 단열성능시험의 합격, 불합격을 판정하시오. (단, 액화산소의 비점은 −183℃, 기화잠열은 213526 J/kg이다.)

풀이 ① 침입열량 계산

$$Q = \frac{W \cdot q}{H \cdot \varDelta t \cdot V} = \frac{(200-190) \times 213526}{12 \times (20+183) \times 500} = 1.753 ≒ 1.75 \,\text{J/h} \cdot ℃ \cdot \text{L}$$

② 판정 : 침입열량 합격기준인 2.09 J/h · ℃ · L 이하에 해당되므로 합격이다.

해답 ① 침입열량 : 1.75 J/h · ℃ · L   ② 판정 : 합격

---

78 액화산소 용기에 액화산소가 50kg 충전되어 있다. 이때 용기 외부에서 액화산소에 대하여 5kcal/h의 열량이 주어진다면 액화산소량이 반으로 감소되는데 걸리는 시간은? (단, 산소의 증발잠열은 1600cal/mol이다.)

풀이 ① 산소의 증발잠열을 kcal/kg 으로 계산

$$증발잠열 = \frac{1600\text{cal/mol}}{32\text{g/mol}} = 50\text{cal/g} = 50\text{kcal/kg}$$

② 걸리는 시간 계산

$$시간 = \frac{필요열량(증발잠열량)}{시간당 공급열량} = \frac{\left(50 \times \frac{1}{2}\right) \times 50}{5} = 250시간$$

해답 250시간

---

79 아세틸렌 충전용기의 내압시험압력은 최고충전압력의 몇 배인가?

해답 3배 이상

해설 아세틸렌 충전용기 압력

구분	기준
최고충전압력(FP)	15℃에서 최고압력
기밀시험압력(AP)	최고충전압력의 1.8배 이상
내압시험압력(TP)	최고충전압력의 3배 이상

---

80 LPG 충전용기에서 내용적이 47L, 내압시험이 30kgf/cm²일 때 물음에 답하시오.
(1) 기밀시험 압력(kgf/cm²)은 얼마인가?
(2) 안전밸브의 종류 및 작동압력(kgf/cm²)은 얼마인가?
(3) 용기에 충전할 수 있는 액화가스량(kg)은 얼마인가? (단, 충전상수 C는 2.35이다.)
(4) 이 용기의 충전구 및 충전구 나사 형식은?

풀이 (1) $AP = TP \times \frac{3}{5} = 30 \times \frac{3}{5} = 18\,\text{kgf/cm}^2$

(2) ① 안전밸브의 종류 : 스프링식 안전밸브

② 안전밸브 작동압력 $= TP \times \frac{8}{10} = 30 \times \frac{8}{10} = 24\,\text{kgf/cm}^2$

(3) $G = \frac{V}{C} = \frac{47}{2.35} = 20\,\text{kg}$

(4) ① 충전구 형식 : 암나사(또는 B형)

② 충전구 나사 형식 : 왼나사

해답 (1) $18\,\text{kgf/cm}^2$

(2) ① 스프링식 안전밸브   ② $24\,\text{kgf/cm}^2$

(3) 20 kg

(4) ① 충전구 형식 : 암나사(또는 B형)   ② 충전구 나사 형식 : 왼나사

81 고압가스 충전용기의 최고충전압력이 150kgf/cm²일 때 안전밸브의 작동압력(kgf/cm²)은 얼마인가?

풀이 충전압력으로 주어졌으므로 용기는 압축가스 충전용기에 해당된다.

$$\therefore \text{안전밸브 작동압력} = \text{내압시험압력} \times \frac{8}{10} = \left(\text{최고충전압력} \times \frac{5}{3}\right) \times \frac{8}{10}$$

$$= \left(150 \times \frac{5}{3}\right) \times \frac{8}{10} = 200 \, \text{kgf/cm}^2$$

해답 $200 \, \text{kgf/cm}^2$

82 고압가스 용기에 각인된 기호가 무엇을 의미하는지 단위와 함께 설명하시오.

　(1) V :　　　　　　　　　　　　　(2) W :

　(3) TP :　　　　　　　　　　　　(4) FP :

해답 (1) 용기의 내용적(L)

　　(2) 부속품을 포함하지 않은 용기의 질량(kg)

　　(3) 내압시험압력(MPa)

　　(4) 압축가스 충전의 경우 최고충전압력(MPa)

해설 용기의 질량(W)

　　① 초저온 용기 : 용기의 질량(kg)

　　② 아세틸렌 용기 : 용기의 질량에 용기의 다공물질, 용제 및 밸브의 질량을 합한 질량 (kg) → TW로 표시

　　③ 그 밖의 용기 : 밸브 및 부속품을 포함하지 아니한 용기의 질량(kg)

83 용기 종류별 부속품 기호를 각각 설명하시오.

　(1) AG :　　　　　　　(2) PG :　　　　　　　(3) LG :

　(4) LT :　　　　　　　(5) LPG :

해답 (1) 아세틸렌가스를 충전하는 용기의 부속품

　　(2) 압축가스를 충전하는 용기의 부속품

　　(3) 액화석유가스 외의 액화가스를 충전하는 용기의 부속품

　　(4) 초저온 용기 및 저온 용기의 부속품

　　(5) 액화석유가스를 충전하는 용기의 부속품

제 6 장

계측기기

1 가스 검지법 및 분석기

1-1 ◈ 가스 검지법

(1) 시험지법

검지가스	시험지	반응	비고
암모니아(NH_3)	적색 리트머스지	청색	산성, 염기성가스도 검지 가능
염소(Cl_2)	KI-전분지	청갈색	할로겐가스, NO_2도 검지 가능
포스겐($COCl_2$)	해리슨 시약지	유자색(심등색)	
시안화수소(HCN)	초산벤젠지	청색	
일산화탄소(CO)	염화팔라듐지	흑색	
황화수소(H_2S)	연당지	회흑색	초산납(鉛) 시험지라 불린다.
아세틸렌(C_2H_2)	염화제1구리착염지	적갈색(적색)	

(2) 검지관법 : 발색시약을 충전한 검지관에 시료가스를 넣은 후 표준표와 비색 측정을 하는 것

(3) 가연성가스 검출기 : 안전등형, 간섭계형, 열선형, 반도체식 검지기

1-2 ◈ 가스 분석기

(1) 가스 분석의 구분

① 화학적 가스 분석계 : 가스의 연소열을 이용한 것, 용액 흡수제를 이용한 것, 고체 흡수제를 이용한 것

② 물리적 가스 분석계 : 가스의 열전도율을 이용한 것, 가스의 밀도, 점도차를 이용한 것, 빛의 간섭을 이용한 것, 전기전도도를 이용한 것, 가스의 자기적 성질을 이용한 것, 가스의 반응성을 이용한 것, 적외선 흡수를 이용한 것

(2) 흡수 분석법

① 오르사트(Orsat)법

　⑦ CO_2 : 수산화칼륨(KOH) 30% 수용액

　⑭ O_2 : 알칼리성 피로갈롤 용액

　⑭ CO : 암모니아성 염화제1구리($CuCl_2$) 용액

　⑭ N_2 : 나머지 양으로 계산

② 헴펠(Hempel)법

　⑦ CO_2 : 수산화칼륨(KOH) 30% 수용액

　⑭ C_mH_n : 무수황산을 25% 포함한 발연황산

　⑭ O_2 : 알칼리성 피로갈롤 용액

　⑭ CO : 암모니아성 염화제1구리($CuCl_2$) 용액

③ 게겔(Gockel)법

　⑦ CO_2 : 수산화칼륨(KOH) 33% 수용액

　⑭ 아세틸렌 : 요오드수은(옥소수은) 칼륨 용액

　⑭ 프로필렌, $n-C_4H_8$: 87% 황산(H_2SO_4)

　⑭ 에틸렌 : 취화수소(HBr) 수용액

　⑭ O_2 : 알칼리성 피로갈롤 용액

　⑭ CO : 암모니아성 염화제1구리 용액

(3) 가스 크로마토그래피

① 특징

　⑦ 여러 종류의 가스 분석이 가능하다.

　⑭ 선택성이 좋고 고감도로 측정한다.

　⑭ 미량 성분의 분석이 가능하다.

　⑭ 응답속도가 늦으나 분리 능력이 좋다.

　⑭ 동일가스의 연속 측정이 불가능하다.

② 구성 : 분리관(칼럼), 검출기, 기록계

③ 캐리어 가스 : 수소(H_2), 헬륨(He), 아르곤(Ar), 질소(N_2)

④ 검출기(Detector)의 종류

　⑦ 열전도형 검출기(TCD) : 유기 및 무기화학종에 감응하며 일반적으로 사용

　⑭ 수소염 이온화 검출기(FID) : 탄화수소에서 감도가 최고

　⑭ 전자포획 이온화 검출기(ECD) : 할로겐 및 산소화합물 감도 최고

　⑭ 염광 광도형 검출기(FPD) : 인, 유황화합물 검출

　⑭ 알칼리성 이온화 검출기(FTD) : 유기질소 화합물 및 유기인 화합물 검출

2 가스 계측기기

2-1 온도계

(1) 접촉식 온도계

① 유리제 봉입식 온도계, 알코올 유리온도계, 베크만 온도계, 유점 온도계

② 바이메탈 온도계 : 열팽창률이 서로 다른 2종의 얇은 금속판을 밀착시킨 것

③ 압력식 온도계 : 액체나 기체의 체적 팽창을 이용

④ 전기식 온도계

　㉮ 저항 온도계 : 백금 측온 저항체, 니켈 측온 저항체, 동 측온 저항체

　㉯ 서미스터(thermistor) : 반도체를 이용하여 온도 측정

⑤ 열전대 온도계

　㉮ 원리 : 제베크(Seebeck) 효과

　㉯ 종류 : 백금-백금로듐(P-R), 크로멜-알루멜(C-A), 철-콘스탄트(I-C), 동-콘스탄트(C-C)

⑥ 제게르 콘(Seger kone) : 벽돌의 내화도 측정에 사용

⑦ 서모컬러(thermo color) : 온도 변화에 따라 색이 변하는 성질 이용

(2) 비접촉식 온도계

① 광고온도계 : 측정대상물체의 빛과 전구 빛을 같게 하여 저항을 측정

② 광전관식 온도계 : 광전지 또는 광전관을 사용하여 자동으로 측정

③ 방사 온도계 : 스테판-볼츠만 법칙 이용

④ 색 온도계 : 물체에서 발생하는 빛의 밝고 어두움을 이용

2-2 압력계

(1) 1차 압력계

① 액주식 압력계(manometer) : 단관식 압력계, U자관식 압력계, 경사관식 압력계 등

② 침종식 압력계 : 아르키메데스의 원리 이용, 단종식과 복종식으로 구분

③ 링밸런스식(환상천평식) 압력계 : 도너츠형의 측정실이 있고 저압기체 및 배기가스 압력 측정에 사용

④ 자유 피스톤형 압력계 : 부르동관 압력계의 교정용으로 사용

(2) 2차 압력계

① 탄성 압력계 : 부르동관 압력계, 벨로스식 압력계, 다이어프램 압력계, 캡슐식

② 전기식 압력계 : 전기저항 압력계, 피에조 전기 압력계, 스트레인 게이지

2-3 ◈ 유량계

(1) 유량의 측정 방법
① 직접법 : 유체의 부피나 질량을 직접 측정하는 방법
② 간접법 : 유속을 측정하여 유량을 계산하는 방법으로 베르누이 정리를 응용한 것이다.
  ㈎ 체적 유량 : $Q = A \cdot V$
  ㈏ 질량 유량 : $M = \rho \cdot A \cdot V$
  ㈐ 중량 유량 : $G = \gamma \cdot A \cdot V$
  여기서, Q : 체적 유량(m^3/s) M : 질량 유량($\mathrm{kg/s}$) G : 중량 유량($\mathrm{kgf/s}$)
        ρ : 밀도($\mathrm{kg/m}^3$) γ : 비중량($\mathrm{kgf/m}^3$) A : 단면적(m^2) V : 유속($\mathrm{m/s}$)

(2) 직접식 유량계
① 종류 : 오벌 기어식, 루츠식, 로터리 피스톤식, 로터리 베인식, 습식 가스미터, 왕복피스톤식
② 특징
  ㈎ 정도가 높아 상거래용으로 사용된다.
  ㈏ 고점도 유체나 점도 변화가 있는 유체의 측정에 적합하다.
  ㈐ 맥동의 영향을 적게 받는다.
  ㈑ 이물질의 유입을 차단하기 위하여 입구측에 여과기를 설치한다.
  ㈒ 회전자의 재질로 포금, 주철, 스테인리스강이 사용된다.

(3) 간접식 유량계
① 차압식 유량계(조리개 기구식)
  ㈎ 측정원리 : 베르누이 정리(베르누이 방정식)
  ㈏ 종류 : 오리피스미터, 플로어노즐, 벤투리미터
② 면적식 유량계 : 부자식(플로트식), 로터미터
③ 유속식 유량계 : 임펠러식 유량계, 피토관 유량계, 열선식 유량계
④ 전자식 유량계 : 패러데이의 전자유도법칙을 이용
⑤ 와류식 유량계 : 소용돌이(와류)의 주파수 특성이 유속과 비례관계를 유지하는 것을 이용
⑥ 초음파 유량계 : 도플러 효과 이용

2-4 ◈ 액면계

(1) 직접식 액면계의 종류
① 유리관식 액면계
② 부자식 액면계 (플로트식 액면계)
③ 검척식 액면계

(2) 간접식 액면계의 종류
① 압력식 액면계
② 저항 전극식 액면계
③ 초음파 액면계
④ 정전 용량식 액면계
⑤ 방사선 액면계
⑥ 차압식 액면계(햄프슨식 액면계)
⑦ 다이어프램식 액면계
⑧ 편위식 액면계
⑨ 기포식 액면계
⑩ 슬립 튜브식 액면계

2-5 ◈ 습도계

(1) 습도
① 절대습도 : 습공기 중에서 건조공기 1kg에 대한 수증기의 양과의 비율로서 절대습도는 온도에 관계없이 일정하다.
② 상대습도 : 현재의 온도 상태에서 현재 포함하고 있는 수증기의 양과의 비를 백분율(%)로 표시한 것으로 온도에 따라 변화한다.

(2) 습도계의 종류
① 모발 습도계
② 건습구 습도계
③ 전기 저항식 습도계
④ 광전관식 노점계
⑤ 가열식 노점계(또는 Dewcel 노점계)

계측기기 **예상문제**

01   다음 가스가 누설되었을 때 사용하는 시험지와 반응색에 대하여 쓰시오.
   (1) 포스겐($COCl_2$) :   (2) 시안화수소(HCN) :
   (3) 일산화탄소(CO) :   (4) 황화수소(H_2S) :

해답   각 가스의 시험지 및 반응색

번호	시험지	반응색
(1)	해리슨 시약지	유자색(또는 심등색, 오렌지색)
(2)	초산벤젠지	청색
(3)	염화팔라듐지	흑색
(4)	연당지	회흑색

02   주로 탄광 내에서 메탄(CH_4)의 발생을 검출하는데 사용되며, 청염(푸른 불꽃)의 길이로서 그 농도를 알 수 있는 가스 검지기 명칭을 쓰시오.

해답   안전등형

03   가연성가스 검출기로 사용할 수 있는 것 4가지를 쓰시오.

해답   ① 안전등형   ② 간섭계형   ③ 접촉연소식 검출기
       ④ 반도체식 검출기   ⑤ 열전도도 검출기

04   채취된 가스를 분석기 내부에서 성분흡수제에 흡수시켜 측정하는 분석기의 종류 3가지를 쓰시오.

해답   ① 오르사트법   ② 헴펠법   ③ 게겔법

05   가스 크로마토그래피에 사용되는 캐리어가스의 종류 4가지를 쓰시오.

해답   ① 수소(H_2)   ② 헬륨(He)   ③ 아르곤(Ar)   ④ 질소(N_2)

06 오르사트 흡수 분석기에서 분석순서 및 흡수제의 종류를 쓰시오.

[해답] ① CO_2 : KOH 30% 수용액
② O_2 : 알칼리성 피로갈롤 용액
③ CO : 암모니아성 염화제1구리용액

07 도로에 매설된 배관에서 도시가스가 누출되는 것을 감지하여 분석한 후 가스 누출 유무를 알려 주는 가스 검출기 명칭을 쓰시오.

[해답] 수소불꽃 이온화 검출기(또는 수소염 이온화 검출기, FID)

[해설] 수소불꽃 이온화 검출기(FID : Flame Ionization Detector) : 불꽃으로 시료 성분이 이온화됨으로써 불꽃 중에 놓여진 전극간의 전기전도도가 증대하는 것을 이용한 것으로 탄화수소에서 감도가 최고이고 H_2, O_2, CO_2, SO_2 등은 감도가 없다.

08 도로에 매설된 도시가스 배관의 누출 여부를 검사하는 장비로 적외선 흡광 특성을 이용한 방식으로 차량에 탑재하여 메탄의 누출 여부를 탐지하는 것은?

[해답] OMD

[해설] OMD(Optical Methane Detector) : 적외선 흡광방식으로 차량에 탑재하여 50km/h로 운행하면서 도로상 누출과 반경 50m 이내의 누출을 동시에 측정할 수 있고, GPS와 연동되어 누출지점 표시 및 실시간 데이터를 저장하고 위치를 표시하는 것으로 차량용 레이저 메탄 검지기(또는 광학 메탄 검지기)라 한다.

09 온도계는 접촉식과 비접촉식으로 구분할 수 있는데 접촉식 온도계의 종류 4가지를 쓰시오.

[해답] ① 유리제 봉입식 온도계 ② 바이메탈 온도계
③ 압력식 온도계 ④ 열전대 온도계
⑤ 전기저항 온도계 ⑥ 제게르 콘

[해설] 비접촉식 온도계의 종류
① 광고온도계 ② 광전관 온도계
③ 방사온도계 ④ 색온도계

10　금속마다 선팽창계수가 다른 기계적 성질을 이용한 것으로 발열체의 발열변화에 따라 굽히는 정도가 다른 2종의 얇은 금속판을 결합시켜 안전장치 등에 사용되는 것을 쓰시오.

해답　바이메탈

11　열전대 온도계에 대한 물음에 답하시오.
　(1) 측정원리는 무엇인가?
　(2) 용도 2가지를 쓰시오.

해답　(1) 제베크(Seebeck) 효과 (열기전력 이용)
　　(2) ① 고온 측정에 사용　② 원격 측정에 사용

12　열전대 온도계의 종류 4가지를 쓰시오.

해답　① 백금-백금 로듐(P-R) 열전대　　② 크로멜-알루멜(C-A) 열전대
　　③ 철-콘스탄트(I-C) 열전대　　④ 동-콘스탄트(C-C) 열전대

13　방사온도계는 물체에서의 전방사에너지를 열전대와 측온접점에 모아 열기전력을 측정하여 온도를 구한다. 방사온도계의 측정원리는 무슨 법칙을 이용한 것인지 쓰시오.

해답　스테판-볼츠만 법칙

14　액화가스 저장탱크에 일반적으로 사용되는 온도계의 종류 3가지를 쓰시오.

해답　① 열전대 온도계　② 압력식 온도계　③ 바이메탈 온도계　④ 유리온도계

15　압력계에 대한 물음에 답하시오.
　(1) 1차 압력계의 종류 3가지를 쓰시오.
　(2) 2차 압력계의 종류 4가지를 쓰시오.

해답　(1) ① 단관식 압력계　　② U 자관 압력계　　③ 경사관식 압력계
　　(2) ① 부르동관식 압력계　② 다이어프램 압력계
　　　　③ 벨로스식 압력계　④ 전기식 압력계

16 액주식 압력계에 사용되는 액체의 구비조건 4가지를 쓰시오.

[해답] ① 점성이 적을 것   ② 열팽창계수가 적을 것
③ 항상 액면은 수평을 만들 것   ④ 온도에 따라서 밀도변화가 적을 것
⑤ 증기에 대한 밀도변화가 적을 것   ⑥ 모세관 현상 및 표면장력이 적을 것
⑦ 화학적으로 안정할 것   ⑧ 휘발성 및 흡수성이 적을 것
⑨ 액주의 높이를 정확히 읽을 수 있을 것

17 수은을 이용한 U−자관 액주계에서 액주높이(h) 66cm, 대기압은 1kg/cm^{2}일 때 P_2는 절대압력으로 몇 kgf/cm^{2}인가?

[풀이] 절대압력(P_2)＝대기압＋게이지압력＝$P_0 + \gamma \cdot h$
$$= 1 + (13.6 \times 1000 \times 0.66 \times 10^{-4}) = 1.897 ≒ 1.90 \, \text{kgf/cm}^2 \cdot \text{a}$$
[해답] $1.9 \, \text{kgf/cm}^2 \cdot \text{a}$

18 압력계에 대한 물음에 답하시오.
(1) 탄성체의 변형을 이용한 압력계의 종류 3가지를 쓰시오.
(2) 기기의 중량과 균형을 맞추는 압력계의 종류 3가지를 쓰시오.
(3) 전기적 현상을 이용한 압력계의 종류 3가지를 쓰시오.

[해답] (1) ① 부르동관식   ② 벨로스식   ③ 다이어프램식   ④ 캡슐식
(2) ① 액주식   ② 침종식   ③ 링밸런스식   ④ 표준 분동식
(3) ① 전기저항 압력계   ② 피에조 전기압력계   ③ 스트레인 게이지

19 부르동관(bourdon tube) 압력계에 대한 물음에 답하시오.
(1) 부르동관(bourdon tube) 재질을 저압용, 고압용으로 구분하여 쓰시오.
(2) 고압가스 설비에 사용되는 압력계의 최고 눈금범위는?
(3) 탄성압력계의 종류 3가지를 쓰시오.

[해답] (1) ① 저압용 : 황동, 인청동, 청동   ② 고압용 : 니켈강, 스테인리스강
(2) 상용압력의 1.5배 이상 2배 이하
(3) ① 부르동관식   ② 벨로스식   ③ 다이어프램식   ④ 캡슐식

20 수정이나 전기석 또는 로셀염 등의 결정체의 특정 방향에 압력을 가하면 기전력이 발생하고 발생한 전기량은 압력에 비례하는 현상을 무엇이라 하는가?

[해답] 압전현상

21 지름이 8cm인 관속을 흐르는 유체의 유속이 20m/s일 때 유량(m^3/s)을 계산하시오.

[풀이] $Q = A \cdot V = \dfrac{\pi}{4} \cdot D^2 \cdot V = \dfrac{\pi}{4} \times 0.08^2 \times 20 = 0.1\,m^3/s$

[해답] $0.1\,m^3/s$

22 배관지름이 14cm인 관에 8m/s로 물이 흐를 때 질량유량(kg/s)을 계산하시오. (단, 물의 밀도는 1000kg/m^3이다.)

[풀이] $M = \rho \cdot A \cdot V = 1000 \times \dfrac{\pi}{4} \times 0.14^2 \times 8 = 123.150 = 123.15\,kg/s$

[해답] $123.15\,kg/s$

23 배관 내에 유량이 3m^3/s, 유속이 4m/s로 흐를 때 배관의 지름(mm)은 얼마인가?

[풀이] $Q = A \cdot V = \dfrac{\pi}{4} \cdot D^2 \cdot V$

$\therefore D = \sqrt{\dfrac{4Q}{\pi \cdot V}} = \sqrt{\dfrac{4 \times 3}{\pi \times 4}} \times 1000 = 977.205 = 977.21\,mm$

[해답] $977.21\,mm$

24 용적식 유량계의 종류 4가지를 쓰시오.

[해답] ① 오벌 기어식
② 루츠식
③ 로터리 피스톤식
④ 습식 가스미터
⑤ 왕복피스톤식
⑥ 회전 원판식

25 차압식 유량계에 대한 물음에 답하시오.

(1) 측정원리는 무엇인가?

(2) 종류 3가지를 쓰시오.

(3) 측정방법을 간단히 설명하시오.

해답 (1) 베르누이 정리 (또는 베르누이 방정식)

(2) ① 오리피스미터

② 플로 노즐

③ 벤투리미터

(3) 조리개 전후에 연결된 액주계의 압력차를 이용하여 유량을 측정

26 유속이 일정한 장소에서 전압과 정압의 차이를 측정하여 속도수두에 따른 유속을 구하여 유량을 측정하는 형식의 유량계 명칭을 쓰시오.

해답 피토관식 유량계

27 원통형의 관을 흐르는 물의 중심부의 유속을 피토관으로 측정하였더니 수주의 높이가 10m이었다. 이때 유속(m/s)을 계산하시오.

풀이 $V = \sqrt{2gh} = \sqrt{2 \times 9.8 \times 10} = 14\,\mathrm{m/s}$

해답 $14\,\mathrm{m/s}$

28 공기의 유속을 피토관(pito tube)으로 측정하여 차압 15mmAq를 얻었다. 공기의 비중량이 1.2kgf/m^{3}이고, 피토계수가 1일 때 유속(m/s)은 얼마인가?

풀이 $V = C \times \sqrt{2 \cdot g \cdot \dfrac{\Delta P}{\gamma}} = 1 \times \sqrt{2 \times 9.8 \times \dfrac{15}{1.2}} = 15.652 \fallingdotseq 15.65\,\mathrm{m/s}$

해답 $15.65\,\mathrm{m/s}$

29 액화산소 등과 같은 극저온 저장탱크의 액면 측정에 주로 사용되는 액면계 명칭을 쓰시오.

해답 햄프슨식 액면계(또는 차압식 액면계)

30 액화가스 저장탱크에 설치할 수 있는 액면계의 종류 5가지를 쓰시오.

[해답] ① 평형 반사식 유리액면계
② 평형 투시식 유리액면계
③ 플로트(float)식 액면계
④ 차압식(햄프슨식) 액면계
⑤ 정전용량식 액면계
⑥ 편위식 액면계
⑦ 슬립 튜브식, 고정 튜브식, 회전 튜브식 액면계

31 관로 속에 15℃, 101.325kPa로 공기가 흐르고, 이 속에 피토관을 설치하여 유속을 측정하였더니 U자관 수은주의 차가 100mmHg가 되었다. 공기의 속도(m/s)를 계산하시오. (단, 공기는 비압축성 흐름으로 가정하고 15℃, 101.325kPa에서 공기의 밀도는 1.223kg/m³이다.)

[풀이] $V = \sqrt{2 \cdot g \cdot h \cdot \dfrac{\gamma_m - \gamma}{\gamma}} = \sqrt{2 \times 9.8 \times 0.1 \times \dfrac{13600 - 1.223}{1.223}}$
$= 147.626 ≒ 147.63 \, \text{m/s}$

[해답] 147.63 m/s

32 습도계의 종류 2가지를 쓰시오.

[해답] ① 모발 습도계
② 건습구 습도계
③ 전기 저항식 습도계
④ 광전관식 노점계
⑤ 가열식 노점계(또는 Dewcel 노점계)

제 **7** 장 연소 및 폭발

1 가스의 연소

1-1 ◈ 연소(燃燒)

(1) 연소의 정의 : 가연성 물질이 산소와 반응하여 빛과 열을 수반하는 화학반응

(2) 연소의 3요소
① 가연성 물질 : 연료
② 산소 공급원 : 공기
③ 점화원 : 전기불꽃, 정전기, 단열압축, 마찰 및 충격불꽃 등

(3) 연소의 분류
① 표면연소 : 목탄 및 코크스 등과 같이 열분해 없이 표면에서 산소와 반응, 연소하는 것
② 분해연소 : 일반적인 고체연료의 연소
③ 증발연소 : 액체연료의 연소 (단, 고체 중 유황, 양초, 파라핀유 등도 해당)
④ 확산연소 : 기체연료의 연소
⑤ 자기연소 : 산소 공급 없이도 연소가 가능한 것으로 제5류 위험물로 분류

1-2 ◈ 인화점 및 발화점

(1) 인화점 : 가연성가스가 공기 중에서 점화원에 의해 연소할 수 있는 최저의 온도

(2) 발화점(착화점, 발화온도) : 가연성가스가 공기 중에서 점화원 없이 스스로 연소를 개시할 수 있는 최저의 온도

1-3 ◈ 연료 중 가연성분

연료 성분 중 가연성분은 탄소(C), 수소(H), 황(S)이며, 불순물(불연성 물질)로는 회분(A), 수분(W) 등이 포함되어 있다. 가연물질로는 탄소(C), 수소(H)가 해당되며, 황(S) 성분은 연소 시 황화합물을 생성하여 악영향을 미치므로 제거한다.

1-4 ◇ 완전연소 반응식

완전연소 반응식은 표준상태(STP상태 : 0℃, 1기압)에서 가연성 물질이 산소(공기)와 반응하여 완전연소하는 것으로 가정하여 계산하며, 공기는 체적으로 산소 21%, 질소 79%, 질량으로 산소 23.2%, 질소 76.8%로 한다.

(1) 탄화수소(C_mH_n)의 완전연소 반응식

$$C_mH_n + \left(m + \frac{n}{4}\right)O_2 \rightarrow mCO_2 + \frac{n}{2}H_2O$$

① 프로판의 이론산소량(O_0) 및 이론공기량(A_0) 계산

㉮ 프로판 1kg당 이론산소량(kg) 및 이론공기량(kg) 계산 → 단위 : kg/kg

$$C_3H_8 \; + \quad 5O_2 \quad \rightarrow \quad 3CO_2 + 4H_2O$$
$$44kg \; : 5 \times 32kg = \quad 1kg \; : x[kg]$$

이론산소량(O_0) $x[kg/kg] = \dfrac{1 \times 5 \times 32}{44} = 3.636\,kg/kg$

이론공기량(A_0) $= \dfrac{O_0}{0.232} = \dfrac{3.636}{0.232} = 15.672\,kg/kg$

㉯ 프로판 1kg당 이론산소량(Nm^3) 및 이론공기량(Nm^3) 계산 → 단위 : Nm^3/kg

$$C_3H_8 \; + \qquad 5O_2 \qquad \rightarrow \; 3CO_2 + \; 4H_2O$$
$$44kg \; : 5 \times 22.4Nm^3 = \quad 1kg \; : x[Nm^3]$$

이론산소량(O_0) $x[Nm^3/kg] = \dfrac{1 \times 5 \times 22.4}{44} = 2.545\,Nm^3/kg$

이론공기량(A_0) $= \dfrac{O_0}{0.21} = \dfrac{2.545}{0.21} = 12.12\,Nm^3/kg$

㉰ 프로판 $1Nm^3$ 당 이론산소량(kg) 및 이론공기량(kg) 계산 → 단위 : kg/Nm^3

$$C_3H_8 \; + \quad 5O_2 \quad \rightarrow 3CO_2 \; + \; 4H_2O$$
$$22.4Nm^3 : 5 \times 32kg = \; 1Nm^3 \; : \; x[kg]$$

이론산소량(O_0) $x[kg/Nm^3] = \dfrac{1 \times 5 \times 32}{22.4} = 7.143\,kg/Nm^3$

이론공기량(A_0) $= \dfrac{O_0}{0.232} = \dfrac{7.143}{0.232} = 30.79\,kg/Nm^3$

㈑ 프로판 $1Nm^3$당 이론산소량(Nm^3) 및 이론공기량(Nm^3) 계산 → 단위 : Nm^3/Nm^3

$$C_3H_8 \quad + \quad 5O_2 \quad \rightarrow \quad 3CO_2 + 4H_2O$$

$$22.4Nm^3 : 5 \times 22.4Nm^3 = 1Nm^3 : x[Nm^3]$$

이론산소량(O_0) $x[Nm^3/Nm^3] = \dfrac{1 \times 5 \times 22.4}{22.4} = 5\,Nm^3/Nm^3$

이론공기량(A_0) $= \dfrac{O_0}{0.21} = \dfrac{5}{0.21} = 23.81\,Nm^3/Nm^3$

※ 기체 연료에서 체적당 체적으로 이론산소량을 계산할 때는 몰(mol)수가 필요로 하는 양이다.

(2) 기체 연료(탄화수소)의 연소계산

① 프로판(C_3H_8)

㈎ 반응식 :	C_3H_8	$+$ $5O_2$	$\rightarrow$ $3CO_2$	$+$ $4H_2O$
㈏ 중량비 :	44kg	$5 \times 32kg$	$3 \times 44kg$	$4 \times 18kg$
㈐ 체적비 :	$22.4Nm^3$	$5 \times 22.4Nm^3$	$3 \times 22.4Nm^3$	$4 \times 22.4Nm^3$
㈑ 프로판 1kg 당 질량 :	1kg	3.636kg	3kg	1.636kg
㈒ 프로판 1kg 당 체적 :	1kg	$2.545Nm^3$	$1.527Nm^3$	$2.036Nm^3$
㈓ 프로판 $1Nm^3$ 당 체적 :	$1Nm^3$	$5Nm^3$	$3Nm^3$	$4Nm^3$

② 부탄(C_4H_{10})

㈎ 반응식 :	C_4H_{10}	$+$ $6.5O_2$	$\rightarrow$ $4CO_2$	$+$ $5H_2O$
㈏ 중량비 :	58kg	$6.5 \times 32kg$	$4 \times 44kg$	$5 \times 18kg$
㈐ 체적비 :	$22.4Nm^3$	$6.5 \times 22.4Nm^3$	$4 \times 22.4Nm^3$	$5 \times 22.4Nm^3$
㈑ 부판 1kg 당 질량 :	1kg	3.586kg	3.034kg	1.552kg
㈒ 부판 1kg 당 체적 :	1kg	$2.51Nm^3$	$1.545Nm^3$	$1.931Nm^3$
㈓ 부판 $1Nm^3$ 당 체적 :	$1Nm^3$	$6.5Nm^3$	$4Nm^3$	$5Nm^3$

③ 메탄(CH_4)

㈎ 반응식 :	CH_4	$+$ $2O_2$	$\rightarrow$ CO_2	$+$ $2H_2O$
㈏ 중량비 :	16kg	$2 \times 32kg$	44kg	$2 \times 18kg$
㈐ 체적비 :	$22.4Nm^3$	$2 \times 22.4Nm^3$	$22.4Nm^3$	$2 \times 22.4Nm^3$
㈑ 메탄 1kg 당 질량 :	1kg	4kg	2.75kg	2.25kg
㈒ 메탄 1kg 당 체적 :	1kg	$2.8Nm^3$	$1.4Nm^3$	$2.8Nm^3$
㈓ 메탄 $1Nm^3$ 당 체적 :	$1Nm^3$	$2Nm^3$	$1Nm^3$	$2Nm^3$

2 가스 폭발 및 폭굉

2-1 폭발의 종류

(1) 물리적 폭발

① 증기(蒸氣) 폭발 : 보일러 폭발 등

② 금속선(金屬線) 폭발 : Al 전선에 과전류가 흐를 때 발생

③ 고체상(固體相) 전이(轉移) 폭발 : 무정형 안티몬이 결정형 안티몬으로 고상 전이할 때 발생

④ 압력 폭발 : 고압가스 용기의 폭발

(2) 화학적 폭발

① 산화(酸化) 폭발 : 가연성 물질이 산화제와 산화반응에 의한 것

② 분해(分解) 폭발 : 압력이 일정 압력 이상으로 가했을 때 분해에 의한 단일가스의 폭발로 아세틸렌(C_2H_2), 산화에틸렌(C_2H_4O), 오존(O_3), 히드라진(N_2H_4) 등의 폭발

③ 중합(重合) 폭발 : 시안화수소(HCN), 염화비닐(C_2H_3Cl), 산화에틸렌(C_2H_4O), 부타디엔(C_4H_6) 등이 중합반응에 의한 중합열에 의한 폭발

④ 촉매 폭발 : 염소폭명기에서 직사광선이 촉매로 작용하여 일어나는 폭발

⑤ 분진 폭발 : 가연성 고체의 미분(微分) 또는 가연성 액체가 공기 중 일정 농도로 존재할 때 혼합기체와 같은 폭발을 일으키는 것

    (개) 폭연성 분진 : 금속분(Mg, Al, Fe분 등)

    (내) 가연성 분진 : 소맥분, 전분, 합성수지류, 황, 코코아, 리그린, 석탄분, 고무분말 등

2-2 가스 폭발

(1) 가연성 혼합기체의 폭발범위 : 르샤틀리에 법칙

$$\frac{100}{L} = \frac{V_1}{L_1} + \frac{V_2}{L_2} + \frac{V_3}{L_3} + \frac{V_4}{L_4} + \cdots$$

    여기서, L : 혼합가스의 폭발한계치 V_1, V_2, V_3, V_4 : 각 성분 체적(%)

               L_1, L_2, L_3, L_4 : 각 성분 단독의 폭발한계치

(2) 위험도 : 폭발범위 상한과 하한의 차를 폭발범위 하한값으로 나눈 것으로 H로 표시한다.

$$H = \frac{U - L}{L}$$

    여기서, H : 위험도 U : 폭발범위 상한값 L : 폭발범위 하한값

① 위험도는 폭발범위에 비례하고 하한값에는 반비례한다.

② 위험도 값이 클수록 위험성이 크다.

(3) 안전간격 : 8L 정도의 구형 용기 안에 폭발성 혼합가스를 채우고 착화시켜 가스가 발화될 때 화염이 용기 외부의 폭발성 혼합가스에 전달되는가의 여부를 보아 화염을 전달시킬 수 없는 한계의 틈을 말한다. (안전간격이 작은 가스일수록 위험하다.)

폭발등급	안전간격	대상 가스의 종류
1등급	0.6mm 이상	일산화탄소, 에탄, 프로판, 암모니아, 아세톤, 에틸에테르, 가솔린, 벤젠 등
2등급	0.4mm~0.6mm	석탄가스, 에틸렌 등
3등급	0.4mm 미만	아세틸렌, 이황화탄소, 수소, 수성가스 등

(4) 블레이브 및 증기운 폭발

① BLEVE(Boiling Liquid Expanding Vapor Explosion : 비등액체팽창증기폭발) : 가연성 액체 저장탱크 주변에서 화재가 발생하여 기상부의 탱크가 국부적으로 가열되면 그 부분이 강도가 약해져 탱크가 파열된다. 이때 내부의 액화가스가 급격히 유출, 팽창되어 화구(fire ball)를 형성하여 폭발하는 형태이다.

② 증기운 폭발(UVCE : Unconfined Vapor Cloud Explosive) : 대기 중에 대량의 가연성가스나 인화성 액체가 유출 시 다량의 증기가 대기중의 공기와 혼합하여 폭발성의 증기운(vapor cloud)을 형성하고 이때 착화원에 의해 화구(fire ball)를 형성하여 폭발하는 형태이다.

2-3 ◈ 폭굉(detonation)

(1) 폭굉의 정의 : 가스 중의 음속보다도 화염 전파속도가 큰 경우로서 가스의 경우 1000~3500m/s 정도에 달하여 파면선단에 충격파라고 하는 압력파가 생겨 격렬한 파괴작용을 일으키는 현상으로 폭굉범위는 폭발범위 내에 존재한다.

(2) 폭굉유도거리(DID) : 최초의 완만한 연소가 격렬한 폭굉으로 발전할 때까지의 거리

① 폭굉유도거리가 짧아질 수 있는 조건

㈎ 정상 연소속도가 큰 혼합가스일수록

㈏ 관속에 방해물이 있거나 지름이 작을수록

㈐ 압력이 높을수록

㉘ 점화원의 에너지가 클수록

② 폭굉유도거리가 짧은 가연성가스일수록 위험성이 큰 가스이다.

2-4 ◈ 불활성화(inerting) 작업

(1) 불활성화 : 가연성 혼합가스에 불활성가스(아르곤, 질소 등) 등을 주입하여 산소의 농도를 최소산소농도(MOC : Minimum Oxygen for Combustion) 이하로 낮추는 작업으로 이너팅(inerting) 또는 퍼지(purging)작업이라 한다.

(2) 불활성화 작업의 종류

① 진공 퍼지(vacuum purge) : 용기를 진공시킨 후 불활성가스를 주입시켜 원하는 최소산소농도에 이를 때까지 실시한다.

② 압력 퍼지(pressure purge) : 불활성가스로 용기를 가압한 후 대기 중으로 방출하는 작업을 반복하여 원하는 최소산소농도에 이를 때까지 실시한다.

③ 스위프 퍼지(sweep-through purge) : 한쪽으로는 불활성가스를 주입하고 반대쪽에서는 가스를 방출하는 작업을 반복하는 것으로 저장탱크 등에 사용한다.

④ 사이펀 퍼지(siphon purge) : 용기에 물을 충만시킨 다음 용기로부터 물을 배출시킴과 동시에 불활성가스를 주입하여 원하는 최소산소농도를 만드는 작업이다.

2-5 ◈ 전기기기의 방폭구조

(1) 방폭구조의 종류

① 내압(耐壓) 방폭구조(d) : 방폭 전기기기의 용기(이하 "용기"라 함) 내부에서 가연성가스의 폭발이 발생할 경우 그 용기가 폭발압력에 견디고, 접합면, 개구부 등을 통하여 외부의 가연성가스에 인화되지 아니하도록 한 구조

② 유입(油入) 방폭구조(o) : 용기 내부에 절연유를 주입하여 불꽃, 아크 또는 고온 발생부분이 기름 속에 잠기게 함으로써 기름면 위에 존재하는 가연성가스에 인화되지 아니하도록 한 구조

③ 압력(壓力) 방폭구조(p) : 용기 내부에 보호가스(신선한 공기 또는 불활성가스)를 압입하여 내부압력을 유지함으로써 가연성가스가 용기 내부로 유입되지 아니하도록 한 구조

④ 안전증 방폭구조(e) : 정상운전 중에 가연성가스의 점화원이 될 전기불꽃, 아크 또는 고온부분 등의 발생을 방지하기 위하여 기계적, 전기적 구조상 또는 온도 상승에 대하여 특히 안전도를 증가시킨 구조

⑤ 본질안전 방폭구조(ia, ib) : 정상 시 및 사고(단선, 단락, 지락 등) 시에 발생하는 전기불꽃, 아크 또는 고온부에 의하여 가연성 가스가 점화되지 아니하는 것이 점화시험, 기타 방법에 의하여 확인된 구조

⑥ 특수 방폭구조(s) : ①번~⑤번에서 규정한 구조 이외의 방폭구조로서 가연성가스에 점화를 방지할 수 있다는 것이 시험, 기타 방법에 의하여 확인된 구조

⑦ 기타 : KGS GC102

　㉮ 비점화 방폭구조(type of protection : n) : 정상작동 및 특정 이상상태에서 주위의 폭발성 분위기를 점화시키지 아니하는 전기 기계 및 기구에 적용하는 방폭구조를 말한다.

　㉯ 충전 방폭구조(powder filling : q) : 폭발성가스 분위기에 점화를 유발할 수 있는 부분을 고정 설치하고, 그 주위 전체를 충전물질로 둘러쌈으로써 외부 폭발성 분위기에 점화가 일어나지 아니하도록 한 방폭구조를 말한다.

　㉰ 몰드 방폭구조(encapsulation : m) : 폭발성 분위기에 점화를 유발할 수 있는 부분에 컴파운드를 충전함으로써 설치 및 운전 조건에서 폭발성 분위기에 점화가 일어나지 아니하도록 한 방폭구조를 말한다.

　㉱ 갈바닉 절연(galvanic isolation) : 본질안전 전기기기 또는 본질안전관련 전기기기 내부의 2개 회로 사이에 직접적인 전기적 접속 없이 신호 또는 전력이 전달되도록 한 구조를 말한다.

(2) 가연성가스의 폭발등급과 발화도(위험등급)

① 내압 방폭구조의 폭발등급 분류

최대 안전틈새 범위(mm)	0.9 이상	0.5 초과 0.9 미만	0.5 이하
가연성가스의 폭발등급	A	B	C
방폭 전기기기의 폭발등급	ⅡA	ⅡB	ⅡC

[비고] 최대 안전틈새는 내용적이 8L이고 틈새 깊이가 25mm인 표준용기 내에서 가스가 폭발할 때 발생한 화염이 용기 밖으로 전파하여 가연성가스에 점화되지 아니하는 최댓값

② 본질안전 방폭구조의 폭발등급 분류

최소 점화전류비의 범위(mm)	0.8 초과	0.45 이상 0.8 이하	0.45 미만
가연성가스의 폭발등급	A	B	C
방폭 전기기의 폭발등급	ⅡA	ⅡB	ⅡC

[비고] 최소 점화전류비는 메탄가스의 최소 점화전류를 기준으로 나타낸다.

(3) 가연성가스의 발화도 범위에 따른 방폭 전기기기의 온도등급

가연성가스의 발화도(℃) 범위	방폭 전기기기의 온도등급
450 초과	T1
300 초과 450 이하	T2
200 초과 300 이하	T3
135 초과 200 이하	T4
100 초과 135 이하	T5
85 초과 100 이하	T6

2-6 ◈ 위험성 평가 기법

(1) 정성적 평가 기법

① 체크리스트(checklist) 기법 : 공정 및 설비의 오류, 결함상태, 위험상황 등을 목록화한 형태로 작성하여 경험적으로 비교함으로써 위험성을 파악하는 것이다.

② 사고예상 질문 분석(WHAT-IF) 기법 : 공정에 잠재하고 있으면서 원하지 않은 나쁜 결과를 초래할 수 있는 사고에 대하여 예상 질문을 통해 사전에 확인함으로써 그 위험과 결과 및 위험을 줄이는 방법을 제시하는 것이다.

③ 위험과 운전 분석(HAZO : hazard and operablity studies) 기법 : 공정에 존재하는 위험 요소들과 공정의 효율을 떨어뜨릴 수 있는 운전상의 문제점을 찾아내어 그 원인을 제거하는 것이다.

(2) 정량적 평가 기법

① 작업자 실수 분석(human error analysis) 기법 : 설비의 운전원, 정비 보수원, 기술자 등의 작업에 영향을 미칠만한 요소를 평가하여 그 실수의 원인을 파악하고 추적하여 실수의 상대적 순위를 결정하는 것이다.

② 결함수 분석(FTA : Fault Tree Analysis) 기법 : 사고를 일으키는 장치의 이상이나 운전자 실수의 조합을 연역적으로 분석하는 것이다.

③ 사건수 분석(ETA : Event Tree Analysis) 기법 : 초기 사건으로 알려진 특정한 장치의 이상이나 운전자의 실수로부터 발생되는 잠재적인 사고 결과를 평가하는 것이다.

④ 원인 결과 분석(CCA : Cause-Consequence Analysis) 기법 : 잠재된 사고의 결과와 이러한 사고의 근본적인 원인을 찾아내고 사고 결과와 원인의 상호관계를 예측, 평가하는 것이다.

(3) 기타

① 상대 위험 순위 결정(dow and mond indices) 기법 : 설비에 존재하는 위험에 대하여 수치적으로 상대 위험 순위를 지표화하여 그 피해 정도를 나타내는 상대적 위험 순위를 정하는 것이다.

② 이상 위험도 분석(FMECA : Failure Modes Effect and Criticality Analysis) 기법 : 공정과 설비의 고장 형태 및 영향, 고장 형태별 위험도 순위를 결정하는 것이다.

③ 예비 위험 분석(PHA : Preliminary Hazard Analysis) 기법 : 공정 또는 설비 등에 관한 상세한 정보를 얻을 수 없는 상황에서 위험물질과 공정 요소에 초점을 맞추어 초기위험을 확인하는 방법이다.

④ 공정 위험 분석(PHR : Process Hazard Review) 기법 : 기존 설비 또는 안전성 향상 계획서를 제출·심사받은 설비에 대하여 설비의 설계·건설·운전 및 정비의 경험을 바탕으로 위험성을 평가·분석하는 방법이다.

연소 및 폭발 예상문제

01 연소의 3요소를 쓰시오.

해답 ① 가연물 ② 산소 공급원 ③ 점화원

02 가스 발화의 주된 원인인 외부 점화원의 종류 4가지를 쓰시오.

해답 ① 전기불꽃 ② 화염 ③ 충격불꽃 ④ 마찰열 ⑤ 단열압축 ⑥ 정전기

03 석탄, 목재가 연소 초기에 화염을 내면서 연소하는 과정을 무슨 연소라고 하는가?

해답 분해연소

04 프로판의 완전연소 반응식을 완성하시오.

해답 $C_3H_8 + 5O_2 \rightarrow 3CO_2 + 4H_2O$

해설 탄화수소(C_mH_n)의 완전연소 반응식

$$C_mH_n + \left(m + \frac{n}{4}\right)O_2 \rightarrow mCO_2 + \frac{n}{2}H_2O$$

05 프로판(C_3H_8) $1Nm^3$을 완전연소시킬 때 필요한 이론산소량은 몇 m^3인가?

풀이 ① 프로판의 완전연소 반응식

$C_3H_8 + 5O_2 \rightarrow 3CO_2 + 4H_2O$

② 이론 산소량(Nm^3) 계산

$22.4Nm^3 : 5 \times 22.4Nm^3 = 1Nm^3 : x(O_0)[Nm^3]$

$$\therefore x = \frac{5 \times 22.4 \times 1}{22.4} = 5m^3$$

해답 $5Nm^3$

참고 탄화수소 $1Nm^3$에 대한 이론산소량(Nm^3)은 완전연소 반응식에서 산소 몰(mol)수에 해당하는 양이다.

06 부탄 $1Nm^3$을 완전연소시키는데 필요한 이론공기량은 약 몇 Nm^3인가? (단, 공기 중의 산소농도는 21v% 이다.)

풀이 ① 부탄(C_4H_{10})의 완전연소 반응식

$$C_4H_{10} + 6.5O_2 \rightarrow 4CO_2 + 5H_2O$$

② 이론공기량(Nm^3) 계산

$$22.4Nm^3 : 6.5 \times 22.4Nm^3 = 1Nm^3 : x(O_0)[Nm^3]$$

$$\therefore A_0 = \frac{O_0}{0.21} = \frac{1 \times 6.5 \times 22.4}{22.4 \times 0.21} = 30.952 = 30.95Nm^3$$

해답 $30.95Nm^3$

해설 (1) 함유율(비율) 표시방법

① vol%, v% : 체적(volume) 백분율(%)을 의미한다.

② wt%, w% : 무게(weight) 백분율(%)을 의미한다.

(2) Nm^3 단위 : N은 'normal'의 약자로 표준상태(0℃, 1기압)의 체적을 의미하며, Sm^3로 표시하는 경우도 있으며, S는 'standard'를 의미한다.

07 [보기]의 탄화수소가 완전연소할 때에 대한 물음에 답하시오.

┌─ | 보기 | ─────────────────────────────────

CH_4, C_2H_6, C_3H_8, C_4H_{10}

└──────────────────────────────────────

(1) 이론공기량이 가장 많이 필요한 것은 어느 것인가?

(2) 각각의 완전연소 반응식을 쓰시오.

해답 (1) C_4H_{10}(부탄)

(2) ① $CH_4 + 2O_2 \rightarrow CO_2 + 2H_2O$

② $C_2H_6 + 3.5O_2 \rightarrow 2CO_2 + 3H_2O$

③ $C_3H_8 + 5O_2 \rightarrow 3CO_2 + 4H_2O$

④ $C_4H_{10} + 6.5O_2 \rightarrow 4CO_2 + 5H_2O$

08 프로판(C_3H_8) 1kg을 완전연소할 때 이론공기량(Nm^3)을 계산하시오. (단, 공기 중 산소 농도는 21%이다.)

풀이 ① 프로판(C_3H_8)의 완전연소 반응식

$$C_3H_8 + 5O_2 \rightarrow 3CO_2 + 4H_2O$$

② 이론공기량(Nm^3/kg) 계산

$$44kg : 5 \times 22.4Nm^3 = 1kg : x(O_0)[Nm^3]$$

$$\therefore A_0 = \frac{O_0}{0.21} = \frac{1 \times 5 \times 22.4}{44 \times 0.21} = 12.121 ≒ 12.12\,Nm^3/kg$$

해답 $12.12\,Nm^3/kg$

---

09 메탄과 부탄의 부피 조성비가 40 : 60인 혼합가스 $1m^3$를 완전연소하는데 필요한 이론 공기량은 몇 m^3인가?

풀이 ① 메탄과 부탄의 완전연소 반응식

$$CH_4 + 2O_2 \rightarrow CO_2 + 2H_2O$$
$$C_4H_{10} + 6.5O_2 \rightarrow 4CO_2 + 5H_2O$$

② 이론공기량 계산 : 메탄과 부탄이 완전연소할 때 필요한 이론산소량(m^3)은 완전연소 반응식에서 산소 몰(mol)수의 부피비에 해당하는 양만큼 필요하다.

$$\therefore A_0 = \frac{O_0}{0.21} = \frac{(2 \times 0.4) + (6.5 \times 0.6)}{0.21} = 22.380 ≒ 22.38\,m^3$$

해답 $22.38\,m^3$

---

10 프로판(C_3H_8) $20m^3$가 완전연소 시 이론공기량(m^3) 및 이산화탄소(CO_2) 생성량(m^3)을 각각 계산하시오.

풀이 ① 프로판의 완전연소 반응식

$$C_3H_8 + 5O_2 \rightarrow 3CO_2 + 4H_2O$$

② 이론공기량(m^3) 계산

$$22.4m^3 : 5 \times 22.4m^3 = 20m^3 : x(O_0)[m^3]$$

$$\therefore A_0 = \frac{O_0}{0.21} = \frac{20 \times 5 \times 22.4}{22.4 \times 0.21} = 476.190 ≒ 476.19\,m^3$$

③ 이산화탄소(CO_2) 생성량(m^3) 계산

$$22.4m^3 : 3 \times 22.4m^3 = 20m^3 : CO_2[m^3]$$

$$\therefore CO_2 = \frac{20 \times 3 \times 22.4}{22.4} = 60m^3$$

해답 ① 이론공기량(A_0) : $476.19m^3$
② 이산화탄소(CO_2)량 : $60m^3$

11 가연성가스의 폭발범위는 다음의 조건일 때 어떻게 변화되는가 설명하시오.
  (1) 온도가 증가할 때 : (2) 압력이 증가할 때 :
  (3) 산소농도가 증가할 때 :

해답 (1) 증가한다. (2) 증가한다(단, 수소와 일산화탄소는 감소한다). (3) 증가한다.

해설 폭발범위 : 공기에 대한 가연성가스의 혼합농도의 백분율(체적 %)로서 폭발하는 최고
  농도를 폭발상한계, 최저농도를 폭발하한계라 하며 그 차를 폭발범위라 한다.
  ① 온도의 영향 : 온도가 높아지면 폭발범위는 넓어지고, 온도가 낮아지면 폭발범위
    는 좁아진다.
  ② 압력의 영향 : 압력이 상승하면 폭발범위는 넓어진다(단, CO는 압력상승 시 폭발
    범위가 좁아지며, H_2는 압력상승 시 폭발범위가 좁아지다가 계속압력을 올리면 폭
    발범위가 넓어진다).
  ③ 불활성 기체의 영향(산소농도의 영향) : CO_2, N_2 등을 공기와 혼합하여 산소농도를
    줄이면 폭발범위는 좁아진다(폭발범위는 공기 중에서보다 산소 중에서 넓어진다).

12 폭발범위에 대한 물음에 답하시오.
  (1) 압력을 상승시키면 폭발범위가 좁아지는 가스 명칭 2가지를 쓰시오.
  (2) 건조한 공기 중에서보다 습기가 있는 공기 중에서 폭발범위가 넓어지는 가스의 명칭
    은?

해답 (1) ① 수소(H_2) ② 일산화탄소(CO)
  (2) 일산화탄소(CO)

13 가로, 세로, 높이가 각각 10m, 8m, 4m인 실내에 프로판가스가 폭발할 수 있는 최저농
  도로 누설되었다면 누설량(m^3)은 얼마인가? (단, 프로판의 폭발범위는 2.2~9.5%이다.)

풀이 프로판 가스량(m^3)=실내체적×폭발범위 하한값
  $$=(10 \times 8 \times 4) \times 0.022 = 7.04 m^3$$

해답 $7.04 m^3$

14 중합폭발을 일으키는 물질 3가지를 쓰시오.

해답 ① 시안화수소(HCN) ② 산화에틸렌(C_2H_4O)
  ③ 염화비닐(C_2H_3Cl) ④ 부타디엔(C_4H_6)

15　마찰, 충격 등에 의하여 맹렬히 폭발하는 가장 예민한 폭발물질 4가지를 쓰시오.

해답　① 아세틸라이드(아세틸드)　② 아질화은(AgN_2)
　　　③ 질화수은(HgN_2)　　　　④ 유화질소(N_4S_4)
　　　⑤ 염화질소(NCl_3)　　　　⑥ 옥화질소(NI_3)

16　다량의 분진이 발생하는 작업장에서 발생할 수 있는 분진폭발 방지대책 4가지를 쓰시오.

해답　① 분진의 퇴적 및 분진운의 생성 방지　② 분진발생 설비의 구조 개선
　　　③ 불활성가스 봉입 조치　　　　　　　　④ 제진설비 설치 및 가동
　　　⑤ 점화원의 제거 및 관리　　　　　　　⑥ 접지로 정전기 제거
　　　⑦ 폭발방호장치 설치

17　위험도의 정의를 설명하고, 아세틸렌의 위험도를 구하시오. (단, 아세틸렌의 폭발범위는 2.5~81vol%이다.)

풀이　아세틸렌의 위험도 계산

$$H = \frac{U-L}{L} = \frac{81-2.5}{2.5} = 31.4$$

해답　① 위험도의 정의 : 폭발범위 상한과 하한의 차를 폭발범위 하한값으로 나눈 것으로 위험도 값이 클수록 위험성이 크다.

$$H = \frac{U-L}{L}$$

　　　여기서, H : 위험도, U : 폭발범위 상한값, L : 폭발범위 하한값
　　　② 위험도 : 31.4

18　안전간격에 대한 물음에 답하시오.
　　　(1) 안전간격이 작은 가스일수록 위험성은 어떻게 되는가?
　　　(2) 폭발 3등급에 해당하는 가스명칭 3가지를 쓰시오.

해답　(1) 위험성이 커진다.
　　　(2) ① 아세틸렌　② 이황화탄소　③ 수소　④ 수성가스

19 폭굉에 대한 물음에 답하시오.
  (1) 폭굉의 정의를 쓰시오.
  (2) 폭굉유도거리(DID)에 대하여 설명하시오.
  (3) 폭굉유도거리가 짧아질 수 있는 조건 4가지를 쓰시오.

해답 (1) 가스 중의 음속보다도 화염 전파속도가 큰 경우로서 가스의 경우 1000~3500m/s
    정도에 달하여 파면선단에 충격파라고 하는 압력파가 생겨 격렬한 파괴작용을 일으
    키는 현상을 말한다.
  (2) 최초의 완만한 연소가 격렬한 폭굉으로 발전될 때까지의 거리
  (3) ① 정상 연소속도가 큰 혼합가스일수록
     ② 관속에 방해물이 있거나 지름이 작을수록
     ③ 압력이 높을수록
     ④ 점화원의 에너지가 클수록

20 LPG 저장탱크에서 LP가스가 누설되어 저장탱크 주변에서 화재가 발생하여 기상부의
탱크가 국부적으로 가열되면 그 부분이 강도가 약해져 탱크가 파열된다. 이때 내부의 액
화가스가 급격히 유출 팽창되어 화구(fire ball)를 형성하여 폭발하는 형태의 명칭을 영문
약자로 쓰시오.

해답 BLEVE
해설 BLEVE : Boiling Liquid Expanding Vapor Explosion(비등액체팽창증기폭발)

21 불활성화(inerting) 작업에 대하여 설명하시오.

해답 가연성 혼합가스에 불활성가스(아르곤, 질소 등) 등을 주입하여 산소의 농도를 최소산소농
  도(MOC) 이하로 낮추는 작업으로 이너팅(inerting) 또는 퍼지작업(purging)이라 한다.
해설 불활성화(inerting) 작업의 종류
  ① 진공 퍼지(vacuum purge) : 용기를 진공시킨 후 불활성가스를 주입시켜 원하는
     최소산소농도에 이를 때까지 실시
  ② 압력 퍼지(pressure purge) : 불활성가스로 용기를 가압한 후 대기 중으로 방출하
     는 작업을 반복하여 원하는 최소산소농도에 이를 때까지 실시
  ③ 스위프 퍼지(sweep-through purge) : 한쪽으로는 불활성가스를 주입하고 반대
     쪽에서는 가스를 방출하는 작업을 반복하는 것으로 저장탱크 등에 사용
  ④ 사이펀 퍼지(siphon purge) : 용기에 물을 충만시킨 다음 용기로부터 물을 배출시
     킴과 동시에 불활성가스를 주입하여 원하는 최소산소농도를 만드는 작업

22 LPG 저장탱크가 지상에 설치된 곳에서 BLEVE의 발생을 방지하기 위하여 설치하는 소화설비는 무엇인가?

해답 물분무 장치

23 방폭 전기기기의 구조에 따른 분류 6가지와 기호를 각각 쓰시오.

해답 ① 내압 방폭구조 : d   ② 유입 방폭구조 : o
③ 압력 방폭구조 : p   ④ 안전증 방폭구조 : e
⑤ 본질안전 방폭구조 : ia, ib   ⑥ 특수 방폭구조 : s

24 방폭 전기기기의 용기 내부에서 가연성가스의 폭발이 발생할 경우 그 용기가 폭발압력에 견디고, 접합면, 개구부 등을 통하여 외부의 가연성가스에 인화되지 않도록 한 구조의 방폭구조 명칭을 쓰시오.

해답 내압 방폭구조

25 용기 내부에 절연유를 주입하여 불꽃, 아크 또는 고온 발생 부분이 기름 속에 잠기게 함으로써 기름면 위에 존재하는 가연성가스에 인화되지 아니하도록 한 구조로 탄광에서 처음으로 사용한 방폭구조 명칭을 쓰시오.

해답 유입 방폭구조

26 방폭 전기기기에서 최대안전틈새범위에 대해 설명하시오.

해답 내용적이 8L이고 틈새 깊이가 25mm인 표준용기 내에서 가스가 폭발할 때 발생한 화염이 용기 밖으로 전파하여 가연성가스에 점화되지 아니하는 최댓값을 말한다.

27 가연성가스 및 방폭 전기기기의 폭발등급 분류 시 사용하는 최소점화전류비는 어느 가스의 최소점화전류를 기준으로 하는가?

해답 메탄(CH_4)

28 가연성가스가 폭발할 위험이 있는 농도에 도달할 우려가 있는 장소 중 1종 장소를 설명하시오.

해답 상용 상태에서 가연성가스가 체류하여 위험하게 될 우려가 있는 장소, 정비보수 또는 누출 등으로 인하여 종종 가연성가스가 체류하여 위험하게 될 우려가 있는 장소

해설 위험장소의 분류

① 1종 장소 : 상용 상태에서 가연성가스가 체류하여 위험하게 될 우려가 있는 장소, 정비보수 또는 누출 등으로 인하여 종종 가연성가스가 체류하여 위험하게 될 우려가 있는 장소

② 2종 장소

㉮ 밀폐된 용기 또는 설비 내에 밀봉된 가연성가스가 그 용기 또는 설비의 사고로 인해 파손되거나 오조작의 경우에만 누출할 위험이 있는 장소

㉯ 확실한 기계적 환기조치에 의하여 가연성가스가 체류하지 않도록 되어 있으나 환기장치에 이상이나 사고가 발생한 경우에는 가연성가스가 체류하여 위험하게 될 우려가 있는 장소

㉰ 1종 장소의 주변 또는 인접한 실내에서 위험한 농도의 가연성가스가 종종 침입할 우려가 있는 장소

③ 0종 장소 : 상용의 상태에서 가연성가스의 농도가 연속해서 폭발하는 한계 이상으로 되는 장소(폭발한계를 넘는 경우에는 폭발한계 내로 들어갈 우려가 있는 경우를 포함한다.)

29 위험성 평가 기법을 정성적 평가 기법과 정량적 평가 기법으로 구분하여 각각 3가지씩 쓰시오.

해답 ① 정성적 평가 기법 : 체크리스트 기법, 사고예상 질문 분석 기법, 위험과 운전 분석 기법

② 정량적 평가 기법 : 작업자 실수 분석 기법, 결함수 분석 기법(FTA), 사건수 분석 기법(ETA), 원인 결과 분석 기법(CCA)

제 8 장

안전관리 일반

1 고압가스 안전관리

1-1 ◇ 저장능력 및 냉동능력 계산식

(1) 저장능력 산정 기준 계산식

① 압축가스 저장탱크 및 용기

$$Q = (10P+1) \cdot V_1$$

② 액화가스

㉮ 저장탱크 : $W = 0.9d \cdot V_2$

㉯ 용기(충전용기, 탱크로리) : $W = \dfrac{V_2}{C}$

여기서, Q : 저장능력(m^3) P : 35℃에서 최고충전압력(MPa)

V_1 : 내용적(m^3) W : 저장능력(kg)

V_2 : 내용적(L) C : 액화가스 충전상수

d : 상용온도에서의 액화가스 비중(kg/L)

③ 저장능력 합산기준 : 저장탱크 및 용기가 다음 각 항목에 해당하는 경우에는 저장능력 산정식에 따라 산정한 각각의 저장능력을 합산한다. 다만, 액화가스와 압축가스가 섞여 있는 경우에는 액화가스 10kg을 압축가스 1m^3로 본다.

㉮ 저장탱크 및 용기가 배관으로 연결된 경우

㉯ ㉮번 항목을 제외한 경우로서 저장탱크 및 용기 사이의 중심거리가 30m 이하인 경우 또는 같은 구축물에 설치되어 있는 경우. 다만, 소화설비용 저장탱크 및 용기는 제외한다.

(2) 1일 냉동능력(톤) 계산

① 원심식 압축기 : 원동기 정격출력 1.2kW

② 흡수식 냉동설비 : 발생기를 가열하는 입열량 6640kcal/h

1-2 ◆ 보호시설

(1) 1종 보호시설

① 학교, 유치원, 어린이집, 놀이방, 어린이놀이터, 학원, 병원(의원을 포함), 도서관, 청소년수련시설, 경로당, 시장, 공중목욕탕, 호텔, 여관, 극장, 교회 및 공회당(公會堂)

② 사람을 수용하는 건축물로서 사실상 독립된 부분의 연면적이 $1000m^2$ 이상인 것

③ 예식장, 장례식장 및 전시장, 그 밖에 이와 유사한 시설로서 300명 이상 수용할 수 있는 건축물

④ 아동복지시설 또는 장애인복지시설로서 20명 이상 수용할 수 있는 건축물

⑤ 「문화재보호법」에 따라 지정문화재로 지정된 건축물

(2) 2종 보호시설

① 주택

② 사람을 수용하는 건축물로서 사실상 독립된 부분의 연면적이 $100m^2$ 이상 $1000m^2$ 미만인 것

1-3 ◆ 저장설비

(1) 가스방출장치 설치 : $5m^3$ 이상

(2) 저장탱크 사이 거리 : 저장탱크 최대지름을 더한 길이의 4분의 1 이상의 거리 유지(1m 미만인 경우 1m 유지)

(3) 저장탱크 설치 기준

① 지하 설치 기준

㈎ 천장, 벽, 바닥의 두께 : 30cm 이상의 철근 콘크리트

㈏ 저장탱크의 주위 : 마른 모래를 채울 것

㈐ 매설깊이 : 60cm 이상

㈑ 2개 이상 설치 시 : 상호간 1m 이상 유지

㈒ 지상에 경계표지 설치

㈓ 안전밸브 방출관 설치(방출구 높이 : 지면에서 5m 이상)

② 실내 설치 기준

㈎ 저장탱크실과 처리설비실은 구분 설치하고 강제통풍시설을 갖출 것

㈏ 천장, 벽, 바닥의 두께 : 30cm 이상의 철근 콘크리트

㈐ 가연성가스 또는 독성가스의 경우 : 가스누출검지 경보장치 설치

⑷ 저장탱크 정상부와 천장과의 거리 : 60cm 이상

⑿ 2개 이상 설치 시 : 저장탱크실을 구분하여 설치

⑻ 저장탱크실 및 처리설비실의 출입문 : 각각 따로 설치(자물쇠 채움 등의 조치)

⑼ 주위에 경계표지 설치

⑽ 안전밸브 방출관 설치(방출구 높이 : 지상에서 5m 이상)

③ 저장탱크의 부압파괴 방지 조치

⑺ 압력계, 압력경보설비, 진공안전밸브

⑻ 다른 저장탱크 또는 시설로부터의 가스도입배관(균압관)

⑼ 압력과 연동하는 긴급차단장치를 설치한 냉동 제어 설비

⑽ 압력과 연동하는 긴급차단장치를 설치한 송액 설비

④ 과충전 방지 조치 : 내용적의 90% 초과 금지

1-4 ◈ 사고예방설비 및 피해저감설비 기준

(1) 사고예방설비

① 가스누출 검지 경보장치 설치 : 독성가스 및 공기보다 무거운 가연성가스

⑺ 종류 : 접촉연소 방식(가연성가스), 격막 갈바니 전지 방식(산소), 반도체 방식(가연성, 독성)

⑻ 경보농도(검지농도)

㉮ 가연성가스 : 폭발하한계의 $\frac{1}{4}$ 이하

㉯ 독성가스 : TLV-TWA 기준농도 이하

㉰ 암모니아(NH_3)를 실내에서 사용하는 경우 : 50 ppm

⑼ 경보기의 정밀도 : 가연성가스(±25%), 독성가스(±30%)

⑽ 검지에서 발신까지 걸리는 시간 : 경보농도의 1.6배 농도에서 30초 이내 (단, 암모니아, 일산화탄소의 경우는 1분 이내)

② 긴급차단장치 설치

⑺ 동력원 : 액압, 기압, 전기, 스프링

⑻ 조작위치 : 당해 저장탱크로부터 5m 이상 떨어진 곳(특정 제조의 경우 10m 이상)

③ 역류방지장치(밸브) 설치

⑺ 가연성가스를 압축하는 압축기와 충전용 주관과의 사이 배관

⑻ 아세틸렌을 압축하는 압축기의 유분리기와 고압건조기와의 사이 배관

⑼ 암모니아 또는 메탄올의 합성탑 및 정제탑과 압축기와의 사이 배관

④ 역화방지장치 설치

　㉮ 가연성가스를 압축하는 압축기와 오토클레이브와의 사이 배관

　㉯ 아세틸렌의 고압건조기와 충전용 교체 밸브 사이 배관

　㉰ 아세틸렌 충전용 지관

⑤ 정전기 제거설비 설치 : 가연성가스 제조 설비

　㉮ 탑류, 저장탱크, 열교환기, 회전기계, 벤트스택 등은 단독으로 접지

　㉯ 접지 접속선 단면적 : 5.5mm^2 이상

　㉰ 접지 저항값 총합 : 100Ω 이하(피뢰설비를 설치한 것 : 10Ω 이하)

(2) 피해저감설비

① 방류둑 설치

　㉮ 구조

　　㉠ 방류둑의 재료 : 철근 콘크리트, 철골·철근 콘크리트, 금속, 흙 또는 이들을 혼합

　　㉡ 성토 기울기 : 45° 이하, 성토 윗부분 폭 : 30cm 이상

　　㉢ 출입구 : 둘레 50m마다 1개 이상 분산 설치(둘레가 50m 미만 : 2개 이상 설치)

　　㉣ 집합 방류둑 내 가연성가스와 조연성가스, 독성가스를 혼합 배치 금지

　　㉤ 방류둑은 액밀한 구조 및 액두압에 견디고, 액의 표면적은 적게 한다.

　　㉥ 방류둑에 고인 물을 외부로 배출할 수 있는 조치를 할 것(배수 조치는 방류둑 밖에서 하고 배수할 때 이외에는 반드시 닫아 둔다.)

　　㉦ 집합 방류둑에는 가연성가스와 조연성가스, 가연성가스와 독성가스의 혼합배치 금지

　㉯ 방류둑 용량 : 저장능력 상당용적

　　㉠ 액화산소 저장탱크 : 저장능력 상당용적의 60%

　　㉡ 집합 방류둑 내 : 최대 저장탱크의 상당용적 + 잔여 저장탱크 총 용적의 10%

　　㉢ 냉동설비 방류둑 : 수액기 내용적의 90% 이상

② 방호벽 설치 : 아세틸렌가스 또는 9.8MPa 이상인 압축가스를 용기에 충전하는 경우

　㉮ 압축기와 충전장소 사이

　㉯ 압축기와 가스충전용기 보관 장소 사이

　㉰ 충전장소와 가스충전용기 보관 장소 사이

　㉱ 충전장소와 충전용 주관밸브 조작밸브 사이

③ 독성가스 확산방지 및 제독제 구비

　㉮ 대상 : 포스겐, 황화수소, 시안화수소, 아황산가스, 산화에틸렌, 암모니아, 염소, 염

화메탄

(내) 제독제 종류

㉮ 물을 사용할 수 없는 것 : 염소, 포스겐, 황화수소, 시안화수소

㉯ 물을 사용할 수 있는 것 : 아황산가스, 암모니아, 산화에틸렌, 염화메탄

㉰ 소석회를 사용하는 것 : 염소, 포스겐

④ 벤트 스택(vent stack) : 가연성가스, 독성가스 설비의 내용물을 대기 중으로 방출하는 시설

(가) 높이

㉮ 가연성가스 : 착지농도가 폭발하한계 값 미만

㉯ 독성가스 : TLV-TWA 기준농도 값 미만(제독 조치 후 방출)

(내) 방출구 위치 : 작업원이 정상작업 장소 및 항시 통행하는 장소로부터 긴급용은 10m 이상, 그 밖의 것은 5m 이상 유지

⑤ 플레어 스택(flare stack) : 긴급이송설비로 이송되는 가스를 연소에 의하여 처리하는 시설

(가) 위치 및 높이 : 지표면에 미치는 복사열이 $4000kcal/m^2 \cdot h$ 이하가 되도록 한다.

(내) 역화 및 공기와 혼합폭발을 방지하기 위한 시설이다.

㉮ liquid seal 설치   ㉯ flame arrestor 설치

㉰ vapor seal 설치   ㉱ purge gas(N_2, off gas 등)의 지속적인 주입

㉲ molecular seal 설치

(3) 고압가스 설비의 내압시험 및 기밀시험

① 내압시험 : 수압에 의하여 실시

(가) 내압시험 압력 : 상용압력의 1.5배 이상

(내) 공기 등에 의한 방법 : 상용압력의 50%까지 승압하고, 10%씩 단계적으로 승압

② 기밀시험

(가) 공기, 위험성이 없는 기체의 압력에 의하여 실시(산소 사용 금지)

(내) 기밀시험 압력 : 상용압력 이상

1-5 ◆ 제조 및 충전 기준

(1) 가스설비 및 배관 : 상용압력의 2배 이상의 압력에서 항복을 일으키지 아니하는 두께

(2) 충전용 밸브, 충전용 지관 가열 : 열습포 또는 40℃ 이하의 물 사용

(3) 제조 및 충전작업

① 시안화수소 충전

㉮ 순도 98% 이상, 아황산가스, 황산 등의 안정제 첨가

㉯ 충전 후 24시간 정치, 1일 1회 이상 질산구리벤젠지로 누출검사 실시

㉰ 충전용기에 충전 연월일을 명기한 표지 부착

㉱ 충전 후 60일이 경과되기 전에 다른 용기에 옮겨 충전할 것(단, 순도가 98% 이상으로서 착색되지 않은 것은 제외)

② 아세틸렌 충전

㉮ 아세틸렌용 재료의 제한 : 동 함유량 62%를 초과하는 동합금 사용 금지, 충전용 지관에는 탄소 함유량 0.1% 이하의 강을 사용

㉯ 2.5MPa 압력으로 압축 시 희석제 첨가 : 질소, 메탄, 일산화탄소, 에틸렌 등

㉰ 습식 아세틸렌 발생기 표면은 70℃ 이하 유지, 부근에서 불꽃이 튀는 작업 금지

㉱ 다공도 : 75% 이상 92% 미만, 용제 : 아세톤, 디메틸포름아미드

㉲ 충전 중에는 압력 2.5MPa 이하, 충전 후에는 15℃에서 1.5MPa 이하

③ 산소 또는 천연메탄 충전

㉮ 밸브, 용기 내부의 석유류 또는 유지류 제거

㉯ 용기와 밸브 사이에는 가연성 패킹 사용 금지

㉰ 산소 또는 천연메탄을 용기에 충전 시 압축기와 충전용 지관 사이에 수취기 설치

㉱ 밀폐형 수전해조에는 액면계와 자동급수장치를 할 것

④ 산화에틸렌 충전

㉮ 저장탱크 내부에 질소, 탄산가스로 치환하고 5℃ 이하로 유지

㉯ 저장탱크 또는 용기에 충전 시 질소, 탄산가스로 바꾼 후 산, 알칼리를 함유하지 않는 상태

㉰ 저장탱크 및 충전용기에는 45℃에서 압력이 0.4MPa 이상이 되도록 질소, 탄산가스 충전

(3) 압축 및 불순물 유입금지

① 고압가스 제조 시 압축금지

㉮ 가연성가스(C_2H_2, C_2H_4, H_2 제외) 중 산소 용량이 전 용량의 4% 이상의 것

㉯ 산소 중 가연성가스(C_2H_2, C_2H_4, H_2 제외) 용량이 전 용량의 4% 이상의 것

㉰ C_2H_2, C_2H_4, H_2 중의 산소 용량이 전 용량의 2% 이상의 것

㉱ 산소 중 C_2H_2, C_2H_4, H_2의 용량 합계가 전 용량의 2% 이상의 것

② 분석 및 불순물 유입금지

㉮ 가연성가스, 물을 전기분해하여 산소를 제조할 때 1일 1회 이상 분석

㉯ 공기액화 분리기에 설치된 액화산소통 안의 액화산소 5L 중 아세틸렌 질량이 5mg, 탄화수소의 탄소의 질량이 500mg을 넘을 때에는 운전을 중지하고 액화산소를 방출시킬 것

1-6 ▶ 점검 및 치환농도 기준

(1) 점검 기준

① 압력계 점검 기준 : 표준이 되는 압력계로 기능 검사

㉮ 충전용 주관(主管)의 압력계 : 매월 1회 이상

㉯ 그 밖의 압력계 : 3개월에 1회 이상

㉰ 압력계의 최고눈금 범위 : 상용압력의 1.5배 이상 2배 이하

② 안전밸브

㉮ 압축기 최종단에 설치한 것 : 1년에 1회 이상

㉯ 그 밖의 안전밸브 : 2년에 1회 이상

㉰ 저장탱크 방출구 : 지면으로부터 5m 또는 저장탱크 정상부로부터 2m 중 높은 위치

(2) 치환농도

① 가연성가스의 가스설비 : 폭발범위 하한계의 1/4 이하

② 독성가스의 가스설비 : TLV-TWA 기준농도 이하

③ 산소가스 설비 : 산소의 농도가 22% 이하

④ 가스설비 내 작업원 작업 : 산소농도 18~22%를 유지

1-7 ▶ 특정설비 및 특정고압가스

(1) 특정설비 종류 : 안전밸브, 긴급차단장치, 기화장치, 독성가스 배관용 밸브, 자동차용 가스 자동주입기, 역화방지기, 압력용기, 특정고압가스용 실린더 캐비닛, 자동차용 압축천연가스 완속 충전설비, 액화석유가스용 용기 잔류가스 회수장치, 냉동용 특정설비, 차량에 고정된 탱크

(2) 특정고압가스 종류

① 법에서 정한 것(법 제20조) : 수소, 산소, 액화암모니아, 아세틸렌, 액화염소, 천연가스, 압축모노실란, 압축디보레인, 액화알진, 그밖에 대통령령이 정하는 고압가스

② 대통령령이 정한 것(고법 시행령 제16조) : 포스핀, 세렌화수소, 게르만, 디실란, 오불화비소, 오불화인, 삼불화인, 삼불화질소, 삼불화붕소, 사불화유황, 사불화규소
③ 특수고압가스(고법 시행규칙 제2조) : 압축모노실란, 압축디보레인, 액화알진, 포스핀, 세렌화수소, 게르만, 디실란 및 그밖에 반도체의 세정 등 산업통상자원부장관이 인정하는 특수한 용도에 사용하는 고압가스

1-8 ◈ 고압가스 저장 및 용기 안전점검 기준

(1) 고압가스 저장

① 화기와의 거리
  ㈎ 가스설비, 저장설비 : 2m 이상
  ㈏ 가연성가스설비, 산소의 가스설비, 저장설비 : 8m 이상
② 용기 보관장소 기준
  ㈎ 충전용기와 잔가스용기는 각각 구분하여 놓을 것
  ㈏ 가연성가스, 독성가스 및 산소의 용기는 각각 구분하여 놓을 것
  ㈐ 용기 보관장소에는 계량기 등 작업에 필요한 물건 외에는 두지 않을 것
  ㈑ 용기 보관장소 2m 이내에는 화기, 인화성, 발화성 물질을 두지 않을 것
  ㈒ 충전용기는 40℃ 이하로 유지하고, 직사광선을 받지 않도록 할 것
  ㈓ 가연성가스 용기 보관장소에는 방폭형 휴대용 손전등 외의 등화 휴대 금지
  ㈔ 밸브가 돌출한 용기(내용적 5L 미만 용기 제외)의 넘어짐 및 밸브 손상 방지 조치

(2) 용기의 안전점검 기준 : 고압가스 제조자, 고압가스 판매자가 실시

① 용기의 내, 외면에 위험한 부식, 금, 주름이 있는지 확인할 것
② 용기는 도색 및 표시가 되어 있는지 확인할 것
③ 용기의 스커트에 찌그러짐이 있는지 확인할 것
④ 유통 중 열영향을 받았는지 점검하고, 열영향을 받은 용기는 재검사를 받아야 한다.
⑤ 용기 캡이 씌워져 있거나 프로텍터가 부착되어 있는지 확인할 것
⑥ 재검사기간의 도래 여부를 확인할 것
⑦ 용기 아랫부분의 부식상태를 확인할 것
⑧ 밸브의 몸통, 충전구나사, 안전밸브에 흠, 주름, 스프링의 부식 등이 있는지 확인할 것
⑨ 밸브의 그랜드너트가 고정핀에 의하여 이탈 방지 조치가 있는지 여부를 확인할 것
⑩ 밸브의 개폐조작이 쉬운 핸들이 부착되어 있는지 확인할 것
⑪ 충전가스의 종류에 맞는 용기부속품이 부착되어 있는지 확인할 것

1-9 ◈ 고압가스의 운반

(1) 차량의 경계표지

① 경계표시 : "위험 고압가스" 차량 앞뒤에 부착, 운전석 외부에 적색 삼각기 게시

② 가로 치수 : 차체 폭의 30% 이상

③ 세로 치수 : 가로 치수의 20% 이상

④ 정사각형 : 600cm^2 이상

(2) 혼합적재 금지

① 염소와 아세틸렌, 암모니아, 수소

② 가연성가스와 산소는 충전용기 밸브가 마주보지 않도록 적재하면 운반 가능

③ 충전용기와 위험물 안전관리법이 정하는 위험물

④ 독성가스 중 가연성가스와 조연성가스

(3) 차량에 고정된 탱크

① 내용적 제한

㉮ 가연성가스(LPG 제외), 산소 : 18000 L 초과 금지

㉯ 독성가스(액화암모니아 제외) : 12000 L 초과 금지

② 액면요동 방지조치 : 방파판 설치

③ 탱크 및 부속품 보호 : 뒷범퍼와 수평거리

㉮ 후부 취출식 탱크 : 40cm 이상

㉯ 후부 취출식 탱크 외 : 30cm 이상

㉰ 조작상자 : 20cm 이상

고압가스 안전관리 **예상문제**

01 고압가스 안전관리법 시행규칙에 정한 다음 용어를 설명하시오.
    (1) 가연성가스 :   (2) 독성가스 :
    (3) 액화가스 :   (4) 압축가스 :

해답 (1) 폭발한계의 하한이 10% 이하인 것과 폭발한계의 상한과 하한의 차가 20% 이상인 것
    (2) 허용농도가 100만분의 5000 이하인 것
    (3) 가압, 냉각에 의하여 액체 상태로 되어 있는 것으로서 대기압에서 비점이 40℃ 이하 또는 상용의 온도 이하인 것
    (4) 상온에서 압력을 가하여도 액화되지 아니하는 가스로서 일정한 압력에 의하여 압축되어 있는 것

02 독성가스의 허용농도는 LC50으로 표시하고 있다. 이때 독성가스의 기준을 설명하시오.

해답 허용농도 100만분의 5000 이하
해설 ① 독성가스의 정의(고법 시행규칙 제2조) : 공기 중에 일정량 이상 존재하는 경우 인체에 유해한 독성을 가진 가스로서 허용농도가 100만분의 5000 이하인 것을 말한다. → LC50(치사농도[致死濃度] 50 : Lethal concentration 50)으로 표시
    ② 허용농도 : 해당 가스를 성숙한 흰쥐 집단에게 대기 중에서 1시간 동안 계속하여 노출시킨 경우 14일 이내에 그 흰쥐의 2분의 1 이상이 죽게 되는 가스의 농도를 말한다.

03 고압가스에서 처리능력이란 용어에 대하여 설명하시오.

해답 처리설비 또는 감압설비에 의하여 압축·액화나 그 밖의 방법으로 1일에 처리할 수 있는 가스의 양으로 온도 0℃, 게이지 압력 0Pa 상태를 기준으로 한다.

04 초저온 용기의 정의를 설명하시오.

해답 −50℃ 이하의 액화가스를 충전하기 위한 용기로서 단열재로 씌우거나 냉동설비로 냉각시키는 등의 방법으로 용기 내의 가스온도가 상용 온도를 초과하지 아니하도록 한 것

05 내압시험압력 및 기밀시험압력의 기준이 되는 압력으로서 사용 상태에서 해당 설비 등의 각 부에 작용하는 최고사용압력을 의미하는 것은?

해답 상용압력

해설 ① 설계압력 : 고압가스 용기 등의 각 부의 계산두께 또는 기계적 강도를 결정하기 위하여 설계된 압력

② 상용압력 : 내압시험압력 및 기밀시험압력의 기준이 되는 압력으로서 사용 상태에서 해당 설비 등의 각 부에 작용하는 최고사용압력

③ 설정압력 : 안전밸브의 설계상 정한 분출압력 또는 분출개시압력으로서 명판에 표시된 압력

④ 축적압력 : 내부 유체가 배출될 때 안전밸브에 의하여 축적되는 압력으로서 그 설비 안에서 허용될 수 있는 최대압력

⑤ 초과압력 : 안전밸브에서 내부 유체가 배출될 때 설정압력 이상으로 올라가는 압력

06 설비나 장치 및 용기 등에서 취급 또는 운용되고 있는 통상의 온도를 무슨 온도라 하는가?

해답 상용온도

07 압축가스 설비 저장능력 산정식을 쓰시오. (단, Q : 저장능력(m³), P : 35℃에서 최고충전압력(MPa), V : 내용적(m³)을 의미한다.)

해답 $Q = (10P+1)V$

해설 35℃에서 최고충전압력(P) 단위가 kgf/cm²이면 저장능력 산정식은 $Q = (P+1)V$ 이다.

08 저장탱크 내용적이 20000L일 때 충전량(kg)을 계산하시오. (단, 액화가스의 비중은 0.55이다.)

풀이 $W = 0.9dV = 0.9 \times 0.55 \times 20000 = 9900\,\mathrm{kg}$

해답 $9900\,\mathrm{kg}$

09 고압가스 일반제조시설의 시설기준 중 가연성가스 제조시설과의 이격거리에 대한 물음에 답하시오.

(1) 다른 가연성가스 제조시설의 고압가스 설비와 이격거리는 얼마인가?

(2) 산소 제조시설의 고압가스 설비와 이격거리는 얼마인가?

해답 (1) 5m 이상   (2) 10m 이상

---

10 가스시설 내진설계 기준에 독성가스 종류를 제1종 독성가스부터 제3종 독성가스로 분류하고 있는데 제1종 독성가스의 허용농도는 얼마인가?

해답 1ppm 이하

해설 가스시설 내진설계 기준(KGS GC203)에 의한 독성가스의 분류

① 제1종 독성가스 : 독성가스 중 염소, 시안화수소, 이산화질소, 불소 및 포스겐과 그 밖에 허용농도가 1ppm 이하인 것

② 제2종 독성가스 : 독성가스 중 염화수소, 삼불화붕소, 이산화유황, 불화수소, 브롬화메틸 및 황화수소와 그 밖에 허용농도가 1ppm 초과 10ppm 이하인 것

③ 제3종 독성가스 : 독성가스 중 제1종 및 제2종 독성가스 이외의 것

---

11 에어졸 충전용기의 누출시험용 온수탱크의 온수온도는 얼마인가?

해답 46℃ 이상 50℃ 미만

---

12 고압가스설비 중에서 반응기 또는 이와 유사한 설비로서 현저한 발열반응 또는 부차적으로 발생되는 2차 반응에 의하여 폭발 등의 위해가 발생할 가능성이 큰 반응설비 4가지를 쓰시오.

해답 ① 암모니아 2차 개질로

② 에틸렌 제조시설의 아세틸렌 수첨탑

③ 산화에틸렌 제조시설의 에틸렌과 산소 또는 공기와의 반응기

④ 사이클로헥산 제조시설의 벤젠수첨 반응기

⑤ 석유정제에 있어서 중유 직접 수첨탈황 반응기 및 수소화분해 반응기

⑥ 저밀도 폴리에틸렌 중합기

⑦ 메탄올 합성 반응탑

13 고압가스설비에는 그 고압가스설비 내의 압력이 상용의 압력을 초과하는 경우 즉시 상용의 압력 이하로 되돌릴 수 있도록 하기 위하여 과압안전장치를 설치한다. 가스설비 등에서의 압력상승 특성에 따른 안전장치의 명칭을 쓰시오.

(1) 기체 및 증기의 압력상승을 방지하기 위하여 설치하는 것 :

(2) 급격한 압력상승, 독성가스의 누출, 유체의 부식성 또는 반응생성물의 성상 등에 따라 안전밸브를 설치하는 것이 부적절한 경우 설치하는 것 :

(3) 펌프 및 배관에서 액체의 압력상승을 방지하기 위하여 설치하는 것 :

해답 (1) 안전밸브

(2) 파열판

(3) 릴리프 밸브 또는 안전밸브

해설 과압안전장치 설치기준 : KGS FP112 고압가스 일반제조의 기준

(1) 과압안전장치 설치 : 고압가스설비에는 그 고압가스설비 내의 압력이 상용의 압력을 초과하는 경우 즉시 상용의 압력 이하로 되돌릴 수 있도록 하기 위하여 다음 기준에 따라 과압안전장치를 설치한다.

(2) 과압안전장치 선정 : 가스설비 등에서의 압력상승 특성에 따라 다음 기준에 따른 과압안전장치를 선정한다.

① 기체 및 증기의 압력상승을 방지하기 위하여 설치하는 안전밸브

② 급격한 압력상승, 독성가스의 누출, 유체의 부식성 또는 반응생성물의 성상 등에 따라 안전밸브를 설치하는 것이 부적당한 경우에 설치하는 파열판

③ 펌프 및 배관에서 액체의 압력상승을 방지하기 위하여 설치하는 릴리프 밸브 또는 안전밸브

④ ①부터 ③까지의 안전장치와 병행 설치할 수 있는 자동압력제어장치(고압가스설비 등의 내압이 상용의 압력을 초과한 경우 그 고압가스설비 등으로의 가스유입량을 감소시키는 방법 등으로 그 고압가스설비 등 안의 압력을 자동적으로 제어하는 장치)

14 고압가스설비 중 압력이 허용압력을 초과하는 경우 즉시 그 압력을 허용압력 이하로 되돌려 보내야 한다. 이때 설치할 수 있는 안전장치의 종류 3가지를 쓰시오.

해답 ① 스프링식 안전밸브

② 파열판

③ 릴리프 밸브

④ 자동 압력제어장치

15 [보기]는 고압가스설비에 부착하는 과압안전장치의 작동압력에 대한 기준이다. ( ) 안에 알맞은 숫자를 넣으시오.

> ─| 보기 |─
>
> 액화가스의 고압가스설비 등에 부착되어 있는 스프링식 안전밸브는 상용의 온도에 있어서 당해 고압가스설비 등 안의 액화가스의 상용의 체적이 당해 고압가스설비 등 안의 내용적의 ( )% 까지 팽창하게 되는 온도에 대응하는 당해 고압가스설비 등 안의 압력에서 작동하는 것일 것

해답 98

---

16 고압가스 특정제조시설에서 분출원인이 화재인 경우 안전밸브의 축적압력은 안전밸브의 수량과 관계없이 최고허용압력의 몇 % 이하로 하여야 하는가?

해답 121%

해설 과압안전장치 축적압력
(1) 분출원인이 화재가 아닌 경우
  ① 안전밸브를 1개 설치한 경우 : 최고허용압력(MAWP)의 110% 이하로 한다.
  ② 안전밸브를 2개 이상 설치한 경우 : 최고허용압력의 116% 이하로 한다.
(2) 분출원인이 화재인 경우 : 안전밸브의 수량에 관계없이 최고허용압력의 121% 이하로 한다.
※ MAWP : Maximum Allowable Working Pressure

---

17 가스누출검지 경보장치의 경보농도에 관한 다음 물음에 답하시오.
(1) 가연성가스 :
(2) 독성가스 :
(3) 암모니아 (단, 실내에서 사용하는 경우) :

해답 (1) 폭발하한계의 $\dfrac{1}{4}$ 이하
(2) TLV-TWA 기준농도 이하
(3) TLV-TWA 50 ppm

18 수소 제조시설에서 수소의 누출 여부를 검지하기 위하여 설치하는 가스누설검지 경보장치의 경보농도는 몇 % 이하로 하는가?

풀이 수소의 폭발범위는 4~75%이고, 가연성가스의 경보농도는 폭발하한계의 $\dfrac{1}{4}$ 이하이다.

$$\therefore \text{경보농도} = 4 \times \dfrac{1}{4} = 1\% \text{ 이하}$$

해답 1% 이하

19 가스누설검지기에서 오보 대책에 대한 다음 내용을 설명하시오.
(1) 지연 경보 :
(2) 반시한 경보 :

해답 (1) 일정시간 연속해서 가스를 검지한 후에 경보하는 형식
(2) 가스 농도에 따라서 경보까지의 시간을 변경하는 형식

해설 가스누설검지기의 오보 대책
① 즉시 경보형 : 가스농도가 설정값 이상이 되면 즉시 경보하는 형식으로 일반적으로 접촉연소식 경우에 적용한다.
② 지연 경보형 : 일정시간 연속해서 가스를 검지한 후에 경보하는 형식으로 즉시 경보형보다 경보는 늦지만 가스레인지에서 점화가 되지 않았을 경우, 조리 시에 일시적으로 에틸알코올 농도가 증가하는 경우에서는 경보를 하지 않는 장점이 있다.
③ 반시한 경보형 : 가스 농도에 따라서 경보까지의 시간을 변경하는 형식으로 가스농도가 급격히 증가하면 즉시 경보하고, 농도 증가가 느리면 지연 경보하는 경우이다.

20 고압가스 일반제조의 저장설비에 설치된 긴급차단장치에 대한 물음에 답하시오.
(1) 동력원 3가지를 쓰시오.
(2) 조작위치는 저장탱크에서 얼마이상 떨어져야 하는가?
(3) 검사주기는 얼마인가?

해답 (1) ① 액압 ② 기압 ③ 전기 ④ 스프링식
(2) 5m 이상
(3) 1년에 1회 이상

21 다음 그림은 고압가스 안전관리법에 의하여 액화석유가스, 가연성가스, 독성가스의 저장시설에 설치하는 유압식 긴급차단장치의 계통도이다. 그림을 보고 물음에 답하시오.

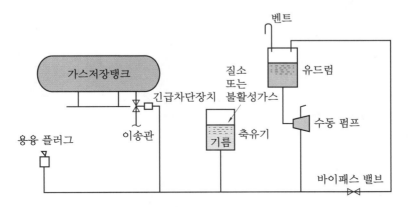

⑴ 정상 이송할 때의 작동원리를 설명하시오.
⑵ 화재 등의 이상이 발생하였을 때 긴급차단장치가 작동되는 원리를 설명하시오.
⑶ 이송관에 설치된 긴급차단장치를 인위적으로 폐쇄하는 방법을 설명하시오.

해답 ⑴ 오일압력이 긴급차단장치에 작용하여 밸브가 열려있는 상태를 유지한다.
⑵ 주변에서 화재가 발생하였을 때 용융 플러그의 가용전이 녹아 긴급차단장치에 작용하고 있는 오일이 분출되어 오일압력이 낮아져 긴급차단장치가 폐쇄된다.
⑶ 바이패스 밸브를 개방하여 긴급차단장치에 작용하고 있는 오일을 유드럼으로 회수시켜 오일압력을 낮추어 주어 긴급차단장치를 폐쇄시킨다.

22 고압가스 저장시설에 긴급차단장치 및 역류방지밸브 설치 시 배관에 조치하여야 할 사항을 쓰시오.

해답 긴급차단장치 또는 역류방지밸브 및 접속하는 배관 등에서 워터해머(water hammer)가 발생하지 않도록 하는 조치를 강구하여야 한다.

23 차량에 고정된 탱크에 설치된 긴급차단장치는 그 성능이 원격조작에 의하여 작동되고 차량에 고정된 저장탱크나 이에 접속하는 배관 외면의 온도가 얼마일 때 자동적으로 작동하도록 되어 있는가?

해답 110℃

24 고압가스 일반제조시설에서 가연성가스를 압축하는 압축기와 충전용 주관과의 사이, 아세틸렌을 압축하는 압축기의 유분리기와 고압건조기와의 사이, 암모니아 또는 메탄올 합성탑 및 정제탑과 압축기와의 사이의 배관에 설치하는 장치를 쓰시오.

[해답] 역류방지밸브

25 고압가스 안전관리법에 규정된 역류방지밸브를 설치하여야 할 곳과 역화방지장치를 설치하여야 할 곳을 각각 2가지씩 쓰시오.

[해답] (1) 역류방지밸브 설치할 곳
　　① 가연성가스를 압축하는 압축기와 충전용 주관과의 사이 배관
　　② 아세틸렌을 압축하는 압축기의 유분리기와 고압건조기와의 사이 배관
　　③ 암모니아 또는 메탄올의 합성탑 및 정제탑과 압축기와의 사이 배관
　(2) 역화방지장치 설치할 곳
　　① 가연성가스를 압축하는 압축기와 오토클레이브와의 사이 배관
　　② 아세틸렌의 고압건조기와 충전용 교체 밸브 사이 배관
　　③ 아세틸렌 충전용 지관

26 가연성가스의 제조설비 또는 저장설비 중 전기설비 방폭구조를 하지 않아도 되는 가스 2종류를 쓰시오.

[해답] ① 암모니아(NH_3)　② 브롬화메탄(CH_3Br)

27 가연성가스 제조설비 등에서 발생하는 정전기를 제거하는 조치의 기준에 대하여 3가지를 쓰시오.

[해답] ① 탑류, 저장탱크, 열교환기, 회전기계, 벤트 스택 등은 단독으로 접지하여야 한다. 다만, 기계가 복잡하게 연결되어 있는 경우 및 배관 등으로 연속되어 있는 경우에는 본딩용 접속선으로 접속하여 접지하여야 한다.
　② 본딩용 접속선 및 접지접속선은 단면적 $5.5mm^2$ 이상의 것(단선은 제외)을 사용하고 경납붙임, 용접, 접속금구 등을 사용하여 확실히 접속하여야 한다.
　③ 접지 저항치는 총합 100Ω(피뢰설비를 설치한 것은 총합 10Ω) 이하로 하여야 한다.

28 정전기 제거설비를 정상상태로 유지하기 위하여 확인하여야 할 사항 3가지를 쓰시오.

해답 ① 지상에서 접지 저항치
② 지상에서의 접속부 접속 상태
③ 지상에서의 절선 그밖에 손상부분의 유무

29 고압가스 제조시설에 설치하는 내부반응 감시장치의 종류를 3가지 쓰시오.

해답 ① 온도감시장치　　　　② 압력감시장치
③ 유량감시장치　　　　④ 가스의 밀도·조성 등의 감시장치

30 고압가스 제조시설에 설치하는 인터로크 기구의 사용목적에 대하여 설명하시오.

해답 가연성가스, 독성가스의 제조설비 또는 이들 제조설비와 관련 있는 계장회로에는 제조하는 고압가스의 종류, 온도, 압력과 제조설비의 상황에 따라 안전확보를 위한 주요 부문에 설비가 잘못 조작되거나 정상적인 제조를 할 수 없는 경우에 자동으로 원재료의 공급을 차단시키는 장치

31 저장탱크를 기초에 고정하는 방법 2가지를 쓰시오.

해답 ① 앵커 볼트(anchor bolt)　　② 앵커 스트랩(anchor strap)

32 저장탱크를 지하에 매설할 때의 기준에 대한 물음에 답하시오.
(1) 저장탱크실의 철근콘크리트 두께는 얼마인가?
(2) 저장탱크와의 이격거리와 저장탱크 사이에 채우는 것은?
(3) 지면으로부터 저장탱크 정상부까지의 거리는?
(4) 저장탱크에 설치한 안전밸브 방출구 높이는?

해답 (1) 30cm 이상
(2) ① 이격거리 : 1m 이상　　② 채우는 것 : 마른모래
(3) 60cm 이상
(4) 지면에서 5m 이상

---

33 액화가스 저장탱크 주위에 액상의 가스가 누출된 경우 그 가스의 유출을 방지할 수 있는 기능을 갖는 시설은 무엇인가?

[해답] 방류둑

---

34 가연성 액화가스 및 독성 액화가스의 저장탱크를 지상에 설치할 때 방류둑을 설치하여야 하는 저장능력은 얼마인가?

[해답] ① 가연성 : 1000톤 이상 (단, 고압가스 특정제조의 경우 500톤 이상)
② 독성 : 5톤 이상

[해설] 방류둑 설치 기준
(1) 방류둑을 설치하여야 할 저장탱크 저장능력
　① 고압가스 특정제조
　　㉠ 가연성가스 : 500톤 이상
　　㉡ 독성가스 : 5톤 이상
　　㉢ 액화산소 : 1000톤 이상
　② 고압가스 일반제조
　　㉠ 가연성, 액화산소 : 1000톤 이상
　　㉡ 독성가스 : 5톤 이상
　③ 냉동제조시설(독성가스 냉매 사용) : 수액기 내용적 10000L 이상
　④ 액화석유가스 : 1000톤 이상
　⑤ 도시가스 도매사업 : 500톤 이상
　⑥ 일반도시가스사업 : 1000톤 이상
(2) 방류둑의 내측 및 그 외면으로부터 10m 이내 저장탱크의 부속설비 외 설치하지 아니할 것.
(3) 방류둑 용량
　① 액화가스 : 저장능력 상당용적
　② 액화산소 : 저장능력 상당용적의 60%
　③ 집합 방류둑 내 : 최대저장탱크의 상당용적+잔여 저장탱크 총 용적의 10% 용적
　④ 냉동설비의 방류둑 : 수액기 내용적의 90% 이상의 용적

35 방류둑 구조에 대한 기준에서 (   ) 안에 알맞은 용어, 숫자를 넣으시오.

⑴ 철근콘크리트, 철골·철근콘크리트는 (   ) 콘크리트를 사용하고 균열발생을 방지하도록 배근, 리베팅 이음, 신축이음 및 신축이음의 간격, 배치 등을 정하여야 한다.

⑵ 방류둑은 (   ) 것이어야 한다.

⑶ 성토는 수평에 대하여 (   ) 이하의 기울기로 하여 쉽게 허물어지지 않도록 충분히 다져 쌓고, 강우 등에 의하여 유실되지 않도록 그 표면에 콘크리트 등으로 보호한다.

⑷ 성토 윗부분의 폭은 (   ) 이상으로 하여야 한다.

해답 ⑴ 수밀성   ⑵ 액밀한   ⑶ 45°   ⑷ 30cm

36 방류둑에는 방류둑 내에 고인 물을 외부로 배출할 수 있는 조치를 하여야 한다. 이 경우 배수 조치는 방류둑 (① 내측, 외측)에서 하여야 하며, 배수밸브는 평상시에는 (② 개방, 폐쇄)하여야 한다. (   ) 안에 옳은 내용을 선택하시오.

해답 ① 외측   ② 폐쇄

37 고압가스 냉동제조의 피해저감설비 기준에서 독성가스 냉매를 사용하는 수액기 주위에는 그 수액기로부터 액상의 독성가스가 누출될 경우 그 액상의 독성가스가 흘러 확산되는 것을 방지하기 위한 방류둑을 설치하여야 하는 수액기 내용적은 얼마인가?

해답 10000L 이상

38 방호벽의 종류 4가지를 쓰시오.

해답 ① 두께 12cm 이상의 철근콘크리트   ② 두께 15cm 이상의 콘크리트 블록
③ 두께 3.2mm 이상의 박강판   ④ 두께 6mm 이상의 후강판

39 고압가스 제조시설에 설치된 철근콘크리트 방호벽의 설치기준 4가지를 쓰시오.

해답 ① 지름 9mm 이상의 철근을 가로·세로 400mm 이하의 간격으로 배근하고 모서리 부분의 철근을 확실히 결속한 두께 120mm 이상, 높이 2000mm 이상으로 한다.
② 일체로 된 철근콘크리트를 기초로 한다.
③ 기초의 높이는 350mm 이상, 되메우기 깊이는 300mm 이상으로 한다.
④ 기초의 두께는 방호벽 최하부 두께의 120% 이상으로 한다.

40 2중관으로 하여야 하는 독성가스 종류 8가지와 2중관 규격에 대하여 쓰시오.

해답 ① 독성가스의 종류 : 포스겐, 황화수소, 시안화수소, 아황산가스, 산화에틸렌, 암모니아, 염소, 염화메탄
② 2중관 규격 : 바깥관 안지름은 내부관 바깥지름의 1.2배 이상

41 가연성 및 독성가스 설비에서 긴급이송설비에 부속된 처리설비 중 벤트 스택(vent stack)의 역할에 대하여 설명하시오.

해답 가연성 또는 독성가스 설비에서 이상 상태가 발생한 경우 당해 설비 내의 내용물을 설비 밖으로 긴급하고 안전하게 이송하는 탑 또는 파이프를 일컫는다.

42 벤트 스택에 관한 물음에 답하시오.
(1) 설치 높이를 가연성가스와 독성가스일 때 착지농도 기준으로 각각 구분하여 답하시오.
(2) 벤트 스택의 방출구 위치는 작업원이 정상 작업을 하는 장소 및 통행하는 장소에서 얼마 이상 이격시켜 설치하여야 하는가? (단, 긴급용 벤트 스택의 경우이다.)

해답 (1) ① 가연성가스 : 폭발하한계값 미만이 될 수 있는 높이
② 독성가스 : TLV-TWA 기준 농도값 미만이 될 수 있는 높이
(2) 10m 이상
해설 긴급용 외 그 밖의 벤트 스택의 방출구 위치는 작업원이 정상 작업을 하는 장소 및 통행하는 장소에서 5m 이상 이격시켜 설치하여야 한다.

43 벤트 스택에서 가스 방출 시 작동압력에서 대기압까지의 방출 소요시간은 방출 시작으로부터 몇 분 이내로 하는가?

해답 60분

44 플레어 스택(flare stack)의 역할에 대하여 설명하시오.

해답 긴급이송설비에 의하여 이송되는 가연성가스를 대기 중에 분출할 때 공기와 혼합하여 폭발성 혼합기체가 형성되지 않도록 연소에 의하여 처리하는 탑 또는 파이프를 일컫는다.

45 플레어 스택에 관한 물음에 답하시오.
　(1) 플레어 스택의 설치위치 및 높이는 지표면에 미치는 복사열이 얼마가 되도록 설치하
　　 여야 하는가?
　(2) 플레어 스택에 반드시 설치하여야 하는 시설은 무엇인가?

　해답　(1) $4000kcal/h \cdot m^2$ 이하
　　　 (2) 파일럿 버너 또는 자동점화장치

46 고압가스 제조설비에서 가연성가스를 대기 중으로 처리하는 방법 2가지와 주의사항을
　　 쓰시오.

　해답　(1) 처리방법
　　　　 ① 벤트 스택에서 대기 중으로 방출시키는 방법
　　　　 ② 플레어 스택에서 연소시키는 방법
　　　 (2) 주의사항
　　　　 ① 벤트 스택의 높이는 착지농도가 폭발하한계값 미만이 되도록 한다.
　　　　 ② 플레어 스택의 위치 및 높이는 복사열이 $4000kcal/h \cdot m^2$ 이하가 되도록 한다.

47 고압가스 제조시설에 설치하는 플레어 스택의 구조에서 역화 및 공기 등과의 혼합폭발
　　 을 방지하기 위하여 갖추어야 할 시설 4가지를 쓰시오.

　해답　① liquid seal의 설치
　　　　 ② flame arrestor(화염방지기)의 설치
　　　　 ③ vapor seal의 설치
　　　　 ④ purge gas(N_2, off gas 등)의 지속적인 주입
　　　　 ⑤ molecular seal의 설치

48 고압가스 시설에서 온도 상승 방지조치를 하여야 하는 기준 중 가연성가스 저장탱크 주
　　 위란 다음의 경우 얼마인가?
　　 (1) 방류둑을 설치했을 경우 :
　　 (2) 방류둑을 설치하지 않았을 경우 :
　　 (3) 가연성 물질을 취급하는 설비 :

해답 (1) 방류둑 외면으로부터 10m 이내
(2) 저장탱크 외면으로부터 20m 이내
(3) 그 외면으로부터 20m 이내

---

49 고압가스 설비에서 구조상 물에 의한 내압시험이 곤란하여 공기, 질소 등의 기체에 의하여 내압시험을 실시하는 경우 내압시험압력은 상용압력의 몇 배 이상으로 하여야 하는가?

해답 1.25배

해설 내압시험압력 : 상용압력의 1.5배 이상(단, 기체로 실시할 때는 상용압력의 1.25배 이상)

---

50 어떤 고압설비의 상용압력이 1.6MPa일 때 이 설비의 내압시험압력은 몇 MPa 이상으로 실시하여야 하는가?

풀이 내압시험압력 = 상용압력 × 1.5 = 1.6 × 1.5 = 2.4MPa

해답 2.4MPa

---

51 가스관련 시설의 내압시험을 물로 하는 이유(장점) 2가지를 쓰시오.

해답 ① 물은 비압축성이므로 시험 중에 파괴되어도 위험성이 적다.
② 장치 및 인체에 유해한 독성이 없다.
③ 구입이 쉽고 경제적이다.

---

52 고압가스 특정제조 시설의 배관을 기밀시험할 때 산소를 사용하면 안 되는 이유를 설명하시오.

해답 산소는 화학적으로 활발한 원소이고, 강력한 조연성가스에 해당되기 때문에 기밀시험을 하는 배관 내부에 석유류, 유지류 등이 있을 때 산소와 접촉 반응하여 인화, 폭발의 위험성이 있기 때문에 사용해서는 안 된다.

---

53 산소압축기 내부윤활제로 사용할 수 없는 것 3가지를 쓰시오.

해답 ① 석유류 ② 유지류 ③ 글리세린

54 시안화수소(HCN)를 용기에 충전하는 기준에 대한 설명이다. ( ) 안에 알맞은 용어 또는 숫자를 넣으시오.

> 용기에 충전하는 시안화수소(HCN)는 순도가 (①) 이상이고, (②) 등의 안정제를 첨가하고 시안화수소를 충전한 용기는 충전 후 (③)시간 정치하고, 그 후 1일 1회 이상 (④) 등의 시험지로 가스누출검사를 실시한다.

해답 ① 98%   ② 아황산가스 또는 황산   ③ 24   ④ 질산구리벤젠

55 아세틸렌 제조 및 충전에 대한 물음에 답하시오.
(1) 습식 발생기의 표면온도는 얼마인가?
(2) 온도에 불구하고 충전 중 압력(MPa)은 얼마인가?
(3) 충전 후의 온도와 압력(MPa)은 얼마인가?

해답 (1) 70℃ 이하   (2) 2.5MPa 이하   (3) 15℃에서 1.5MPa 이하

56 아세틸렌을 2.5MPa 압력으로 압축할 때 첨가하는 희석제 4가지를 쓰시오.

해답 ① 질소   ② 메탄   ③ 일산화탄소   ④ 에틸렌

57 산소를 충전용기에 충전 작업할 때 주의사항 4가지를 쓰시오.

해답 ① 밸브와 용기 내부의 석유류, 유지류를 제거할 것
② 용기와 밸브 사이에 가연성 패킹을 사용하지 않을 것
③ 금유(禁油)라 표시된 산소 전용 압력계를 사용할 것
④ 기름 묻은 장갑으로 취급을 금지할 것
⑤ 급격한 충전은 피할 것

58 산소 시설에 설치하는 압력계는 금유라 표시된 전용 압력계를 사용하는 이유를 설명하시오.

해답 산소는 화학적으로 활발한 원소로 산소농도가 높으면 반응성이 풍부해져 오일(석유류, 유지류)과 접촉 시 인화, 폭발의 위험성이 있기 때문에 금유라 표시된 전용 압력계를 사용하여야 한다.

59 [보기]의 (   ) 안에 알맞은 기기 명칭을 쓰시오.

> | 보기 |
>
> 산소 또는 천연메탄을 용기에 충전할 때는 압축기와 충전용지관 사이에 (   )를 설치하여야 한다.

해답 수취기

---

60 [보기]의 산화에틸렌(C_2H_4O)의 충전에 관한 내용에서 (   ) 안에 알맞은 내용을 넣으시오.

> | 보기 |
>
> 산화에틸렌의 저장탱크 및 충전용기는 (①)℃에서 그 내부 가스의 압력이 (②) MPa 이상이 되도록 (③), (④)를 충전할 것

해답 ① 45   ② 0.4   ③ 질소가스   ④ 탄산가스

---

61 고압가스 제조 시 압축금지에 대한 내용 중 (   ) 안에 알맞은 숫자를 넣으시오.
(1) 가연성가스(아세틸렌, 에틸렌 및 수소는 제외) 중 산소 용량이 전체 용량의 (   )% 이상인 것
(2) 산소 중의 가연성가스(아세틸렌, 에틸렌 및 수소는 제외)의 용량이 전체 용량의 (   )% 이상인 것
(3) 아세틸렌, 에틸렌 또는 수소 중의 산소 용량이 전체 용량의 (   )% 이상인 것
(4) 산소 중의 아세틸렌, 에틸렌 및 수소의 용량 합계가 전체 용량의 (   )% 이상인 것

해답 (1) 4   (2) 4   (3) 2   (4) 2

---

62 공기액화 분리장치의 운전 중 불순물이 유입되면 위험이 발생할 수 있어 운전을 중지하고 액화 산소를 방출하여야 한다. 이 경우에 해당하는 경우 2가지를 쓰시오.

해답 ① 액화산소 5L 중 아세틸렌의 질량이 5mg을 넘을 때
② 액화산소 5L 중 탄화수소의 탄소 질량이 500mg을 넘을 때

해설 공기액화 분리기의 불순물 유입금지 : 공기액화 분리기(1시간의 공기 압축량이 1000m³ 이하의 것은 제외한다)에 설치된 액화산소통 안의 액화산소 5L 중 아세틸렌의 질량이 5mg 또는 탄화수소의 탄소의 질량이 500mg을 넘을 때에는 그 공기액화 분리기의 운전을 중지하고 액화산소를 방출한다.

63 공기액화 분리장치의 액화산소 5L 중에 CH_4이 250mg, C_4H_{10}이 200mg 함유하고 있다면 공기액화 분리장치의 운전이 가능한지 판정하시오. (단, 공기액화 분리장치의 공기 압축량이 1000m³/h 이상이다.)

풀이 ① 탄화수소 중 탄소 질량 계산

$$탄소\ 질량 = \frac{탄화수소\ 중\ 탄소\ 질량}{탄화수소의\ 분자량} \times 탄화수소량$$

$$= \left(\frac{12}{16} \times 250\right) + \left(\frac{48}{58} \times 200\right) = 353.017 ≒ 353.02mg$$

② 판정 : 500mg이 넘지 않으므로 운전이 가능하다.

해답 탄화수소 중 탄소 질량이 353.02mg으로 500mg을 넘지 않으므로 운전이 가능하다.

64 공기액화 분리장치에서 액화산소 35L 중 메탄 2g, 부탄 4g이 혼합되어 있을 때 탄화수소의 탄소 질량을 구하고, 공기액화 분리장치의 운전은 어떻게 하여야 하는지 조치방법을 쓰시오.

(1) 탄화수소의 탄소 질량을 계산 : (2) 조치 방법 :

풀이 (1) 탄소 질량 $= \dfrac{\dfrac{탄화수소\ 중\ 탄소\ 질량}{탄화수소의\ 분자량} \times 탄화수소량}{액산의\ 기준량\ 대비\ 배수}$

$$= \frac{\left(\frac{12}{16} \times 2000\right) + \left(\frac{48}{58} \times 4000\right)}{\frac{35}{5}} = 687.192 ≒ 687.19mg$$

해답 (1) 687.19mg

(2) 탄화수소 중 탄소 질량이 500mg을 넘으므로 운전을 중지하고 액화산소를 방출하여야 한다.

65 다음 물음에 답하시오.

(1) 충전용 주관에 설치된 압력계의 검사주기는?

(2) 압축기 최종단에 설치된 안전밸브의 검사주기는?

해답 (1) 매월 1회 이상

(2) 1년에 1회 이상

참고 ① 충전용 주관 외의 압력계 : 3월에 1회 이상

② 압축기 최종단 외의 안전밸브 : 2년에 1회 이상

---

66 산소, 아세틸렌, 수소의 품질검사에 대한 물음에 답하시오.

(1) 품질검사 주기는 얼마인가?

(2) 품질검사 시 사용되는 시약 3가지에 대하여 각각 쓰시오.

(3) 순도 기준은 각각 얼마인가?

해답 (1) 1일 1회 이상

(2) ① 산소 : 동 암모니아 시약

② 아세틸렌 : 발연황산시약(오르사트법), 브롬시약(뷰렛법)

③ 수소 : 피로갈롤, 하이드로 설파이드시약

(3) ① 산소 : 99.5% 이상

② 아세틸렌 : 98% 이상

③ 수소 : 98.5% 이상

---

67 지상에 설치된 저장탱크에 설치하는 안전밸브 방출관의 방출구 설치높이를 설명하시오.

해답 지면에서 5m 또는 저장탱크 정상부에서 2m 중 높은 위치에 설치한다.

---

68 액화가스 배관은 사용하지 않을 때 액화가스가 충만한 상태로 밸브를 닫아 놓으면 대단히 위험하다. 그 이유와 조치방법에 대하여 설명하시오.

해답 ① 위험한 이유 : 액봉 상태가 되어 배관 주변의 온도가 상승하면 액화가스가 팽창하여 압력이 상승되어 배관이 파열되며, 저온의 액화가스일 경우 위험성은 더욱 커진다.

② 조치방법 : 가스 배관을 사용하지 않을 경우에는 필요한 밸브를 닫고 배관 내부의 액화가스를 드레인 밸브를 통하여 배출시키거나 액화가스가 액봉 상태로 되는 경우에는 배관에 안전밸브를 설치한다.

---

69 다음 설비의 내부수리 및 점검 시 가스치환을 하는 기준을 쓰시오.

(1) 가연성가스 설비 :　　　(2) 독성가스 설비 :　　　(3) 산소 설비 :

해답 (1) 폭발하한계의 $\dfrac{1}{4}$ 이하

(2) TLV-TWA 기준농도 이하

(3) 산소농도가 22% 이하

해설 작업원이 설비 내에 들어갈 경우 산소농도 : 18~22%

70 독성가스 제해설비에서 정전 시 필요한 비상전력설비 종류 4가지를 쓰시오.

해답 ① 타처 공급전력 ② 자가발전 ③ 축전지장치
④ 엔진구동발전 ⑤ 스팀 터빈 구동발전

71 고압가스 가스설비는 운전 시에는 안전확보를 위해 작업수칙에 따라 그 제조설비의 이상 유무를 점검하여야 한다. 가스설비의 사용 종료 시 점검사항 4가지를 쓰시오.

해답 ① 사용 종료 직전에 각 설비의 운전상황
② 사용 종료 후에 가스설비에 있는 잔유물의 상황
③ 가스설비 안의 가스, 액 등의 불활성가스 등에 의한 치환상황
④ 개방하는 가스설비와 다른 가스설비 등과의 차단상황
⑤ 가스설비의 전반에 대하여 부식, 마모, 손상, 폐쇄, 결합부의 풀림, 기초의 경사 및 침하, 그 밖의 이상 유무

72 독성가스 제조시설의 안전을 확보하기 위하여 필요한 곳에는 독성가스를 취급하는 시설 또는 일반인의 출입을 제한하는 시설이라는 것을 명확하게 식별할 수 있도록 식별표지 및 위험표지를 설치하여야 한다. 이때 식별표지의 바탕색과 글씨의 색상을 쓰시오.

해답 ① 식별표지의 바탕색 : 백색
② 글씨의 색 : 흑색 (단, 가스명칭은 적색)

해설 위험표지 : 독성가스가 누출할 우려가 있는 부분에 게시하는 것으로 백색 바탕에 흑색 글씨(주의는 적색)로 한다. (예 독성가스 누설 주의 부분)

73 고압가스 충전용기 보관장소 기준에 대하여 5가지를 쓰시오.

해답 ① 충전용기와 잔가스 용기는 구분하여 보관
② 가연성, 독성 및 산소 용기는 각각 구분하여 보관
③ 계량기 등 작업에 필요한 물건 외에는 두지 말 것
④ 용기 보관장소 2m 이내에는 화기 또는 인화성, 발화성 물질을 두지 말 것
⑤ 충전용기는 항상 40℃ 이하의 온도 유지, 직사광선을 받지 아니하도록 할 것
⑥ 충전용기(내용적 5L 미만 제외)에는 넘어짐 등에 의한 충격 및 밸브의 손상을 방지하는 등의 조치를 하고 난폭한 취급을 하지 아니할 것

⑦ 가연성가스 용기 보관장소에는 방폭형 휴대용손전등 외의 등화를 휴대하고 들어가지 아니할 것

해설 용기의 넘어짐 방지조치

① 충전용기는 바닥이 평탄한 장소에 보관할 것

② 충전용기는 물건의 낙하 우려가 없는 장소에 저장할 것

③ 고정된 프로텍터가 없는 용기에는 캡을 씌울 것

④ 충전용기를 이동하면서 사용하는 때에는 손수레에 단단하게 묶어 사용할 것

74　특정고압가스의 종류 5가지를 쓰시오.

해답
① 수소	② 산소	③ 액화암모니아
④ 아세틸렌	⑤ 액화염소	⑥ 천연가스
⑦ 압축모노실란	⑧ 압축디보란	⑨ 액화알진

⑩ 그 밖에 대통령령이 정하는 고압가스

해설 특정고압가스 및 특수고압가스

① 고압가스 안전관리법 제20조에 규정된 특정고압가스 : 수소, 산소, 액화암모니아, 아세틸렌, 액화염소, 천연가스. 압축모노실란, 압축디보란, 액화알진 그 밖에 대통령령이 정하는 고압가스

② 고법 시행령 제16조에 규정된 특정고압가스 : 포스핀, 세렌화수소, 게르만, 디실란, 오불화비소, 오불화인, 삼불화인, 삼불화질소, 삼불화붕소, 사불화유황, 사불화규소 등

③ 고법 시행규칙 제2조에 규정된 특수고압가스 : 압축모노실란, 압축디보란, 액화알진, 포스핀, 세렌화수소, 게르만, 디실란, 그 밖에 반도체 세정 등 산업통상자원부장관이 인정하는 특수한 용도에 사용되는 고압가스

75　특정설비의 종류 5가지를 쓰시오.

해답
① 안전밸브	② 긴급차단장치
③ 기화장치	④ 독성가스 배관용 밸브
⑤ 자동차용 가스 자동주입기	⑥ 역화방지장치
⑦ 압력용기	⑧ 특정고압가스용 실린더 캐비닛

⑨ 자동차용 압축천연가스 완속 충전설비(처리능력 $18.5m^3/h$ 미만인 충전설비)

⑩ 액화석유가스용 용기 잔류가스 회수장치

⑪ 냉동용 특정설비

⑫ 차량에 고정된 탱크

76 **고압가스용 기화장치의 성능에 대한 물음에 답하시오.**
　⑴ 온수가열방식의 과열방지 성능은 온수의 온도가 몇 ℃ 이하인가?
　⑵ 증기가열방식의 과열방지 성능은 증기의 온도가 몇 ℃ 이하인가?
　⑶ 안전장치의 작동 성능은 내압시험압력의 얼마에서 작동하는 것이어야 하는가?

해답 ⑴ 80℃　⑵ 120℃　⑶ $\frac{8}{10}$ 이하

77 **고압가스용 기화장치의 내압시험을 물로 하지 못하는 경우에 대한 물음에 답하시오.**
　⑴ 내압시험용 유체의 종류 2가지를 쓰시오.
　⑵ 내압시험압력은 설계압력의 몇 배인가?

해답 ⑴ ① 질소　② 공기
　⑵ 1.1배

해설 고압가스용 기화장치의 내압성능 및 기밀성능 〈개정 2017. 6. 2〉
　⑴ 내압성능
　　① 내압시험은 물을 사용하는 것을 원칙으로 한다.
　　② 내압시험압력 : 설계압력의 1.3배 이상
　　③ 질소 또는 공기 등으로 하는 경우 설계압력의 1.1배의 압력으로 실시할 수 있다.
　⑵ 기밀성능
　　① 기밀시험은 공기 또는 불활성가스 사용
　　② 기밀시험압력 : 설계압력 이상의 압력

78 **특정설비제조자가 저장소 탱크에서 수리할 수 있는 범위 3가지를 쓰시오.**

해답 ① 저장탱크 몸체의 용접
　② 저장탱크의 부속품(그 부품을 포함)의 교체 및 가공
　③ 단열재 교체

79 **고압냉매가스를 사용하는 냉동장치에서 이상압력 상승 시 상용압력(허용압력) 이하로 되돌릴 수 있는 안전장치의 종류 3가지를 쓰시오.**

해답 ① 고압차단장치　　　② 안전밸브
　③ 파열판　　　　　④ 용전 및 압력 릴리프장치

80 고압가스 충전용기에 사용되는 비열처리 재료 3가지를 쓰시오.

해답 ① 오스테나이트계 스테인리스강
② 내식알루미늄 합금판
③ 내식알루미늄 합금 단조품

81 고압가스 충전용기 밸브의 재질 3가지를 쓰시오.

해답 ① KS D 5101(동 및 동합금봉)의 C3771, C3604
② KS D 3710(탄소강 단강품)의 SF390A
③ KS D 3752(기계구조용 탄소강재)의 SM25C
④ KS D 3706(스테인리스 강봉)의 STS304, STS316, STS420
⑤ KS D 6763(알루미늄 및 알루미늄 합금봉 및 선)의 6601

82 고압가스 운반차량 등록대상 4가지를 쓰시오.

해답 ① 허용농도가 100만분의 200 이하인 독성가스를 운반하는 차량
② 차량에 고정된 탱크로 고압가스를 운반하는 차량
③ 차량에 고정된 2개 이상을 이음매가 없이 연결한 용기로 고압가스를 운반하는 차량
④ 산업통상자원부령으로 정하는 탱크 컨테이너로 고압가스를 운반하는 차량

해설 고법 시행령 제5조의4

83 고압가스를 운반하는 차량의 경계표지에 대한 물음에 답하시오.
(1) 차량에 설치할 경계표지의 종류 및 설치 위치는?
(2) 경계표지 크기 기준은 어떻게 되는가?
(3) 차량 구조상 경계표지를 정사각형 또는 이에 가까운 형상으로 표시할 경우 기준은?

해답 (1) ① 위험고압가스 : 차량의 앞 뒤
② 적색 삼각기 : 운전석 외부 보기 쉬운 곳
(2) ① 위험고압가스 : 가로 치수는 차체 폭의 30% 이상, 세로 치수는 가로 치수의 20% 이상
② 적색 삼각기(가로×높이) : 40×30cm
(3) 경계표지의 면적은 600cm^2 이상

84 충전용기를 적재하여 운반할 때 혼합적재가 금지되는 경우 4가지를 쓰시오.

해답 ① 염소와 아세틸렌, 암모니아, 수소를 동일차량에 적재하여 운반하는 경우
② 가연성가스와 산소를 충전용기 밸브가 마주보도록 적재하여 운반하는 경우
③ 충전용기와 위험물 안전관리법이 정하는 위험물을 동일차량에 적재하여 운반하는
경우
④ 독성가스 중 가연성가스와 조연성가스를 동일차량에 적재하여 운반하는 경우

85 고압가스를 운반하는 차량에 고정된 탱크에 대한 물음에 답하시오.
(1) LPG를 제외한 가연성가스의 최대 내용적(L)은 얼마인가?
(2) 액화암모니아를 제외한 독성가스의 최대 내용적(L)은 얼마인가?

해답 (1) 18000
(2) 12000

86 LPG 이송용 탱크로리(차량에 고정된 탱크)에 대한 물음에 답하시오.
(1) LPG 탱크로리의 내용적 제한은 얼마인가?
(2) 탱크 내부에 액면요동을 방지하기 위하여 설치하는 것의 명칭을 쓰시오.
(3) 이 탱크로리가 후부취출식 탱크일 때 뒷범퍼와 수평거리는 얼마인가?

해답 (1) 제한 없음
(2) 방파판
(3) 40cm 이상

해설 탱크 및 부속품 보호
① 후부취출식 탱크 : 뒷범퍼와 수평거리 40cm 이상 유지
② 후부취출식 탱크 외의 탱크 : 뒷범퍼와 수평거리 30cm 이상 유지
③ 조작상자 : 뒷범퍼와 수평거리 20cm 이상 유지

87 탱크로리에서 탱크의 정상부 높이가 차량의 정상부 높이보다 높을 경우에 부착하는 장
치의 이름은 무엇인가?

해답 높이측정기구 (또는 검지봉)

2 액화석유가스 안전관리

2-1 ▶ 용기 및 자동차 용기 충전

(1) 용기 충전

① 저장설비 기준

 ㉮ 냉각살수장치 설치

  ㉠ 방사량 : 저장탱크 표면적 $1m^2$ 당 5L/min 이상의 비율

  ㉡ 준내화구조 저장탱크 : $2.5L/min \cdot m^2$ 이상

  ㉢ 조작위치 : 5m 이상 떨어진 위치

 ㉯ 저장탱크 지하 설치

  ㉠ 저장탱크실 재료 규격 : 레디믹스트 콘크리트(ready-mixed concrete)

항목	규격	항목	규격
굵은 골재의 최대치수	25mm	공기량	4% 이하
설계강도	21MPa 이상	물-결합재비	50% 이하
슬럼프(slump)	120~150mm	그 밖의 사항	KS F 4009에 따름

  ㉡ 저장탱크실 바닥은 침입한 물 또는 생성된 물이 모이도록 구배를 갖도록 하고, 집수구를 설치하여 고인 물을 배수할 수 있도록 조치

   ⓐ 집수구 크기 : 가로 30cm, 세로 30cm, 깊이 30cm 이상

   ⓑ 집수관 : 80A 이상

   ⓒ 집수구 및 집수관 주변 : 자갈 등으로 조치, 펌프로 배수

   ⓓ 검지관 : 40A 이상으로 4개소 이상 설치

  ㉢ 저장탱크 설치 거리

   ⓐ 내벽 이격거리 : 바닥면과 저장탱크 하부와 60cm 이상, 측벽과 45cm 이상, 저장탱크 상부와 상부 내측벽과 30cm 이상 이격

   ⓑ 저장탱크실의 상부 윗면은 주위 지면보다 최소 5cm, 최대 30cm까지 높게 설치

  ㉣ 점검구 설치

   ⓐ 설치 수 : 저장능력이 20톤 이하인 경우 1개소, 20톤 초과인 경우 2개소

   ⓑ 위치 : 저장탱크 측면 상부의 지상에 맨홀 형태로 설치

   ⓒ 크기 : 사각형 0.8m×1m 이상, 원형은 지름 0.8m 이상의 크기

 ㉰ 폭발방지장치 설치

㉮ 폭발방지장치 : 액화석유가스 저장탱크 외벽이 화염으로 국부적으로 가열될 경우 그 저장탱크 벽면의 열을 신속히 흡수·분산시킴으로써 탱크 벽면의 국부적인 온도 상승에 따른 저장탱크의 파열을 방지하기 위하여 저장탱크 내벽에 설치하는 다공성 벌집형 알루미늄합금 박판이다.

㉯ 설치대상 : 주거지역, 상업지역에 설치하는 10톤 이상의 저장탱크, LPG 탱크로리

㉰ 열전달 매체 : 다공성 벌집형 알루미늄 박판

㈃ 방류둑 설치 : 저장능력 1000톤 이상

㈄ 지하에 설치하는 저장탱크 : 과충전 경보장치 설치

② 과압안전장치 작동압력

㉮ 스프링식 안전밸브는 상용의 온도에서 액화가스의 상용의 체적이 해당 가스설비 등 안의 내용적의 98%까지 팽창하게 되는 온도에 대응하는 압력에서 작동하는 것으로 한다.

㉯ 프로판용 및 부탄용 가스설비 안전밸브 설정압력 : 1.8MPa (단, 부탄용 저장설비의 경우에는 1.08MPa로 한다.)

③ 환기설비 설치

㉮ 자연환기설비 설치

㉠ 환기구는 바닥면에 접하고, 외기에 면하게 설치

㉡ 통풍가능 면적 : 바닥면적 $1m^2$ 마다 $300cm^2$의 비율(1개의 면적 $2400cm^2$ 이하)

㉢ 사방을 방호벽 등으로 설치한 경우 2방향 이상으로 분산 설치

㉯ 강제환기설비 설치

㉠ 통풍능력 : 바닥면적 $1m^2$ 마다 $0.5m^3/min$ 이상

㉡ 흡입구 : 바닥면 가까이에 설치

㉢ 배기가스 방출구 높이 : 지면에서 5m 이상

④ 냄새나는 물질의 첨가

㉮ 냄새측정방법 : 오더(order) 미터법(냄새측정기법), 주사기법, 냄새주머니법, 무취실법

㉯ 용어의 정의

㉠ 패널(panel) : 미리 선정한 정상적인 후각을 가진 사람으로서 냄새를 판정하는 자

㉡ 시험자 : 냄새 농도 측정에 있어서 희석조작을 하여 냄새농도를 측정하는 자

㉢ 시험가스 : 냄새를 측정할 수 있도록 액화석유가스를 기화시킨 가스

㉣ 시료기체 : 시험가스를 청정한 공기로 희석한 판정용 기체

㉤ 희석배수 : 시료기체의 양을 시험가스의 양으로 나눈 값

㉰ 시료기체 희석배수 : 500배, 1000배, 2000배, 4000배

(2) 자동차 용기 충전

① 고정충전설비(dispenser, 충전기) 설치

㈎ 충전기 상부에는 캐노피(닫집모양의 차양)를 설치, 면적은 공지면적의 1/2 이하

㈏ 충전기 주위에 가스누출검지 경보장치 설치

㈐ 충전호스 길이는 5m 이내, 끝에는 정전기 제거장치 설치

㈑ 충전호스에 부착하는 가스주입기 : 원터치형

㈒ 충전기 보호대 설치 〈개정 2019. 8. 14〉

㉮ 보호대는 다음 중 어느 하나를 만족하는 것으로 한다.

㉠ 두께 12cm 이상의 철근콘크리트

㉡ 호칭지름 100A 이상의 배관용 탄소강관 또는 이와 동등 이상의 기계적 강도를 가진 강관

㉯ 보호대 높이는 80cm 이상으로 한다.

㉰ 보호대는 차량의 충돌로부터 충전기를 보호할 수 있는 형태로 한다. 다만, 말뚝 형태일 경우 말뚝은 2개 이상 설치하고, 간격은 1.5m 이하로 한다.

㉱ 보호대의 기초는 다음 중 어느 하나를 만족하는 것으로 한다.

㉠ 철근콘크리트제 보호대는 콘크리트 기초에 25cm 이상의 깊이로 묻고, 바닥과 일체가 되도록 콘크리트를 타설한다.

㉡ 강관제 보호대는 ㉠과 같이 기초에 묻거나 KS B 1016(기초 볼트)에 따른 앵커 볼트를 사용하여 고정한다.

㈓ 세이프티 커플링(safety coupling) : 충전기와 가스주입기가 분리될 수 있는 안전장치

㉮ 분리성능 : 커플링은 연결된 상태에서 압력을 가하여 2.7~3.3MPa에서 분리될 것

㉯ 당김성능 : 커플링은 연결된 상태에서 30 ± 10mm/min의 속도로 당겼을 때 490.4~588.4N에서 분리되는 것

㉰ 회전성능 : 커플링은 결합 후 암수 커플링이 자유롭게 회전되는 것으로 한다.

㉱ 기밀성능 : 숫커플링, 암커플링 각각에 대하여 1.8MPa 이상의 압력으로 1분간 기밀시험을 하여 각 부분에서 누출이 없을 것

㉲ 내구성능 : 커플링은 분리결합을 60회 이상 반복 작동 후 연결된 상태에서 1.8MPa의 압력으로 기밀시험을 하여 누출이 없을 것

② 식별표지 및 위험표시

㈎ 충전 중 엔진정지 : 황색 바탕에 흑색 글씨

㈏ 화기엄금 : 백색 바탕에 적색 글씨

2-2 ▸ 집단공급시설 소형 저장탱크 설치

(1) 이격거리

충전 질량(kg)	가스충전구로부터 토지경계선에 대한 수평거리(m)	탱크간 거리(m)	가스충전구로부터 건축물 개구부에 대한 거리(m)
1000kg 미만	0.5 이상	0.3 이상	0.5 이상
1000~2000kg 미만	3.0 이상	0.5 이상	3.0 이상
2000kg 이상	5.5 이상	0.5 이상	3.5 이상

① 동일한 사업소에 2개 이상의 소형 저장탱크가 있는 경우에는 각 소형 저장탱크 저장능력별로 이격거리를 유지하여야 한다.

② 충전질량이 1000kg 이상인 경우로서 '가스충전구와 토지경계선' 및 '건축물 개구부 사이의 거리' 기준을 유지할 수 없는 경우 방호벽을 설치하면 유지거리의 1/2 이상의 직선거리를 유지할 수 있다. 이 경우 방호벽의 높이는 소형 저장탱크 정상부보다 50cm 이상 높게 한다.

③ 다중이용시설 또는 가연성 건조물과는 가스충전구로부터 건축물 개구부에 대한 거리의 2배 이상의 직선거리를 유지하여야 한다. 〈신설 20. 9. 4〉

(2) 설치방법

① 동일장소에 설치하는 소형 저장탱크 수는 6기 이하, 충전질량 합계는 5000kg 미만

② 기초가 지면보다 5cm 이상 높게 설치된 콘크리트 등에 설치

③ 안전밸브 방출구 : 수직상방으로 분출하는 구조

④ 경계책 설치 : 높이 1m 이상 (충전질량 1000kg 이상만 해당)

⑤ 충전량 : 내용적의 85% 이하

⑥ 기화장치와 우회거리 : 3m 이상

2-3 ◈ 용기에 의한 사용시설

(1) 화기와의 거리

저장능력	화기와의 우회거리
1톤 미만	2m 이상
1톤 이상 3톤 미만	5m 이상
3톤 이상	8m 이상

① 저장설비, 감압설비 및 배관과 화기와의 거리 : 주거용 시설은 2m 이상
② 저장설비 등과 화기를 취급하는 장소와의 사이에 높이 2m 이상의 내화성 벽을 설치

(2) 저장설비 설치

① 100kg 이하 : 용기, 용기 밸브, 압력조정기가 직사광선, 눈, 빗물에 노출되지 않도록 조치
② 100kg 초과 : 용기보관실 설치
③ 250kg 이상(자동절체기 사용 시 500kg 이상) : 고압부에 과압안전장치 설치
④ 500kg 초과 : 저장탱크, 소형 저장탱크 설치
⑤ 사이펀 용기 : 기화장치가 설치되어 있는 시설에서만 사용

(3) 가스설비 설치

① 중간 밸브 설치 : 연소기 각각에 대하여 퓨즈 콕, 상자 콕 설치
② 호스 설치 : 호스길이 3m 이내, T형으로 연결하지 않을 것
③ 가스설비 성능
　(개) 내압시험압력 : 상용압력의 1.5배 이상(공기, 질소 등의 기체 1.25배 이상)
　(내) 압력조정기 출구에서 연소기 입구까지의 기밀시험 압력 : 8.4kPa 이상

액화석유가스 안전관리 **예상문제**

01 LPG 저장설비의 종류 3가지를 쓰시오.

[해답] ① 저장탱크
② 마운드형 저장탱크
③ 소형 저장탱크
④ 용기

[해설] 저장설비(액법 시행규칙 제2조) : 액화석유가스를 저장하기 위한 설비로서 저장탱크,
마운드형 저장탱크, 소형 저장탱크 및 용기(용기 집합설비와 충전용기 보관실을 포함
한다)를 말한다.

02 액화석유가스를 저장하기 위하여 지상에 설치된 원통형 탱크에 흙과 모래를 사용하여
덮은 저장탱크의 명칭을 쓰시오.

[해답] 마운드형 저장탱크

[해설] 마운드형 저장탱크 설치 기준 : KGS FP333
① 마운드형 저장탱크는 높이 1m 이상의 견고하게 다져진 모래기반 위에 설치한다.
② 마운드형 저장탱크의 모래기반 주위에는 지하수 침입 등으로 인한 붕괴의 위험이
없도록 높이 50cm 이상의 철근콘크리트 옹벽을 설치한다.
③ 마운드형 저장탱크는 그 주위를 20cm 이상 모래로 덮은 후 두께 1m 이상의 흙으
로 채운다.
④ 마운드형 저장탱크는 덮은 흙의 유실을 막기 위해 적절한 사면 경사각을 유지하고
그 표면에 잔디를 심는다.
⑤ 마운드형 저장탱크 주위에 물의 침입 및 동결에 대비하여 배수공을 설치하고 바닥
은 물이 빠지도록 적절한 구배를 둔다.
⑥ 마운드형 저장탱크 주위에는 해당 저장탱크로부터 누출하는 가스를 검지할 수 있
는 관을 바닥면 둘레 20m에 대하여 1개 이상 설치하고, 그 관끝은 빗물 등이 침입
하지 아니하도록 뚜껑을 설치한다.

03 액화석유가스 충전시설 중 저장설비와 사업소 경계까지 유지하여야 할 안전거리 기준에서 ( ) 안에 알맞은 수치를 넣으시오.

저장능력	사업소 경계와의 거리
10톤 이하	(①)m
10톤 초과 20톤 이하	27m
20톤 초과 30톤 이하	(②)m
30톤 초과 40톤 이하	(③)m
40톤 초과 200톤 이하	36m
200톤 초과	(④)m

해답 ① 24 ② 30 ③ 33 ④ 39

해설 저장설비를 지하에 설치하거나 지하에 설치된 저장설비 안에 액중펌프를 설치하는 경우에는 저장능력별 사업소 경계와의 거리에 0.7을 곱한 거리 이상으로 할 수 있다.

04 액화석유가스 충전사업 기준에 따른 유지하여야 할 안전거리는 얼마인가?
(1) 액화석유가스 충전시설 중 충전설비의 외면으로부터 사업소 경계까지 :
(2) 자동차에 고정된 탱크 이입, 충전장소의 중심으로부터 사업소 경계까지 :

해답 (1) 24m 이상
(2) 24m 이상

05 충전시설에는 자동차에 고정된 탱크에서 LPG를 저장탱크로 이입할 수 있도록 건축물 외부에 설치하여야 할 것은 무엇인가?

해답 로딩암

해설 로딩암 설치(액화석유가스 충전시설 기준 KGS FP333)
충전시설에는 자동차에 고정된 탱크에서 가스를 이입할 수 있도록 건축물 외부에 로딩암을 설치한다. 다만, 로딩암을 건축물 내부에 설치하는 경우에는 건축물의 바닥면에 접하여 환기구를 2방향 이상 설치하고, 환기구 면적의 합계는 바닥면적의 6% 이상으로 한다.

06 충전시설에는 자동차에 고정된 탱크에서 LPG를 저장탱크로 이입할 수 있도록 건축물 외부에 로딩암을 설치하여야 하는데 로딩암을 건축물 내부에 설치할 수 있는 조건 2가지를 쓰시오.

해답 ① 건축물의 바닥면에 접하여 환기구를 2방향 이상 설치한다.
② 환기구 면적의 합계는 바닥면적의 6% 이상으로 한다.

07 LPG 저장탱크에 온도 상승을 방지하기 위하여 설치하는 냉각살수장치는 단위면적 $1m^2$ 당 방사능력 기준은 얼마인가? (단, 단열재를 피복한 준내화구조의 저장탱크가 아니다.)

해답 5L/min 이상
해설 냉각살수장치 방사능력 기준
① 저장탱크 표면적 $1m^2$ 당 5L/min 이상
② 준내화구조 : $2.5L/min \cdot m^2$ 이상

08 LPG 저장탱크를 지하에 설치할 때 저장탱크실은 레디믹스트 콘크리트(ready-mixed concrete)를 사용하여 시공하여야 한다. 이때 저장탱크실 재료의 규격에 해당하는 항목 4가지를 쓰시오.

해답 ① 굵은 골재의 최대치수
② 설계강도
③ 슬럼프(slump)
④ 공기량
⑤ 물-결합재비

해설 레디믹스트 콘크리트 규격

항목	규격
굵은 골재의 최대치수	25mm
설계강도	21MPa 이상
슬럼프(slump)	120~150mm
공기량	4% 이하
물-결합재비	50% 이하
그 밖의 사항	KS F 4009(레디믹스트 콘크리트)에 따른 규정
[비고] 수밀 콘크리트의 시공기준은 국토교통부가 제정한 "콘크리트 표준 시방서"를 준용한다.	

09 지상에 설치된 LPG 저장탱크에 관한 물음에 답하시오.
  (1) 액면계로 사용되는 유리제 액면계의 명칭을 쓰시오.
  (2) 액면계에 설치하는 보호 및 안전장치 2가지를 쓰시오.
  (3) 저장탱크 외면의 도료 색상을 쓰시오.
  (4) 가스 명칭(LPG 또는 액화석유가스)을 표시하는 글자 색은?

해답 (1) 클린카식 액면계
  (2) ① 프로텍터 설치(단, 액면계가 유리제일 때만 해당)
    ② 액면계 상하 배관에 자동식 및 수동식 스톱밸브 설치
  (3) 은백색 도료
  (4) 적색

10 LPG 저장탱크의 내부압력이 외부의 압력보다 낮아져 저장탱크가 파괴되는 것을 방지하기 위해 설치하는 설비 5가지를 쓰시오.

해답 ① 압력계
  ② 압력경보설비
  ③ 진공안전밸브
  ④ 다른 저장탱크 또는 시설로부터의 가스도입배관(균압관)
  ⑤ 압력과 연동하는 긴급차단장치를 설치한 냉동제어설비
  ⑥ 압력과 연동하는 긴급차단장치를 설치한 송액설비

11 액화석유가스 저장탱크 외벽이 화염으로 국부적으로 가열될 경우 그 저장탱크 벽면의 열을 신속히 흡수, 분산시킴으로써 탱크 벽면의 국부적인 온도 상승에 따른 저장탱크의 파열을 방지하기 위하여 저장탱크 내벽에 설치하는 다공성 벌집형 알루미늄 박판을 무엇이라 하는가?

해답 폭발방지장치
해설 폭발방지장치 설치기준 : 주거 또는 상업지역에 설치한 저장능력 10톤 이상의 저장탱크 및 액화석유가스용 차량에 고정된 탱크

12 액화석유가스 저장탱크의 외벽에 화염에 의하여 국부적으로 가열될 경우 탱크의 파열을 방지하기 위한 폭발방지제의 열전달 매체 재료로서 가장 적당한 것은?

해답 알루미늄합금 박판

13 LPG 저장설비실, 가스설비실 및 충전용기 보관실에 설치하는 통풍구조에 대한 물음에 답하시오.

(1) 통풍구 면적은 바닥면적 $1m^2$ 당 얼마 이상의 면적이어야 하는가?

(2) 통풍구 1개소 면적 기준은 얼마인가?

(3) 강제 통풍장치를 설치하였을 때 통풍능력은 바닥면적 $1m^2$ 당 얼마인가?

(4) 강제 통풍장치의 방출구 위치는?

(5) 바닥면적이 $200m^2$일 때 통풍구 최소 설치 수는 몇 개인가?

해답 (1) $300cm^2$ 이상

(2) $2400cm^2$ 이하

(3) $0.5m^3$/분 이상

(4) 지면에서 5m 이상의 높이

(5) 바닥면적 $1m^2$당 통풍구 크기는 $300cm^2$이고, 1개소 통풍구 최대 크기는 $2400cm^2$이다.

$$\therefore \text{통풍구 최소 설치 수} = \frac{\text{통풍구 전체면적}}{\text{1개소 최대 크기}} = \frac{200 \times 300}{2400} = 25개$$

14 LPG 충전사업소 안의 건축물 외벽에 설치하는 유리창의 유리 재료 2가지를 쓰시오.

해답 ① 강화유리(tempered glass)

② 접합유리(laminated glass)

③ 망 판유리 및 선 판유리(wire glass)

15 LPG 저장설비실, 가스설비실에 설치하는 가스누출경보기의 검지부 설치위치는?

해답 바닥으로부터 검지부 상단까지 30cm 이내

16 액화석유가스의 부취제 냄새측정방법 4가지를 쓰시오.

해답 ① 오더(odor) 미터법(냄새측정기법)

② 주사기법

③ 냄새주머니법

④ 무취실법

17 차량에 고정된 탱크로 소형 저장탱크에 액화석유가스를 충전할 때의 기준을 4가지 쓰시오.

해답 ① 소형 저장탱크의 검사 여부를 확인하고 공급할 것
② 소형 저장탱크 내의 잔량을 확인한 후 충전할 것
③ 충전작업은 수요자가 채용한 안전관리자의 입회 하에 할 것
④ 충전 중에는 액면계의 움직임, 펌프 등의 작동을 감시하여 과충전방지 등 작업 중의 위해방지를 위한 조치를 할 것
⑤ 충전작업이 완료되면 세이프티 커플링(safety coupling)으로부터의 가스누출이 없는지를 확인할 것

18 LPG 충전용기 저장소 기준에 대하여 5가지를 쓰시오.

해답 ① 용기 보관장소에는 계량기 등 작업에 필요한 물건 외에는 두지 아니할 것
② 용기 보관장소의 주위 2m 이내에는 화기 또는 인화성 물질이나 발화성 물질을 두지 아니할 것
③ 충전용기는 항상 40℃ 이하를 유지하고, 직사광선을 받지 아니하도록 조치할 것
④ 충전용기에는 넘어짐 등에 의한 충격이나 밸브의 손상을 방지하는 조치를 하고 난폭한 취급을 하지 아니할 것 (내용적 5L 이하 제외)
⑤ 용기 보관장소에는 방폭형 휴대용 손전등 외의 등화를 휴대하고 들어가지 아니할 것
⑥ 용기 보관장소에는 충전용기와 잔가스 용기를 각각 구분하여 놓을 것

19 LPG 자동차 충전소의 충전기(고정 충전설비 : dispenser)에 대한 물음에 답하시오.
(1) 충전기의 충전호스 길이는 얼마인가?
(2) 충전호스에 과도한 인장력이 작용했을 때 충전기와 가스주입기가 분리될 수 있는 안전장치는?
(3) 충전기 보호대를 강관을 이용하여 설치하였을 때 규격(배관호칭, 높이)은?
(4) 충전기 상부에 설치하여야 하는 캐노피(닫집모양의 차양) 면적은 얼마인가?
(5) 배관이 캐노피 내부로 통과할 때 설치하여야 할 것은 무엇인가?

해답 (1) 5m 이내
(2) 세이프티 커플링(safety coupling)
(3) 100A, 높이 80cm 이상
(4) 공지면적의 1/2 이하
(5) 점검구

20 **LPG 자동차 충전기(dispenser)에 대한 물음에 답하시오.**

(1) 주입기 형식은 무엇인가?

(2) 충전호스 끝부분에 설치되는 것은 무엇인가?

(3) 세이프티 커플링(safety coupling)의 분리성능과 당김성능에 대하여 설명하시오.

해답 (1) 원터치형

(2) 정전기 제거장치

(3) ① 분리성능 : 커플링은 연결된 상태에서 압력을 가하여 2.7~3.3MPa에서 분리될 것

② 당김성능 : 커플링은 연결된 상태에서 30±10mm/min의 속도로 당겼을 때 490.4~588.4N에서 분리되는 것으로 할 것

21 **LPG 집단공급시설에서 동일 장소에 설치하는 소형 저장탱크의 설치 수와 충전질량의 합계는 얼마인가?**

해답 ① 설치 수 : 6기 이하

② 충전질량 합계 : 5000kg 미만

22 **LPG 집단공급시설에 설치한 소형 저장탱크의 충전질량이 2500kg일 때 가스 충전구로부터 토지의 경계까지 이격거리는 얼마인가?**

해답 5.5m 이상

해설 집단공급시설 소형 저장탱크의 설치거리 기준

충전질량	가스 충전구로부터 토지경계선에 대한 수평거리	탱크간 거리	가스 충전구로부터 건축물 개구부에 대한 거리
1000kg 미만	0.5m 이상	0.3m 이상	0.5m 이상
1000kg 이상 2000kg 미만	3.0m 이상	0.5m 이상	3.0m 이상
2000kg 이상	5.5m 이상	0.5m 이상	3.5m 이상

23 **소형 저장탱크에서 충전구 연장을 위한 배관을 설치한 경우 커플링에서 소형 저장탱크까지의 배관에 남아 있는 액체가스로 인한 배관의 액봉을 방지하기 위하여 기체 및 액체 배관에 설치하여야 할 것은 무엇인가?**

해답 안전밸브와 가스방출관을 설치

해설 액봉(液封) 현상 : 액화가스 배관에 액체가 충만된 상태에서 밸브를 폐쇄하였을 때 주위 온도 상승으로 액화가스가 팽창되어 압력이 상승되고 배관이 압력에 견디지 못하면 파열되는 현상이다.

---

24 충전질량이 1000kg 이상인 소형 저장탱크를 설치한 곳의 경계책 높이는 얼마인가?

해답 1m 이상

---

25 LPG 저장설비에 따른 충전량은 내용적의 몇 %까지 가능한지 쓰시오.
(1) 용기 :
(2) 소형 저장탱크 :
(3) 저장탱크 :

해답 (1) 85 (2) 85 (3) 90

---

26 [보기]는 LPG 사용시설의 기밀성능에 대한 내용이다. (   ) 안에 알맞은 숫자를 넣으시오.

> | 보기 |
> 압력조정기 출구에서 연소기 입구까지의 배관은 (   )kPa 이상의 압력으로 기밀시험을 실시하여 누출이 없도록 한다.

해답 8.4

해설 LPG 사용시설의 배관설비 성능
(1) 내압성능 : 배관은 상용압력의 1.5배(그 구조상 물로 하는 내압시험이 곤란하여 공기, 질소 등의 기체로 내압시험을 실시하는 경우에는 1.25배) 이상의 압력으로 내압시험을 실시하여 이상이 없는 것으로 한다.
(2) 기밀성능
① 고압배관은 상용압력 이상의 압력으로 기밀시험(정기검사 시에는 사용압력 이상의 압력으로 실시하는 누출검사)을 실시하여 누출이 없는 것으로 한다.
② 압력조정기 출구에서 연소기 입구까지의 배관은 8.4kPa 이상의 압력(압력이 3.3kPa 이상 30kPa 이하인 것은 35kPa 이상의 압력)으로 기밀시험(정기검사 시에는 사용압력 이상의 압력으로 실시하는 누출검사)을 실시하여 누출이 없도록 한다.

27 용기에 의한 액화석유가스 사용시설에서 저장능력에 따른 설치하여야 하는 시설을 쓰시오.

(1) 저장능력 100kg 이하 :   (2) 저장능력 100kg 초과 :

(3) 저장능력 250kg 이상 :   (4) 저장능력 500kg 초과 :

해답 (1) 용기, 용기밸브, 압력조정기가 직사광선, 눈, 빗물에 노출되지 않도록 조치

(2) 용기보관실 설치

(3) 고압배관에 안전장치 설치

(4) 저장탱크 또는 소형 저장탱크 설치

28 릴리프식 안전장치가 내장된 조정기를 건축물 내에 설치하는 경우 실외의 안전한 장소에 설치하여야 하는 것은?

해답 가스방출구

29 콕의 종류 3가지를 쓰시오.

해답 ① 퓨즈 콕   ② 상자 콕

③ 주물연소기용 노즐 콕   ④ 업무용 대형 연소기용 노즐 콕

해설 콕의 종류 및 구조

① 퓨즈 콕 : 가스 유로를 볼로 개폐하고, 과류차단 안전기구가 부착된 것으로서 배관과 호스, 호스와 호스, 배관과 배관 또는 배관과 커플러를 연결하는 구조로 한다.

② 상자 콕 : 상자에 넣어 바닥, 벽 등에 설치하는 것으로서 3.3kPa 이하의 압력과 1.2m³/h 이하의 표시유량에 사용하는 콕으로 가스유로를 핸들, 누름, 당김 등의 조작으로 개폐하고 과류차단 안전기구가 부착된 것으로서 배관과 커플러를 연결하는 구조로 한다.

③ 주물 연소기용 노즐 콕 : 주물 연소기 부품으로 사용하는 것으로 볼로 개폐하는 구조로 한다.

④ 업무용 대형 연소기용 노즐 콕 : 업무용 대형 연소기 부품으로 사용하는 것으로 가스 흐름을 볼로 개폐하는 구조로 한다.

30 과류차단 안전기구가 부착된 콕의 종류 2가지를 쓰시오.

해답 ① 퓨즈 콕   ② 상자 콕

해설 과류차단 안전기구 : 표시유량 이상의 가스량이 통과되었을 경우 가스유로를 차단하는 장치이다.

31 가스용 염화비닐호스 종류 3가지의 안지름(mm)과 허용차(mm)를 쓰시오.

(1) 1종 :   (2) 2종 :   (3) 3종 :   (4) 허용차 :

해답 (1) 6.3mm   (2) 9.5mm   (3) 12.7mm   (4) ±0.7mm

32 [보기]는 액화석유가스용 압력조정기의 다이어프램 재료기준에 대한 내용이다. (   ) 안에 알맞은 숫자를 쓰시오.

┌─| 보기 |
│ 압력조정기의 다이어프램에 사용하는 고무의 재료는 전체 배합성분 중 NBR의 성분
│ 함유량은 (①)% 이상이고, 가소제 성분은 (②)% 이하인 것으로 한다.

해답 ① 50   ② 18

33 용기내장형 가스난방기용 압력조정기의 염수분무시험에 대한 물음에 답하시오.

(1) 염수의 농도는 얼마인가?
(2) 염수의 온도는 얼마인가?
(3) 시험시간은 얼마인가?

해답 (1) 5%   (2) 35±2℃   (3) 48시간

34 파일럿 버너 또는 메인 버너의 불꽃이 꺼지거나 연소기구 사용 중에 가스 공급이 중단 또는 불꽃 검지부에 고장이 생겼을 때 자동으로 가스 밸브를 닫게 하여 가스가 유출되는 것을 방지하는 안전장치의 명칭을 쓰시오.

해답 소화안전장치

35 버너의 불꽃을 감지하여 정상적인 연소 중에 불꽃이 꺼졌을 때 신속하게 가스를 차단하여 생가스 누출을 방지하는 장치로서 불꽃의 도전성에 의한 정류성을 이용하여 불꽃을 감지하는 방식으로 대용량의 연소기에 사용하는 방식의 연소안전장치(소화안전장치) 명칭을 쓰시오.

해답 플레임 로드식

해설 연소기 연소안전장치(소화안전장치)의 종류

① 열전대식 : 열전대의 원리를 이용한 것으로 열전대가 가열되어 기전력이 발생되면서 전자밸브가 개방된 상태가 유지되고, 소화된 경우에는 기전력 발생이 감소되면서 스프링에 의해서 전자밸브가 닫혀 가스를 차단하는 것으로 가스레인지 등에 적용한다.

② 광전관식 : 불꽃의 빛을 감지하는 센서를 이용한 방식으로 연소 중에는 전자밸브를 개방시키고 소화 시에는 전자밸브를 닫히도록 한 것이다.

③ 플레임 로드(flame rod)식 : 불꽃의 도전성에 의한 정류성을 이용하여 불꽃을 감지하는 방식으로 대용량의 연소기에 사용하는 방식이다.

---

36 액화석유가스 충전사업소에서 폭발사고 발생 시 사업자가 한국가스안전공사에 제출하여야 하는 보고서 중 기술하여야 할 내용 5가지를 쓰시오.

해답 ① 통보자의 소속, 직위, 성명 및 연락처 ② 사고 발생 일시 ③ 사고 발생 장소
④ 사고 내용 ⑤ 시설 현황 ⑥ 피해 현황(인명 및 재산)

해설 (1) 사고의 통보방법 : 액법 시행규칙 별표22

사고 종류	통보기한	
	속보	상보
사람이 사망한 사고	즉시	사고 발생 후 20일 이내
사람이 부상하거나 중독된 사고	즉시	사고 발생 후 10일 이내
가스누출로 인한 폭발이나 화재사고	즉시	–
가스시설이 손괴되거나 가스누출로 인하여 인명대피나 가스의 공급중단이 발생한 사고	즉시	–
액화석유가스 사업자 등의 저장탱크 또는 소형 저장탱크에서 가스가 누출된 사고	즉시	–

[비고] 한국가스안전공사가 도법 56조 제2항에 따라 사고조사를 실시하면 상보를 하지 않을 수 있다.

※ 속보 : 전화나 팩스를 이용한 통보

※ 상보 : 서면으로 제출하는 상세한 통보

(2) 통보내용에 포함되어야 할 사항 : 속보인 경우 ⑩항과 ⑪항의 내용을 생략할 수 있다.

㉮ 통보자의 소속, 직위, 성명 및 연락처

㉯ 사고 발생 일시

㉰ 사고 발생 장소

㉱ 사고 내용

㉲ 시설 현황

㉳ 피해 현황(인명과 재산)

3 도시가스 안전관리

3-1 ▸ 가스 도매사업 제조소 및 공급소

(1) 다른 설비와의 거리

① 고압인 가스공급시설의 안전구역 면적 : $20000m^2$ 미만

② 안전구역 안의 고압인 가스공급시설과의 거리 : 30m 이상

③ 둘 이상의 제조소가 인접하여 있는 경우 다른 제조소 경계까지 : 20m 이상

④ 액화천연가스의 저장탱크와 처리능력이 20만m^3 이상인 압축기와의 거리 : 30m 이상

⑤ 저장탱크와의 거리 : 두 저장탱크의 최대지름을 합산한 길이의 $\frac{1}{4}$ 이상에 해당하는 거리 유지(1m 미만인 경우 1m 이상의 거리 유지) → 물분무장치 설치 시 제외

(2) 사업소 경계와의 거리 : 액화천연가스의 저장설비 및 처리설비

$$L = C \times \sqrt[3]{143000W}$$

여기서, L : 유지하여야 하는 거리(m) (단, 거리가 50m 미만의 경우에는 50m)

C : 상수(저압 지하식 탱크 : 0.240, 그 밖의 가스저장설비 및 처리설비 : 0.576)

W : 저장탱크는 저장능력(톤)의 제곱근, 그 밖의 것은 그 시설 안의 액화천연가스의 질량(톤)

(3) 방류둑 설치 저장탱크 : 저장능력 500톤 이상

3-2 ▸ 일반 도시가스사업 제조소 및 공급소

(1) 배치기준

① 가스혼합기, 가스정제설비, 배송기, 압송기, 가스공급시설의 부대설비(배관 제외)와 사업장 경계까지 : 3m 이상 (고압인 경우 20m 이상, 제1종 보호시설과 30m 이상)

② 화기와의 거리 : 8m 이상의 우회거리

③ 사업소 경계와의 거리 : 가스발생기 및 가스홀더

㉮ 최고사용압력이 고압 : 20m 이상

㉯ 최고사용압력이 중압 : 10m 이상

㉰ 최고사용압력이 저압 : 5m 이상

(2) 환기설비 설치

① 통풍구조

㉮ 공기보다 무거운 가스 : 바닥면에 접하고

㉯ 공기보다 가벼운 가스 : 천장 또는 벽면 상부에서 30cm 이내에 설치

㈐ 환기구 통풍 가능 면적 : 바닥면적 $1m^2$ 당 $300cm^2$ 비율(1개 환기구 면적 $2400cm^2$ 이하)

㈑ 사방을 방호벽 등으로 설치할 경우 : 환기구를 2방향 이상으로 분산 설치

② 기계환기설비의 설치기준

㈎ 통풍능력 : 바닥면적 $1m^2$ 마다 $0.5m^3$/분 이상

㈏ 배기구는 바닥면(공기보다 가벼운 경우에는 천장면) 가까이 설치

㈐ 배기가스 방출구 높이 : 지면에서 5m 이상 (공기보다 가벼운 경우 3m 이상)

③ 공기보다 가벼운 공급시설이 지하에 설치된 경우의 통풍구조

㈎ 통풍구조 : 환기구를 2방향 이상 분산 설치

㈏ 배기구 : 천장면으로부터 30cm 이내 설치

㈐ 흡입구 및 배기구 관지름 : 100mm 이상

㈑ 배기가스 방출구 높이 : 지면에서 3m 이상

(3) 가스설비의 시험

① 내압시험

㈎ 시험압력 : 최고사용압력의 1.5배 이상(기체일 경우 최고사용압력의 1.25배 이상)

㈏ 내압시험을 기체에 의하여 하는 경우 : 상용압력의 50%까지 승압하고 그 후에는 상용압력의 10%씩 단계적으로 승압

② 기밀시험 : 최고사용압력의 1.1배 이상

3-3 ◆ 일반 도시가스사업 제조소 및 공급소 밖의 배관

(1) 공동주택 등에 설치하는 압력조정기

① 중압 이상 : 전체 세대 수 150세대 미만

② 저압 : 전체 세대 수 250세대 미만

(2) 배관설비 기준

① 굴착 및 되메우기 방법

㈎ 기초 재료(foundation) : 모래 또는 19mm 이상의 큰 입자가 포함되지 않은 양질의 흙

㈏ 침상 재료(bedding) : 배관에 작용하는 하중을 수직방향 및 횡방향에서 지지하고 하중을 기초 아래로 분산시키기 위하여 배관 하단에서 배관 상단 30cm까지 포설하는 재료

㈐ 되메움 재료 : 배관에 작용하는 하중을 분산시켜 주고 도로의 침하 등을 방지하기 위

하여 침상 재료 상단에서 도로 노면까지에 암편이나 굵은 돌이 포함하지 아니하는 양질의 흙

  (라) 도로가 평탄한 경우 배관의 기울기 : $\dfrac{1}{500} \sim \dfrac{1}{1000}$

② 배관설비 표시

  (가) 배관 외부 표시사항 : 사용가스명, 최고사용압력, 가스의 흐름방향

  (나) 라인마크 설치기준 : 배관길이 50m마다 1개 이상, 주요 분기점 구부러진 지점 및 그 주위 50m 이내 설치

  (다) 표지판 설치 간격 : 200m 간격으로 1개 이상

③ 지하매설 배관의 설치(매설 깊이)

  (가) 공동주택 등의 부지 내 : 0.6m 이상

  (나) 폭 8m 이상의 도로 : 1.2m 이상

  (다) 폭 4m 이상 8m 미만인 도로 : 1m 이상

3-4 ◆ 일반 도시가스사업 정압기

(1) 정압기실 시설 및 설비

① 과압 안전장치 설치

  (가) 분출부 크기

정압기 입구 압력		배관 크기
0.5MPa 이상		50A 이상
0.5MPa 미만	설계유량 1000Nm³/h 이상	50A 이상
	설계유량 1000Nm³/h 미만	25A 이상

  (나) 설정압력

구분		상용압력 2.5kPa	그 밖의 경우
이상압력 통보설비	상한값	3.2kPa 이하	상용압력의 1.1배 이하
	하한값	1.2kPa 이상	상용압력의 0.7배 이상
주정압기에 설치하는 긴급차단장치		3.6kPa 이하	상용압력의 1.2배 이하
안전밸브		4.0kPa 이하	상용압력의 1.4배 이하
예비정압기에 설치하는 긴급차단장치		4.4kPa 이하	상용압력의 1.5배 이하

  (다) 가스방출관 설치 : 지면으로부터 5m 이상 (전기시설물과 접촉우려가 있는 곳은 3m 이상)

② 가스누출검지 통보설비 설치

 ㉮ 검지부 : 바닥면 둘레 20m에 대하여 1개 이상의 비율

 ㉯ 작동상황 점검 : 1주일에 1회 이상

③ 위험감시 및 제어장치 설치

 ㉮ 경보장치 : 정압기 출구 배관에 설치하고 가스압력이 비정상적으로 상승할 경우 안전관리자가 상주하는 곳에 통보

 ㉯ 출입문 및 긴급차단장치 개폐통보장치

④ 수분 및 불순물 제거장치 설치 : 정압기 입구에 설치

⑤ 동결방지조치 : 가스에 포함된 수분의 동결에 의해 정압 기능이 저해할 우려가 있는 정압기

⑥ 가스공급 차단장치 설치

 ㉮ 가스 차단장치 : 정압기 입구 및 출구에 설치

 ㉯ 지하에 설치되는 정압기 : 정압기실 외부의 가까운 곳에 추가 설치

⑦ 부대설비 설치

 ㉮ 비상전력설비

 ㉯ 압력기록장치 : 정압기 출구의 압력을 측정, 기록

 ㉰ 조명설비 설치 : 조명도 150룩스

 ㉱ 외부인 출입감시 장치 설치

⑧ 경계표지 : 정압기실 주변의 보기 쉬운 곳에 게시, 시설명, 공급자, 연락처 등을 표기

⑨ 경계책 높이 : 1.5m 이상의 철책, 철망

(2) 점검기준

① 정압기 : 2년에 1회 이상 분해 점검

② 필터 : 가스공급 개시 후 1개월 이내 및 매년 1회 이상 분해 점검

③ 작동상황 점검 : 1주일에 1회 이상

3-5 ◈ 사용시설

(1) 가스계량기

① 화기와 2m 이상 우회거리 유지

② 설치 높이 : 1.6m 이상 2m 이내

 ※ 바닥으로부터 2m 이내 설치할 수 있는 경우 : 보호상자 내에 설치, 기계실에 설치, 보일러실(가정에 설치된 보일러실은 제외)에 설치 또는 문이 달린 파이프 덕트(pipe shaft, pipe duct) 내에 설치하는 경우

③ 유지거리

    ㉮ 전기계량기, 전기개폐기 : 60cm 이상

    ㉯ 단열조치를 하지 않은 굴뚝, 전기점멸기, 전기접속기 : 30cm 이상

    ㉰ 절연조치를 하지 않은 전선 : 15cm 이상

(2) 호스 설치

① 호스의 길이 : 3m 이내, "T"형으로 연결하지 않는다.

② 빌트인(built-in) 연소기

    ㉮ 연소기와 호스 연결 부분에서의 누출을 확인할 수 있도록 설치

    ㉯ 확인할 수 없는 경우 : 호스 단면적 이상의 점검구를 연소기와 호스 연결부 부근에 설치하거나 다음 중 하나에 해당하는 가스누출 확인장치를 설치

        ㉮ 다기능 가스안전계량기

        ㉯ 가스누출 확인 퓨즈 콕

        ㉰ 가스누출 확인 배관용 밸브

        ㉱ 점검구 대신으로 누출 점검이 가능한 것 : 한국가스안전공사의 제품검사 또는 성능인준을 받은 제품

③ 빌트인 연소기의 호스는 뒤틀리거나 처지지 않도록 고정장치로 고정

(3) 배관설비

① 배관 이음부와 유지거리(용접 이음매 제외)

    ㉮ 전기계량기, 전기개폐기 : 60cm 이상

    ㉯ 전기점멸기, 전기접속기 : 15cm 이상

    ㉰ 절연조치를 하지 않은 전선, 단열조치를 하지 않은 굴뚝 : 15cm 이상

    ㉱ 절연전선 : 10cm 이상

② 배관 고정장치 : 배관과 고정장치 사이에는 절연조치를 할 것

    ㉮ 호칭지름 13mm 미만 : 1m마다

    ㉯ 호칭지름 13mm 이상 33mm 미만 : 2m마다

    ㉰ 호칭지름 33mm 이상 : 3m마다

    ㉱ 호칭지름 100mm 이상의 것은 3m를 초과하여 설치할 수 있음

호칭지름	지지간격(m)	호칭지름	지지간격(m)
100A	8	400A	19
150A	10	500A	22
200A	12	600A	25
300A	16	–	–

③ 배관 도색 및 표시

  ⑦ 배관 외부에 표시 사항 : 사용가스명, 최고사용압력, 가스 흐름 방향(매설관 제외)

  ⑭ 지상 배관 : 황색

  ⑮ 지하 매설 배관 : 중압 이상 - 붉은색, 저압 - 황색

  ⑯ 건축물 내, 외벽에 노출된 배관 : 바닥에서 1m 높이에 폭 3cm의 황색띠를 2중으로 표시한 경우 황색으로 하지 아니할 수 있다.

(4) 점검기준

① 가스 사용 시설에 설치된 압력조정기 : 1년에 1회 이상(필터 청소 : 3년에 1회 이상)

② 정압기와 필터 분해점검 : 설치 후 3년까지는 1회 이상, 그 이후에는 4년에 1회 이상

(5) 내압시험 및 기밀시험

① 내압시험(중압 이상 배관) : 최고사용압력의 1.5배 이상

② 기밀시험 : 최고사용압력의 1.1배 또는 8.4kPa 중 높은 압력 이상

(6) 월사용 예정량 산정 기준

$$Q = \frac{(A \times 240) + (B \times 90)}{11000}$$

여기서, Q : 월사용 예정량(m^3)

    A : 산업용으로 사용하는 연소기의 명판에 적힌 가스 소비량의 합계(kcal/h)

    B : 산업용이 아닌 연소기의 명판에 적힌 가스 소비량의 합계(kcal/h)

(7) 승압방지장치 설치

① 높이가 80m 이상인 고층 건물 등에 연소기를 설치할 때에는 승압방지장치 설치 대상 인지 판단한 후 이를 설치한다.

② 승압방지장치는 한국가스안전공사의 성능인증품을 사용한다.

  [비고] 승압방지장치는 액화석유가스의 안전관리 및 사업법령에 따른 도시가스용 압력조 정기에 해당하지 아니하므로 도시가스 압력조정기의 기준을 적용하지 아니한다.

③ 승압방지장치의 전·후단에는 승압방지장치의 탈착이 용이하도록 차단밸브를 설치한다.

④ 승압방지장치의 설치위치 및 설치수량은 '건물높이 산정 방법'의 계산식에 따른 압력상 승값을 계산하였을 때 연소기에 공급되는 가스압력이 최고사용압력 이내가 되는 위치 및 수량으로 한다.

도시가스 안전관리 **예상문제**

---

01   도시가스 사업법에서 정한 액화가스의 정의를 쓰시오.

해답   상용의 온도 또는 $35℃$의 온도에서 압력이 $0.2MPa$ 이상이 되는 것을 말한다.

---

02   도시가스 도매사업의 1일 처리능력이 20만m³인 압축기와 액화천연가스(LNG)의 저장 탱크 외면과 유지하여야 하는 거리는 얼마인가?

해답   30m 이상

---

03   저압 지하식 LNG 저장탱크 외면으로부터 사업소 경계까지 유지하여야 할 거리 구하는 식을 쓰고 각 인자에 대하여 설명하시오.

해답 $L = C \times \sqrt[3]{143000W}$

L : 유지하여야 하는 거리(m)
C : 저압 지하식 저장탱크는 0.240, 그 밖의 가스저장설비 및 처리설비는 0.576
W : 저장탱크는 저장능력(톤)의 제곱근, 그 밖의 것은 그 시설 안의 액화천연가스 질량(톤)

---

04   도시가스 공급관을 매설하고 굴착공사가 완료된 후의 굴착현장은 원래대로 복구하여야 한다. 되메움 공사 완료 후 얼마의 기간 이상 침하유무를 확인하여야 하는가?

해답   3개월 이상

해설   굴착공사 완료 시의 이행 사항
  ① 되메우기 작업은 다짐장비에 의한 기계다짐, 물다짐 등의 방법으로 충분한 다짐을
    실시하여야 한다.
  ② 되메움용 토사는 운반차로부터 직접 투입하지 않도록 하여야 한다.
  ③ 되메움 작업 중 장비, 버력 등에 의해 노출된 가스배관 받침방호시설과 가스배관의
    피복 등이 손상되지 않도록 하여야 한다.
  ④ 가스배관 주위의 모래부설, 보호관, 보호판, 검지공, 보호포, 전기부식 방지조치
    및 라인마크 등은 법의 관련규정에 적합하게 조치하여야 한다.
  ⑤ 되메움 공사 완료 후 3개월 이상 침하유무를 확인하여야 한다.

05 굴착공사 시 누출사고 방지를 위하여 도시가스 지하 매설 배관의 위치를 확인할 수 있도록 설치하는 것 2가지를 쓰시오.

[해답] ① 라인마크   ② 보호포

06 굴착으로 주위가 노출된 배관으로서 노출된 부분의 길이가 몇 m 이상인 것은 위급한 때에 그 부분에 유입되는 도시가스를 신속히 차단할 수 있도록 노출부분 양 끝에 차단장치를 설치하는가? (단, 호칭지름이 100mm 미만인 저압이 아닌 경우이다.)

[해답] 100m

[참고] 노출 부분 양 끝으로부터 300m 이내에 차단장치를 설치하거나, 500m 이내에 원격조작이 가능한 차단장치를 설치한다.

07 일반 도시가스사업의 가스공급시설 및 배관의 접합에 대한 사항이다. (   ) 안에 알맞은 명칭을 쓰시오.

(1) 최고사용압력이 저압인 가스정제설비에는 압력의 이상 상승을 방지하기 위한 (   )을[를] 설치할 것

(2) 배관 접합은 용접시공을 원칙으로 하며, 저압배관 용접부에 대하여 (   )을[를] 실시할 것

(3) 가스가 통하는 부분에 직접 액체를 이입하는 장치가 있는 가스정제설비에는 액체의 (   )을[를] 설치할 것

[해답] (1) 수봉기
(2) 비파괴시험
(3) 역류방지장치

08 공기보다 비중이 가벼운 도시가스의 공급시설로서 공급시설이 지하에 설치된 경우의 통풍구조 기준 4가지를 쓰시오.

[해답] ① 통풍구조는 환기구를 2방향 이상으로 분산하여 설치한다.
② 배기구는 천장면으로부터 30cm 이내에 설치한다.
③ 흡입구 및 배기구의 관지름은 100mm 이상으로 하되, 통풍이 양호하도록 한다.
④ 배기가스 방출구는 지면에서 3m 이상의 높이에 설치하되, 화기가 없는 안전한 장소에 설치한다.

09 도시가스 공급시설에 설치하는 통풍구조에 대한 물음에 답하시오.
  (1) 통풍구의 위치를 2가지로 구분하여 답하시오.
  (2) 통풍구 면적의 기준은 얼마인가?
  (3) 강제 통풍장치의 통풍능력은 얼마인가?
  (4) 강제 통풍장치의 배기구 위치는 지면에서 얼마인가? (단, 공기보다 무거운 도시가스이다.)
  (5) 공기보다 가벼운 도시가스의 공급시설이 지하에 설치된 경우 흡입구 및 배기구의 관지름은 얼마인가?

해답 (1) ① 공기보다 무거운 도시가스 : 바닥면에 접하도록 설치
     ② 공기보다 가벼운 도시가스 : 천장 또는 벽면 상부에서 30cm 이내
  (2) 바닥면적 $1m^2$ 당 $300cm^2$ 이상
  (3) 바닥면적 $1m^2$ 당 $0.5m^3$/분 이상
  (4) 지면에서 5m 이상의 높이 (공기보다 가벼운 경우 : 3m 이상)
  (5) 100mm 이상

10 바닥면적 $10m^2$인 가스공급시설에 강제통풍장치를 설치하고자 할 때 통풍능력(m^3/min)은 얼마 이상 되어야 하는가?

풀이 $Q = 10m^2 \times 0.5m^3/min \cdot m^2 = 5m^3/min$
해답 $5m^3$/min

11 공동주택 등에 압력조정기를 설치할 때 다음의 경우 세대 수 기준은 얼마인가?
  (1) 가스압력이 중압 이상인 경우 :
  (2) 가스압력이 저압인 경우 :

해답 (1) 150세대 미만   (2) 250세대 미만
해설 압력이 높은 중압 이상인 경우 저압보다 세대 수가 적은 이유는 압력이 높아 누설 등의 우려가 있어 위험성이 크기 때문이다.

12 도시가스 사용시설의 배관을 지하에 매설할 때 상수도관, 하수관거, 통신케이블 등 다른 시설물과 유지하여야 할 거리는 얼마인가?

해답 0.3m 이상

13   도시가스 배관을 지하에 매설할 때 사용할 수 있는 배관재의 종류 2가지를 쓰시오.

[해답] ① 폴리에틸렌 피복강관(PLP관)
② 가스용 폴리에틸렌관(PE관)
③ 분말 용착식 폴리에틸렌 피복강관

14   가스용 폴리에틸렌관을 지하에 매설한 후 파이프 로케이터로 매설 위치를 지상에서 탐지 및 관의 유지관리를 위하여 설치하는 것의 명칭과 규격은?

[해답] ① 명칭 : 로케팅 와이어
② 규격 : 단면적 6mm^2 이상의 전선

15   가스용 폴리에틸렌관(PE관)을 지하에 매설한 후 지상에서 매설배관의 위치를 탐지할 수 있는 설비 명칭을 쓰시오.

[해답] 로케이터

16   가스용 폴리에틸렌관의 온도가 40℃ 이상인 곳에 설치 가능한 기준은?

[해답] 파이프 슬리브를 이용하여 단열조치를 한다.

17   도시가스 배관으로서 PE배관은 원칙적으로 노출배관으로 사용하지 못하게 되어 있으나 지상배관과 연결을 위하여 금속관을 사용하여 보호조치를 한 경우로서 지면에서 얼마 이하로 노출하여 시공하는 경우에 노출배관으로 사용할 수 있는가?

[해답] 30cm

18   가스용 폴리에틸렌관과 금속관을 연결할 때 사용하는 부품의 명칭은 무엇인가?

[해답] 이형질 이음관(Transition Fitting : TF이음관)

---

19 가스용 폴리에틸렌관의 SDR값에 따른 압력 범위(MPa)를 쓰시오.

SDR	압력 범위
11 이하	①
17 이하	②
21 이하	③

해답 ① 0.4MPa 이하   ② 0.25MPa 이하   ③ 0.2MPa 이하

해설 SDR 의미 : 가스용 폴리에틸렌관의 최소두께에 대한 외경(바깥지름)의 비로 배관의 안전성을 확보하기 위하여 사용하는 가스의 압력 및 그 배관의 외경에 따라 두께를 정하는 것이다.

$$\therefore SDR = \frac{D(외경)}{t(최소두께)}$$

※ SDR : Standard Dimension Ratio

---

20 도시가스 매설배관에 사용하는 폴리에틸렌관의 최고사용압력(MPa)은 얼마인가?

해답 0.4 MPa

---

21 폴리에틸렌관의 융착이음 방법 3가지를 쓰시오.

해답 ① 맞대기 융착이음(butt fusion)
② 소켓 융착이음(socket fusion)
③ 새들 융착이음(saddle fusion)

---

22 도시가스 배관의 외면에 표시하여야 할 사항 3가지는 무엇인가?

해답 ① 가스명   ② 최고사용압력   ③ 가스의 흐름 방향

---

23 지하에 매설하는 도시가스 배관의 색상은?

해답 ① 황색 : 저압관   ② 적색 : 중압 이상 배관

24 도시가스 배관을 지하에 매설하는 깊이는?

   (1) 공동주택 부지 내 :   (2) 폭 8m 이상의 도로 :

   (3) 폭 4m 이상 8m 미만인 도로 :   (4) (1) 내지 (3)에 해당하지 아니하는 곳 :

해답 (1) 0.6m 이상   (2) 1.2m 이상   (3) 1m 이상   (4) 0.8m 이상

25 도시가스 배관이 지하구조물, 암반 그 밖의 특수한 사정으로 매설깊이를 확보하지 못할 때에는 보호관 또는 보호판으로 보호조치를 하면 되는 것에 대한 물음에 답하시오.

   (1) 보호관, 보호판까지의 매설깊이는 얼마인가?

   (2) 보호관의 안지름은 얼마인가?

해답 (1) 0.3m 이상

     (2) 가스관 바깥지름의 1.2배 이상

26 도시가스 배관은 수송하는 도시가스의 누출을 방지하기 위하여 원칙적으로 용접시공방법으로 접합해야 하는 경우 3가지를 쓰시오.

해답 ① 지하 매설 배관(PE배관을 제외한다)

     ② 최고사용압력이 중압 이상인 노출배관

     ③ 최고사용압력이 저압으로서 호칭지름 50A 이상의 노출배관

해설 플랜지 접합, 기계적 접합 또는 나사 접합을 할 수 있는 경우

     ① 용접 접합을 실시하기가 매우 곤란한 경우

     ② 최고사용압력이 저압으로서 호칭지름 50A 미만의 노출배관을 건축물 외부에 설치하는 경우

     ③ 공동주택 등의 가스계량기를 집단으로 설치하기 위하여 가스계량기로 분기하는 T 연결부와 그 후단 연결부의 경우

     ④ 공동주택 입상관의 드레인 캡 마감부가 건출물 외부에 설치된 경우

27 도시가스 배관 등의 용접부는 전부에 대하여 육안검사와 방사선투과시험을 하여야 하는데 방사선투과시험을 실시하기 곤란한 곳에 대신 할 수 있는 비파괴검사의 종류 2가지를 쓰시오.

해답 ① 초음파탐상시험

     ② 자분탐상시험(또는 침투탐상시험)

28 교량에 도시가스 배관을 설치할 때 배관의 호칭지름이 300A이면 고정장치 지지간격(설치간격)은 얼마인가?

해답 16m

해설 교량 등에 설치하는 가스배관 및 횡으로 설치하는 가스배관의 설치ㆍ고정 및 지지 기준
① 배관은 온도변화에 의한 열응력과 수직 및 수평 하중을 동시에 고려하여 설계ㆍ설치한다.
② 배관의 재료는 강재를 사용하고 접합은 용접으로 하도록 한다.
③ 배관 지지대는 배관 하중 및 축방향의 하중에 충분히 견디는 강도를 갖는 구조로 설치하고 지지대의 부식 등을 감안하여 가능한 한 여유 있게 설치한다.
④ 지지대, U볼트 등의 고정장치와 배관 사이에는 고무판, 플라스틱 등 절연물질을 삽입한다.
⑤ 배관의 고정 및 지지를 위한 지지대의 최대지지간격은 다음 표를 기준으로 하되, 호칭지름 600A를 초과하는 배관은 배관 처짐량의 500배 미만이 되는 지점마다 지지한다.

호칭지름별 지지간격

호칭지름	지지간격	호칭지름	지지간격
100A	8m	400A	19m
150A	10m	500A	22m
200A	12m	600A	25m
300A	16m		

29 물이 체류할 우려가 있는 도시가스 배관에는 수취기를 콘크리트 등의 박스에 설치하며 수취기에는 입관을 설치하여야 한다. 이때 입관에 설치하는 부속 종류 2가지를 쓰시오.

해답 ① 플러그 ② 캡

해설 중압 이상의 경우에는 밸브를 설치할 수 있다(KGS FS551 2.9.9 수취기 설치).

30 도시가스 정압기실에 설치하는 긴급차단장치(밸브)의 기능을 설명하시오.

해답 정압기의 이상 발생 등으로 출구측의 압력이 설정압력보다 이상 상승하는 경우 입구측으로 유입되는 가스를 자동차단하는 장치이다.

31 도시가스 정압기실에 설치된 긴급차단장치이다. 주정압기에 설치되는 긴급차단장치의 작동압력은 얼마인가? (단, 상용압력이 2.5kPa이다.)

해답 3.6 kPa 이하

해설 정압기에 설치되는 안전장치의 설정압력

구분		상용압력이 2.5kPa인 경우	그 밖의 경우
이상압력 통보설비	상한값	3.2kPa 이하	상용압력의 1.1배 이하
	하한값	1.2kPa 이상	상용압력의 0.7배 이상
주 정압기에 설치하는 긴급차단장치		3.6kPa 이하	상용압력의 1.2배 이하
안전밸브		4.0kPa 이하	상용압력의 1.4배 이하
예비 정압기에 설치하는 긴급차단장치		4.4kPa 이하	상용압력의 1.5배 이하

32 정압기실에 설치한 가스누출검지 통보설비에 대한 물음에 답하시오.
(1) 검지부 설치 수 기준에 대하여 설명하시오.
(2) 작동상황 점검 주기는 얼마인가?

해답 (1) 정압기실 바닥면 둘레 20m에 대하여 1개 이상
(2) 1주일에 1회 이상

33 정압기실에서 안전관리자가 상주하는 곳에 통보할 수 있는 감시장치의 종류 3가지를 쓰고 기능을 설명하시오.

해답 ① 이상압력 통보설비 : 정압기 출구측 압력이 설정압력보다 상승하거나, 낮아지는 경우에 이상유무를 상황실에서 알 수 있도록 경보음(70dB 이상) 등으로 알려주는 설비이다.
② 가스누출검지 통보설비 : 누출된 가스를 검지하여 이를 안전관리자가 상주하는 곳에 통보할 수 있는 설비이다.
③ 긴급차단장치 개폐 여부 : 정압기의 이상 발생 등으로 출구측의 압력이 설정압력보다 이상 상승하는 경우 입구측으로 유입되는 가스를 자동차단하는 장치를 말한다.
④ 출입문 개폐 통보장치 : 출입문 개폐 여부를 안전관리자가 상주하는 곳에 통보할 수 있는 설비이다.

34 정압기에 설치된 안전밸브 방출관의 방출구 위치는 지면에서 얼마인가? (단, 전기시설물과의 접촉사고의 우려가 없는 장소이다.)

해답 5m 이상

해설 정압기 안전밸브 방출관 설치 기준

(1) 방출구 위치 : 지면에서 5m 이상 (단, 전기시설물과 접촉사고의 우려가 있는 장소는 지면에서 3m 이상)

(2) 안전밸브 방출관의 크기

① 정압기 입구측 압력이 0.5MPa 이상 : 50A 이상

② 정압기 입구측 압력이 0.5MPa 미만

㉮ 정압기 설계유량이 1000Nm³/h 이상 : 50A 이상

㉯ 정압기 설계유량이 1000Nm³/h 미만 : 25A 이상

35 정압기실의 조명도는 얼마 이상으로 하여야 하는가?

해답 150룩스 이상

36 정압기실 경계책 및 경계표지에 대한 물음에 답하시오.

(1) 경계책 높이는 얼마인가?

(2) 경계표지에 표기할 사항 3가지를 쓰시오.

해답 (1) 1.5m 이상

(2) ① 시설명   ② 공급자   ③ 연락처

해설 경계표지판은 검정, 파랑, 적색 글씨로 표기한다.

37 도시가스 정압기실에 설치된 정압기 및 필터의 분해점검 주기는 얼마인가?

해답 ① 정압기 : 2년에 1회 이상

② 필터 : 최초 공급개시 후 1월 이내 및 가스 공급개시 후 매년 1회 이상

해설 사용 시설의 정압기 및 필터 : 설치 후 3년까지는 1회 이상, 그 이후에는 4년에 1회 이상 분해점검 실시

38 도시가스 정압기 필터의 오염 정도를 판단하기 위하여 설치된 것의 명칭은 무엇인가?

[해답] 차압계

39 도시가스 사용시설에서 입상관의 정의에 대하여 쓰시오.

[해답] 수용가에 가스를 공급하기 위해 건축물에 수직으로 부착되어 있는 배관을 말하며, 가스의 흐름 방향과 관계없이 수직배관은 입상배관으로 본다.

40 도시가스 사용시설의 정압기 성능 중 기밀시험에 대한 내용이다. (   ) 안에 알맞은 숫자를 넣으시오.

> 정압기는 도시가스를 안전하고 원활하게 수송할 수 있도록 하기 위하여 정압기 입구측은 최고사용압력의 (①)배, 출구측은 최고사용압력의 (②)배 또는 (③) kPa 중 높은 압력 이상에서 기밀성능을 갖는 것으로 한다.

[해답] ① 1.1   ② 1.1   ③ 8.4

41 다음 (   ) 안에 알맞은 내용을 넣으시오.

> 최고사용압력이 고압 또는 중압인 배관에서 (①)에 합격한 배관은 통과하는 가스를 시험가스로 사용할 때 가스농도가 (②)% 이하에서 작동하는 가스검지기를 사용한다.

[해답] ① 방사선투과시험   ② 0.2

42 지상배관 중 건축물의 내, 외벽에 노출된 것은 어떤 조치를 하면 표면색상을 황색으로 하지 않아도 되는가?

[해답] 바닥에서 1m 높이에 폭 3cm의 황색띠를 2중으로 표시한 경우

43 도시가스 입상관에 설치하는 밸브의 설치높이는 얼마인가?

해답　1.6m 이상 2m 이내
해설　입상관 밸브를 1.6m 미만으로 설치 시 보호상자 안에 설치한다. 〈신설 2016. 6. 16〉

44　차량의 통행 또는 충격 등에 의하여 손상될 우려가 있는 곳의 노출된 배관에 방호조치를 하는 방법 3가지를 쓰시오.

해답　① 방호철판에 의한 방법
　② 강관제 구조물에 의한 방법
　③ 철근 콘크리트제에 의한 방법

45　도시가스 사용시설에서 배관 이음매와 시설물과의 이격거리는 각각 얼마인가? (단, 용접 이음매는 제외한다.)
　(1) 전기계량기, 전기개폐기 :
　(2) 전기점멸기, 전기접속기 :
　(3) 절연조치를 하지 않은 전선, 단열조치를 하지 않은 굴뚝 :
　(4) 절연전선 :

해답　(1) 60cm 이상　(2) 15cm 이상　(3) 15cm 이상　(4) 10cm 이상

46　도시가스 사용시설에서 배관 호칭지름에 따른 고정장치 설치간격은 얼마인가?
　(1) 호칭지름 13mm 미만 :
　(2) 호칭지름 13mm 이상 33mm 미만 :
　(3) 호칭지름 33mm 이상 :

해답　(1) 1m　(2) 2m　(3) 3m
해설　100mm 이상의 배관 고정장치 설치간격은 28번 해설을 참고하기 바랍니다.

47　가스미터의 설치 높이는 얼마인가? (단, 보호상자 내에 설치된 것이 아니다.)

해답　1.6m 이상 2m 이내
해설　보호상자 내에 설치 시 바닥으로부터 2m 이내에 설치할 수 있다.

48　가스미터와 전기계량기와의 이격거리는 얼마인가?

해답 60 cm 이상

해설 가스미터와 유지거리 기준

① 전기계량기, 전기개폐기 : 60cm 이상

② 단열조치를 하지 않은 굴뚝, 전기점멸기, 전기접속기 : 30cm 이상

③ 절연조치를 하지 않은 전선 : 15cm 이상

49 도시가스 사용시설에서 가스누설검지기를 설치하면 안 되는 장소 3가지를 쓰시오.

해답 ① 출입구 부근 등으로서 외부의 기류가 통하는 곳

② 환기구 등 공기가 들어오는 곳으로부터 1.5m 이내

③ 연소기의 폐가스가 접촉하기 쉬운 곳

50 도시가스 사용시설(연소기를 제외한다)은 안전을 확보하기 위하여 공기 또는 위험성이 없는 불활성기체 등으로 기밀시험을 실시해 이상이 없어야 한다. 이때 기밀시험압력은 얼마 이상의 압력에서 기밀성능을 가지는 것으로 하여야 하는가?

해답 최고사용압력의 1.1배 또는 8.4kPa 중 높은 압력 이상

51 다음 표는 도시가스 배관 중 내관의 내용적에 따른 기밀시험 유지시간이다. 해당되는 기밀시험 시간을 쓰시오.

배관의 내용적	시험압력 유지시간
10L 이하	①
10L 초과 50L 이하	②
50L 초과	③

해답 ① 5분 ② 10분 ③ 24분

52 일정 높이 이상의 건물로서 가스압력 상승으로 인하여 연소기에 실제 공급되는 가스의 압력이 연소기의 최고사용압력을 초과할 우려가 있는 건물은 가스압력 상승으로 인한 가스누출, 이상연소 등을 방지하기 위하여 (   )를[을] 설치한다. (   ) 안에 알맞은 용어를 쓰시오.

해답 승압방지장치

1. 필답형 모의고사
2. 필답형 과년도문제

※ **일러두기** : 필답형 모의고사는 필답형 예상문제를 학습한 후 자신의 실력을 테스트해 보기
위한 용도로 수록하였으니 참고하여 공부하시기 바랍니다.

1. 필답형 모의고사

가스기능사   **모의고사 1**

❖ 다음 물음의 답을 해당 답란에 답하시오.

---

01 원심펌프를 직렬 운전할 때와 병렬 운전할 때 양정과 유량은 어떻게 변화되는지 설명하시오. [4점]

해답 ① 직렬 운전 : 양정 증가, 유량 일정   ② 병렬 운전 : 양정 일정, 유량 증가

---

02 2atm, −73℃의 이상기체 5m³를 3atm, 27℃ 상태로 변화시켰을 때 체적(m³)은 얼마인가? [5점]

풀이 $\dfrac{P_1 V_1}{T_1} = \dfrac{P_2 V_2}{T_2}$ 에서

$V_2 = \dfrac{P_1 V_1 T_2}{P_2 T_1} = \dfrac{2 \times 5 \times (273+27)}{3 \times (273-73)} = 5\,\mathrm{m}^3$

해답 $5\,\mathrm{m}^3$

---

03 LPG 사용시설에서 기화기를 사용할 때 장점 4가지를 쓰시오. [4점]

해답 ① 한랭시에도 연속적인 가스 공급이 가능하다.
② 공급가스의 조성이 일정하다.
③ 설치 면적이 적어진다.
④ 기화량을 가감할 수 있다.
⑤ 설비비 및 인건비가 절약된다.

04 카바이드와 물을 반응시켜 아세틸렌을 제조할 때 사용하는 가스 발생기의 구비조건 4가지를 쓰시오. [4점]

[해답] ① 구조가 간단하고 취급이 쉬울 것
② 가열, 지연 발생이 적을 것
③ 일정압력을 유지하고 가스 수요에 맞을 것
④ 안정기를 갖추고 산소의 역류, 역화 시 위험을 방지할 수 있을 것

05 왕복동형 압축기에서 토출압력이 저하하는 원인 4가지를 쓰시오. [4점]

[해답] ① 흡입, 토출밸브의 불량
② 냉각기에서 과랭
③ 흡입배관에서 저항 증대
④ 흡입배관에서 누설
⑤ 피스톤 링의 마모

06 단열을 한 배관 중에 작은 구멍을 내고 이 관에 압력이 있는 유체를 흐르게 하면 유체가 작은 구멍을 통할 때 유체의 압력이 하강함과 동시에 온도가 변화하는 현상을 무엇이라고 하는가? [4점]

[해답] 줄-톰슨 효과

07 금속마다 선팽창계수가 다른 기계적 성질을 이용한 것으로 발열체의 발열변화에 따라 굽히는 정도가 다른 2종의 얇은 금속판을 결합시켜 안전장치 등에 사용되는 것은 무엇인가? [4점]

[해답] 바이메탈

08 연소의 3요소를 쓰시오. [4점]

[해답] ① 가연물
② 산소 공급원
③ 점화원

09 내압시험압력 및 기밀시험압력의 기준이 되는 압력으로서 사용 상태에서 해당 설비 등의 각 부에 작용하는 최고사용압력을 의미하는 것은? [4점]

해답 상용압력

10 LPG 저장탱크에 온도 상승을 방지하기 위하여 설치하는 냉각살수장치는 단위면적 $1m^2$ 당 방사능력 기준은 얼마인가? (단, 단열재를 피복한 준내화구조의 저장탱크가 아니다.) [4점]

해답 5L/min 이상

11 고압가스 안전관리법에서 정하는 가연성가스이면서 독성인 가스 4가지를 쓰시오. [4점]

해답 ① 아크릴로 니트릴
② 일산화탄소
③ 벤젠
④ 산화에틸렌
⑤ 모노메틸아민
⑥ 염화메탄
⑦ 브롬화메탄
⑧ 이황화탄소
⑨ 황화수소
⑩ 시안화수소

12 화씨온도 86도는 섭씨온도로 몇 도(℃)인가? [5점]

풀이 $℃ = \dfrac{5}{9}(℉-32) = \dfrac{5}{9} \times (86-32) = 30℃$

해답 30 ℃

가스기능사　　　　　　　　**모의고사 2**　　　　　▶▶▶

❖ 다음 물음의 답을 해당 답란에 답하시오.

01 　수소는 고온, 고압의 상태에서 탄소강에 대하여 수소취성을 발생한다. 수소취성을 방지하기 위하여 첨가하는 원소 4가지의 명칭을 쓰시오. [4점]

해답 ① W(텅스텐)　② V(바나듐)　③ Mo(몰리브덴)　④ Ti(티타늄)　⑤ Cr(크롬)

02 　LPG 성분 2가지를 쓰시오. [4점]

해답 ① 프로판(C_3H_8)　② 부탄(C_4H_{10})

해설 액화석유가스(LPG)

　① LP가스의 조성 : 석유계 저급 탄화수소의 혼합물로 탄소 수가 3개에서 5개 이하의 것으로 프로판(C_3H_8), 부탄(C_4H_{10}), 프로필렌(C_3H_6), 부틸렌(C_4H_8), 부타디엔(C_4H_6) 등이 포함되어 있다.

　② 액화석유가스(액법 제2조) : 프로판이나 부탄을 주성분으로 한 가스를 액화(液化)한 것[기화(氣化)된 것을 포함한다]을 말한다.

03 　압력계의 지침이 10.8kgf/cm² 이라면 절대압력(kgf/cm² · a)은 얼마인가? (단, 대기압은 1.033kgf/cm² 이다.) [4점]

풀이 절대압력＝대기압＋게이지압력

　　　　　＝1.033＋10.8＝11.833≒11.83 kgf/cm² · a

해답 11.83 kgf/cm² · a

04 　저비점(低沸点) 액체용 펌프를 사용할 때의 주의사항 4가지를 쓰시오. [4점]

해답 ① 펌프는 가급적 저장탱크 가까이 설치한다.

　② 펌프의 흡입, 토출관에는 신축이음장치를 설치한다.

　③ 밸브와 펌프 사이에 기화가스를 방출할 수 있는 안전밸브를 설치한다.

　④ 운전개시 전 펌프를 청정(淸淨)하여 건조시킨 다음 예랭(豫冷)하여 사용한다.

---

05 원통형의 관을 흐르는 물의 중심부의 유속을 피토관으로 측정하였더니 수주의 높이가 10m이었다. 이 때 유속은 몇 m/s 인가? [5점]

풀이 $V=\sqrt{2gh}=\sqrt{2\times9.8\times10}=14\text{m/s}$

해답 14m/s

---

06 LPG 저장설비의 종류 4가지를 쓰시오. [4점]

해답 ① 저장탱크   ② 마운드형 저장탱크
        ③ 소형 저장탱크   ④ 용기

---

07 연소 기구에서 LP가스를 사용하는 중에 불완전 연소가 발생되는 원인 4가지를 쓰시오. [4점]

해답 ① 공기 공급량 부족   ② 환기 및 배기 불충분
        ③ 가스 조성의 불량   ④ 가스 기구의 부적합
        ⑤ 프레임의 냉각

---

08 CO와 Cl_2로부터 포스겐($COCl_2$)을 제조할 때 사용하는 촉매는 무엇인가? [4점]

해답 활성탄

---

09 부탄 1Nm^3을 완전연소시키는데 필요한 이론공기량은 약 몇 Nm^3인가? (단, 공기 중의 산소농도는 21v%이다.) [5점]

풀이 ① 부탄(C_4H_{10})의 완전연소 반응식
       $C_4H_{10}+6.5O_2 \rightarrow 4CO_2+5H_2O$
    ② 이론 공기량(Nm^3) 계산
       $22.4\text{Nm}^3 : 6.5\times22.4\text{Nm}^3=1\text{Nm}^3 : x(O_0)[\text{Nm}^3]$
       $\therefore A_0=\dfrac{O_0}{0.21}=\dfrac{1\times6.5\times22.4}{22.4\times0.21}=30.952 \fallingdotseq 30.95\text{Nm}^3$

해답 30.95Nm^3

10 열전대 온도계의 측정 원리는 무엇인가? [4점]

[해답] 제베크(Seebeck) 효과

11 원심펌프에서 발생하는 이상 현상 4가지를 쓰시오. [4점]

[해답] ① 캐비테이션 현상
② 서징 현상
③ 수격작용
④ 베이퍼 로크 현상

12 수소 제조시설에서 수소의 누출 여부를 검지하기 위하여 설치하는 가스누설검지 경보장치의 경보농도는 몇 % 이하로 하는가? [4점]

[풀이] 수소의 폭발범위는 4~75%이고, 가연성가스의 경보농도는 폭발하한계의 $\frac{1}{4}$ 이하이다.

$\therefore$ 경보농도 $= 4 \times \frac{1}{4} = 1\%$ 이하

[해답] 1% 이하

모의고사 3

❖ 다음 물음의 답을 해당 답란에 답하시오.

---

01 유전지대에서 채취되는 습성 천연가스 및 원유에서 LPG를 회수하는 방법 2가지를 쓰시오. [4점]

해답 ① 압축 냉각법 ② 흡수유에 의한 흡수법 ③ 활성탄에 의한 흡착법

---

02 수소 20v%, 메탄 50v%, 에탄 30v% 조성의 혼합가스가 공기와 혼합된 경우 폭발하한 계의 값(v%)은 얼마인지 계산하시오. (단, 폭발하한계 값은 각각 수소는 4v%, 메탄은 5v%, 에탄은 3v%이다.) [5점]

풀이 $\dfrac{100}{L}=\dfrac{V_1}{L_1}+\dfrac{V_2}{L_2}+\dfrac{V_3}{L_3}$ 에서

$L=\dfrac{100}{\dfrac{V_1}{L_1}+\dfrac{V_2}{L_2}+\dfrac{V_3}{L_3}}=\dfrac{100}{\dfrac{20}{4}+\dfrac{50}{5}+\dfrac{30}{3}}=4\text{v}\%$

해답 4v%

---

03 도시가스의 공급압력에 따른 분류 3가지를 쓰시오. [3점]

해답 ① 저압 공급 방식 : 0.1MPa 미만
② 중압 공급 방식 : 0.1~1MPa 미만
③ 고압 공급 방식 : 1MPa 이상

---

04 전기 방식법의 종류 4가지를 쓰시오. [4점]

해답 ① 희생 양극법(또는 유전 양극법, 전기 양극법)
② 외부 전원법
③ 배류법
④ 강제 배류법

05 물 20℃, 1.5kg을 1atm 상태에서 비등시켜 그 중 $\frac{1}{2}$을 증발시키는데 몇 kcal의 열량이 필요한가? (단, 물의 증발잠열은 540kcal/kg이다.) [5점]

풀이 ① 20℃ 물 → 100℃ 물 : 현열

∴ $Q_1 = G \cdot C \cdot \Delta t = 1.5 \times 1 \times (100-20) = 120\text{kcal}$

② 100℃ 물 → 100℃ 수증기$\left(\frac{1}{2}\text{만 증발}\right)$: 잠열

∴ $Q_2 = G \cdot \gamma = 1.5 \times \frac{1}{2} \times 540 = 405\text{kcal}$

③ 합계 열량 계산

$Q = Q_1 + Q_2 = 120 + 405 = 525\text{kcal}$

해답 525kcal

---

06 공기액화 분리장치에서 수분 및 CO_2를 제거하여야 하는 이유를 설명하시오. [4점]

해답 장치 내에서 수분은 얼음이 되고, 탄산가스는 고형의 드라이아이스가 되어 밸브 및 배관을 폐쇄하여 장애를 발생시키므로 제거하여야 한다.

해설 제거방법

① 수분 : 겔 건조기에서 실리카 겔(SiO_2), 활성알루미나(Al_2O_3), 소바이드 등을 사용하여 흡착, 제거시킨다.

② 탄산가스(CO_2) : CO_2 흡수기에서 가성소다(NaOH) 수용액을 사용하여 제거하며 반응식은 다음과 같다.

※ 반응식 : $2NaOH + CO_2 \rightarrow Na_2CO_3 + H_2O$

---

07 유독성 가스를 검지하고자 할 때 하리슨 시험지를 사용하는 가스 명칭을 쓰시오. [4점]

해답 포스겐($COCl_2$)

해설 가스 검지 시험지법

검지 가스	시험지	반응(변색)
암모니아(NH_3)	적색 리트머스지	청색
염소(Cl_2)	KI-전분지	청갈색
포스겐($COCl_2$)	하리슨 시험지	유자색
시안화수소(HCN)	초산벤젠지	청색
일산화탄소(CO)	염화팔라듐지	흑색
황화수소(H_2S)	연당지	회흑색
아세틸렌(C_2H_2)	염화제1구리착염지	적갈색(또는 적색)

08 액화산소 등과 같은 극저온 저장탱크의 액면 측정에 주로 사용되는 액면계 명칭을 쓰시오. [4점]

해답 햄프슨식 액면계(또는 차압식 액면계)

09 충전시설에는 자동차에 고정된 탱크에서 LPG를 저장탱크로 이입할 수 있도록 건축물 외부에 로딩암을 설치한다. 로딩암을 건축물 내부에 설치할 때 환기구 면적의 합계는 바닥면적의 몇 % 이상으로 하여야 하는가? [4점]

해답 6
해설 로딩암 설치(액화석유가스 충전시설 기준 KGS FP333) : 충전시설에는 자동차에 고정된 탱크에서 가스를 이입할 수 있도록 건축물 외부에 로딩암을 설치한다. 다만, 로딩암을 건축물 내부에 설치하는 경우에는 건축물의 바닥면에 접하여 환기구를 2방향 이상 설치하고, 환기구 면적의 합계는 바닥면적의 6% 이상으로 한다.

10 양정 20m, 송출량 0.25m³/min, 펌프효율 65%인 터빈 펌프의 축동력(kW)은? [5점]

풀이 $kW = \dfrac{\gamma \cdot Q \cdot H}{102\eta} = \dfrac{1000 \times 0.25 \times 20}{102 \times 0.65 \times 60} = 1.257 ≒ 1.26kW$

해답 $1.26kW$

11 가연성가스의 제조설비 또는 저장설비 중 전기설비 방폭구조를 하지 않아도 되는 가스 2종류를 쓰시오. [4점]

해답 ① 암모니아(NH_3)   ② 브롬화메탄(CH_3Br)

12 프로판(C_3H_8) 1Nm³을 완전연소시킬 때 필요한 이론산소량은 몇 m³인가? [5점]

풀이 ① 프로판의 완전연소 반응식
$$C_3H_8 + 5O_2 \rightarrow 3CO_2 + 4H_2O$$
② 이론산소량(Nm³) 계산
$$22.4Nm^3 : 5 \times 22.4Nm^3 = 1Nm^3 : x(O_0)[Nm^3]$$
$$\therefore x = \dfrac{5 \times 22.4 \times 1}{22.4} = 5Nm^3$$

해답 $5Nm^3$

모의고사 4 ▶▶▶

❖ 다음 물음의 답을 해당 답란에 답하시오.

01 고압가스 안전관리법에서 정한 가연성가스의 정의에 대한 설명 중 (   ) 안에 알맞은 숫자를 넣으시오. [4점]

> 가연성가스란 공기 중에서 연소하는 가스로서 폭발한계의 하한이 (①)% 이하인 것과 폭발한계의 상한과 하한의 차가 (②)% 이상인 것을 말한다.

해답 ① 10   ② 20

02 표준상태에서 산소의 밀도(g/L)는 얼마인가? [5점]

풀이 산소의 분자량은 32이다.

$$\therefore \rho = \frac{분자량}{22.4} = \frac{32}{22.4} = 1.428 = 1.43 \text{g/L}$$

해답 1.43g/L

해설 밀도의 단위 $g/L = kg/m^3$ 이다.

03 신축이음쇠에 대한 설명 중 (   ) 안에 적당한 용어 또는 숫자를 넣으시오. [3점]

> (①)은[는] 배관의 (②)을[를] 먼저 계산하여 배관의 절단 길이를 (③)% 정도 짧게 강제 시공하여 배관의 신축을 흡수하는 장치이다.

해답 ① 상온 스프링(cold spring)   ② 자유팽창량   ③ 50

04 산소압축기 내부윤활제로 사용할 수 없는 것 2가지를 쓰시오. [4점]

해답 ① 석유류   ② 유지류   ③ 글리세린

---

05 고압 용기의 내용적이 105L인 암모니아 용기에 법정 가스 충전량은 몇 kg인가? (단, 가스 상수 C값은 1.86이다.) [5점]

해설 $G = \dfrac{V}{C} = \dfrac{105}{1.86} = 56.451 ≒ 56.45 \text{kg}$

해답 56.45kg

---

06 탄성체의 변형을 이용한 압력계의 종류 4가지를 쓰시오. [4점]

해답 ① 부르동관식   ② 벨로스식   ③ 다이어프램식   ④ 캡슐식

---

07 공기액화 분리장치의 폭발원인 4가지를 쓰시오. [4점]

해답 ① 공기 취입구로부터 아세틸렌(C_2H_2)의 혼입
② 압축기용 윤활유 분해에 따른 탄화수소의 생성
③ 공기 중 질소화합물(NO, NO_2) 혼입
④ 액체공기 중에 오존(O_3)의 혼입

해설 폭발방지대책
① 아세틸렌이 흡입되지 않는 장소에 공기 흡입구를 설치한다.
② 양질의 압축기 윤활유를 사용한다.
③ 장치 내 여과기를 설치한다.
④ 장치는 1년에 1회 정도 내부를 사염화탄소(CCl_4)를 사용하여 세척한다.

---

08 프로판(C_3H_8) 1kg을 완전연소할 때 이론공기량(Nm^3)을 계산하시오. (단, 공기 중 산소 농도는 21%이다.) [5점]

풀이 ① 프로판(C_3H_8)의 완전연소 반응식
$$C_3H_8 + 5O_2 \rightarrow 3CO_2 + 4H_2O$$
② 이론공기량(Nm^3/kg) 계산
$$44\text{kg} : 5 \times 22.4Nm^3 = 1\text{kg} : x(O_0)[Nm^3]$$
$$\therefore A_0 = \frac{O_0}{0.21} = \frac{1 \times 5 \times 22.4}{44 \times 0.21} = 12.121 ≒ 12.12 Nm^3/kg$$

해답 12.12 Nm^3/kg

09 폭굉 유도거리가 짧아질 수 있는 조건 4가지를 쓰시오. [4점]

해답 ① 정상 연소속도가 큰 혼합가스일수록
② 관속에 방해물이 있거나 지름이 작을수록
③ 압력이 높을수록
④ 점화원의 에너지가 클수록

10 시안화수소(HCN)를 용기에 충전하는 기준에 대한 설명이다. (   ) 안에 알맞은 내용을 넣으시오. [4점]

용기에 충전하는 시안화수소(HCN)는 순도가 (①) 이상이고, (②) 등의 안정제를 첨가하고 시안화수소를 충전한 용기는 충전 후 (③)시간 정치하고, 그 후 1일 1회 이상 (④) 등의 시험지로 가스누출 검사를 실시한다.

해답 ① 98%
② 아황산가스 또는 황산
③ 24
④ 질산구리벤젠

11 지하에 설치되는 LPG 저장탱크실은 레디믹스트 콘크리트(ready-mixed concrete)를 사용하여 시공하여야 하는데 콘크리트의 설계 강도는 얼마인가? [4점]

해답 21MPa 이상

12 초저온 용기의 재료 2가지를 쓰시오. [4점]

해답 ① 오스테나이트계 스테인리스강(또는 18-8 스테인리스강)
② 알루미늄합금

가스기능사   **모의고사 5**   ▶▶▶

❖ 다음 물음의 답을 해당 답란에 답하시오.

---

01 가스 압축에 사용하는 압축기에서 다단 압축의 목적 4가지를 쓰시오. [4점]

해답 ① 1단 단열압축과 비교한 일량의 절약
     ② 이용효율의 증가
     ③ 힘의 평형이 양호해진다.
     ④ 가스의 온도 상승을 피할 수 있다.

---

02 아세틸렌 충전용기에 대한 물음에 답하시오. [4점]
     (1) 다공물질에 침윤시키는 용해제 종류 2가지를 쓰시오.
     (2) 다공물질의 다공도 시험에 사용하는 물질 2가지를 쓰시오.

해답 (1) ① 아세톤   ② DMF(디메틸 포름아미드)
     (2) ① 아세톤   ② DMF(디메틸 포름아미드)   ③ 물

---

03 도시가스 총 발열량이 10400kcal/m³, 공기에 대한 비중이 0.55 일 때 웨버지수는 얼마
     인가? [4점]

풀이 $WI = \dfrac{H_g}{\sqrt{d}} = \dfrac{10400}{\sqrt{0.55}} = 14023.357 ≒ 14023.36$

해답 14023.36

---

04 입상높이 20m인 곳에 프로판(C_3H_8)을 공급할 때 압력손실은 수주로 몇 mm인가? (단,
     C_3H_8의 비중은 1.5이다.) [4점]

해설 $H = 1.293(S-1)h = 1.293 \times (1.5-1) \times 20 = 12.93mmH_2O$

해답 $12.93mmH_2O$

05 가연성가스 충전용기의 충전구 나사가 오른나사인 것 2가지를 쓰시오. [4점]

해답 ① 암모니아
② 브롬화메탄

06 폭굉의 정의를 쓰시오. [4점]

해답 가스 중의 음속보다도 화염 전파속도가 큰 경우로서 가스의 경우 1000~3500m/s 정도에 달하여 파면선단에 충격파라고 하는 압력파가 생겨 격렬한 파괴작용을 일으키는 현상을 말한다.

07 0℃에서 10L의 밀폐된 용기 속에 32g의 산소가 들어 있다. 온도를 150℃로 가열하면 압력(atm)은 얼마가 되는가? [5점]

풀이 $PV = \dfrac{W}{M}RT$ 에서

$$P = \frac{WRT}{VM} = \frac{32 \times 0.082 \times (273 + 150)}{10 \times 32} = 3.468 \fallingdotseq 3.47\text{atm}$$

해답 3.47atm

08 공기액화 분리장치의 액화산소 5L 중에 CH_4이 250mg, C_4H_{10}이 200mg 함유하고 있다면 공기액화 분리장치의 운전이 가능한지 판정하시오. (단, 공기액화 분리장치의 공기 압축량이 1000m³/h 이상이다.) [5점]

풀이 ① 탄화수소 중 탄소질량 계산

$$탄소질량 = \frac{탄화수소 \ 중 \ 탄소질량}{탄화수소의 \ 분자량} \times 탄화수소량$$

$$= \left(\frac{12}{16} \times 250\right) + \left(\frac{48}{58} \times 200\right) = 353.017 \fallingdotseq 353.02\text{mg}$$

② 판정 : 500mg이 넘지 않으므로 운전이 가능하다.

09 차압식 유량계에 대한 물음에 답하시오. [4점]
(1) 측정원리는 무엇인가?
(2) 종류 3가지를 쓰시오.

해답 (1) 베르누이 정리 (또는 베르누이 방정식)
(2) ① 오리피스 미터 ② 플로 노즐 ③ 벤투리 미터

10 LPG 저장탱크의 내부압력이 외부의 압력보다 낮아져 저장탱크가 파괴되는 것을 방지하기 위해 설치하는 설비 4가지를 쓰시오. [4점]

해답 ① 압력계
② 압력경보설비
③ 진공안전밸브
④ 다른 저장탱크 또는 시설로부터의 가스도입배관(균압관)
⑤ 압력과 연동하는 긴급차단장치를 설치한 냉동제어설비
⑥ 압력과 연동하는 긴급차단장치를 설치한 송액설비

11 퓨즈 콕 구조에 대한 설명 중 (   ) 안에 알맞은 용어를 쓰시오. [5점]
(1) 퓨즈 콕은 가스유로를 (①)로 개폐하고, (②)가 부착된 것으로 한다.
(2) 콕의 핸들 등을 회전하여 조작하는 것은 핸들의 회전각도를 90°나 180°로 규제하는 (③)를 갖추어야 한다.
(3) 콕을 완전히 열었을 때의 핸들의 방향은 유로의 방향과 (④)인 것으로 한다.
(4) 콕은 닫힌 상태에서 (⑤)이 없이는 열리지 아니하는 구조로 한다.

해답 ① 볼 ② 과류차단 안전기구 ③ 스토퍼 ④ 평행 ⑤ 예비적 동작

12 라인마크에 대한 물음에 답하시오. [3점]
(1) 직선으로 매설된 배관일 때 라인마크 설치간격 기준에 대하여 쓰시오.
(2) 라인마크 몸체 부분의 지름과 두께는 (①)mm × (②)mm 이다.

해답 (1) 50m마다 1개 이상
(2) ① 60 ② 7

모의고사 6 ▶▶▶

❖ 다음 물음의 답을 해당 답란에 답하시오.

01 수분이 존재할 때 수분과 반응하여 강재를 부식시키는 가스 종류 4가지를 쓰시오. [4점]

해답 ① 이산화탄소(CO_2)
② 염소(Cl_2)
③ 황화수소(H_2S)
④ 포스겐($COCl_2$)

02 도시가스 및 액화석유가스에 주입하는 부취제의 구비조건 5가지를 쓰시오. [5점]

해답 ① 화학적으로 안정하고 독성이 없을 것
② 보통 존재하는 냄새(생활취)와 명확하게 식별될 것
③ 극히 낮은 농도에서도 냄새가 확인될 수 있을 것
④ 가스관이나 가스미터 등에 흡착되지 않을 것
⑤ 배관을 부식시키지 않을 것
⑥ 물에 잘 녹지 않고 토양에 대하여 투과성이 클 것
⑦ 완전연소가 가능하고 연소 후 냄새나 유해한 성질이 남지 않을 것

03 LNG 주성분에 대한 물음에 답하시오. [4점]
(1) 주성분 명칭을 분자식으로 쓰시오.
(2) 공기 중에서 폭발범위를 쓰시오.
(3) 기체 상태의 비중은 얼마인가?
(4) 대기압 상태에서의 비점은 얼마인가?

해답 (1) CH_4

(2) $5 \sim 15\%$

(3) $s = \dfrac{분자량}{29} = \dfrac{16}{29} = 0.551 ≒ 0.55$

(4) $-161.5\ ℃$

04 20℃에서 프로판의 증기압은 7.4kgf/cm² · g이고, n-부탄의 증기압은 1.0kgf/cm² · g 일 때 액화프로판과 액화 n-부탄이 60mol%, 40mol% 조성의 혼합가스로 존재할 때 증기압(kgf/cm² · g)은 얼마인가? [5점]

해설 $P = \dfrac{P_1 \cdot V_1 + P_2 \cdot V_2}{V} = \dfrac{7.4 \times 60 + 1.0 \times 40}{60 + 40} = 4.84 \text{kgf/cm}^2 \cdot \text{g}$

해답 $4.84 \text{ kgf/cm}^2 \cdot \text{g}$

---

05 LPG 충전사업소 안의 건축물 외벽에 설치하는 유리창의 유리 재료 3가지를 쓰시오. [4점]

해답 ① 강화유리(tempered glass)　　② 접합유리(laminated glass)
③ 망 판유리 및 선 판유리(wire glass)

---

06 도시가스 사용시설에 설치되는 입상관의 정의를 쓰시오. [4점]

해답 수용가에 가스를 공급하기 위해 건축물에 수직으로 부착되어 있는 배관을 말하며, 가스의 흐름 방향과 관계없이 수직배관은 입상관으로 본다.

---

07 고압가스 제조시설에 압력계 설치에 대한 기준 중 (　　) 안에 알맞은 숫자를 넣으시오. [4점]

> 고압가스 설비에 설치하는 압력계는 (　①　)압력의 (　②　)배 이상 (　③　)배 이하의 최고눈금이 있는 것으로 하고, 처리할 수 있는 가스의 용적이 1일 100m³ 이상인 사업소에는 국가표준기본법에 의한 제품인증을 받은 압력계를 (　④　)개 이상 비치한다.

해답 ① 상용 ② 1.5 ③ 2 ④ 2

---

08 안지름이 200mm인 저압배관의 길이가 300m이다. 이 배관에서 압력손실이 30mmH₂O 발생할 때 통과하는 가스유량(m³/h)을 계산하시오. (단, 가스비중은 0.5, 폴의 정수(K)는 0.7이다.) [5점]

해설 $Q = K\sqrt{\dfrac{D^5 \cdot H}{S \cdot L}} = 0.7 \times \sqrt{\dfrac{20^5 \times 30}{0.5 \times 300}} = 560\text{m}^3/\text{h}$

해답 $560\text{m}^3/\text{h}$

09 공기액화 분리장치의 불순물 유입금지 기준에 대한 설명 중 ( ) 안에 알맞은 숫자를 넣으시오. [3점]

> 공기액화 분리장치에 설치된 액화산소통 안의 액화산소 (①)L 중 아세틸렌의 질량이 (②)mg 또는 탄화수소의 탄소의 질량이 (③)mg을 넘을 때에는 그 공기액화 분리장치의 운전을 중지하고 액화산소를 방출할 것

해답 ① 5 ② 5 ③ 500

---

10 도시가스를 사용하는 연소 기구에서 1차 공기량이 부족할 경우, 연소반응이 충분한 속도로 진행되지 않을 때 불꽃의 끝이 적황색으로 되어 연소하는 현상을 무엇이라 하는가? [4점]

해답 옐로 팁(yellow tip) [또는 황염(黃炎)]

---

11 레이저 메탄가스 검지기(detector)는 최대 (①)m의 거리에서 (②)ppm·m의 메탄가스를 (③)초 이내에 검출해 낼 수 있는 장비이다. ( ) 안에 알맞은 숫자를 넣으시오. [3점]

해답 ① 150 ② 300 ③ 0.2

해설 가스도매사업 제조소 및 공급소의 시설·기술·검사·정밀안전진단·안전성평가 기준(KGS FP451) 중 용어의 정의
  ① "레이저 메탄가스 디텍터 등 가스누출 정밀 감시장비"란 최대 150m의 거리에서 300ppm·m의 메탄가스를 0.2초 이내에 검출해 낼 수 있으며, 진단 기간 동안 가스 누출 여부를 자동으로 감시할 수 있는 장비를 말한다. 〈신설 2014. 9. 11〉
  ② "상태평가"란 액화천연가스 저장탱크에 대한 외관검사 및 시험 결과를 바탕으로 저장탱크에 대한 상태를 평가하는 것을 말한다. 〈신설 2016. 6. 16〉
  ③ "구조물 안전성평가"란 액화천연가스 저장탱크 설계자료 분석과 현장조사 결과를 바탕으로 내진성능 검토와 구조해석을 실시하여 저장탱크의 구조적, 기능적 안전성을 평가하는 것을 말한다. 〈신설 2016. 6. 16〉

---

12 도시가스 원료 중 액체 성분에 해당하는 것 3가지를 쓰시오. [5점]

해답 ① 나프타(naphtha) ② LNG(액화천연가스) ③ LPG(액화석유가스)

가스기능사　　　　　　　　**모의고사 7**　　　　▶▶▶

❖ 다음 물음의 답을 해당 답란에 답하시오.

01 "온도가 일정한 상태에서 일정량의 기체가 차지하는 체적은 압력에 반비례한다."로 정의하는 법칙은 무엇인가? [4점]

해답　보일의 법칙

해설　보일의 법칙, 샤를의 법칙 및 보일−샤를의 법칙
① 보일의 법칙 : 온도가 일정한 상태에서 일정량의 기체가 차지하는 체적은 압력에 반비례한다.
$$\therefore P_1V_1 = P_2V_2,\ PV = C\,(일정하다.)$$
② 샤를의 법칙 : 압력이 일정한 상태에서 일정량의 기체가 차지하는 체적은 절대온도에 비례한다.
$$\therefore \frac{V_1}{T_1} = \frac{V_2}{T_2},\ \frac{V}{T} = C\,(일정하다.)$$
③ 보일−샤를의 법칙 : 일정량의 기체가 차지하는 체적은 압력에 반비례하고, 절대온도에 비례한다.
$$\therefore \frac{P_1V_1}{T_1} = \frac{P_2V_2}{T_2},\ \frac{PV}{T} = C\,(일정하다.)$$

02 아세틸렌을 충전할 때 용기 내부에 다공물질을 충전하는 이유를 설명하시오. [4점]

해답　아세틸렌은 2기압 이상으로 압축 시 분해폭발을 일으키므로 충전용기 내부를 미세한 간격으로 구분하여 분해폭발이 일어나지 않도록 하고, 분해폭발이 일어나도 용기 전체로 파급되는 것을 방지하기 위하여 충전한다.

03 습도계의 종류 4가지를 쓰시오. [4점]

해답　① 모발(毛髮) 습도계
② 건습구 습도계
③ 전기 저항식 습도계
④ 광전관식 노점계
⑤ 가열식 노점계(또는 Dewcel 노점계)

04 고층 건물 등에 연소기를 설치할 때 승압방지장치 설치 대상인지의 판단은 높이가 몇 m 인 곳인가? [4점]

해답 80m 이상

해설 (1) 승압방지장치 설치 목적 : 도시가스 사용시설 중 일정 높이 이상의 건물로서 가스 압력 상승으로 인하여 연소기에 실제 공급되는 가스의 압력이 연소기의 최고사용압력을 초과할 우려가 있는 건물은 가스압력 상승으로 인한 가스누출, 이상연소 등을 방지하기 위하여 설치한다.

(2) 승압방지장치 설치 기준 : KGS FU551 도시가스 사용시설 기준

① 높이가 80m 이상인 고층 건물 등에 연소기를 설치할 때에는 승압방지장치 설치 대상인지 판단한 후 이를 설치한다.

② 승압방지장치는 한국가스안전공사의 성능인증품을 사용한다.

[비고] 승압방지장치는 액화석유가스의 안전관리 및 사업법령에 따른 도시가스용 압력조정기에 해당하지 아니하므로 도시가스 압력조정기의 기준을 적용하지 아니한다.

③ 승압방지장치의 전·후단에는 승압방지장치의 탈착이 용이하도록 차단밸브를 설치한다.

④ 승압방지장치의 설치위치 및 설치수량은 '건물 높이 산정 방법'의 계산식에 따른 압력상승값을 계산하였을 때 연소기에 공급되는 가스압력이 최고사용압력 이내가 되는 위치 및 수량으로 한다.

⑤ 승압방지장치 설치가 필요한 건물 높이 산정 방법

$$H = \frac{P_h - P_0}{\rho \times (1-S) \times g}$$

여기서, H : 승압방지장치 최초 설치 높이(m)

P_h : 연소기 명판의 최고사용압력(Pa)

P_0 : 수직 배관 최초 시작 지점의 가스압력(Pa)

ρ : 공기 밀도(1.293kg/m³)

S : 공기에 대한 가스 비중(0.62)

g : 중력가속도(9.8m/s²)

05 20℃ 100kg의 물을 온수기를 이용하여 60℃까지 상승시키는데 STP 상태에서 0.2m³의 LPG를 소비하였다. 이때 연소기의 효율은 얼마인가? (단, LPG의 발열량은 24000kcal/m³ 이다.) [5점]

풀이 $\eta = \dfrac{G \cdot C \cdot \Delta t}{G_f \cdot H_l} \times 100 = \dfrac{100 \times 1 \times (60-20)}{0.2 \times 24000} \times 100 = 83.333 ≒ 83.33\%$

해답 83.33 %

06 습식 가스미터의 특징 4가지를 쓰시오. [4점]

해답 ① 계량이 정확하다.
② 사용 중에 오차의 변동이 적다.
③ 사용 중에 수위조정 등의 관리가 필요하다.
④ 설치면적이 크다.
⑤ 기준용, 실험실용에 사용된다.
⑥ 용량 범위는 0.2~3000m³/h 이다.

해설 막식 및 루트형 가스미터의 특징
(1) 막식 가스미터
  ① 가격이 저렴하다.
  ② 유지관리에 시간을 요하지 않는다.
  ③ 대용량의 것은 설치면적이 크다.
  ④ 일반 수용가에 널리 사용된다.
  ⑤ 용량 범위는 1.5~200m/h이다.
(2) 루트(roots)형 가스미터
  ① 대유량 가스 측정에 적합하다.
  ② 중압가스의 계량이 가능하다.
  ③ 설치면적이 적고, 연속흐름으로 맥동현상이 없다.
  ④ 여과기의 설치 및 설치 후의 유지관리가 필요하다.
  ⑤ 0.5m³/h 이하의 적은 유량에는 부동의 우려가 있다.
  ⑥ 구조가 비교적 복잡하다.
  ⑦ 대량 수용가에 사용된다.
  ⑧ 용량 범위는 100~5000m³/h이다.

07 충전용기를 차량에 적재하여 운반할 때 염소와 혼합적재가 금지되는 가스 3가지를 쓰시 오. [4점]

해답 ① 아세틸렌
② 암모니아
③ 수소

08 동일한 지름의 강관을 이음할 때 사용하는 이음재 종류 4가지를 쓰시오. [4점]

해답 ① 소켓(socket)
② 니플(nipple)
③ 유니언(union)
④ 플랜지(flange)

해설 사용 용도에 의한 강관 이음재 분류
① 배관의 방향을 전환할 때 : 엘보(elbow), 벤드(bend), 리턴 벤드
② 관을 도중에 분기할 때 : 티(tee), 와이(Y), 크로스(cross)
③ 동일 지름의 관을 연결할 때 : 소켓(socket), 니플(nipple), 유니언(union), 플랜 지(flange)
④ 지름이 다른 관(이경관)을 연결할 때 : 리듀서(reducer), 부싱(bushing), 이경 엘 보, 이경 티
⑤ 관 끝을 막을 때 : 플러그(plug), 캡(cap)
⑥ 관의 분해, 수리가 필요할 때 : 유니언, 플랜지

09 제1종 독성가스의 종류 4가지를 쓰시오. [4점]

해답 ① 염소 ② 시안화수소 ③ 이산화질소 ④ 불소 ⑤ 포스겐

해설 가스시설 내진설계 기준(KGS GC203)에 의한 독성가스의 분류
① 제1종 독성가스 : 독성가스 중 염소, 시안화수소, 이산화질소, 불소 및 포스겐과 그 밖에 허용농도가 1ppm 이하인 것
② 제2종 독성가스 : 독성가스 중 염화수소, 삼불화붕소, 이산화유황, 불화수소, 브롬 화메틸 및 황화수소와 그 밖에 허용농도가 1ppm 초과 10ppm 이하인 것
③ 제3종 독성가스 : 독성가스 중 제1종 및 제2종 독성가스 이외의 것

10 다음과 같은 체적비율과 허용농도를 갖는 독성가스를 혼합하였을 때 허용농도를 구하시오. [5점]

체적비율	LC_{50}
50%	25ppm
10%	2.5ppm
40%	∞

풀이 체적비율과 몰분율은 같은 의미이고, 독성가스는 2가지이며 차지하는 합계 비율은 60%이다.

$$\therefore LC_{50} = \cfrac{1}{\sum\limits_{i}^{n} \cfrac{C_i}{LC_{50i}}} = \cfrac{0.6}{\cfrac{0.50}{25} + \cfrac{0.10}{2.5}} = 10\,\text{ppm}$$

해답 10 ppm

해설 혼합 독성가스의 허용농도 산정식 : KGS FP112

$$LC_{50} = \cfrac{1}{\sum\limits_{i}^{n} \cfrac{C_i}{LC_{50i}}}$$

여기서, LC_{50} : 독성가스의 허용농도, LC_{50i} : 부피 ppm으로 표현되는 i번째 가스의 허용농도
n : 혼합가스를 구성하는 가스 종류의 수, C_i : 혼합 가스에서 i번째 독성 성분의 몰분율

11 가연성가스 제조설비에서 발생한 정전기는 점화원으로 인화·폭발의 원인이 되는 것을 방지하기 위한 설비를 설치하여야 한다. 정전기를 제거하는 방법 3가지를 쓰시오. [4점]

해답 ① 대상물을 접지한다.　② 공기 중 상대습도를 70% 이상으로 높인다.
③ 공기를 이온화한다.

12 액화석유가스를 이입·충전하는 기준 중 (　　) 안에 알맞은 내용을 쓰시오. [4점]

⑴ 자동차에 고정된 탱크와 (　　)의 액체라인 및 기체라인 커플링을 접속한 후 충전한다.
⑵ 저장탱크에 가스를 충전하려면 가스의 용량이 상용의 온도에서 저장탱크 내용적의 (　　)를[을] 넘지 않도록 충전한다.
⑶ 자동차에 고정된 탱크로부터 저장탱크에 액화석유가스를 이입받을 때에는 (　　) 이상 연속하여 자동차에 고정된 탱크를 저장탱크에 접속하지 아니한다.

해답 ⑴ 로리호스(또는 로딩암)　⑵ 90%　⑶ 5시간

| 가스기능사 | 모의고사 8 | ▶▶▶ |

❖ 다음 물음의 답을 해당 답란에 답하시오.

---

01 초저온 액화가스 4가지를 쓰시오. [4점]

해답 ① 액화 산소 ② 액화 아르곤 ③ 액화 질소 ④ 액화 메탄

---

02 일반용 액화석유가스 압력조정기 중 1단 감압식 저압조정기의 입구압력과 조정압력을 각각 쓰시오. [4점]

해답 ① 입구압력 : 0.07~1.56MPa
② 조정압력 : 2.30~3.30kPa

해설 압력조정기의 종류에 따른 입구압력 · 조정압력

종류	입구압력(MPa)	조정압력(kPa)
1단 감압식 저압조정기	0.07~1.56	2.30~3.30
1단 감압식 준저압조정기	0.1~1.56	5.0~30.0 이내에서 제조자가 설정한 기준압력의 ±20%
2단 감압식 1차용 조정기 (용량 100kg/h 이하)	0.1~1.56	57.0~83.0
2단 감압식 1차용 조정기 (용량 100kg/h 초과)	0.3~1.56	57.0~83.0
2단 감압식 2차용 조정기	0.01~0.1 또는 0.025~0.1	2.30~3.30
2단 감압식 2차용 준저압조정기	조정압력 이상 ~0.1	5.0~30.0 내에서 제조자가 설정한 기준압력의 ±20%
자동절체식 일체형 저압조정기	0.1~1.56	2.55~3.30
자동절체식 일체형 준저압조정기	0.1~1.56	5.0~30.0 내에서 제조자가 설정한 기준압력의 ±20%
그 밖의 압력조정기	조정압력 이상 ~1.56	5kPa을 초과하는 압력범위에서 상기 압력조정기의 종류에 따른 조정압력에 해당하지 않는 것에 한하며, 제조자가 설정한 기준압력의 ±20%일 것

03 가스액화 분리장치의 구성요소 3가지를 쓰시오. [4점]

해답 ① 한랭 발생장치
② 정류장치
③ 불순물 제거장치

04 접촉식 온도계를 측정원리에 따른 4가지로 분류하시오. [4점]

해답 ① 열팽창을 이용한 것
② 열기전력을 이용한 것
③ 저항변화를 이용한 것
④ 상태변화를 이용한 것

해설 측정원리에 따른 온도계 분류 및 종류
(1) 접촉식 온도계
① 열팽창을 이용 : 유리제 봉입식 온도계, 바이메탈 온도계, 압력식 온도계
② 열기전력 이용 : 열전대 온도계
③ 저항변화 이용 : 저항 온도계, 서미스터
④ 상태변화 이용 : 제게르콘, 서머컬러
(2) 비접촉식 온도계
① 단파장 에너지 이용 : 광고 온도계, 광전관 온도계, 색 온도계
② 방사에너지 이용 : 방사 온도계

05 최고충전압력 2.0MPa, 동체의 안지름 65cm인 강재 용접용기의 동판 두께는 몇 mm인가? (단, 재료의 인장강도 500N/mm², 용접효율 100%, 부식여유 1mm이다.) [5점]

풀이 $t = \dfrac{P \cdot D}{2S \cdot \eta - 1.2P} + C$

$= \dfrac{2 \times (65 \times 10)}{2 \times \left(500 \times \dfrac{1}{4}\right) \times 1 - 1.2 \times 2} + 1 = 6.250 ≒ 6.25\text{mm}$

해답 6.25 mm

해설 허용응력(S)은 인장강도를 안전율로 나눈 값으로 안전율은 일반적으로 4를 적용하며, 스테인리스강재의 경우는 3.5를 적용한다.

06　액화석유가스 충전용기를 이륜차에 적재하여 운반할 수 있는 충전용기의 충전량과 용기는 몇 개인가? [4점]

해답　① 충전량 : 20kg 이하
　　　② 용기 수 : 2개 이하

해설　고압가스 충전용기 운반 기준 : 충전용기는 이륜차에 적재하여 운반하지 아니한다. 다만, 차량이 통행하기 곤란한 지역이나 그 밖에 시·도지사가 지정하는 경우에는 다음 기준에 적합한 경우에만 액화석유가스 충전용기를 이륜차(자전거는 제외)에 적재하여 운반할 수 있다.
　　　① 넘어질 경우 용기에 손상이 가지 아니하도록 제작된 용기운반 전용 적재함이 장착된 것인 경우
　　　② 적재하는 충전용기는 충전량이 20kg 이하이고, 적재 수가 2개를 초과하지 아니한 경우

07　고압가스 충전용기를 용기보관장소에 보관할 때 직사광선을 피하여 유지하여야 할 온도는 얼마인가? [4점]

해답　40℃ 이하

해설　고압가스 충전용기를 보관, 사용, 운반할 때 유지하여야 할 온도는 40℃ 이하이다.

08　블레이브(BLEVE)와 증기운 폭발(UVCE)에 대하여 각각 설명하시오. [4점]

해답　① 블레이브(BLEVE) : 가연성 액체 저장탱크 주변에서 화재가 발생하여 기상부의 탱크가 국부적으로 가열되면 그 부분이 강도가 약해져 탱크가 파열되며, 이때 내부의 액화가스가 급격히 유출, 팽창되어 화구(fire ball)를 형성하여 폭발하는 형태로 비등액체 팽창 증기폭발이라고 한다.
　　　② 증기운 폭발(UVCE) : 대기 중에 대량의 가연성가스나 인화성액체가 유출 시 다량의 증기가 대기중의 공기와 혼합하여 폭발성의 증기운(vapor cloud)을 형성하고 이때 착화원에 의해 화구(fire ball)를 형성하여 폭발하는 형태이다.

해설　① BLEVE : Boiling Liquid Expanding Vapor Explosion (비등액체 팽창 증기폭발)
　　　② UVCE : Unconfined Vapor Cloud Explosive (증기운 폭발)

09 메탄(CH_4)의 위험도는? (단, 공기 중에서 메탄의 폭발범위는 5~15%이다.) [5점]

풀이 $H = \dfrac{U-L}{L} = \dfrac{15-5}{5} = 2$

해답 2

---

10 가스누설검지기의 오보 대책과 관련된 내용을 설명하시오. [4점]

(1) 경보 지연 :

(2) 반시한 경보 :

(3) 즉시 경보 :

해답 (1) 경보 지연 : 일정시간 연속해서 가스를 검지한 후에 경보하는 형식

(2) 반시한 경보 : 가스 농도에 따라서 경보까지의 시간을 변경하는 형식

(3) 즉시 경보 : 가스 농도가 설정값 이상이 되면 즉시 경보하는 형식

해설 가스누설검지기의 오보 대책

① 즉시 경보형 : 가스농도가 설정값 이상이 되면 즉시 경보하는 형식으로 일반적으로 접촉 연소식 경우에 적용한다.

② 지연 경보형 : 일정시간 연속해서 가스를 검지한 후에 경보하는 형식으로 즉시 경보형보다 경보는 늦지만 가스레인지에서 점화가 되지 않았을 경우, 조리 시에 일시적으로 에틸알코올 농도가 증가하는 경우에서는 경보를 하지 않는 장점이 있다.

③ 반시한 경보형 : 가스 농도에 따라서 경보까지의 시간을 변경하는 형식으로 가스농도가 급격히 증가하면 즉시 경보하고, 농도 증가가 느리면 지연 경보하는 경우이다.

---

11 아세틸렌가스의 용도 4가지를 쓰시오. [4점]

해답 ① 금속의 절단용   ② 금속의 가스용접용

③ 염화비닐 제조 원료   ④ 카본 블랙 제조 원료

⑤ 의약, 향료, 파인케미컬 합성 원료

⑥ 유기화학(아세톤, 초산비닐, 아크릴로니트릴 등) 제조 원료

---

12 충전용기 안전장치로 사용되는 가용전의 재료 4가지를 쓰시오. [4점]

해답 ① 납(Pb)   ② 주석(Sn)   ③ 비스무트(Bi)   ④ 안티몬(Sb)

가스기능사 **모의고사 9** ▶▶▶

❖ 다음 물음의 답을 해당 답란에 답하시오.

---

01 도시가스 사업법에 규정된 안전관리자의 종류 5가지를 쓰시오. [4점]

해답 ① 안전관리 총괄자   ② 안전관리 부총괄자   ③ 안전관리 책임자
  ④ 안전관리원   ⑤ 안전검검원

해설 안전관리자의 종류 및 자격 : 도시가스 사업법 시행령 제15조
  ① 안전관리 총괄자는 도시가스사업자(법인의 경우에는 그 대표자), 도시가스사업자
  외의 가스공급시설 설치자(법인인 경우에는 그 대표자) 또는 특정가스사용시설의
  사용자(법인인 경우에는 그 대표자)로 하며 안전관리 부총괄자는 해당 가스공급시
  설을 직접 관리하는 최고 책임자로 한다.
  ② 안전관리의 자격과 선임 인원은 시행령 별표1에 규정되어 있다.

---

02 내용적 500L인 초저온 용기에 200kg의 산소를 넣고 외기온도 20℃인 곳에서 12시간
방치한 결과 190kg의 산소가 남아 있다. 이 용기의 침입열량을 계산하고, 단열성능시험
의 합격, 불합격을 판정하시오. (단, 액화산소의 비점은 −183℃, 기화잠열은 213526J/
kg이다.) [5점]

풀이 ① 침입열량 계산
$$\therefore Q = \frac{W \cdot q}{H \cdot \Delta t \cdot V} = \frac{(200-190) \times 213526}{12 \times (20+183) \times 500} = 1.753 \fallingdotseq 1.75 \text{J/h} \cdot ℃ \cdot \text{L}$$
② 판정 : 침입열량 합격기준인 2.09 J/h·℃·L 이하에 해당되므로 합격이다.

해답 ① 침입열량 : 1.75 J/h·℃·L   ② 판정 : 합격

해설 초저온 용기 단열성능시험 합격기준

내용적	침입열량	
	kcal/h·℃·L	J/h·℃·L
1000L 미만	0.0005 이하	2.09 이하
1000L 이상	0.002 이하	8.37 이하

03 초저온 액화가스가 충전된 용기를 취급할 때 발생할 수 있는 사고 종류 4가지를 쓰시오. [4점]

해답 ① 액체의 급격한 증발에 의한 이상 압력 상승
② 저온에 의하여 생기는 물리적 성질의 변화
③ 동상
④ 질식

04 도시가스 원료 중 나프타의 특징 4가지를 쓰시오. [4점]

해답 ① 가스화가 용이하기 때문에 높은 가스화 효율을 얻을 수 있다.
② 타르, 카본 등 부산물이 거의 생성되지 않는다.
③ 가스 중에는 불순물이 적어서 정제설비를 필요로 하지 않는 경우가 많다.
④ 대기오염, 수질오염의 환경문제가 적다.
⑤ 취급과 저장이 모두 용이하다.

05 다음 물음에 답하시오. [5점]
(1) 공기 중에서 자연 발화하는 가스 2가지를 쓰시오.
(2) 폭발하한계가 10%를 넘는 가연성가스 2가지를 쓰시오.
(3) 압력이 100atm 이상 시 폭발범위가 좁아지는 가스를 쓰시오.

해답 (1) ① 모노게르만(GeH_4) ② 모노실란(SiH_4) ③ 디실란(Si_2H_6)
(2) ① 일산화탄소 ② 암모니아 ③ 황화카보닐
(3) 일산화탄소

해설 (1) 각 가스의 공기 중에서 폭발범위
① 일산화탄소 : 12.5~74%
② 암모니아 : 15~28%
③ 황화카보닐 : 12~29%
(2) 일산화탄소의 경우 압력이 증가하면 폭발범위가 좁아지는 특성이 있다.

06 탄화수소에서 탄소(C)수가 증가할수록 아래 사항은 어떻게 변화되는가? [4점]

(1) 발화점 : (2) 연소열 :

(3) 끓는점 : (4) 증기압 :

해답 (1) 낮아진다. (2) 증가한다. (3) 높아진다. (4) 저하한다.

해설 '증가한다.'를 '높아진다.'로, '낮아진다.'를 '저하한다.' '감소한다.'로 표현할 수 있다.

07 가연성가스의 발화 원인이 되는 점화원 종류 6가지를 쓰시오. [3점]

해답 ① 전기불꽃 ② 화염 ③ 충격불꽃 ④ 마찰열 ⑤ 단열압축 ⑥ 정전기

08 지름 30cm인 원형관에 유속 2m/s로 물이 흐를 때 유량(m^3/s)은 얼마인가? [4점]

풀이 $Q = AV = \dfrac{\pi}{4} \times D^2 \times V$

$= \dfrac{\pi}{4} \times 0.3^2 \times 2 = 0.141 ≒ 0.14 m^3/s$

해답 $0.14\ m^3/s$

09 고압가스 충전용기의 파열 원인 4가지를 쓰시오. [4점]

해답 ① 용기의 재질 불량

② 내압에 의한 이상 압력 상승

③ 용접 용기의 용접 불량

④ 과잉 충전

⑤ 검사 태만 및 기피

⑥ 용기 내 폭발성가스의 혼입

⑦ 충격 및 타격

10 게이지압력이 4kgf/cm², 대기압이 1.05665bar일 때 절대압력은 몇 atm인가? (단, 소수점 5째 자리에서 반올림하여 4째 자리까지 계산하시오.) [5점]

풀이 절대압력＝대기압＋게이지압력

$$=\frac{1.05665}{1.01325}+\frac{4}{1.0332}=4.91429 ≒ 4.9143\,atm$$

해답 4.9143 atm

해설 1atm＝760mmHg＝76cmHg＝0.76mHg＝29.9inHg＝760torr

＝10332kgf/m²＝1.0332kgf/cm²＝10.332mH₂O＝10332mmH₂O

＝101325N/m²＝101325Pa＝1013.25hPa＝101.325kPa＝0.101325MPa

＝1.01325bar＝1013.25mbar＝14.7lb/in²＝14.7psi

11 독성가스에 대한 설명 중 (   ) 안에 알맞은 숫자를 넣으시오. [4점]

⑴ 독성가스란 공기 중에 일정량 이상 존재하는 경우 인체에 유해한 독성을 가진 가스로서 허용농도가 (   ) 이하인 것을 말한다.

⑵ 허용농도란 해당 가스를 성숙한 흰쥐 집단에게 대기 중에서 (①)시간 동안 계속하여 노출시킨 경우 (②)일 이내에 그 흰쥐의 (③)% 이상이 죽게 되는 가스의 농도를 말한다.

해답 ⑴ 100만분의 5000

⑵ ① 1   ② 14   ③ 50

12 진탕형 오토클레이브의 특징 4가지를 쓰시오. [4점]

해답 ① 가스누설의 가능성이 없다.

② 고압에서 사용할 수 있고, 반응물의 오손이 없다.

③ 장치 전체가 진동하므로 압력계는 본체로부터 떨어져 설치하여야 한다.

④ 뚜껑 판의 뚫어진 구멍에 촉매가 끼워 들어갈 염려가 있다.

해설 진탕형 오토클레이브 : 횡형 오토클레이브 전체가 수평, 전후 운동을 하여 내용물을 교반시키는 형식으로 일반적으로 가장 많이 사용하고 있다.

가스기능사　　　　　　　**모의고사 10**　　　▶▶▶

❖ 다음 물음의 답을 해당 답란에 답하시오.

01　분젠식 연소장치의 특징 4가지를 쓰시오. [4점]

[해답]　① 불꽃은 내염과 외염을 형성한다.
　　　　② 연소속도가 크고, 불꽃길이가 짧다.
　　　　③ 연소온도가 높고, 연소실이 작아도 된다.
　　　　④ 선화현상이 발생하기 쉽다.
　　　　⑤ 소화음, 연소음이 발생한다.

02　내용적 52L인 충전용기를 35kgf/cm²의 압력으로 내압시험을 하였을 때 용기 내용적이
　　　52.211L가 되었다. 압력을 제거한 후 대기압 상태에서 내용적이 52.004L가 되었다면
　　　영구증가율(%)은 얼마인가? [5점]

[풀이]　영구 증가율 $= \dfrac{\text{영구증가량}}{\text{전증가량}} \times 100 = \dfrac{52.004-52}{52.211-52} \times 100 = 1.895 ≒ 1.90\%$

[해답]　1.9 %

03　가스배관에서 누설 발생을 사전에 방지할 수 있는 대책 4가지를 쓰시오. [4점]

[해답]　① 노후관의 조사 및 교체
　　　　② 매설위치가 불량한 관의 조사 및 교체
　　　　③ 타 공사에 대한 입회, 순회와 사전 보안조치 후 시공
　　　　④ 방식설비의 유지
　　　　⑤ 밸브, 신축이음 등의 설비에 대한 기능점검 및 분해 수리

04 LNG는 생산되는 지역이 다르면 가스의 조성, 밀도 및 발열량이 일반적으로 달라진다. 이때 다른 종류[이종(異種)]의 LNG를 동일 저장설비에 넣는 경우에 상이한 액체 밀도로 인하여 층상화된 액체의 불안정한 상태가 바로 잡히며 생기는 LNG의 급격한 물질 혼합 현상을 말하며, 일반적으로 상당한 양의 증발가스(BOG : boil off gas)가 탱크 내부에서 방출되는 현상이 수반되는 것을 무엇이라 하는가? [4점]

해답 롤 오버(roll over) 현상

해설 증발가스(BOG : boil off gas) : LNG 저장시설에서 외부로부터 전도되는 열에 의하여 LNG 중 극소량이 기화된 가스이다.

05 액화석유가스 용기 밸브 중 과류차단형 밸브와 차단기능형 밸브의 차이점을 설명하시오. [4점]

해답 ① 과류차단형 액화석유가스용 용기 밸브(KGS AA313) : 내용적 30L 이상 50L 이하의 액화석유가스 용기에 부착되는 것으로서 규정량 이상의 가스가 흐르는 경우에 가스 공급을 자동적으로 차단하는 과류차단기구를 내장한 용기 밸브이다.
② 차단기능형 액화석유가스용 용기 밸브(KGS AA312) : 내용적 30L 이상 50L 이하의 액화석유가스 용기에 부착되는 것으로서 가스충전구에서 압력조정기의 체결을 해체할 경우 가스 공급을 자동적으로 차단하는 차단기구가 내장된 용기 밸브이다.

06 지름 10mm인 재료에 인장하중이 800N이 작용할 때 응력(N/mm²)은 얼마인가? [5점]

풀이 $\sigma = \dfrac{F}{A} = \dfrac{800}{\dfrac{\pi}{4} \times 10^2} = 10.185 \fallingdotseq 10.19 \, \text{N/mm}^2$

해답 $10.19 \, \text{N/mm}^2$

07 공업용 용기에 충전하는 가스 종류에 따른 용기 도색을 쓰시오. [4점]

(1) 이산화탄소 :

(2) LPG :

(3) 염소 :

(4) 질소 :

해답 (1) 청색　(2) 밝은 회색　(3) 갈색　(4) 회색

해설 충전용기 도색 및 문자 색상

가스 종류	용기 도색		문자 색상	
	공업용	의료용	공업용	의료용
산소	녹색	백색	백색	녹색
에틸렌	회색	자색	백색	백색
수소	주황색	–	백색	–
탄산가스	청색	회색	백색	백색
LPG	밝은 회색	–	적색	–
아세틸렌	황색	–	흑색	–
암모니아	백색	–	흑색	–
염소	갈색	–	백색	–
질소	회색	흑색	백색	백색
아산화질소	회색	청색	백색	백색
헬륨	회색	갈색	백색	백색
사이클로 프로판	회색	주황색	백색	백색
기타	회색	회색	백색	–

08 가스크로마토그래피 분석장치에 사용되는 캐리어가스 종류 4가지를 쓰시오. [4점]

해답 ① 수소(H_2)　② 헬륨(He)　③ 아르곤(Ar)　④ 질소(N_2)

09 도시가스 원료 선택 시 고려사항 4가지를 쓰시오. [4점]

해답 ① 제조설비의 건설비가 적게 소요될 것

② 이동 및 변동이 용이할 것

③ 수질 및 대기의 공해 문제가 적을 것

④ 원료의 취급이 간편할 것

10 산업용 독성가스 용기에서 가스가 누출하는 사고가 발생하였을 때 용기를 캡슐에 넣어 안전하게 밀봉한 후 제독시설로 이동하는 설비의 명칭을 쓰시오. [4점]

해답 ERCV

해설 ERCV : Emergency Response Containment Vessel

11 최근 반도체 산업과 태양전지 산업에서 각광을 받고 있는 신소재 물질로서 특이한 냄새가 나는 무색의 기체이며, 녹는점이 −187.4℃, 비점은 약 −112℃이고, 1% 이하는 불연성이지만 3% 이상은 공기 중에서 자연발화하며 독성가스로 분류되는 물질의 명칭을 쓰시오. [4점]

해답 모노실란(SiH$_4$)

12 아세틸렌을 생산하는 시설에서 어떤 금속은 절대 사용해서는 안 된다. 이 금속의 명칭과 그 이유를 설명하시오. [4점]

해답 ① 금속 명칭 : 구리(Cu)
② 이유 : 구리와 접촉 반응하여 폭발성의 동 아세틸드(Cu$_2$C$_2$)를 생성하여 폭발의 위험성이 있기 때문에

2. 필답형 과년도문제

★ 필답형 과년도문제는 수험자의 기억에 의하여 재구성한 문제로 실제 시행된 문제와 다를 수 있습니다.

| 2021년도 필답형 시행문제 |

가스기능사   ▶ 2021. 4. 3 시행 (제1회)

01 온도가 27℃로 일정한 상태에서 압력이 100kPa인 기체 2L가 200kPa로 압력이 변화될 때에 대한 물음에 답하시오.

(1) 온도가 일정한 상태에서 압력 변화에 따른 체적을 계산할 때 적용하는 법칙을 쓰시오.

(2) 200kPa 상태로 압력이 변화되었을 때 체적은 몇 L인지 계산하시오.

풀이 (2) $P_1 V_1 = P_2 V_2$에서

$$\therefore V_2 = \frac{P_1 V_1}{P_2} = \frac{(100 + 101.325) \times 2}{200 + 101.325} = 1.336 ≒ 1.34 L$$

해답 (1) 보일의 법칙 (2) 1.34 L

---

02 [보기]에서 주어진 공식을 이용하여 양정 30m, 송수량 1.5m³/min, 효율 72%인 펌프의 축동력을 계산하시오.

┌─| 보기 |────────────────────────────

$$kW = \frac{\gamma \times Q \times H}{102 \times \eta \times 60}$$

────────────────────────────────

풀이 [보기]에서 주어진 공식의 분모에 '60'이 적용되어 있으므로 송수량의 단위는 'm³/min'이고, 물의 비중량(γ)은 1000kgf/m³이다.

$$\therefore kW = \frac{\gamma \times Q \times H}{102 \times \eta \times 60} = \frac{1000 \times 1.5 \times 30}{102 \times 0.72 \times 60} = 10.212 ≒ 10.21 \, kW$$

해답 10.21 kW

---

03 도시가스 사용시설에서 배관과 연소기를 연결하는 호스 길이는 얼마인가?

해답 3m 이내

해설 호스의 길이는 연소기까지 3m 이내로 하되, 호스는 "T"형으로 연결하지 않는다.

---

04 표준상태에서 프로판(C_3H_8) 액 1L가 기화하면 체적은 몇 배가 증가하는가? (단, 프로판의 액비중은 0.5이다.)

풀이 프로판의 액비중이 0.5(kg/L)이므로 액 1L=0.5kg=500g이 된다.

∴ 44g : 22.4L = 500g : x [L]

$$x = \frac{500 \times 22.4}{44} = 254.545 \fallingdotseq 254.55\,L$$

∴ 프로판(C_3H_8) 액체 1L가 기화하면 체적은 254.55배로 증가한다.

해답 254.55배

별해 $PV = \dfrac{W}{M}RT$에서

$$V = \frac{WRT}{PM} = \frac{500 \times 0.082 \times 273}{1 \times 44} = 254.386 \fallingdotseq 254.39\,L$$

---

05 자동제어에서 시퀀스 제어에 대하여 설명하시오.

해답 미리 순서에 입각해서 다음 동작이 연속으로 이루어지는 제어로 자동판매기, 보일러 점화 등이 해당된다.

해설 자동제어의 분류

① 피드백 제어(feed back control ; 폐[閉]회로) : 제어량의 크기와 목표값을 비교하여 그 값이 일치하도록 되돌림 신호(피드백 신호)를 보내어 수정동작을 하는 제어방식이다.

② 시퀀스 제어(sequence control ; 개[開]회로) : 미리 순서에 입각해서 다음 동작이 연속으로 이루어지는 제어로 자동판매기, 보일러의 점화 등이 해당된다.

---

06 LNG의 주성분은 무엇인가?

해답 메탄(CH_4)

07 [보기]의 특정고압가스 중 액화가스 250kg 이상, 압축가스 50m³ 이상 저장하여 사용하는 경우 사용신고를 하는 가스 4가지만 찾아 쓰시오.

> ┤ 보기 ├
>
> 수소, 산소, 액화암모니아, 아세틸렌, 액화염소, 천연가스, 압축모노실란, 압축디보레인, 액화알진, 포스핀, 세렌화수소, 게르만, 디실란, 오불화비소, 오불화인, 삼불화인, 삼불화질소, 삼불화붕소, 사불화유황, 사불화규소

해답 ① 수소 ② 산소 ③ 아세틸렌 ④ 천연가스

해설 특정고압가스 사용신고

① 사용신고(고법 제20조) : 수소, 산소, 액화암모니아, 아세틸렌, 액화염소, 천연가스, 압축모노실란, 압축디보레인, 액화알진, 그 밖에 대통령령으로 정하는 고압가스(이하 "특정고압가스"라 한다)를 사용하려는 자 등 산업통상자원부령으로 정하는 자는 특정고압가스를 사용하기 전에 미리 시장·군수 또는 구청장에게 신고하여야 한다.

② 대통령령으로 정하는 고압가스(고법 시행령 제16조) : 포스핀, 세렌화수소, 게르만, 디실란, 오불화비소, 오불화인, 삼불화인, 삼불화질소, 삼불화붕소, 사불화유황, 사불화규소

③ 특정고압가스 사용신고등(고법 시행규칙 제46조) : 법 20조에 따라 특정고압가스 사용신고를 하여야 하는 자는 다음 각호와 같다.

　1. 저장능력 250kg 이상인 액화가스 저장설비를 갖추고 특정고압가스를 사용하려는 자

　2. 저장능력 50m³ 이상인 압축가스 저장설비를 갖추고 특정고압가스를 사용하려는 자

　3. 배관으로 특정고압가스(천연가스는 제외한다)를 공급받아 사용하려는 자

　4. 압축모노실란·압축디보레인·액화알진·포스핀·세렌화수소·게르만·디실란·오불화비소·오불화인·삼불화인·삼불화질소·삼불화붕소·사불화유황·사불화규소·액화염소 또는 액화암모니아를 사용하려는 자

　5. 자동차 연료용으로 특정고압가스를 공급받아 사용하려는 자

④ 특정고압가스 사용신고를 하려는 자는 사용 개시 7일 전까지 시장·군수 또는 구청장에게 제출하여야 한다. : 고법 시행규칙 제46조 2항

참고 문제에서 묻는 것과 같이 일정 규모(액화가스 250kg, 압축가스 50m³) 이상일 때에만 사용신고를 하는 가스를 묻는 것으로 판단한 것이며, 특정고압가스에 해당하는 것 중 해설 ③항 4호에서 제시된 가스를 제외하고 선택하는 것으로 답안을 작성하였습니다.

08　습도계의 종류 2가지를 쓰시오.

[해답]　① 모발(毛髮) 습도계
　　　② 건습구 습도계
　　　③ 전기 저항식 습도계
　　　④ 광전관식 노점계
　　　⑤ 가열식 노점계(또는 Dewcel 노점계)

09　Governor의 사용 목적을 쓰시오.

[해답]　가스도매사업자로부터 공급받은 도시가스의 압력을 낮추어 다수의 사용자에게 가스를 공급하기 위해 설치하는 것으로 감압 기능, 정압 기능, 폐쇄 기능을 갖는다.

[해설]　정압기의 종류
　(1) 지구 정압기(city gate governor) : 일반도시가스사업자의 소유시설로서 가스도매사업자로부터 공급받은 도시가스의 압력을 1차적으로 낮추기 위해 설치하는 정압기를 말한다.
　(2) 지역 정압기(district governor) : 일반도시가스사업자의 소유시설로서 지구 정압기 또는 가스도매사업자로부터 공급받은 도시가스의 압력을 낮추어 다수의 사용자에게 가스를 공급하기 위해 설치하는 정압기를 말한다.
　(3) 철근콘크리트 구조의 정압기실 : 정압기실의 벽과 기초가 철근콘크리트인 정압기실을 말한다.
　(4) 정압기(governor)의 기능(역할)
　　　① 도시가스 압력을 사용처에 맞게 낮추는 감압 기능
　　　② 2차측의 압력을 허용범위 내의 압력으로 유지하는 정압 기능
　　　③ 가스의 흐름이 없을 때는 밸브를 완전히 폐쇄하여 압력상승을 방지하는 폐쇄 기능
　(5) 액화석유가스 조정기(regulator)의 역할 : 유출압력 조절로 안정된 연소를 도모하고 소비가 중단되면 가스를 차단한다.

10 막식 가스미터에서 발생할 수 있는 고장 종류를 쓰시오.

(1) 가스는 계량기를 통과하나 지침이 작동하지 않는 고장 :

(2) 가스가 계량기를 통과하지 못하는 고장 :

[해답] (1) 부동   (2) 불통

[해설] 막식 가스미터의 고장 종류 및 원인

① 부동(不動) : 가스는 계량기를 통과하나 지침이 작동하지 않는 고장으로 계량막의 파손, 밸브의 탈락, 밸브와 밸브 시트 사이에서의 누설, 지시장치 기어 불량 등이 원인이다.

② 불통(不通) : 가스가 계량기를 통과하지 못하는 고장으로 크랭크축이 녹슬었을 때, 밸브와 밸브 시트가 타르 등에 의해 붙거나 동결된 경우, 날개 조절기 등 회전 장치 부분에 이상이 있을 때 등이 원인이다.

③ 기차(오차) 불량 : 사용공차를 초과하는 고장으로 계량막에서의 누설, 밸브와 밸브 시트 사이에서의 누설, 패킹부에서의 누설 등이 원인이다.

④ 감도 불량 : 감도 유량을 통과시켰을 때 지침의 시도(示度) 변화가 나타나지 않는 고장으로 계량막 밸브와 밸브 시트 사이에서 누설, 패킹부에서의 누설 등이 원인이다.

11 발화점에 대하여 설명하시오.

[해답] 가연성 물질이 공기 중에서 점화원 없이 스스로 연소를 개시할 수 있는 최저의 온도이다.

[해설] 인화점 : 가연성 물질이 공기 중에서 점화원에 의해 연소할 수 있는 최저의 온도이다.

12 고압가스 충전용기를 용기보관장소에 보관할 때 직사광선을 피하여 유지하여야 할 온도는 얼마인가?

[해답] 40℃ 이하

[해설] 고압가스 충전용기를 보관, 사용, 운반할 때 유지하여야 할 온도는 40℃ 이하이다.

가스기능사 ▶ 2021. 6. 13 시행 (제2회)

01 25℃에서 0.1MPa 상태를 유지하고 있는 100m³의 기체가 150℃, 5MPa로 변경되었을 때 체적은 몇 L에 해당되는가?

풀이 보일-샤를의 법칙 $\dfrac{P_1 V_1}{T_1} = \dfrac{P_2 V_2}{T_2}$에서 변경 후의 체적 V_2를 구한다.

$$\therefore V_2 = \frac{P_1 V_1 T_2}{P_2 T_1} = \frac{(0.1+0.1) \times 100 \times (273+150)}{(5+0.1) \times (273+25)} \times 1000 = 5566.521 = 5566.52\,\mathrm{L}$$

해답 5566.52L

해설 문제에서 제시된 압력은 게이지압력이므로 대기압 0.1MPa을 더해 절대압력을 적용하였고, 1m³는 1000L에 해당되기 때문에 풀이 마지막에 '1000'을 곱한 것이다.

02 고압가스를 다음과 같이 분류할 때 염소에 대하여 각각 쓰시오.

(1) 상태에 의한 분류 :

(2) 연소성에 의한 분류 :

(3) 독성에 의한 분류 :

해답 (1) 액화가스

(2) 조연성가스

(3) 독성가스

03 전해액으로 20% 정도의 수산화나트륨 수용액을 직류 전기로 물을 전기분해할 때에 대한 물음에 답하시오.

(1) 수소와 산소가 발생하는 곳을 양극(+)과 음극(−)으로 구별하시오.

(2) 수소와 산소가 발생하는 체적비율은 얼마인가?

해답 (1) ① 수소가 발생하는 곳 : 음극(−)

② 산소가 발생하는 곳 : 양극(+)

(2) 2 : 1

해설 물의 전기분해 반응식 : $2H_2O \rightarrow 2H_2 + O_2$

04 액화천연가스의 영문 약자를 쓰시오.

[해답] LNG

[해설] LNG : Liquefied Natural Gas

---

05 가스 압축에 사용하는 압축기에서 다단압축을 할 때 장점 2가지를 쓰시오.

[해답] ① 1단 단열압축과 비교한 일량의 절약
② 이용효율의 증가
③ 힘의 평형이 양호해진다.
④ 토출가스의 온도 상승을 피한다.

---

06 정압기를 구성하는 부분에 대한 설명 중 ( )에 해당되는 명칭을 쓰시오.

> 2차 압력을 감지하고 2차 압력의 변동을 메인밸브에 전달하는 부분을 (①), 2차 압력을 설정하는 부분을 (②), 가스의 유량을 밸브의 개도에 따라 직접 조정하는 부분을 (③)라 한다.

[해답] ① 다이어프램 ② 스프링 ③ 메인밸브(또는 조정밸브)

---

07 아세틸렌(C_2H_2)에 대한 다음 물음 중 ( ) 안에 알맞은 내용을 쓰시오.

(1) 분자량은 (①)이다.
(2) 공기 중에서 폭발범위는 2.5~81%로 2.5%를 (②)라 한다.
(3) 구리(Cu), 은(Ag) 등의 금속과 접촉 반응하여 폭발성 물질인 (③), (④)를 생성한다.
(4) 흡열화합물이므로 압축하면 (⑤)폭발을 일으킬 우려가 있다.
(5) 아세틸렌가스를 제조할 때 사용하는 카바이드는 (⑥) 또는 (⑦)와 직접 반응한다.

[해답] ① 26 ② 폭발범위 하한값(또는 폭발하한값, 폭발하한계) ③ 동-아세틸드
④ 은-아세틸드 ⑤ 분해 ⑥ 물 ⑦ 수증기

[참고] 분자량의 단위는 'g/mol'로 일반적으로 사용하지 않으므로 기록하지 않아도 무방합니다.

08 다음 ( ) 안에 알맞은 부호를 쓰시오.

   (1) 절대압력 = 대기압 ( ) 게이지압력

   (2) 절대압력 = 대기압 ( ) 진공압력

해답 (1) +　(2) −

---

09 내용적 50L인 용기에 액화산소가 충전되어 있을 때 저장능력은 얼마인가? (단, 액화산소의 비중은 1.04이다.)

풀이 ① 액화가스 용기의 저장능력 계산식 $W=\dfrac{V_2}{C}$에서 "C"는 가스의 비중(단위 : kg/L)의 수치에 10분의 9를 곱한 수치의 역수를 적용하는 규정을 이용하여 계산한다.

$$\therefore\ C=\dfrac{1}{d\times\dfrac{9}{10}}=\dfrac{1}{1.04\times\dfrac{9}{10}}=1.068\fallingdotseq1.07$$

② 저장능력 계산

$$W=\dfrac{V_2}{C}=\dfrac{50}{1.07}=46.728\fallingdotseq46.73\,\mathrm{kg}$$

해답 46.73 kg

참고 ① 액화가스의 용기 및 차량에 고정된 탱크의 저장능력 산정기준 : 고법 시행규칙 별표1

$$W=\dfrac{V_2}{C}$$

여기서, W : 저장능력(단위 : kg)　V_2 : 내용적(단위 : L)

        C : 저온 용기 및 차량에 고정된 저온 탱크와 초저온 용기 및 차량에 고정된 초저온 탱크에 충전하는 액화가스의 경우에는 그 용기 및 탱크의 상용온도 중 최고 온도에서의 그 가스의 비중(단위 : kg/L)의 수치에 10분의 9를 곱한 수치의 역수, 그 밖의 액화가스의 충전용기 및 차량에 고정된 탱크의 경우에는 가스 종류에 따르는 정수

② 실기시험을 치른 후 공단에 이의제기하여 가스담당자한테 저장탱크 저장능력 산정식을 적용하여 계산한 수험자에게 불이익을 당하지 않도록 조치할 예정이라는 답변을 받았습니다.

    $\therefore\ W=0.9\,dV=0.9\times1.04\times50=46.8\ \mathrm{kg}$

③ KGS code에 액화산소를 충전용기에 충전할 때 충전상수는 1.04로 규정되어 있고, 액화산소의 비중은 일반적으로 1.14를 적용하고 있습니다.

10 기체의 용해도에 대한 내용 중 (   ) 안에 알맞은 내용을 쓰시오.

> 기체의 용해도는 온도가 (①), 압력이 (②) 잘 용해된다.

해답 ① 낮을수록   ② 높을수록

해설 헨리의 법칙(Henrry's law) : 일정온도에서 일정량의 액체에 녹는 기체의 질량은 압력에 정비례한다.

① 수소(H_2), 산소(O_2), 질소(N_2), 이산화탄소(CO_2) 등과 같이 물에 잘 녹지 않는 기체만 적용된다.

② 염화수소(HCl), 암모니아(NH_3), 이산화황(SO_2) 등과 같이 물에 잘 녹는 기체는 적용되지 않는다.

---

11 가스누출경보 차단장치의 구성요소 3가지를 쓰시오.

해답 ① 검지부   ② 차단부   ③ 제어부

---

12 고압가스 충전용기 보관실 기준 중 (   ) 안에 알맞은 내용을 쓰시오.

(1) 용기는 항상 (   )℃ 이하를 유지하고, 직사광선을 받지 않도록 조치한다.

(2) 용기 보관장소의 주위 (   )m 이내에는 화기 또는 인화성 물질이나 발화성 물질을 두지 않는다.

(3) 가연성가스 용기보관장소에는 (   ) 휴대용 손전등 외의 등화를 휴대하고 들어가지 않는다.

(4) 충전용기에는 넘어짐 등에 의한 충격이나 (   )의 손상을 방지하는 조치를 하고 난폭한 취급을 하지 않는다.

해답 (1) 40   (2) 2   (3) 방폭형   (4) 밸브

가스기능사   ▶ 2021. 8. 22 시행 (제3회)

01 배관에서 동일한 지름의 강관을 직선으로 이음할 때 사용하는 이음재 종류 2가지를 쓰시오.

해답 ① 소켓(socket)   ② 니플(nipple)   ③ 유니언(union)   ④ 플랜지(flange)

해설 사용 용도에 의한 강관 이음재 분류
① 배관의 방향을 전환할 때 : 엘보(elbow), 벤드(bend), 리턴 벤드
② 관을 도중에 분기할 때 : 티(tee), 와이(Y), 크로스(cross)
③ 동일 지름의 관을 연결할 때 : 소켓(socket), 니플(nipple), 유니언(union), 플랜지(flange)
④ 지름이 다른 관(이경 관)을 연결할 때 : 리듀서(reducer), 부싱(bushing), 이경 엘보, 이경 티
⑤ 관 끝을 막을 때 : 플러그(plug), 캡(cap)
⑥ 관의 분해, 수리가 필요할 때 : 유니언, 플랜지

02 내용적이 3000L의 저장탱크에 비중이 0.77인 액화가스를 충전할 때 저장능력(kg)은 얼마인가?

풀이 $W = 0.9dV = 0.9 \times 0.77 \times 3000 = 2079 \, \text{kg}$

해답 2079 kg

03 정압기 특성 중 동특성을 설명하시오.

해답 부하변화가 큰 곳에 사용되는 정압기에 대하여 중요한 특성으로 부하변동에 대한 응답의 신속성과 안정성이 요구된다.

해설 정압기 특성 종류
① 정특성(靜特性) : 정상 상태에 있어서 유량과 2차 압력의 관계
② 동특성(動特性) : 부하변화가 큰 곳에 사용되는 정압기에 대하여 중요한 특성으로 부하변동에 대한 응답의 신속성과 안정성이 요구된다.
③ 유량 특성 : 메인밸브의 열림과 유량과의 관계
④ 사용 최대 차압 : 메인밸브에 1차와 2차 압력이 작용하여 최대로 되었을 때 차압
⑤ 작동 최소 차압 : 정압기가 작동할 수 있는 최소 차압

04 온도의 단위 2가지를 쓰시오.

[해답] ① ℃ ② ℉

[해설] 온도의 단위
① 섭씨온도 : 물의 빙점을 0℃, 비점을 100℃로 정하고, 그 사이를 100등분하여 하나의 눈금을 1℃로 표시하는 온도
② 화씨온도 : 물의 빙점을 32℉, 비점을 212℉로 정하고, 그 사이를 180등분하여 하나의 눈금을 1℉로 표시하는 온도

05 대기압이 755mmHg이고, 게이지압력이 1.25kgf/cm²일 때 절대압력(kgf/cm²)은 얼마인가?

[풀이] 절대압력＝대기압＋게이지압력
$$=\left(\frac{755}{760}\times 1.0332\right)+1.25=2.276 \fallingdotseq 2.28\,\mathrm{kgf/cm^2 \cdot a}$$

[해답] $2.28\,\mathrm{kgf/cm^2 \cdot a}$

06 질소에 대한 물음에 답하시오.

(1) 공기 중 체적비는 몇 %인가?
(2) 분자량은 얼마인가?
(3) 연소성에 의하여 분류할 때 명칭을 쓰시오.
(4) 암모니아를 제조할 때 고온, 고압 하에서 반응시키는 가스 명칭을 쓰시오.
(5) 공업적 제조법의 명칭을 쓰시오.

[해답] (1) 78% (2) 28 (3) 불연성가스 (4) 수소 (5) 공기액화 분리장치

[해설] ① 분자량 단위는 'g/mol'이지만 생략해도 무방하다.
② 연소성에 의한 가스 분류 : 가연성가스, 조연성가스, 불연성가스
③ 암모니아 제조 반응식 : $N_2+3H_2 \longrightarrow 2NH_3$

07 도시가스 배관을 지하매설 배관의 부식을 방지하기 위한 전기방식법의 종류 2가지를 쓰시오.

[해답] ① 희생양극법(또는 유전양극법, 전기양극법) ② 외부전원법
③ 배류법 ④ 강제배류법

08 흡수 분석법에 해당되는 분석기 종류 3가지를 쓰시오.

[해답] ① 오르사트법 ② 헴펠법 ③ 게겔법

09 가스의 발열량을 가스 비중의 평방근으로 나눈 값으로 가스의 연소성, 호환성을 판정할 때 사용되는 것은?

[해답] 웨버지수

[해설] 웨버(Weber)지수 계산식

$$WI = \frac{H_g}{\sqrt{d}}$$ 여기서, WI : 웨버지수, H_g : 도시가스의 총발열량(kcal/m³), d : 도시가스의 비중

※ 웨버지수는 단위가 없는 무차원 수이다.

10 HCN을 장기간 저장하지 못하게 규정하는 이유를 설명하시오.

[해답] 중합폭발을 방지하기 위하여

[해설] 시안화수소(HCN) 충전작업

① 용기에 충전하는 시안화수소는 순도가 98% 이상이고, 아황산가스 또는 황산 등의 안정제를 첨가한 것으로 한다.

② 시안화수소를 충전한 용기는 충전 후 24시간 정치하고, 그 후 1일 1회 이상 질산구리벤젠 등의 시험지로 가스의 누출검사를 하며, 용기에 충전 연월일을 명기한 표지를 붙인다.

③ 중합폭발의 위험성 때문에 충전한 후 60일이 경과되기 전에 다른 용기에 옮겨 충전한다. 다만, 순도가 98% 이상으로서 착색되지 아니한 것은 다른 용기에 옮겨 충전하지 않을 수 있다.

11 원심펌프가 높은 능력으로 운전되는 경우 임펠러 흡입부의 압력이 유체의 증기압력보다 낮아지면 흡입부의 유체는 증발하게 되며, 이 증기는 임펠러의 고압부로 이동하여 갑자기 응축하게 된다. 이러한 현상을 무엇이라 하는가?

[해답] 캐비테이션(cavitation) 현상

12 아세틸렌가스 또는 압력이 9.8MPa 이상인 압축가스를 용기에 충전하는 경우 압축기와 그 충전장소 사이에는 그 한 쪽에서 발생하는 위해요소가 다른 쪽으로 전이되는 것을 방지하기 위하여 설치하는 설비의 명칭을 쓰시오.

[해답] 방호벽

가스기능사

---

01 프로판 1L가 완전연소할 때 이론산소량은 몇 L인가?

풀이 ① 프로판(C_3H_8)의 완전연소 반응식 : $C_3H_8 + 5O_2 \rightarrow 3CO_2 + 4H_2O$

② 이론산소량(O_0) 계산

$$[C_3H_8] \qquad\qquad [O_2]$$
$$22.4L \qquad\qquad 5 \times 22.4L$$
$$1L \qquad\qquad x(O_0)[L]$$

$$\therefore x(O_0) = \frac{1 \times 5 \times 22.4}{22.4} = 5L$$

해답 5L

---

02 고온 물체로부터 방사되는 특정 파장을 온도계 속으로 통과시켜 온도계 내의 전구 필라멘트의 휘도를 육안으로 직접 비교하여 온도를 측정하는 비접촉식 온도계의 명칭을 쓰시오.

해답 광고온도계(또는 광고온계)

해설 광고온도계 : 측정대상 물체에서 방사되는 빛과 표준전구에서 나오는 필라멘트의 휘도를 같게 하여 표준전구의 전류 또는 저항을 측정하여 온도를 측정하는 것으로 비접촉식 온도계이다.

---

03 다음 물음에 답하시오.

(1) 연소의 3요소를 쓰시오.

(2) 탄소의 완전연소 반응식을 쓰시오.

해답 (1) ① 가연물 ② 산소 공급원 ③ 점화원

(2) $C + O_2 \rightarrow CO_2$

04 다음 물음에 해당하는 가스를 [보기]에서 찾아 쓰시오.

> | 보기 |
> 암모니아, 산소, 수소, 염소, 이산화탄소, 아르곤

(1) 표준상태에서 밀도가 가장 낮은 것과 높은 것을 각각 쓰시오.
(2) 조연성가스에 해당하는 것 2가지를 쓰시오.
(3) 가연성이면서 독성가스에 해당하는 것 1가지를 쓰시오.
(4) 공기액화 분리장치에서 회수하는 가스 2가지를 쓰시오.
(5) 냄새로 구별할 수 있는 가스 2가지를 쓰시오.

해답 (1) ① 낮은 것 : 수소 ② 높은 것 : 염소
　　 (2) ① 염소 ② 산소
　　 (3) 암모니아
　　 (4) ① 산소 ② 아르곤
　　 (5) ① 염소 ② 암모니아

해설 ① 밀도 : 단위체적당 질량으로 단위는 'g/L', 'kg/m³'이다.

$$\rho = \frac{분자량}{22.4}$$

② 각 가스의 성질

가스 명칭	분자량	성질
암모니아(NH_3)	17	가연성, 독성, 무색, 자극성이 강한 냄새
산소(O_2)	32	조연성, 비독성, 무색, 무취
수소(H_2)	2	가연성, 비독성, 무색, 무취
염소(Cl_2)	71	조연성, 독성, 황록색, 자극성
이산화탄소(CO_2)	44	불연성, 비독성, 무색, 무취
질소(N_2)	28	불연성, 비독성, 무색, 무취
아르곤(Ar)	40	불연성, 비독성, 무색, 무취

05 차압식 유량계 중 압력손실이 크지만 가격이 저렴하고 정도가 높아 제어 및 측정분야에서 가장 많이 사용되는 것의 명칭을 쓰시오.

해답 오리피스미터

해설 오리피스(orifice)미터의 특징
  ① 구조가 간단하고 제작이 쉬워 가격이 저렴하다.
  ② 협소한 장소에 설치가 가능하다.
  ③ 유량계수의 신뢰도가 크다.
  ④ 오리피스 교환이 용이하다.
  ⑤ 차압식 유량계에서 압력손실이 제일 크다.
  ⑥ 침전물의 생성 우려가 많다.
  ⑦ 동심 오리피스와 편심 오리피스가 있다.
  ⑧ 유량계 전후에 동일한 지름의 직관이 필요하다.

06 LNG의 주성분은 무엇인가?

해답 메탄(CH_4)

07 초저온 용기에 대한 물음에 답하시오.
  (1) 초저온 용기에 충전하는 액화가스의 최고온도는 얼마인가?
  (2) 신규로 제작된 용기 전수에 대하여 시험용 액화가스를 사용하여 침입열량을 계산하여 검사하는 시험의 명칭은 무엇인가?

해답 (1) −50℃ (2) 단열성능시험

해설 초저온 용기의 정의(KGS AC213) : −50℃ 이하의 액화가스를 충전하기 위한 용기로서, 단열재로 피복하거나 냉동설비로 냉각하는 등의 방법으로 용기 안의 가스 온도가 상용의 온도를 초과하지 않도록 한 것을 말한다.

08 LPG 용기 내의 압력과 관계없이 유출압력을 조절하여 안정된 연소를 도모하고, 소비가 중단되면 가스를 차단하는 가스 용품의 명칭을 쓰시오.

해답 압력조정기(또는 조정기)

---

09 공기 중에서 체적으로 가장 많은 비율을 갖는 것은 무엇인가?

해답 질소

해설 공기의 조성

구분	질소(N_2)	산소(O_2)	아르곤(Ar)	이산화탄소(CO_2)	기타
체적비	78%	21%	0.93%	0.03%	0.04%
질량비	75.47%	23.2%	1.28%	0.046%	0.004%

---

10 아세틸렌을 용기에 충전할 때 용기에 다공물질을 고루 채워 다공도가 75% 이상 92% 미만이 되도록 한 후 침윤시키는 물질 2가지를 쓰시오.

해답 ① 아세톤

② 디메틸포름아미드(DMF)

해설 ① 침윤시키는 물질을 '용해제(또는 용제)'라 한다.

② '다공물질'과 '다공질물'은 동일한 것을 지칭하는 것으로 혼용하여 사용하고 있다.

---

11 도시가스 총발열량(kcal/m³)을 도시가스 비중의 평방근으로 나눈 값으로, 연소성 및 호환성을 판단하는 지수는 무엇인가?

해답 웨버지수

해설 ① 웨버지수 공식

$$WI = \frac{H_g}{\sqrt{d}}$$

여기서, WI : 웨버지수

H_g : 가스의 총발열량(kcal/m³)

d : 가스의 비중

② 웨버지수는 단위가 없는 무차원 수이다.

12 고압가스 안전관리법에 따른 안전관리자의 업무에 대한 내용 중 ( ) 안에 알맞은 내용을 넣으시오.

(1) 사업소 또는 ( )의 시설 · 용기등 또는 작업과정의 안전유지

(2) ( )의 의무이행 확인

(3) ( )의 시행 및 그 기록의 작성 · 보존

해답 (1) 사용신고시설

(2) 공급자

(3) 안전관리규정

해설 안전관리자의 업무 : 고법 시행령 제13조

① 사업소 또는 사용신고시설의 시설 · 용기등 또는 작업과정의 안전유지

② 용기등의 제조공정관리

③ 법 제10조에 따른 공급자의 의무이행 확인

④ 법 제11조에 따른 안전관리규정의 시행 및 그 기록의 작성 · 보존

⑤ 사업소 또는 사용신고시설의 종사자[사업소 또는 사용신고시설을 개수(改修) 또는 보수(補修)하는 업체의 직원을 포함한다]에 대한 안전관리를 위하여 필요한 지휘 · 감독

⑥ 그 밖의 위해방지 조치

| 2022년도 필답형 시행문제 |

가스기능사

▶ 2022. 3. 20 시행 (제1회)

---

01 도시가스에 대한 물음에 답하시오.

(1) 도시가스 원료 중 액체 성분에 해당되는 것 2가지를 쓰시오.

(2) 도시가스 총발열량($kcal/m^3$)을 도시가스 비중의 평방근으로 나눈 값을 무엇이라 하는가?

(3) 일반적으로 도시가스는 가스의 제조, (   ), 열량 조정 등의 공정에 의해 제조된다. (   ) 안에 알맞은 용어를 쓰시오.

(4) 도시가스 누설 시 냄새로 알 수 있도록 첨가하는 것을 무엇이라 하는가?

(5) 도시가스 제조소에서 생산된 가스를 저장하여 가스의 질을 균일하게 유지하며, 제조량과 수요량을 조절하는 저장시설의 명칭을 쓰시오.

해답 (1) ① LNG(액화천연가스)   ② LPG(액화석유가스)   ③ 나프타

(2) 웨버지수

(3) 정제

(4) 부취제

(5) 가스홀더

해설 ① 웨버지수 공식

$$WI = \frac{H_g}{\sqrt{d}}$$

여기서, WI : 웨버지수 H_g : 가스의 총발열량($kcal/m^3$) d : 가스의 비중

② 웨버지수는 단위가 없는 무차원 수이다.

---

02 다음 (   ) 안에 알맞은 용어를 쓰시오.

(①) 또는 (②) 용기란 동판 및 경판을 각각 성형하여 심(seam) 용접이나 그 밖의 방법으로 (①)하거나 (②)하여 만든 내용적 1L 이하인 1회용 용기를 말한다.

해답 ① 접합   ② 납붙임

해설 "접합 또는 납붙임 용기"란 동판 및 경판을 각각 성형하여 심 용접 그 밖의 방법으로 접합하거나 납붙임하여 만든 내용적 1L 이하인 1회용 용기로서 에어졸제조용, 라이터충전용, 연료가스용, 절단용 또는 용접용으로 제조한 것을 말한다.

03 도시가스가 누출되었을 때 냄새로 알 수 있도록 첨가하는 물질의 구비조건 2가지를 쓰시오.

해답 ① 화학적으로 안정하고 독성이 없을 것
② 보통 존재하는 냄새(생활취)와 명확하게 식별될 것
③ 극히 낮은 농도에서도 냄새가 확인될 수 있을 것
④ 가스관이나 가스미터 등에 흡착되지 않을 것
⑤ 배관을 부식시키지 않을 것
⑥ 물에 잘 녹지 않고 토양에 대하여 투과성이 클 것
⑦ 완전연소가 가능하고 연소 후 냄새나 유해한 성질이 남지 않을 것

04 다음 물음에 해당하는 가스를 [보기]에서 찾아 쓰시오.

┌ 보기 ┐
산소, 오존, 이산화탄소, 일산화탄소, 암모니아, 메탄, 에탄, 이산화황

(1) 밀도가 가장 낮은 것은?
(2) 독성이면서 가연성가스에 해당되는 것 2가지를 쓰시오.
(3) 냄새로 식별 가능한 가스 2가지를 쓰시오.
(4) 지구온난화를 유발하는 온실가스 2가지를 쓰시오.
(5) 불연성가스에 해당하는 것을 모두 쓰시오.

해답 (1) 메탄
(2) ① 일산화탄소 ② 암모니아
(3) ① 암모니아 ② 이산화황
(4) ① 이산화탄소 ② 메탄
(5) ① 이산화탄소 ② 이산화황

해설 ① 가스(기체) 밀도 $\rho = \dfrac{분자량}{22.4}$ 이므로 분자량이 작은 것이 밀도가 작다. [보기]에서 분자량이 가장 작은 것은 메탄(CH_4)으로 분자량은 16이다.
② 온실가스[저탄소 녹색성장 기본법 제2조] : 이산화탄소(CO_2), 메탄(CH_4), 아산화질소(N_2O), 수소불화탄소(HFC_S), 과불화탄소(PFC_S), 육불화황(SF_6) 및 그 밖에 대통령령으로 정하는 것으로 적외선 복사열을 흡수하거나 재방출하여 온실효과를 유발하는 대기 중의 가스 상태의 물질을 말한다.

---

05 산소압축기 윤활제로 사용하는 것 2가지를 쓰시오.

[해답] ① 물

② 10% 이하의 묽은 글리세린수

[해설] 산소압축기 내부 윤활제로 사용할 수 없는 것은 석유류, 유지류, 글리세린이다.

---

06 고압가스 안전관리법령에 따른 안전관리자의 종류 4가지를 쓰시오.

[해답] ① 안전관리총괄자

② 안전관리부총괄자

③ 안전관리책임자

④ 안전관리원

[해설] 가스 3법에 따른 안전관리자의 종류

① 고압가스 안전관리자(고법 시행령 제12조) : 안전관리총괄자, 안전관리부총괄자, 안전관리책임자, 안전관리원

② 액화석유가스 안전관리자(액법 시행령 제15조) : 안전관리총괄자, 안전관리부총괄자, 안전관리책임자, 안전관리원, 안전점검원

③ 도시가스 안전관리자(도법 시행령 제15조) : 안전관리총괄자, 안전관리부총괄자, 안전관리책임자, 안전관리원, 안전점검원

---

07 게이지압력 1.03MPa은 절대압력으로 몇 kgf/cm²인가? (단, 대기압은 1.0332kgf/cm² 이다.)

[풀이] 절대압력＝대기압＋게이지압력

$$= 1.0332 + \left(\frac{1.03}{0.101325} \times 1.0332 \right) = 11.535 ≒ 11.54 \, kgf/cm^2 \cdot a$$

[해답] $11.54 \, kgf/cm^2 \cdot a$

[해설] ① 1atm＝760 mmHg＝76 cmHg＝0.76 mHg＝29.9 inHg＝760 torr

＝10332 kgf/m²＝1.0332 kgf/cm²＝10.332 mH₂O＝10332 mmH₂O

＝101325N/m²＝101325 Pa＝101.325 kPa＝0.101325 MPa

＝1.01325 bar＝1013.25 mbar＝14.7 lb/in²＝14.7 psi

② 압력 환산식

$$환산 \, 압력 = \frac{주어진 \, 압력}{주어진 \, 압력 \, 단위의 \, 표준대기압} \times 구하려는 \, 단위의 \, 표준대기압$$

08 공기의 조성을 질소, 산소, 이산화탄소, 아르곤 4가지 성분으로 이루어진 것으로 할 때 가장 많은 양과 가장 적은 양을 차지하는 것을 각각 쓰시오.

해답 ① 가장 많은 양을 차지하는 것 : 질소(N_2)
② 가장 적은 양을 차지하는 것 : 이산화탄소(CO_2)

해설 공기의 조성(성분)

구분	체적비	질량비
산소(O_2)	21%	23.2%
질소(N_2)	78%	75.47%
아르곤(Ar)	0.93%	1.28%
이산화탄소(CO_2)	0.03%	0.046%
기타	0.04%	0.004%

09 가연물이 연소되기 위해서는 (①), (②)이 필요하며 활성화에너지가 (③), 발열량이 (④) 연소가 잘 일어난다. (   ) 안에 알맞은 용어를 넣으시오.

해답 ① 산소공급원
② 점화원
③ 작고
④ 높을 때

10 금속마다 선팽창계수가 다른 기계적 성질을 이용한 것으로 발열체의 발열변화에 따라 굽히는 정도가 다른 2종의 얇은 금속판을 결합시켜 만든 온도계의 명칭을 쓰시오.

해답 바이메탈 온도계

11 콕에 표시 유량 이상의 가스량이 통과되었을 경우 가스 유로를 차단하는 장치의 명칭을 쓰시오.

해답 과류차단 안전기구

해설 과류차단 안전기구(KGS AA334) : 표시 유량 이상의 가스량이 통과되었을 경우 가스 유로를 차단하는 장치를 말한다.

12 철근콘크리트제 방호벽의 높이와 두께는 각각 얼마인가 쓰시오.

해답 ① 높이 : 2000mm 이상
② 두께 : 120mm 이상

해설 방호벽의 종류 및 규격 기준

구분	규격	
	두께	높이
철근콘크리트제	120mm 이상	2000mm 이상
콘크리트블럭제	150mm 이상	2000mm 이상
강판제	$6\binom{+0.8}{-0.4}$mm 이상	2000mm 이상
	$3.2\binom{+0.8}{-0.4}$mm 이상	2000mm 이상

가스기능사 ▶ 2022. 5. 29 시행 (제2회)

01 가스미터는 실측식과 추량식으로 분류하는데 이중에서 추량식에 해당하는 것 2가지를 쓰시오.

[해답] ① 오리피스식 ② 벤투리식 ③ 터빈식

[해설] 실측식 가스미터의 종류
① 건식 : 막식형(독립내기식, 클로버식)
② 회전식 : 루츠형, 오벌식, 로터리피스톤식
③ 습식

02 액화가스를 증기·온수·공기 등 열매체로 가열하여 기화시키는 기화통을 주체로 한 장치로 이것에 부속된 기기·밸브류·계기류 및 연결관을 포함한 것의 명칭을 쓰시오.

[해답] 기화장치

03 도시가스 매설배관에 사용하는 가스용 폴리에틸렌관(PE배관)의 최고사용압력(MPa)은 얼마인가?

[해답] 0.4MPa

[해설] ① 가스용 폴리에틸렌관(PE배관) 종류에 따른 압력 범위

호칭	SDR	압력 범위
1호 관	11 이하	0.4MPa 이하
2호 관	17 이하	0.25MPa 이하
3호 관	21 이하	0.2MPa 이하

$$※ \text{SDR(standard dimension ratio)} = \frac{D(외경)}{t(최소 두께)}$$

② 문제에서 '최고사용압력'을 묻고 있으므로 '이하'를 붙이면 오답으로 채점될 수 있으니 주의하길 바랍니다. ('압력 범위'로 물었으면 '이하'를 붙여서 답안을 작성해야 함)

04 아세틸렌의 위험도는 얼마인가? (단, 공기 중 아세틸렌의 폭발범위는 2.5~81%이다.)

풀이 $H = \dfrac{U - L}{L} = \dfrac{81 - 2.5}{2.5} = 31.4$

해답 31.4

해설 위험도는 단위가 없는 무차원이다.

05 "온도가 일정한 상태에서 일정량의 기체가 차지하는 부피는 압력에 반비례한다."로 정의하는 법칙은 무엇인가?

해답 보일의 법칙

06 누출된 가스를 검지하여 그 농도를 지시함과 동시에 경보를 울리고 자동으로 가스의 공급을 차단하는 장치의 명칭을 쓰시오.

해답 가스누출경보 및 자동차단장치

07 도시가스는 기체연료의 한 종류에 해당되는데 기체연료의 장단점을 각각 1가지씩 쓰시오.

해답 (1) 장점
　　① 연소효율이 높고 연소제어가 용이하다.
　　② 회분 및 황성분이 없어 전열면 오손이 없다.
　　③ 적은 공기비로 완전연소가 가능하다.
　　④ 완전연소가 가능하여 공해문제가 없다.
　(2) 단점
　　① 저장 및 수송이 어렵다.
　　② 가격이 비싸고 시설비가 많이 소요된다.
　　③ 누설 시 화재, 폭발의 위험이 크다.

해설 장단점에 해당되는 내용 중 하나를 선택하여 답안을 작성하면 된다.

08 다음 물음에 해당하는 가스를 [보기]에서 찾아 쓰시오.

> | 보기 |
>
> 산소, 수소, 질소, 아세틸렌, 암모니아, 이산화탄소, 이산화황, 염소, 메탄

(1) 표준상태에서 밀도가 가장 작은 것은?

(2) 표준상태에서 밀도가 가장 큰 것은?

(3) 조연성가스에 해당하는 것 2가지를 쓰시오.

(4) 가연성이면서 독성가스에 해당하는 것 1가지를 쓰시오.

(5) 공기액화 분리장치에서 회수하는 가스 2가지를 쓰시오.

(6) 압축가스로 취급되는 것 2가지를 쓰시오.

해답 (1) 수소

(2) 염소

(3) ① 산소   ② 염소

(4) 암모니아

(5) ① 산소   ② 질소

(6) ① 산소   ② 수소   ③ 질소   ④ 메탄

해설 ① 표준상태에서 가스 밀도는 $\dfrac{분자량}{22.4}$ 이고, 단위는 'g/L', 'kg/m³'이다.

② 각 가스의 분자량

명칭	분자량	명칭	분자량
산소(O_2)	32	이산화탄소(CO_2)	44
수소(H_2)	2	이산화황(SO_2)	64
질소(N_2)	28	염소(Cl_2)	71
아세틸렌(C_2H_2)	26	메탄(CH_4)	16
암모니아(NH_3)	17		

∴ 분자량이 큰 것이 밀도가 크고, 분자량이 작은 것이 밀도가 작다.

09 다음 물음에 답하시오.

(1) 측정값과 참값의 차이를 무엇이라 하는가?

(2) 측정 결과에 대한 신뢰도를 수량적으로 표시한 척도를 무엇이라 하는가?

(3) 계측기기가 측정량의 변화에 민감한 정도를 나타낸 값을 무엇이라 하는가?

해답 (1) 오차

(2) 정도(精度)

(3) 감도

10 가스설비의 수리 등을 위하여 작업원이 그 가스설비 안에 들어갈 때 재치환 작업에 대한 기준 중 (   ) 안에 알맞은 내용을 넣으시오.

가스설비 내부의 가스를 불활성가스 또는 물 등 해당 가스와 반응하지 않는 가스 또는 액체로 치환한 후 산소측정기 등으로 측정하여 산소의 농도가 18%에서 22%로 된 것이 확인될 때까지 (①)로 반복하여 치환한다. 독성가스 설비의 경우 가스 검지기 등으로 해당 독성가스의 농도가 (②) 이하인 것을 재확인한다.

해답 ① 공기   ② TLV−TWA 기준농도

11 황(S)을 산소와 반응시키면 이산화황(SO_2)이 발생한다. 황 1kg이 완전연소할 때 이론산소량은 몇 kg인가? (단, 황과 산소의 분자량은 32이다.)

풀이 ① 황(S)의 완전연소 반응식 : $S + O_2 \rightarrow SO_2$

② 이론산소량 계산

[S]   [O_2]

32 kg   32 kg

1 kg $x(O_2)$[kg]

$\therefore x(O_2) = \dfrac{1 \times 32}{32} = 1\,kg$

해답 1 kg

12 고압가스 설비와 배관에 대하여 상용압력 이상 또는 0.7MPa 이상으로 실시하는 시험은 무엇인가?

[해답] 기밀시험

[해설] 고압가스 설비와 배관의 기밀시험 기준

① 기밀시험은 원칙적으로 공기 또는 위험성이 없는 기체의 압력으로 실시한다.

② 기밀시험은 그 설비가 취성 파괴를 일으킬 우려가 없는 온도에서 한다.

③ 기밀시험 압력은 상용압력 이상으로 하되, 0.7MPa를 초과하는 경우 0.7MPa 압력 이상으로 한다. 이 경우 시험할 부분의 용적에 대응한 기밀유지시간 이상을 유지하고 처음과 마지막 시험의 측정압력차가 압력측정기구의 허용오차 안에 있는 것을 확인한다. 처음과 마지막 시험의 온도차가 있는 경우에는 압력차를 보정한다.

시험 용적에 따른 기밀유지시간

압력측정기구	용적	기밀유지시간
압력계 또는 자기압력기록계	$1m^3$ 미만	48분
	$1m^3$ 이상 $10m^3$ 미만	480분
	$10m^3$ 이상	$48 \times V$분 (다만, 2880분을 초과한 경우는 2880분으로 할 수 있다.)

[비고] V는 피시험부분의 용적(단위 : m^3)이다.

④ 검사의 상황에 따라 위험이 없다고 판단되는 경우에는 해당 고압가스설비로 저장 또는 처리되는 가스를 사용하여 기밀시험을 할 수 있다. 이 경우 압력은 단계적으로 올려 이상이 없음을 확인하면서 승압한다.

⑤ 기밀시험은 기밀시험압력에서 누설 등의 이상이 없을 때 합격으로 한다.

⑥ 기밀시험에 종사하는 인원은 작업에 필요한 최소 인원으로 하고, 관측 등은 적절한 장해물을 설치하고 그 뒤에서 한다.

⑦ 기밀시험을 하는 장소 및 그 주위는 잘 정돈하여 긴급한 경우 대피하기 좋도록 하고 2차적으로 인체에 피해가 발생하지 않도록 한다.

가스기능사　　　　　　　　　　　　　　　　　▶ 2022. 8. 14 시행 (제3회)

---

01 입상높이 20m인 곳에 프로판(C_3H_8)을 공급할 때 압력손실은 수주로 몇 mm인가? (단, 프로판의 비중은 1.5이다.)

[풀이] $H = 1.293(S-1)h = 1.293 \times (1.5-1) \times 20 = 12.93 \, mmH_2O$

[해답] $12.93 \, mmH_2O$

---

02 차압식 유량계의 종류 2가지를 쓰시오.

[해답] ① 오리피스미터　② 플로노즐　③ 벤투리미터

[해설] 차압식 유량계

　① 측정 원리 : 베르누이 정리(또는 베르누이 방정식)

　② 측정 방법 : 조리개 전후에 연결된 액주계의 압력차를 이용하여 유량을 측정하는 간접식 유량계이다.

---

03 가연성 또는 독성가스 설비에서 이상 상태가 발생한 경우 해당 설비 내의 내용물을 설비 밖으로 긴급하고 안전하게 이송하는 설비로, 방출구는 작업원이 정상 작업을 하는 장소 및 통행하는 장소에서 10m 이상 이격시켜야 하는 설비의 명칭을 쓰시오.

[해답] 벤트스택

---

04 방폭전기기기의 구조에 따른 종류 2가지를 쓰시오.

[해답] ① 내압 방폭구조　② 유입 방폭구조　③ 압력 방폭구조

　④ 안전증 방폭구조　⑤ 본질안전 방폭구조　⑥ 특수 방폭구조

---

05 일산화탄소(CO)의 위험도는 얼마인가? (단, 공기 중에서 폭발범위는 12.5~74%이다.)

[풀이] $H = \dfrac{U-L}{L} = \dfrac{74-12.5}{12.5} = 4.92$

[해답] 4.92

06 기화된 LPG의 발열량을 조절하고, 재액화를 방지하기 위하여 공기를 혼합한 것으로 공기를 혼합할 때 폭발범위 내의 혼합가스를 만들지 않도록 해야 하는 LPG+Air 강제 기화방식은 무엇인가?

해답 공기혼합가스 공급방식

07 공기의 평균분자량이 29, 공기 중 산소 농도가 체적비로 21%일 때 공기 중 산소의 질량비(wt%)는 얼마인가?

풀이 ① 산소(O_2)의 분자량은 32이다.
② 공기 중 산소의 질량비 계산 : 공기 중에서 산소가 차지하는 체적비가 21%이므로 공기 중에서 산소가 갖는 질량은 산소의 분자량에 체적비의 곱으로 표시할 수 있다.

$$\therefore \text{산소의 질량비} = \frac{\text{공기 중 산소의 질량}}{\text{공기의 분자량}} \times 100$$

$$= \frac{\text{산소의 분자량} \times \text{공기 중 체적비}}{\text{공기의 분자량}} \times 100$$

$$= \frac{32 \times 0.21}{29} \times 100 = 23.172 \fallingdotseq 23.17\,\text{wt}\%$$

해답 $23.17\,\text{wt}\%$

08 아세틸렌 충전작업에 대한 내용 중 ( ) 안에 알맞은 내용을 쓰시오.
(1) 아세틸렌을 (①) 압력으로 압축하는 때에는 희석제를 첨가한다.
(2) 습식 아세틸렌 발생기의 표면은 (②) 이하의 온도를 유지하고, 그 부근에서 불꽃이 튀는 작업을 하지 않는다.
(3) 아세틸렌을 용기에 충전하는 때에는 미리 용기에 다공질물을 고루 채워 다공도가 (③)이 되도록 한 후 아세톤 또는 디메틸포름아미드를 고루 침윤시키고 충전한다.
(4) 아세틸렌을 용기에 충전하는 때의 충전 중의 압력은 (④) 이하로 하고, 충전 후에는 압력이 (⑤)에서 (⑥) 이하로 될 때까지 정치하여 둔다.

해답 ① 2.5MPa ② 70℃ ③ 75% 이상 92% 미만 ④ 2.5MPa ⑤ 15℃ ⑥ 1.5MPa
해설 ① 희석제의 종류 : 질소, 메탄, 일산화탄소, 에틸렌
② '다공질물'과 '다공물질'은 동일한 것을 지칭하는 것으로 혼용하여 사용하고 있다.

09 다음 물음에 해당되는 가스를 [보기]에서 찾아 쓰시오.

> | 보기 |
> 산소, 오존, 이산화탄소, 일산화탄소, 아르곤, 메탄, 암모니아, 아황산가스

(1) 6대 온실가스 중에 해당하는 것 2가지를 쓰시오.
(2) 가연성이면서 독성가스에 해당하는 것 2가지를 쓰시오.
(3) 표준상태에서 밀도가 가장 큰 것은?
(4) 표준상태에서 밀도가 가장 작은 것은?
(5) 공기액화 분리장치에서 회수하는 가스 2가지를 쓰시오.
(6) 냄새로 구분이 가능한 것 2가지를 쓰시오.

해답 (1) ① 이산화탄소 ② 메탄
(2) ① 일산화탄소 ② 암모니아
(3) 아황산가스
(4) 메탄
(5) ① 산소 ② 아르곤
(6) ① 암모니아 ② 아황산가스

해설 ① 가스(기체) 밀도 $\rho = \dfrac{분자량}{22.4}$ 이므로 분자량이 작은 것이 밀도가 작고, 분자량이 큰 것이 밀도가 크다.
② 각 가스의 분자량

명칭	분자량	명칭	분자량
산소(O_2)	32	아르곤(Ar)	40
오존(O_3)	48	메탄(CH_4)	16
이산화탄소(CO_2)	44	암모니아(NH_3)	17
일산화탄소(CO)	28	아황산가스(SO_2)	64

③ 온실가스[저탄소 녹색성장 기본법 제2조] : 이산화탄소(CO_2), 메탄(CH_4), 아산화 질소(N_2O), 수소불화탄소(HFC_S), 과불화탄소(PFC_S), 육불화황(SF_6) 및 그 밖에 대통령령으로 정하는 것으로 적외선 복사열을 흡수하거나 재방출하여 온실효과를 유발하는 대기 중의 가스 상태의 물질을 말한다.

10 고압가스 안전관리법에 따른 안전관리자의 종류 4가지를 쓰시오.

[해답] ① 안전관리총괄자 ② 안전관리부총괄자 ③ 안전관리책임자 ④ 안전관리원

[해설] 안전관리자의 종류
  ① 고법(시행령 제12조) : 안전관리총괄자, 안전관리부총괄자, 안전관리책임자, 안전관리원
  ② 액법(시행령 제15조) : 안전관리총괄자, 안전관리부총괄자, 안전관리책임자, 안전관리원, 안전점검원
  ③ 도법(시행령 제15조) : 안전관리총괄자, 안전관리부총괄자, 안전관리책임자, 안전관리원, 안전점검원

11 고압가스 안전관리법에서 규정하고 있는 액화가스 정의 중 (   ) 안에 알맞은 내용을 쓰시오.

> 액화가스란 가압·냉각 등의 방법에 의하여 액체 상태로 되어 있는 것으로서 대기압에서의 끓는 점이 (   ) 이하 또는 상용온도 이하인 것을 말한다.

[해답] 섭씨 40도(또는 40℃)

[해설] 도법의 액화가스 정의(시행규칙 제2조) : 액화가스란 상용의 온도 또는 섭씨 35도의 온도에서 압력이 0.2MPa 이상이 되는 것을 말한다.

12 운반기체(carrier gas)의 유량을 조절하면서 측정하여야 할 시료기체를 도입부를 통하여 공급하면 운반기체와 시료기체가 분리관을 통과하는 동안 분리되어 시료의 각 성분의 흡수력 차이(시료의 확산속도, 이동속도)에 따라 성분의 분리가 일어나고 시료의 각 성분이 검출기에서 측정되는 분석장치의 명칭을 쓰시오.

[해답] 가스크로마토그래피

가스기능사

01 신규로 제조된 내용적 45L의 충전용기를 수조식 내압시험 장치에서 35kgf/cm²의 압력으로 내압시험을 하였더니 용기의 내용적이 45.05L로 늘어났고, 압력을 제거하여 대기압 상태로 하니 용기 내용적은 45.004L로 되었을 때 항구증가율을 계산하고 합격, 불합격을 판정하시오.

풀이 ① 항구증가율(%) 계산

$$항구\ 증가율 = \frac{항구\ 증가량}{전\ 증가량} \times 100 = \frac{45.004 - 45}{45.05 - 45} \times 100 = 8\%$$

② 판정 : 항구증가율이 10% 이하이므로 합격이다.

해답 ① 항구증가율 : 8% ② 판정 : 합격

해설 신규 및 재검사 용기 합격 기준

(1) 신규 용기 : 항구증가율 10% 이하가 합격

(2) 재검사 용기

　① 질량검사가 95% 이상 : 항구증가율 10% 이하가 합격

　② 질량검사가 90% 이상 95% 미만 : 항구증가율 6% 이하가 합격

---

02 습식 가스미터의 장단점 4가지를 쓰시오.

해답 ① 계량이 정확하다.

② 사용 중에 오차의 변동이 적다.

③ 사용 중에 수위조정 등의 관리가 필요하다.

④ 설치면적이 크다.

⑤ 기준용, 실험실용에 사용된다.

⑥ 용량 범위는 0.2~3000 m³/h이다.

---

03 다음 (　) 안에 알맞은 내용을 쓰시오. (단, 같은 것을 쓰면 0점으로 처리됨)

물을 전기분해하면 양극에서는 (　①　) 기체가 발생하고, 음극에서는 (　②　) 기체가 발생한다.

해답 ① 산소 ② 수소

04 심리스(seamless) 용기의 특징 4가지를 쓰시오.

해답 ① 고압에 견디기 쉬운 구조이다.
② 내압에 대한 응력분포가 균일하다.
③ 제작비가 비싸다.
④ 두께가 균일하지 못할 수 있다.

해설 (1) 심리스(seamless) 용기는 이음매 없는 용기 또는 무계목(無繼目) 용기를 말한다.
(2) 용접 용기(계목 용기, 심 용기)의 특징
① 제작비가 저렴하다.
② 이음매 없는 용기에 비해 두께가 균일하다.
③ 용기의 형태, 치수 선택이 자유롭다.

05 탄성식 압력계의 종류 2가지를 쓰시오.

해답 ① 부르동관 압력계
② 벨로스 압력계
③ 다이어프램 압력계
④ 캡슐식 압력계

06 도시가스 총발열량(kcal/m³)을 도시가스 비중의 평방근으로 나눈 값으로 연소성 및 호환성을 판단하는 지수는 무엇인가?

해답 웨버지수

해설 ① 웨버지수 공식

$$WI = \frac{H_g}{\sqrt{d}}$$

여기서, WI : 웨버지수
H_g : 가스의 총발열량(kcal/m³)
d : 가스의 비중
② 웨버지수는 단위가 없는 무차원 수이다.

07 다음 물음에 해당하는 가스를 [보기]에서 찾아 모두 쓰시오.

┌ | 보기 |
│ 산소, 수소, 일산화탄소, 이산화탄소, 질소, 아르곤, 암모니아, 에틸렌

(1) 공기보다 무거운 것을 쓰시오.
(2) 동일원소 2개가 결합하여 이루어진 이원자 분자를 쓰시오.
(3) 가연성가스이면서 독성가스에 해당되는 것을 쓰시오.
(4) 냄새로 구별할 수 있는 것을 쓰시오.
(5) 6대 온실가스에 해당되는 것을 쓰시오.

해답 (1) ① 산소 ② 이산화탄소 ③ 아르곤
(2) ① 산소 ② 수소 ③ 질소
(3) ① 일산화탄소 ② 암모니아
(4) ① 암모니아 ② 에틸렌
(5) 이산화탄소

해설 ① 공기보다 가벼운 것인지, 무거운 것인지는 각 가스의 분자량을 공기의 평균분자량 29와 비교하여 크면 무거운 것, 작으면 가벼운 것이다.

가스 명칭	분자량	성질
산소(O_2)	32	조연성, 비독성, 무색, 무취
수소(H_2)	2	가연성, 비독성, 무색, 무취
일산화탄소(CO)	28	가연성, 독성, 무색, 무취
이산화탄소(CO_2)	44	불연성, 비독성, 무색, 무취
질소(N_2)	28	불연성, 비독성, 무색, 무취
아르곤(Ar)	40	불연성, 비독성, 무색, 무취
암모니아(NH_3)	17	가연성, 독성, 무색, 자극성이 강한 냄새
에틸렌(C_2H_4)	28	가연성, 비독성, 무색, 감미로운 냄새

② 온실가스[저탄소 녹색성장 기본법 제2조] : 이산화탄소(CO_2), 메탄(CH_4), 아산화질소(N_2O), 수소불화탄소(HFC_S), 과불화탄소(PFC_S), 육불화황(SF_6) 및 그 밖에 대통령령으로 정하는 것으로 적외선 복사열을 흡수하거나 재방출하여 온실효과를 유발하는 대기 중의 가스 상태의 물질을 말한다.

08 어느 용기에 담긴 혼합기체의 체적비율과 허용농도가 다음과 같을 때 혼합 독성가스의 허용농도는 얼마인가?

체적비율	LC_{50}
50%	25ppm
10%	2.5ppm
40%	∞

풀이 체적비율과 몰분율은 같은 의미이다. 독성가스는 2가지이고, 차지하는 합계 비율은 60%이며, 정수로 표시하면 0.6이다.

$$\therefore LC_{50} = \frac{1}{\sum\limits_i^n \dfrac{C_i}{LC_{50i}}} = \frac{0.6}{\dfrac{0.5}{25} + \dfrac{0.1}{2.5}} = 10\,ppm$$

해답 10 ppm

해설 혼합 독성가스의 허용농도 산정식 : KGS FP112

$$LC_{50} = \frac{1}{\sum\limits_i^n \dfrac{C_i}{LC_{50i}}}$$

여기서, LC_{50} : 독성가스의 허용농도

n : 혼합가스를 구성하는 가스 종류의 수

C_i : 혼합 가스에서 i번째 독성 성분의 몰분율

LC_{50i} : 부피 ppm으로 표현되는 i번째 가스의 허용농도

※ 허용농도 산정식 중 분자의 '1'은 혼합 독성가스의 체적비율이 100%를 의미하는 것으로, 백분율(%)로 표시된 것을 정수로 표기한 것으로 판단하면 됩니다. 즉 100%는 1이 되는 것입니다.

09 아세틸렌은 폭발범위가 넓어 대단히 위험하다. 아세틸렌을 가압, 충격 등으로 가하면 일어나는 폭발 명칭을 쓰시오.

해답 분해폭발

해설 아세틸렌의 폭발 종류 및 반응식

① 산화폭발 : 산소와 혼합하여 점화하면 폭발을 일으킨다.

$C_2H_2 + 2.5O_2 \rightarrow 2CO_2 + H_2O$

② 분해폭발 : 가압, 충격에 의해 탄소와 수소로 분해되면서 폭발을 일으킨다.

$C_2H_2 \rightarrow 2C + H_2 + 54.2kcal$

③ 화합폭발 : 동(Cu), 은(Ag), 수은(Hg) 등의 금속과 화합 시 폭발성의 아세틸드를
생성하여 충격, 마찰에 의하여 폭발한다.

$$C_2H_2 + 2Cu \rightarrow Cu_2C_2 + H_2$$

$$C_2H_2 + 2Ag \rightarrow Ag_2C_2 + H_2$$

---

10 다음 가스 공급시설에 대해서 (   )에 공통적으로 들어갈 내용을 쓰시오.

> 가스 시설 중 (   )설비는 공급압력이 자동으로 제어되어야 하며, 공급 가스 성분이
> 변동되어도 수용가에 일정한 열량을 공급하도록 (   )설비가 설치되어야 한다.

[해답] 가스홀더

---

11 지중 또는 수중에 설치된 양극금속과 매설배관을 전선으로 연결해 양극금속과 매설배관
사이의 전지작용으로 부식을 방지하는 전기방식법의 명칭을 쓰시오.

[해답] 희생양극법

[해설] 전기방식(電氣防蝕) : 지중 및 수중에 설치하는 강재배관 및 저장탱크 외면에 전류를
유입시켜 양극반응을 저지함으로써 배관의 전기적 부식을 방지하는 것이다.

① 희생양극법(犧牲陽極法) : 지중 또는 수중에 설치된 양극금속과 매설배관을 전선
으로 연결해 양극금속과 매설배관 사이의 전지작용으로 부식을 방지하는 방법이다.

② 외부전원법(外部電源法) : 외부직류전원장치의 양극(+)은 매설배관이 설치되어 있
는 토양이나 수중에 설치한 외부전원용 전극에 접속하고, 음극(-)은 매설배관에 접
속시켜 부식을 방지하는 방법이다.

③ 배류법(排流法) : 매설배관의 전위가 주위의 타 금속구조물의 전위보다 높은 장소
에서 매설배관과 주위의 타 금속구조물을 전기적으로 접속시켜 매설배관에 유입된
누출전류를 전기회로적으로 복귀시키는 방법이다.

---

12 메탄이 주성분인 천연가스를 액화하여 액화천연가스로 만드는 이유를 설명하시오.

[해답] 천연가스(NG)의 주성분인 메탄(CH_4)은 대기압 상태에서 비점이 $-161.5°C$로 액화가
어렵지만 액화를 시키면 체적이 약 1/600로 줄어들기 때문에 천연가스를 액화천연가
스(LNG)로 만들어 선박 등을 이용하여 대량으로 이송하고, 저장하는 데 유리하기 때
문이다.

| 2023년도 필답형 시행문제 |

가스기능사   ▶ 2023. 3. 26. 시행 (제1회)

---

01 표준상태에서 이상기체 1몰(mol)은 22.4L의 부피를 가질 때 이상기체 0.1m³는 몇 몰인가?

풀이 1m³는 1000L에 해당되므로 0.1m³는 100L이다.

$$\therefore \ 몰수 = \frac{기체부피(L)}{22.4(L/mol)} = \frac{100}{22.4} = 4.464 ≒ 4.46몰(mol)$$

해답 4.46 몰(mol)

별해 비례식을 이용하여 풀이 : 1몰(mol)은 22.4L이다.

1몰 : 22.4L = x몰 : 100L

$$\therefore \ x = \frac{1 \times 100}{22.4} = 4.464 ≒ 4.46몰(mol)$$

---

02 가스누출경보 차단장치에 대한 내용 중 ( ) 안에 공통적으로 들어가는 용어를 넣으시오.

> 가스누출경보 차단장치는 가스누출경보기로 누출된 가스를 검지하여 자동으로 가스의 공급을 차단하는 장치로 검지부, ( ), 차단부로 이루어져 있다. 검지부란 누출된 가스를 검지하여 ( )로 신호를 보내는 기능을 가진 것이고, ( )는 차단부에 자동차단신호를 보내는 기능과 차단부를 원격 개폐할 수 있는 기능 및 경보기능을 갖는다. 차단부에서는 ( )로부터 보내진 신호에 따라 가스의 유로를 개폐하는 기능을 갖는다.

해답 제어부

해설 가스누출경보 차단장치의 구성 : KGS AA632

① 검지부 : 누출된 가스를 검지하여 제어부로 신호를 보내는 기능을 가진 것이다.

② 차단부 : 제어부로부터 보내진 신호에 따라 가스의 유로를 개폐하는 기능을 가진 것이다.

③ 제어부 : 차단부에 자동차단신호를 보내는 기능, 차단부를 원격 개폐할 수 있는 기능 및 경보 기능을 가진 것이다.

03　100℉는 몇 ℃인가?

풀이　$℃ = \dfrac{5}{9} \times (℉ - 32) = \dfrac{5}{9} \times (100 - 32) = 37.777 ≒ 37.78℃$

해답　37.78 ℃

04　고압가스 안전관리법 시행규칙에서 규정하고 있는 용어 중 (　) 안에 알맞은 내용을 넣으시오.

> "액화가스"란 가압(加壓)·(①) 등의 방법에 의하여 액체상태로 되어 있는 것으로서 대기압에서의 끓는 점이 40℃ 이하 또는 상용온도 이하인 것을 말한다.
> "압축가스"란 일정한 (②)에 의하여 압축되어 있는 것을 말한다.

해답　① 냉각　② 압력

05　고압가스 안전관리법 시행규칙에 규정된 독성가스의 정의 중 (　) 안에 알맞은 내용을 넣으시오.

> "독성가스"란 아크릴로니트릴·아크릴알데히드·아황산가스·암모니아·일산화탄소·이황화탄소·불소·염소·브롬화메탄·염화메탄·염화프렌·산화에틸렌·시안화수소·황화수소·모노메틸아민·디메틸아민·트리메틸아민·벤젠·포스겐·요오드화수소·브롬화수소·염화수소·불화수소·겨자가스·알진·모노실란·디실란·디보레인·세렌화수소·포스핀·모노게르만 및 그 밖에 공기 중에 일정량 이상 존재하는 경우 인체에 유해한 독성을 가진 가스로서 허용농도(해당 가스를 성숙한 흰쥐 집단에게 대기 중에서 1시간 동안 계속하여 노출시킨 경우 14일 이내에 그 흰쥐의 (①) 이상이 죽게 되는 가스의 농도를 말한다. 이하 같다)가 100만분의 (②) 이하인 것을 말한다.

해답　① 2분의 1$\left(또는 \dfrac{1}{2}\right)$　② 5000

06 다음 물음에 해당하는 가스를 [보기]에서 찾아 쓰시오. (단, 가스명칭은 중복이 가능하다.)

| 보기 |
산소, 염소, 질소, 이산화탄소, 황화수소, 불소, 일산화탄소, 수소

⑴ 표준상태에서 밀도가 가장 작은 것은?

⑵ 표준상태에서 밀도가 가장 큰 것은?

⑶ 불연성 가스에 해당하는 것 2가지를 쓰시오.

⑷ 가연성 가스에 해당하는 것 3가지를 쓰시오.

⑸ 냄새로 구분이 가능한 것 2가지를 쓰시오.

⑹ 기체의 색깔로 구별할 수 있는 것 2가지를 쓰시오.

해답 ⑴ 수소

⑵ 염소

⑶ ① 질소   ② 이산화탄소

⑷ ① 황화수소   ② 일산화탄소   ③ 수소

⑸ ① 염소   ② 황화수소   ③ 불소

⑹ ① 염소   ② 불소

해설 ① 각 가스의 특성

가스 명칭	분자량	성질
산소(O_2)	32	조연성, 비독성, 무색, 무취
염소(Cl_2)	71	조연성, 독성, 황록색, 심한 자극성
질소(N_2)	28	불연성, 비독성, 무색, 무취
이산화탄소(CO_2)	44	불연성, 비독성, 무색, 무취
황화수소(H_2S)	34	가연성, 독성, 무색, 계란 썩은 냄새
불소(F_2)	38	조연성, 독성, 연한 황색, 심한 자극성
일산화탄소(CO)	28	가연성, 독성, 무색, 무취
수소(H_2)	2	가연성, 비독성, 무색, 무취

② 가스(기체) 밀도 $\rho = \dfrac{분자량}{22.4}$ 이므로 분자량이 작은 것이 밀도가 작고, 분자량이 큰 것이 밀도가 크다.

07 연소에 대한 설명 중 ( ) 안에 알맞은 내용을 넣으시오.

(1) 연소는 가연물과 산소가 (   )반응을 하면서 열과 빛을 내는 것으로 연소의 3요소는 가연물, 산소공급원, 점화원이다.

(2) 고체, 액체, 기체연료는 (   ), 수소(H), 산소(O), 황(S) 등으로 이루어져 있다.

(3) 공기 중에서 프로판의 (   )는 2.1∼9.5vol% 이다.

해답 (1) 산화(또는 화학)
(2) 탄소(C)
(3) 폭발범위(또는 연소범위)

08 공기를 구성하는 성분에 해당되어 공기액화 분리장치를 이용해서 얻을 수 있는 가스 3가지를 쓰시오.

해답 ① 산소   ② 질소   ③ 아르곤

09 LPG 200kg을 내용적 40L 용기에 충전하려면 몇 개의 용기가 필요한가? (단, 가스정수 C는 2.35이다.)

풀이 ① 용기 1개당 충전량 계산

$$\therefore W = \frac{V}{C} = \frac{40}{2.35} = 17.021 ≒ 17.02\,\text{kg}$$

② 용기 수 계산

$$\text{용기 수} = \frac{\text{전체 가스량}}{\text{용기 1개당 충전량}} = \frac{200}{17.02} = 11.750 ≒ 12\text{개}$$

해답 12개

해설 용기 수 계산 최종값에서 발생하는 소수점 이하의 수는 크기에 관계없이 무조건 1개로 계산하여야 합니다.

10 펌프를 이용하여 비등점이 낮은 액체를 이송할 때 펌프 입구에서 마찰열 등으로 인한 액 끓음에 의하여 기포가 발생되면서 동요가 나타나는 현상을 무엇이라 하는가?

해답 베이퍼 로크 현상

해설 베이퍼 로크(vapor lock) 현상
(1) 베이퍼 로크(vapor lock) 현상이란 저비점 액체 등을 이송 시 펌프 입구에서 발생하는 현상으로 액의 끓음에 의한 동요를 말한다.
(2) 발생 원인
  ① 흡입관 지름이 작을 때   ② 펌프의 설치위치가 높을 때
  ③ 외부에서 열량 침투 시   ④ 배관 내 온도 상승 시
(3) 방지법
  ① 실린더 라이너의 외부를 냉각한다.
  ② 흡입배관을 크게 하고 단열 처리한다.
  ③ 펌프의 설치 위치를 낮춘다.
  ④ 흡입배관을 청소한다.

11 가스용 폴리에틸렌관(PE관)의 융착이음 방법 2가지를 쓰시오.

해답 ① 맞대기 융착이음
  ② 소켓 융착이음
  ③ 새들 융착이음

12 다음 물질의 분자식(molecular formula)을 쓰시오.

(1) 산소 :   (2) 일산화탄소 :

해답 (1) O_2 (2) CO

해설 분자식의 원소기호는 알파벳 대문자로 쓰는 것이 원칙(단, 염소(Cl_2)와 같이 두글자로 조합된 것은 앞에 것은 대문자로, 뒤에 것은 소문자로 작성해야 함)이므로 소문자로 작성하면 오답으로 채점되니 유의하여야 하며, 일산화탄소의 분자기호를 'Co'로 작성하면 '코발트'의 분자기호이므로 오답으로 채점되니 주의하길 바랍니다.

가스기능사   ▶ 2023. 6. 10. 시행 (제2회)

---

01 염소와 황화수소의 분자식을 쓰시오.

해답 ① 염소 : Cl_2 ② 황화수소 : H_2S

---

02 단열을 한 배관 중에 작은 구멍을 내고 이 관에 압력이 있는 유체를 흐르게 하면 유체가 작은 구멍을 통할 때 유체의 압력과 온도가 하강하는 현상을 무엇이라 하는가?

해답 줄−톰슨 효과

---

03 가스 중의 음속보다도 화염전파속도가 큰 경우로서 가스의 경우 1000~3500m/s 정도에 달하여 파면선단에 충격파라고 하는 압력파가 생겨 격렬한 파괴작용을 일으키는 현상을 무엇이라 하는가?

해답 폭굉

해설 ① 폭굉유도거리 : 최초의 완만한 연소가 격렬한 폭굉으로 발전될 때까지의 거리
② 폭굉유도거리가 짧아질 수 있는 조건
  ㉮ 정상 연소속도가 큰 혼합가스일수록
  ㉯ 관속에 방해물이 있거나 지름이 작을수록
  ㉰ 압력이 높을수록
  ㉱ 점화원의 에너지가 클수록

---

04 다음 물음에 답하시오.

(1) 1atm은 몇 kPa인가?
(2) 절대압력＝대기압＋(   )

해답 (1) 101.325 kPa (2) 게이지압력

해설 $1atm = 760\,mmHg = 76\,cmHg = 0.76\,mHg = 29.9\,inHg = 760\,torr$
$= 10332\,kgf/m^2 = 1.0332\,kgf/cm^2 = 10.332\,mH_2O = 10332\,mmH_2O$
$= 101325\,N/m^2 = 101325\,Pa = 101.325\,kPa = 0.101325\,MPa$
$= 1.01325\,bar = 1013.25\,mbar = 14.7\,lb/in^2 = 14.7\,psi$

05 다음 [보기]를 보고 물음에 답하시오.

> | 보기 |
>
> 산소, 수소, 질소, 염소, 메탄, 에틸렌, 이산화탄소, 암모니아

(1) 공기보다 무거운 가스를 쓰시오.
(2) 이원자 분자로 이루어진 가스를 쓰시오.
(3) 불연성가스를 쓰시오.
(4) 냄새가 있는 가스를 쓰시오.
(5) 6대 온실가스에 해당되는 것을 쓰시오.

해답 (1) ① 산소   ② 염소   ③ 이산화탄소
(2) ① 산소   ② 수소   ③ 질소   ④ 염소
(3) ① 질소   ② 이산화탄소
(4) ① 염소   ② 에틸렌   ③ 암모니아
(5) ① 메탄   ② 이산화탄소

해설 ① 공기보다 가벼운 것인지, 무거운 것인지는 각 가스의 분자량을 공기의 평균분자량 29와 비교하여 크면 무거운 것, 작으면 가벼운 것이다.

가스 명칭	분자량	성질
산소(O_2)	32	조연성, 비독성, 무색, 무취
수소(H_2)	2	가연성, 비독성, 무색, 무취
질소(N_2)	28	불연성, 비독성, 무색, 무취
염소(Cl_2)	71	조연성, 독성, 황록색, 자극성이 강한 냄새
메탄(CH_4)	16	가연성, 비독성, 무색, 무취
에틸렌(C_2H_4)	28	가연성, 비독성, 무색, 감미로운 냄새
이산화탄소(CO_2)	44	불연성, 비독성, 무색, 무취
암모니아(NH_3)	17	가연성, 독성, 무색, 자극성이 강한 냄새

② 온실가스[저탄소 녹색성장 기본법 제2조] : 이산화탄소(CO_2), 메탄(CH_4), 아산화질소(N_2O), 수소불화탄소(HFC_S), 과불화탄소(PFC_S), 육불화황(SF_6) 및 그 밖에 대통령령으로 정하는 것으로 적외선 복사열을 흡수하거나 재방출하여 온실효과를 유발하는 대기 중의 가스 상태의 물질을 말한다.

06 40℃는 켈빈온도로 얼마인가?

[풀이] $T = t℃ + 273 = 40 + 273 = 313 \mathrm{K}$

[해답] $313 \mathrm{K}$

07 높이 2m 이상, 두께 12cm 이상의 철근콘크리트 또는 이와 같은 수준 이상의 강도를 가진 것으로서 가스폭발에 따른 충격에 견디고, 그 한 쪽에서 발생하는 위해요소가 다른 쪽으로 전이되는 것을 방지하기 위하여 설치하는 피해저감설비 명칭을 쓰시오.

[해답] 방호벽

[해설] 방호벽 설치 대상(KGS FP112) : 아세틸렌가스 또는 압력이 9.8MPa 이상인 압축가스를 용기에 충전하는 경우에는 ①부터 ④까지에 한한다.
① 압축기와 그 충전장소 사이의 공간
② 압축기와 그 가스충전용기 보관장소 사이의 공간
③ 충전장소와 그 가스충전용기 보관장소 사이의 공간
④ 충전장소와 그 충전용 주관밸브 조작밸브 사이의 공간
⑤ 저장설비와 사업소 안의 보호시설 사이의 공간

08 일산화탄소의 완전연소 반응식을 쓰시오.

[해답] $CO + \dfrac{1}{2} O_2 \rightarrow CO_2$ (또는 $2CO + O_2 \rightarrow 2CO_2$)

09 아세틸렌 충전작업 기준 중 ( ) 안에 알맞은 내용을 쓰시오.

> 아세틸렌은 분해폭발의 위험성 때문에 용기에 충전할 때의 충전 중의 압력은 2.5MPa 이하로 하고, 충전 후에는 압력이 15℃에서 ( )Pa 이하로 될 때까지 정치하여 둔다.

[해답] 1500000

[해설] 아세틸렌 충전작업 기준 : KGS FP112
① 아세틸렌을 2.5MPa 압력으로 압축하는 때에는 질소·메탄·일산화탄소 또는 에틸렌 등의 희석제를 첨가한다.
② 습식 아세틸렌 발생기의 표면은 70℃ 이하의 온도로 유지하고, 그 부근에서는 불

꽃이 튀는 작업을 하지 아니한다.

③ 아세틸렌을 용기에 충전하는 때에는 미리 용기에 다공질물을 고루 채워 다공도가 75% 이상 92% 미만이 되도록 한 후 아세톤 또는 디메틸포름아미드를 고루 침윤시키고 충전한다.

④ 아세틸렌을 용기에 충전하는 때의 충전 중의 압력은 2.5MPa 이하로 하고, 충전 후에는 압력이 15℃에서 1.5MPa 이하로 될 때까지 정치하여 둔다.

⑤ 상하의 통으로 구성된 아세틸렌 발생장치로 아세틸렌을 제조하는 때에는 사용 후 그 통을 분리하거나 잔류가스가 없도록 조치한다.

※ (1) **해설** ③번의 '다공질물'은 '다공물질'을 지칭하는 것으로 혼용하여 사용되고 있다.
　(2) 1MPa은 100만 Pa이므로 충전 후 압력 '1.5MPa'은 '1백 5십만 Pa'이다.

10 　온도가 일정한 상태에서 절대압력 2kPa인 기체의 체적이 5L이다. 압력을 절대압력 10kPa로 상승시키면 체적은 몇 L에 해당되는가?

풀이 　보일의 법칙 $P_1V_1=P_2V_2$에서 변화 후의 체적 V_2를 구한다.

$$\therefore\ V_2=\frac{P_1V_1}{P_2}=\frac{2\times5}{10}=1\text{L}$$

해답 　1L

해설 　보일-샤를의 법칙에 적용되는 압력은 '절대압력'이며, 문제에서 압력은 절대압력으로 제시되었기 때문에 대기압은 감안하지 않고 제시된 압력을 풀이에 그대로 적용한 것이다.

11 　정압기 특성 중 정상상태에 있어서 유량과 2차 압력의 관계를 나타내는 것은?

해답 　정특성

해설 　정압기 특성 종류

① 정특성(靜特性) : 정상상태에 있어서 유량과 2차 압력의 관계

② 동특성(動特性) : 부하변화가 큰 곳에 사용되는 정압기에 대하여 중요한 특성으로 부하변동에 대한 응답의 신속성과 안정성이 요구된다.

③ 유량특성 : 메인밸브의 열림과 유량과의 관계

④ 사용 최대 차압 : 메인밸브에 1차와 2차 압력이 작용하여 최대로 되었을 때 차압

⑤ 작동 최소 차압 : 정압기가 작동할 수 있는 최소 차압

12 가스설비 등에 과압안전장치를 선정할 다음과 같은 압력상승 특성에 따라 선정해야 할 안전장치의 명칭을 쓰시오.

(1) 기체 및 증기의 압력상승을 방지하기 위하여 설치하는 것

(2) 급격한 압력상승, 독성가스의 누출, 유체의 부식성 또는 반응생성물의 성상 등에 따라 안전밸브를 설치하는 것이 부적절한 경우 설치하는 것

해답 (1) 안전밸브

(2) 파열판

해설 과압안전장치 설치기준 : KGS FP112 고압가스 일반제조의 기준

(1) 과압안전장치 설치 : 고압가스설비에는 그 고압가스설비 내의 압력이 상용의 압력을 초과하는 경우 즉시 상용의 압력 이하로 되돌릴 수 있도록 하기 위하여 다음 기준에 따라 과압안전장치를 설치한다.

(2) 과압안전장치 선정 : 가스설비 등에서의 압력상승 특성에 따라 다음 기준에 따라 과압안전장치를 선정한다.

① 기체 및 증기의 압력상승을 방지하기 위하여 설치하는 안전밸브

② 급격한 압력상승, 독성가스의 누출, 유체의 부식성 또는 반응생성물의 성상 등에 따라 안전밸브를 설치하는 것이 부적당한 경우에 설치하는 파열판

③ 펌프 및 배관에서 액체의 압력상승을 방지하기 위하여 설치하는 릴리프밸브 또는 안전밸브

④ ①부터 ③까지의 안전장치와 병행 설치할 수 있는 자동압력제어장치(고압가스설비 등의 내압이 상용의 압력을 초과한 경우 그 고압가스설비 등으로의 가스유입량을 감소시키는 방법 등으로 그 고압가스설비 등 안의 압력을 자동적으로 제어하는 장치)

01　공급되는 도시가스 중에 포함된 이물질을 걸러내어 가스의 흐름이 원활하게 될 수 있도록 하는 정압기 부속설비 명칭을 쓰시오.

[해답]　정압기용 필터(gas filter)

[해설]　필터(filter)와 스트레이너(strainer) 구별 : 2가지 모두 유체가 흐르는 곳에 설치하여 유체 중에 포함된 이물질을 제거하는 역할을 하는데 구별은 다음과 같다.
　① 필터 : 기체가 흐르는 부분에 설치
　② 스트레이너 : 액체가 흐르는 부분에 설치

02　고압가스나 액화가스를 수송하는 방법(수단) 중 원거리에 적합한 방법 2가지를 쓰시오.

[해답]　① 탱크로리(자동차에 고정된 탱크)에 의한 방법
　② 철도차량에 의한 방법
　③ 유조선에 의한 방법
　④ 파이프 라인에 의한 방법

[참고]　LPG 수송 방법의 종류 및 특징
　(1) 용기에 의한 방법
　　① 용기 자체가 저장설비로 이용된다.
　　② 소량 수송의 경우 편리하다.
　　③ 수송비용이 높다.
　　④ 취급 부주의로 인한 사고의 위험성이 있다.
　(2) 탱크로리에 의한 방법
　　① 기동성이 있어 원거리(장거리) 및 단거리 모두에 적합하다.
　　② 철도를 이용하는 방법과 같이 특별한 설비 등이 필요없다.
　　③ 용기에 비해 대량 수송이 가능하다.
　　④ 자동차에 탱크가 부설되어 있어야 한다.
　(3) 철도 차량에 의한 방법
　　① 대량 수송이 가능하다.
　　② 철도 선로가 부설된 곳에만 가능하다.
　　③ 철도에 부설된 LPG 유조화차가 필요하다.
　(4) 유조선에 의한 방법 : LPG 수송 전용선박을 이용하는 것으로 해상 수입설비가 있는 공급기지나 대량 소비자에게 수송하는 경우에 적합하다.

필답형 과년도문제

(5) 파이프 라인(pipe line)에 의한 방법 : 배관을 설치하여 원거리에 대량으로 수송하는 방법이다.

03 펌프에서 액을 이송할 때 발생하는 워터해머링(water hammering) 방지대책 1가지를 쓰시오.

해답 ① 관내 유속을 낮게 한다.
② 압력조절용 탱크를 설치한다.
③ 펌프에 플라이휠(fly wheel)을 설치한다.
④ 밸브를 토출구 가까이 설치하고 적당히 제어한다.

해설 워터해머링(water hammering) 현상 : 펌프에서 물을 압송하고 있을 때 정전 등으로 펌프가 급히 멈춘 경우 관내의 유속이 급변하면 물에 심한 압력변화가 생기는 현상으로 수격작용이라고 한다.

04 LPG 사용시설에서 자연기화방법으로는 기화량에 한계가 있어 저장설비에서 액체 상태의 LPG를 공급받아 가스화하여 연속적인 가스공급이 가능하고, 공급가스의 조성이 일정하지만 설치 및 유지관리 비용이 소요되는 장치의 명칭을 쓰시오.

해답 강제기화장치 (또는 기화장치, 기화기)

05 올레핀계 탄화수소 중 가장 간단한 형태로 나프타, 천연가스 등 탄화수소를 열분해하여 제조하고, 폭발하한계가 낮아서 누설 시 위험한 가스는 무엇인가?

해답 에틸렌

해설 에틸렌(C_2H_4) 특징
① 가장 간단한 올레핀계 탄화수소이다.
② 무색의 기체로 감미로운 냄새가 있다.
③ 폭발범위가 3.1~32%(또는 2.7~36%)로 가연성 가스이다.
④ 석유화학공업에 가장 중요한 원료로 유기화학제품 제조에 사용된다.
⑤ 물에는 거의 용해되지 않으나 알코올, 에테르 등에는 잘 용해된다.
⑥ 2중 결합을 가져 각종 부가반응을 일으킨다.

06 LPG를 사용하는 연소기구 중 연소에 필요한 공기 전체를 불꽃 주변에서 2차 공기로만 취하고, 1차 공기는 취하지 않아 역화의 위험성과 소화음이 없으며 공기조절이 불필요한 특징을 갖는 연소방식은?

[해답] 적화식

[해설] 연소방식의 분류

① 적화식(赤火式) : 연소에 필요한 공기를 2차 공기로 모두 취하는 방식

② 분젠식 : 가스를 노즐로부터 분출시켜 주위의 공기를 흡입하여 1차 공기로 취한 후 연소과정에서 나머지는 2차 공기를 취하는 방식

③ 세미분젠식 : 적화식과 분젠식의 혼합형으로 1차 공기량을 40% 미만을 취하는 방식

④ 전1차 공기식 : 연소용 공기를 송풍기로 압입하여 가스와 강제 혼합하여 필요한 공기를 모두 1차 공기로 하여 연소하는 방식

07 저장탱크 압력을 U자관 액주계로 측정한 압력이 38cmHg일 때 탱크 내의 압력은 절대압력으로 몇 atm인가? (단, 1atm은 76mmHg이다.)

[풀이] ① 주어진 조건대로 계산 : 76 mmHg는 7.6 cmHg이다.

∴ 절대압력 = 대기압 + 게이지압력

$$= 대기압 + \left(\frac{주어진\ 압력}{주어진\ 압력\ 표준대기압} \times 구하는\ 압력의\ 표준대기압 \right)$$

$$= 1 + \left(\frac{38}{7.6} \times 1 \right) = 6\,atm$$

② 1atm을 760mmHg로 수정한 것으로 계산 : 760 mmHg는 76 cmHg이다.

$$= 1 + \left(\frac{38}{76} \times 1 \right) = 1.5\,atm$$

[해답] 1.5 atm

[해설] ① 1atm이 760 mmHg인 것은 변할 수 없는 사항이므로 제시된 단서조항과 관계없이 ②번 풀이가 옳은 내용에 해당됩니다.

② 시험 도중에 760으로 수정하도록 안내한 시험장이 있었던 반면, 시험지에 주어진 조건대로 답안을 작성하도록 안내한 시험장도 있었습니다. 시험 후 이의제기를 하여 2가지 모두 정답처리하겠다는 답변을 받았음

08 프로판의 완전연소 반응식을 쓰시오.

해답 $C_3H_8 + 5O_2 \rightarrow 3CO_2 + 4H_2O$

해설 탄화수소(C_mH_n)의 완전연소 반응식

$$C_mH_n + \left(m + \frac{n}{4}\right)O_2 \rightarrow mCO_2 + \frac{n}{2}H_2O$$

09 다음 물음에 해당하는 가스를 [보기]에서 찾아 모두 쓰시오.

┌─ 보기 ───┐
│   산소, 수소, 일산화탄소, 이산화탄소, 질소, 암모니아, 메탄, 염소   │
└──┘

(1) 공기액화 분리장치에서 얻는 가스 :

(2) 6대 온실가스에 해당되는 것 :

(3) 불연성가스에 해당되는 것 :

(4) 냄새가 나는 가스에 해당되는 것 :

(5) 공기보다 무거운 가스에 해당되는 것 :

해답 (1) ① 산소   ② 질소

(2) ① 이산화탄소   ② 메탄

(3) ① 이산화탄소   ② 질소

(4) ① 암모니아   ② 염소

(5) ① 산소   ② 이산화탄소   ③ 염소

해설 각 가스의 성질

가스 명칭	분자량	성질
산소(O_2)	32	조연성, 비독성, 무색, 무취
수소(H_2)	2	가연성, 비독성, 무색, 무취
일산화탄소(CO)	26	가연성, 독성, 무색, 무취
이산화탄소(CO_2)	44	불연성, 비독성, 무색, 무취
질소(N_2)	28	불연성, 비독성, 무색, 무취
암모니아(NH_3)	17	가연성, 독성, 무색, 자극적인 냄새
메탄(CH_4)	16	가연성, 비독성, 무색, 무취
염소(Cl_2)	71	조연성, 독성, 황록색 기체, 자극적인 냄새

※ 온실가스 종류는 22년 1회 04번, 22년 3회 09번, 22년 4회 07번 해설을 참고하길
  바랍니다.

10 40℃를 화씨온도(℉)와 랭킨온도(℉R)로 변환하면 각각 얼마인가?

풀이 ① 화씨온도 계산

$$°F = \frac{9}{5}°C + 32 = \left(\frac{9}{5} \times 40\right) + 32 = 104\,°F$$

② 랭킨온도 계산

$$°R = t\,°F + 460 = 104 + 460 = 564\,°R$$

해답 ① $104\,°F$ ② $564\,°R$

별해 랭킨온도(℉R)는 켈빈온도(섭씨 절대온도)의 1.8배의 관계이고, 켈빈온도(K)는 섭씨온도에 273을 더한 값이다.

$$\therefore\ °R = 1.8 \times 켈빈온도(K) = 1.8 \times (273 + 40) = 563.4\,°R$$

11 일산화탄소와 수소의 분자식을 각각 쓰시오.

해답 ① 일산화탄소 : CO

② 수소 : H_2

12 온도가 같은 상태에서 내용적 10L의 용기에 있는 가스의 압력이 게이지압력으로 4atm 이었다면 내용적 20L인 용기에서는 압력은 절대압력으로 몇 atm인가?

풀이 보일-샤를의 법칙 $\dfrac{P_1 V_1}{T_1} = \dfrac{P_2 V_2}{T_2}$ 에서 온도가 같은 상태($T_1 = T_2$)이므로 생략하고 나중 압력 P_2를 구하며, 보일-샤를의 법칙에 적용하는 압력은 절대압력이므로 대기압 1atm을 적용하고, 계산한 압력은 절대압력이다.

$$\therefore\ P_2 = \frac{P_1 V_1}{V_2} = \frac{(4+1) \times 10}{20} = 2.5\,atm \cdot a$$

해답 $2.5\,atm \cdot a$

가스기능사 ▶ 2023. 11. 19. 시행 (제4회)

01 절대온도 1K는 섭씨온도로 몇 ℃에 해당되는가?

풀이 켈빈온도(K), 섭씨온도(t), 절대온도(T)의 관계식 $T = t + 273$에서 섭씨온도 t를 구한다.
∴ $t = T - 273 = 1 - 273 = -272$℃

해답 -272 ℃

해설 '절대온도 1K'와 '절대온도로 온도차 1K'는 구별하기 바랍니다.
① 절대온도 1K는 섭씨온도로 -272℃, 화씨온도로 -457.6℉이다.
② 절대온도로 온도차 1K는 섭씨온도로 1℃, 화씨온도로 1℉에 해당된다.

02 대기압이 755mmHg일 때 게이지압력 200kPa은 절대압력으로 몇 kPa인가?

풀이 절대압력＝대기압＋게이지압력
$$= \left(\frac{755}{760} \times 101.325 \right) + 200 = 300.658 ≒ 300.66 \, kPa \cdot a$$

해답 $300.66 \, kPa \cdot a$

해설 답안을 작성할 때 절대압력을 표시하는 'a'를 생략해도 무방하며, 문제에서 최종값 단위가 주어졌으므로 단위를 생략해도 채점에는 이상이 없습니다.

03 메탄의 완전연소 반응식을 쓰시오.

해답 $CH_4 + 2O_2 \rightarrow CO_2 + 2H_2O$

해설 탄화수소($C_m H_n$)의 완전연소 반응식
$$C_m H_n + \left(m + \frac{n}{4} \right) O_2 \rightarrow m CO_2 + \frac{n}{2} H_2O$$

04 액화석유가스를 저장하기 위한 저장탱크와 소형저장탱크를 구분하는 기준이 되는 저장능력은 얼마인가?

해답 3톤

해설 저장탱크와 소형저장탱크 정의 : 액법 시행규칙 제2조
① "저장탱크"란 액화석유가스를 저장하기 위하여 지상 또는 지하에 고정 설치된 탱크

(선박에 고정 설치된 탱크를 포함한다)로서 그 저장능력이 3톤 이상인 탱크를 말한다.
② "소형저장탱크"란 액화석유가스를 저장하기 위하여 지상 또는 지하에 고정 설치된
탱크로서 그 저장능력이 3톤 미만인 탱크를 말한다.

---

05 다음 물음에 해당하는 가스를 [보기]에서 찾아 모두 쓰시오.

| 보기 |

산소, 수소, 염소, 일산화탄소, 이산화탄소, 아세틸렌, 암모니아, 시안화수소, 메탄

(1) 가장 무거운 가스 :

(2) 절단 및 용접에 사용되는 가스 :

(3) 불연성 가스에 해당되는 것 :

(4) 냄새로 구별할 수 있는 것 :

(5) 6대 온실가스에 해당되는 것 :

해답 (1) 염소

(2) ① 산소　② 아세틸렌

(3) 이산화탄소

(4) ① 염소　③ 암모니아　③ 시안화수소

(5) ① 이산화탄소　② 메탄

해설 ① 공기보다 가벼운 것인지, 무거운 것인지는 각 가스의 분자량을 공기의 평균분자량 29와 비교하여 크면 무거운 것, 작으면 가벼운 것이다.

가스 명칭	분자량	성질
산소(O_2)	32	조연성, 비독성, 무색, 무취
수소(H_2)	2	가연성, 비독성, 무색, 무취
염소(Cl_2)	71	조연성, 독성, 황록색의 기체, 자극성이 있는 냄새
일산화탄소(CO)	28	가연성, 독성, 무색, 무취
이산화탄소(CO_2)	44	불연성, 비독성, 무색, 무취
아세틸렌(C_2H_2)	26	가연성, 비독성, 무색, 순수한 것은 에테르와 같은 향기(카바이드를 이용하여 제조한 것은 특유의 냄새)
암모니아(NH_3)	17	가연성, 독성, 무색, 자극성이 강한 냄새
시안화수소(HCN)	27	가연성, 독성, 무색, 복숭아 냄새
메탄(CH_4)	16	가연성, 비독성, 무색, 무취

② 온실가스[저탄소 녹색성장 기본법 제2조] : 이산화탄소(CO_2), 메탄(CH_4), 아산화질소(N_2O), 수소불화탄소(HFC_S), 과불화탄소(PFC_S), 육불화황(SF_6) 및 그 밖에 대통령령으로 정하는 것으로 적외선 복사열을 흡수하거나 재방출하여 온실효과를 유발하는 대기 중의 가스 상태의 물질을 말한다.

---

06 내용적 10L인 용기에 0℃ 상태에서 절대압력으로 200kPa 상태로 기체가 충전되어 있다. 이후 온도가 상승되어 40℃가 되었을 때 압력은 절대압력으로 몇 kPa인가?

풀이 보일-샤를의 법칙 $\dfrac{P_1V_1}{T_1}=\dfrac{P_2V_2}{T_2}$ 에서 용기의 부피는 변화가 없으므로 $V_1=V_2$이고, 온도가 40℃로 상승된 후의 압력 P_2를 구한다. 보일-샤를의 법칙에 적용되는 온도는 절대온도, 압력은 절대압력이다.

$$\therefore P_2=\frac{P_1\times T_2}{T_1}=\frac{200\times(273+40)}{273+0}=229.304≒229.30\,kPa\cdot a$$

해답 $229.3\,kPa\cdot a$ (또는 $229.3\,kPa$)

참고 문제에서 묻고 있는 압력의 단위가 주어졌으므로 답안에는 생략해도 무방하다.

---

07 고압가스 제조 및 충전시설에서 방호벽을 설치하는 이유를 설명하시오.

해답 가스 폭발이 발생하였을 때 파편 비산, 충격파, 폭풍 등의 위해요소가 다른 쪽으로 전이되는 것을 방지하기 위하여 설치한다.

---

08 산소 중의 아세틸렌, 에틸렌 및 수소의 용량 합계가 전체 용량의 2% 이상일 때 하지 말아야 할 것은?

해답 압축금지

해설 고압가스 제조 시 압축금지(KGS FP112) : 고압가스를 제조하는 경우 다음의 가스는 압축하지 아니한다.
① 가연성가스(아세틸렌·에틸렌 및 수소는 제외한다) 중 산소용량이 전체 용량의 4% 이상인 것
② 산소 중의 가연성가스(아세틸렌·에틸렌 및 수소는 제외한다)의 용량이 전체 용량의 4% 이상인 것
③ 아세틸렌·에틸렌 또는 수소 중의 산소용량이 전체 용량의 2% 이상인 것
④ 산소 중의 아세틸렌·에틸렌 및 수소의 용량 합계가 전체 용량의 2% 이상인 것

09 원심펌프가 높은 능력으로 운전되는 경우 임펠러 흡입부의 압력이 유체의 증기압력보다 낮아지면 흡입부의 유체는 증발하게 되며, 이 증기는 임펠러의 고압부로 이동하여 갑자기 응축하게 된다. 이러한 현상을 무엇이라 하는가?

해답 캐비테이션(cavitation) 현상

10 질소와 산화에틸렌의 분자식을 쓰시오.

해답 ① 질소 : N_2 ② 산화에틸렌 : C_2H_4O

11 공기 중의 산소 농도가 높아질 때 다음 사항은 어떻게 변화되는지 답하시오. (단, 높아진다, 낮아진다, 넓어진다, 좁아진다, 빨라진다, 늦어진다 중에서 선택하여 쓰시오.)

(1) 연소속도 :   (2) 폭발범위 :

(3) 발화온도 :   (4) 화염온도 :

해답 (1) 빨라진다. (2) 넓어진다. (3) 낮아진다. (4) 높아진다.

해설 공기 중의 산소농도가 높아질 때 나타나는 현상

① 증가(상승) : 연소속도 증가, 화염온도 상승, 발열량 증가, 폭발범위 증가, 화염길이 증가

② 감소(저하) : 발화온도 저하, 발화에너지 감소

12 LPG 성분 2가지를 쓰시오.

해답 ① 프로판(C_3H_8) ② 부탄(C_4H_{10})

해설 액화석유가스(LPG)

① LP가스의 조성 : 석유계 저급탄화수소의 혼합물로 탄소 수가 3개에서 5개 이하의 것으로 프로판(C_3H_8), 부탄(C_4H_{10}), 프로필렌(C_3H_6), 부틸렌(C_4H_8), 부타디엔(C_4H_6) 등이 포함되어 있다.

② 액화석유가스(액법 제2조) : 프로판이나 부탄을 주성분으로 한 가스를 액화(液化)한 것[기화(氣化)된 것을 포함한다]을 말한다.

PART

3

동영상 예상문제

가스시설 안전관리

1. 액화석유가스 시설

문제 1~30

01
예상문제

LPG 이입·충전 시 사용하는 펌프에 대한 물음에 답하시오.

(1) 펌프 사용 시 장점 2가지를 쓰시오.
(2) 펌프 사용 시 단점 3가지를 쓰시오.
(3) 이입·충전 시 사용하는 펌프 종류 3가지를 쓰시오.

해답 (1) ① 재액화 현상이 없다.
② 드레인 현상이 없다.
(2) ① 충전시간이 길다.
② 잔가스 회수가 불가능하다.
③ 베이퍼 로크 현상이 일어나 누설의 원인이 된다.
(3) ① 원심펌프 ② 기어펌프 ③ 베인펌프

해설 LPG 이입·충전 방법
(1) 차압에 의한 방법
(2) 액펌프에 의한 방법
① 균압관이 없는 경우
② 균압관이 있는 경우
(3) 압축기에 의한 방법

02
예상문제

LPG 이입·충전 시 사용하는 압축기에 대한 물음에 답하시오.

(1) 제시해 주는 압축기의 형식 명칭을 쓰시오.
(2) 펌프를 사용할 때와 비교한 장점 3가지를 쓰시오.
(3) 펌프를 사용할 때와 비교한 단점 2가지를 쓰시오.
(4) 이 압축기에서 행정거리를 $\frac{1}{2}$로 줄이면 피스톤 압출량 변화는 어떻게 변하는가?
(5) 실린더에서 이상음이 발생하는 원인 4가지를 쓰시오.

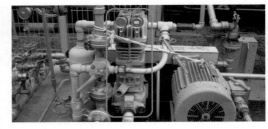

해답 (1) 왕복동식 압축기
(2) ① 펌프에 비해 이송시간이 짧다.
② 잔가스 회수가 가능하다.
③ 베이퍼 로크 현상이 없다.
(3) ① 부탄의 경우 재액화 현상이 있다.
② 드레인의 원인이 된다.
(4) $\frac{1}{2}$로 감소된다.
(5) ① 실린더와 피스톤이 닿는다.
② 피스톤링이 마모되었다.
③ 실린더 내에 액해머가 발생하고 있다.
④ 실린더에 이물질이 혼입되고 있다.
⑤ 실린더 라이너에 편감 또는 흠이 있다.

LPG 이입·충전 시 사용하는 압축기에 대한 물음에 답하시오.

(1) 지시하는 부분의 명칭을 쓰시오.
(2) 이 기기의 기능을 쓰시오.
(3) LPG 압축기 내부 윤활유 명칭을 쓰시오.

해답 (1) 액트랩(또는 액분리기)
　(2) 가스 흡입측에 설치하여 흡입가스 중 액을 분리하고 액압축을 방지한다.
　(3) 식물성유

해설 왕복동형 압축기의 특징
　① 용적형으로 고압이 쉽게 형성된다.
　② 급유식(윤활유식) 또는 무급유식이다.
　③ 배출가스 중 오일이 혼입될 우려가 있다.
　④ 압축이 단속적이므로 진동이 크고 소음이 크다.
　⑤ 형태가 크고, 설치면적이 크다.
　⑥ 접촉부가 많아서 고장 시 수리가 어렵다.
　⑦ 용량 조정범위가 넓고, 압축효율이 높다.
　⑧ 반드시 흡입, 토출밸브가 필요하다.

LPG 이송용 압축기에서 지시하는 부분의 명칭과 기능에 대하여 쓰시오.

해답 ① 명칭 : 사방밸브(또는 4로 밸브, 4-way valve)
　② 기능 : 압축기의 흡입측과 토출측을 전환하여 액이송과 가스 회수를 동시에 할 수 있다.

해설 LPG 이입·충전작업 중 작업을 중단해야 하는 경우
　① 과충전이 되는 경우
　② 충전작업 중 주변에서 화재발생 시
　③ 탱크로리와 저장탱크를 연결한 호스 등에서 누설이 되는 경우
　④ 압축기 사용 시 워터해머(액압축)가 발생하는 경우
　⑤ 펌프 사용 시 액배관 내에서 베이퍼 로크가 심한 경우

05 예상문제

LPG 이송에 사용하는 차량에 고정된 탱크(탱크로리)에 대한 물음에 답하시오.

(1) 차량 앞, 뒤에 부착된 경계표지의 크기 기준 3가지를 쓰시오.
(2) 운전석 외부에 부착하는 적색 삼각기의 규격(가로×세로) 및 글자색을 쓰시오.
(3) 탱크 정상부의 높이가 차량 정상부의 높이보다 높을 때 설치하는 것의 명칭을 쓰시오.
(4) 탱크 내용적은 얼마로 제한하고 있는가?

해답 (1) ① 가로 치수 : 차체 폭의 30% 이상
② 세로 치수 : 가로 치수의 20% 이상
③ 차량 구조상 정사각형 또는 이에 가까운 형상으로 표시할 때는 면적이 $600cm^2$ 이상
(2) ① 규격 : 40cm × 30cm
② 글자색 : 황색
(3) 검지봉
(4) 내용적 제한 없음

해설 (1) 탱크로리 내용적 제한 기준
① 가연성가스, 산소 : 18000L 초과 금지(단, LPG 제외)
② 독성가스 : 12000L 초과 금지(단, 액화암모니아 제외)
(2) 탱크 및 부속품 보호 : 뒷범퍼와의 수평거리
① 후부취출식 탱크 : 40cm 이상 유지
② 후부취출식 탱크 외의 탱크 : 30cm 이상 유지
③ 조작상자 : 20cm 이상 유지

06 예상문제

액화석유가스용 차량에 고정된 탱크로부터 LPG를 저장탱크로 이송할 때에 대한 물음에 답하시오.

(1) 차량 앞뒤에 설치하는 경계표지의 내용을 쓰시오.
(2) 경계표지의 규격(가로×세로)은 얼마인가?
(3) 경계표지의 바탕색 및 글씨 색상을 각각 구분하여 쓰시오.

해답 (1) LPG 이·충전 작업 중, 절대금연
(2) 60×45cm 이상
(3) ① 바탕색 : 흰색
② LPG 이·충전 작업 중 : 흑색
③ 절대금연 : 적색

해설 (1) 자동차에 고정된 탱크 이입·충전장소 경계표지 기준
① 규격 : 60×45cm 이상
② 색상 : 흰색(바탕), 흑색(LPG 이·충전 작업 중), 적색(절대금연)
③ 수량 : 2개소 이상
④ 게시 위치 : 자동차에 고정된 탱크의 전·후
(2) LPG 이입·충전 기준
① 상용의 온도에서 저장탱크 내용적의 90%를 넘지 않도록 충전한다.
② 5시간 이상 연속하여 자동차에 고정된 탱크를 저장탱크에 접속하지 아니한다.

07

액화석유가스용 차량에 고정된 탱크에 대한 물음에 답하시오.

(1) 탱크 내부에 액면요동을 방지하기 위하여 설치하는 것의 명칭은 무엇인가?

(2) 탱크의 외벽이 화염으로 인하여 국부적으로 가열될 경우 그 탱크 벽면의 열을 신속히 흡수, 분산시킴으로써 탱크 벽면의 국부적인 온도 상승으로 인한 탱크의 파열을 방지하기 위하여 설치하는 폭발방지제의 열전달 매체 재료로서 가장 적당한 것은?

(3) 차량에 고정된 탱크에는 상온에서 탱크에 충전하는 당해가스의 최고액면을 정확히 측정할 수 있도록 설치하는 액면계의 종류 2가지를 쓰시오.

(4) 차량에 고정된 탱크에 설치된 긴급차단장치는 온도가 몇 ℃일 때 자동적으로 작동되어야 하는가?

(5) 차량에 고정된 탱크에 설치되는 안전장치의 종류 4가지를 쓰시오.

해답 (1) 방파판
(2) 알루미늄합금 박판
(3) ① 슬립튜브식 ② 차압식
(4) 110℃
(5) ① 안전밸브 ② 긴급차단장치
③ 폭발방지장치 ④ 검지봉 ⑤ 액면계

08

LPG 이입·충전 작업을 하기 위하여 저장탱크와 차량에 고정된 탱크(탱크로리)를 연결하는 로딩암(loading arm)에 대한 물음에 답하시오.

(1) 로딩암에서 지름이 큰 "A"와 지름이 작은 "B" 라인에 흐르는 LPG의 상태를 액체와 기체로 구별하여 답하시오.

(2) 이입·충전작업을 할 때 정전기를 제거하기 위하여 접지선을 연결하는 부분의 명칭을 쓰시오.

(3) 접지선의 단면적은 얼마인가?

(4) 접지 저항치 총합은 몇 Ω 이하인가? (단, 피뢰설비가 설치된 경우가 아니다.)

해답 (1) ① A라인 : 액체
② B라인 : 기체
(2) 접지탭 (또는 접지코드)
(3) $5.5mm^2$ 이상
(4) 100Ω 이하 (피뢰설비 설치 시 10Ω 이하)

해설 로딩암 작동 성능(운동 성능)
① 암(arm)의 운동 각도범위는 $10°$ 이상 $70°$ 이하인 것으로 한다.
② 차량과 로딩암의 위치가 직각에서 ±$20°$에서도 이입·충전 작업이 가능한 것으로 한다.

09 예상문제

지상에 설치된 LPG 저장탱크에 대한 물음에 답하시오.

(1) 지시하는 부분의 명칭과 지면에서의 설치높이는 얼마인가?
(2) 저장탱크의 침하상태 측정주기는 얼마인가?
(3) 저장량이 몇 톤 이상일 때 방류둑을 설치하여야 하는가?
(4) 저장탱크를 기초에 고정하는 방법 2가지를 쓰시오.

해답 (1) ① 명칭 : 안전밸브 방출구
　　　② 높이 : 5m 이상
　　(2) 1년에 1회 이상
　　(3) 1000톤 이상
　　(4) ① 앵커 볼트(anchor bolt)
　　　② 앵커 스트랩(anchor strap)

해설 가스방출관 방출구 위치 : 화기가 없는 위치로 지면으로부터 5m 이상 또는 저장탱크의 정상부로부터 2m 이상의 높이 중 더 높은 위치

10 예상문제

지상에 설치된 LPG 저장탱크에 설치된 냉각살수장치에 대한 물음에 답하시오.

(1) 저장탱크 표면적 1m² 당 분당 방사량은 얼마인가? (단, 준내화구조의 경우가 아니다.)
(2) 자동차에 고정된 탱크 이입·충전장소에 설치하는 살수장치 기준에 대하여 설명하시오.
(3) 냉각살수장치 조작위치는 저장탱크 외면에서 얼마인가?
(4) 냉각살수장치의 수원은 몇 분간 방사할 수 있는 양이어야 하는가?

해답 (1) 5L
　　(2) 국내에 운행하는 자동차에 고정된 탱크 중 최대용량의 것을 기준으로 한다.
　　(3) 5m 이상
　　(4) 30분 이상

해설 냉각살수장치
　　(1) 준내화구조의 경우 : 2.5 L/min · m² 이상
　　(2) 살수장치의 종류
　　　① 살수관식 : 배관에 지름 4mm 이상의 작은 구멍을 뚫거나 살수노즐을 배관에 부착
　　　② 확산판식 : 확산판을 살수노즐 끝에 부착한 것으로 구형 저장탱크에 설치

지상에 설치된 LPG 저장탱크의 액면계에 대한 물음에 답하시오.

(1) 액면계 명칭은 무엇인가?
(2) 액면계의 기능 2가지를 쓰시오.
(3) 액면계 상하에 설치되는 스톱밸브의 역할(기능)을 설명하시오.

해답 (1) 클린카식 액면계
(2) ① 저장탱크 내 LPG 액면을 지시하여 잔량 상태 확인
② LPG 이입·충전 시 과충전을 방지
(3) 액면계 파손 및 검사 시에 LPG의 누설을 방지하기 위하여

해설 저장탱크 액면계 설치 기준
① 액면계는 평형반사식 유리액면계, 평형투시식 유리액면계 및 플로트(float)식, 차압식, 정전용량식, 편위식, 고정튜브식 또는 회전튜브식이나 슬립튜브식 액면계 등에서 선정하여 사용한다.
② 유리를 사용한 액면계에는 액면을 확인하기 위하여 필요한 최소면적 이외의 부분을 금속제 등의 덮개로 보호하여 액면계의 파손을 방지하는 조치를 한 것으로 한다.
③ 액면계 상하에는 수동식 및 자동식 스톱밸브를 각각 설치한다. 다만, 자동식 및 수동식 기능을 함께 갖춘 경우에는 각각 설치한 것으로 볼 수 있다.

LPG 저장탱크에 부착되는 안전밸브에 대한 물음에 답하시오.

(1) 안전밸브의 명칭(종류)을 쓰시오.
(2) 지상에 설치되는 저장탱크에 부착하는 위치를 쓰시오.
(3) 작동점검 주기는 얼마인가?

해답 (1) 스프링식 안전밸브
(2) 저장탱크 기상부에 설치
(3) 2년에 1회 이상

해설 과압안전장치 선정
① 기체의 압력상승을 방지하기 위한 경우에는 스프링식 안전밸브 또는 자동압력제어장치
② 급격한 압력상승의 우려가 있는 경우 또는 반응생성물의 성상 등에 따라 스프링식 안전밸브를 설치하는 것이 부적당한 경우에는 파열판 또는 자동압력제어장치
③ 펌프 및 배관에서의 액체의 압력상승을 방지하기 위한 경우에는 릴리프 밸브, 스프링식 안전밸브 또는 자동압력제어장치

LPG 저장탱크를 지하에 매설할 때 저장탱크실은 수밀성(水密性) 콘크리트로 시공하여야 한다. 저장탱크실 콘크리트 설계강도는 몇 MPa인가?

해답 21MPa 이상

해설 (1) 저장탱크 지하 설치 기준
① 천장, 벽, 바닥의 두께 : 30cm 이상의 철근 콘크리트
② 저장탱크의 주위 : 마른 모래를 채울 것
③ 매설깊이 : 60cm 이상
④ 2개 이상 설치 시 : 상호간 1m 이상 유지
⑤ 지상에 경계표지 설치
⑥ 안전밸브 방출관 설치(방출구 높이 : 지면에서 5m 이상)
(2) 저장탱크실 재료 기준 : 레디믹스트 콘크리트(ready-mixed concrete)로 하고, 시공은 수밀(水密) 콘크리트로 한다.

항목	규격
굵은 골재의 최대치수	25mm
설계강도	21MPa 이상
슬럼프(slump)	120~150mm
공기량	4% 이하
물-결합재비	50% 이하
그 밖의 사항	KS F 4009에 의한 규정

LPG 저장탱크가 지하에 매설된 부분의 지상부이다. 지시하는 부분의 명칭과 기능(역할)을 쓰시오.

해답 ① 명칭 : 맨홀(man hole)
② 기능 : 정기검사 및 수리, 점검 시 저장탱크 내부에 작업자가 들어가기 위한 것

해설 LPG 저장탱크 지하 설치 기준
(1) 저장탱크실 바닥은 저장탱크실에 침입한 물 또는 기온변화에 따라 생성된 물이 모이도록 구배를 가지는 구조로 하고, 바닥의 낮은 곳에 집수구를 설치하며, 집수구에 고인 물을 쉽게 배수할 수 있도록 한다.
① 집수구 크기 : 가로 30cm, 세로 30cm, 깊이 30cm 이상
② 집수관 : 80A 이상
③ 집수구 및 집수관 주변 : 자갈 등으로 조치, 펌프로 배수
④ 검지관 : 40A 이상으로 4개소 이상 설치
(2) 점검구 설치
① 설치 수 : 저장능력이 20톤 이하인 경우 1개소, 20톤 초과인 경우 2개소
② 위치 : 저장탱크 측면 상부의 지상에 맨홀 형태로 설치
③ 크기 : 사각형 0.8m×1m 이상, 원형은 지름 0.8m 이상의 크기

15

LPG 용기 충전사업소에 설치된 저장탱크이다. 이 저장탱크의 저장능력이 25톤이라면 사업소 경계까지 유지하여야 할 안전거리는 얼마인가?

해답 30m 이상

해설 저장설비 안전거리 유지 기준

① 사업소 경계까지 다음 거리 이상을 유지 (단, 저장설비를 지하에 설치하거나 지하에 설치된 저장설비 안에 액중펌프를 설치하는 경우에는 사업소 경계와의 거리에 0.7을 곱한 거리)

저장능력	사업소 경계와의 거리
10톤 이하	24 m
10톤 초과 20톤 이하	27 m
20톤 초과 30톤 이하	30 m
30톤 초과 40톤 이하	33 m
40톤 초과 200톤 이하	36 m
200톤 초과	39 m

② 충전설비 : 사업소 경계까지 24m 이상 유지

③ 탱크로리 이입·충전장소 : 정차위치 표시, 사업소 경계까지 24m 이상 유지

④ 저장설비, 충전설비 및 탱크로리 이입·충전장소 : 보호시설과 거리 유지

저장능력	제1종	제2종
10톤 이하	17m	12m
10톤 초과 20톤 이하	21m	14m
20톤 초과 30톤 이하	24m	16m
30톤 초과 40톤 이하	27m	18m
40톤 초과	30m	20

[비고] 지하에 저장설비를 설치하는 경우에는 2분의 1로 할 수 있다.

16

액화석유가스 용기 충전사업소의 저장탱크 배관에 부착된 기기에 대한 물음에 답하시오.

⑴ 지시하는 것의 명칭을 쓰시오.
⑵ 동력원의 종류 4가지를 쓰시오.
⑶ 이 설비(기기)의 조작스위치(조작밸브)는 저장탱크 외면으로부터 몇 m 이상 떨어진 곳에 설치하는가?

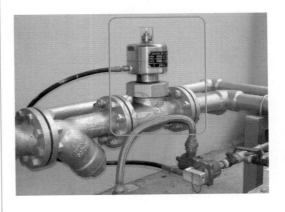

해답 ⑴ 긴급차단장치(또는 긴급차단밸브)
　　⑵ ① 액압
　　　② 기압
　　　③ 전기식
　　　④ 스프링식
　　⑶ 5m 이상

해설 ⑴ 긴급차단장치 차단조작기구 설치 장소
　　① 안전관리자가 상주하는 사무실 내부
　　② 충전기 주변
　　③ 액화석유가스의 대량 유출에 대비하여 충분히 안전이 확보되고 조작이 용이한 곳
　⑵ 긴급차단장치 또는 역류방지밸브에는 그 차단에 따라 그 긴급차단장치 또는 역류방지밸브 및 접속하는 배관 등에서 워터 해머(water hammer)가 발생하지 아니하는 조치를 강구한다.

17 예상문제

지시하는 것은 LPG 저장탱크 배관에 설치된 기기이다. 명칭을 쓰시오.

해답 릴리프 밸브

해설 (1) 릴리프 밸브 : 펌프 및 배관에서 액체의 압력상승을 방지하기 위하여 설치하는 것으로 배관 내의 압력이 일정압력 상승 시 작동하여 저장탱크나 펌프의 흡입측으로 되돌려진다.

(2) 구조도(단면도)

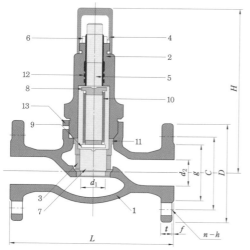

각부 명칭
1. body   2. bonnet   3. disk guide
4. cap(캡)   5. adjust bolt   6. adjust nut
7. valve disk   8. spring disk
9. spring disk lower   10. spring
11, 12. O-ring   13. screw

18 예상문제

LPG 저장탱크가 설치된 곳의 배관에서 지시하는 부분의 기기 명칭을 쓰시오.

해답 (1) 글로브 밸브(또는 스톱 밸브)
(2) 체크밸브
(3) 긴급차단장치
(4) 바이패스 라인

해설 (1) 바이패스 라인 : 배관에 설치된 릴리프 밸브, 긴급차단장치 등이 작동하지 않을 때 바이패스 라인에 설치된 글로브 밸브를 수동으로 개방하여 액체가 배출되도록 하는 배관이다. 바이패스 라인에 설치된 글로브 밸브는 평상시에는 폐쇄된 상태를 유지한다.

(2) 각 기기의 외관 모양

글로브 밸브   체크밸브

긴급차단장치

LPG 소형 저장탱크의 충전질량이 2500kg일 때 가스 충전구로부터 토지경계선까지 이격거리는 얼마인가?

해답 5.5m 이상

해설 소형 저장탱크의 설치거리 기준

소형 저장탱크의 충전질량	가스충전 구로부터 토지경계선에 대한 수평거리 (m)	탱크간 거리(m)	가스충전 구로부터 건축물 개구부에 대한 거리(m)
1000kg 미만	0.5 이상	0.3 이상	0.5 이상
1000kg 이상 2000kg 미만	3.0 이상	0.5 이상	3.0 이상
2000kg 이상	5.5 이상	0.5 이상	3.5 이상

① 토지경계선이 바다, 호수, 하천, 도로 등과 접하는 경우에는 그 반대편 끝을 토지경계선으로 본다.

② 충전질량 1000kg 이상인 경우에 방호벽을 설치하면 토지경계선 및 건축물 개구부에 대한 거리의 1/2 이상의 직선거리를 유지할 수 있다. 이 경우 방호벽의 높이는 소형 저장탱크 정상부보다 50cm 이상 높게 유지하여야 한다.

참고 다중이용시설 또는 가연성 건조물과는 가스충전구로부터 건축물 개구부에 대한 거리의 2배 이상의 직선거리를 유지해야 한다. 〈신설 20. 9. 4〉

LPG 일반 집단공급시설에 설치된 소형 저장탱크에 대한 물음에 답하시오.

(1) 소형 저장탱크를 동일 장소에 설치할 때 설치 수와 충전질량 합계는 얼마인가?

(2) 충전량은 내용적의 얼마로 충전하는가?

(3) 경계책 설치 높이는 얼마인가 (단, 충전질량 합계가 1000kg 이상인 것이다.)

(4) 충전구 연장을 위한 배관을 설치한 경우 커플링에서 소형 저장탱크까지의 배관에 남아 있는 액체가스로 인한 배관의 액봉을 방지하기 위하여 기체 및 액체 배관에 설치하여야 할 것은 무엇인가?

해답 (1) ① 설치 수 : 6기 이하 ② 충전질량 합계 : 5000kg 미만 (2) 85% 이하 (3) 1m 이상 (4) 안전밸브와 가스방출관을 설치

해설 소형 저장탱크 설치 기준

① 소형 저장탱크 수 : 6기 이하, 충전질량 합계 5000kg 미만

② 지면보다 5cm 이상 높게 설치된 일체형 콘크리트 기초에 설치

③ 경계책 설치 : 높이 1m 이상(충전질량 1000kg 이상만 해당)

④ 기화장치와의 우회거리 : 3m 이상

⑤ 충전량 : 내용적의 85% 이하

⑥ 안전밸브 방출구 : 수직상방으로 분출하는 구조

21 예상문제

지시하는 것은 액화석유가스 용기충전 사업소의 저장설비가 있는 장소에 설치된 기기이다. 명칭을 쓰시오.

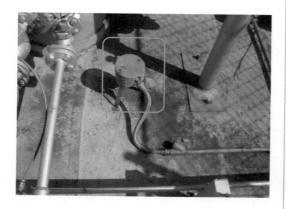

해답 가스누출 경보기 검지부(또는 가스누설 검지기)

해설 가스누출 경보기 설치 기준
 (1) 검지부 설치 높이 : 바닥면으로부터 검지부 상단까지 30cm 이내
 (2) 검지부 설치 제외 장소
  ① 증기, 물방울, 기름기 섞인 연기 등이 직접 접촉될 우려가 있는 곳
  ② 주위온도 또는 복사열에 따른 온도가 40℃ 이상이 되는 곳
  ③ 설비 등에 가려져 누출가스의 유동이 원활하지 못한 곳
  ④ 차량, 그 밖의 작업 등으로 경보기가 파손될 우려가 있는 곳
 (3) 경보부 설치 장소 : 관계자가 상주하거나 경보를 식별할 수 있는 장소로서 경보가 울린 후 각종 조치를 취하기에 적절한 곳

22 예상문제

LPG 저장설비실과 가스설비실의 자연환기설비에 대한 물음 및 (   )에 알맞은 용어를 쓰시오.
 (1) 환기구는 (   )에 접하고, 외기에 면하게 설치한다.
 (2) 통풍가능면적의 합계 기준을 쓰시오.
 (3) 환기구 1개의 면적은 얼마인가?
 (4) 사방을 방호벽 등으로 설치할 경우 환기구 방향은 (   )방향 이상으로 분산 설치한다.
 (5) 환기구는 가로의 길이를 (   )의 길이보다 길게 한다.

해답 (1) 바닥면
 (2) 바닥면적 $1m^2$ 마다 $300cm^2$의 비율로 계산한 면적 이상
 (3) $2400cm^2$ 이하
 (4) 2
 (5) 세로

해설 강제환기설비(강제통풍장치) 설치 기준
 ① 통풍능력은 바닥면적 $1m^2$마다 $0.5m^3/$min 이상으로 한다.
 ② 흡입구는 바닥면 가까이에 설치한다.
 ③ 배기가스 방출구를 지면에서 5m 이상의 높이에 설치한다.

23 예상문제

액화석유가스를 자동차에 고정된 용기에 충전하는 고정충전설비(dispenser, 충전기)에 대한 물음에 답하시오.

(1) 충전기의 충전호스 길이는 얼마인가?
(2) 충전호스 끝에 설치하는 장치는 무엇인가?
(3) 충전호스에 부착하는 가스주입기의 형식을 쓰시오.

해답 (1) 5m 이내
　　　(2) 정전기 제거장치
　　　(3) 원터치형

해설 액화석유가스 자동차에 고정된 용기 충전시설 기준

① 충전기 상부에는 캐노피를 설치하고, 그 면적은 공지면적의 $\dfrac{1}{2}$이하로 한다.

② 배관이 캐노피 내부를 통과하는 경우에는 1개 이상의 점검구를 설치한다.

③ 캐노피 내부의 배관으로서 점검이 곤란한 장소에 설치하는 배관은 용접이음으로 한다.

④ 충전기 주위에는 정전기 방지를 위하여 충전 이외의 필요 없는 장비는 시설을 금지한다.

⑤ 저장탱크실 상부에는 충전기를 설치하지 아니한다.

24 예상문제

액화석유가스를 자동차에 고정된 용기에 충전하는 고정충전설비(dispenser, 충전기)의 충전호스에 과도한 인장력이 가해졌을 때 충전기와 가스주입기가 분리될 수 있는 안전장치의 명칭을 쓰시오.

해답 세이프티 커플링(safety coupling)

해설 (1) 구조 및 치수

① 암커플링은 호스가 분리되었을 경우 자동차 충전구쪽에, 숫커플링은 충전기쪽에 설치할 수 있는 구조로 한다.

② 커플링이 분리되었을 경우 가스누출이 없도록 자동으로 폐쇄되는 구조로 한다.

③ 암커플링의 외부 캡이 회전되지 아니하는 구조로 한다.

④ 커플링은 형상이 균일하고 매끈하며 유효한 잔금 등 결함이 없도록 한다.

⑤ 커플링은 가스의 흐름에 지장이 없는 유효면적(합산 유효면적이 0.5cm^2 이상)을 가지는 것으로 한다.

(2) 작동 성능

① 분리성능 : 커플링은 연결된 상태에서 압력을 가하여 2.7~3.3MPa에서 분리될 것

② 당김성능 : 커플링은 연결된 상태에서 30 ± 10mm/min의 속도로 당겼을 때 490.4~588.4N에서 분리되는 것으로 할 것

③ 회전성능 : 커플링은 결합 후 암수 커플링이 자유롭게 회전되는 것으로 할 것

25 예상문제

액화석유가스를 자동차에 고정된 용기에 충전하는 고정충전설비(dispenser, 충전기)에 차량의 충돌로부터 충전기를 보호할 수 있도록 설치하는 보호대에 대한 물음에 답하시오.

(1) 보호대로 사용할 수 있는 것 2가지를 규격을 포함하여 쓰시오.
(2) 보호대 높이는 얼마인가?

해답 (1) ① 두께 12cm 이상의 철근콘크리트
② 호칭지름 100A 이상의 배관용 탄소강
(2) 80cm 이상

해설 고정충전설비(충전기) 보호대 설치기준
〈개정 2019. 8. 14〉
(1) 보호대 재질
① 두께 12cm 이상의 철근콘크리트
② 호칭지름 100A 이상의 배관용 탄소강관 또는 이와 동등 이상의 기계적 강도를 가지는 강관
(2) 보호대의 높이는 80cm 이상으로 한다.
(3) 보호대는 차량의 충돌로부터 충전기를 보호할 수 있는 형태로 한다. 다만, 말뚝형태일 경우 말뚝은 2개 이상을 설치하고, 간격는 1.5m 이하로 한다.
(4) 보호대 기초
① 철근콘크리트제 보호대는 콘크리트 기초에 25cm 이상의 깊이로 묻고, 바닥과 일체가 되도록 콘크리트를 타설한다.
② 강관제 보호대는 ①번과 같이 기초에 묻거나, 앵커 볼트를 사용하여 고정한다.

26 예상문제

단단 감압식 저압조정기에 대한 물음에 답하시오.

(1) 조정기의 사용 목적을 쓰시오.
(2) 조정기의 용량은 얼마인가?
(3) 조정기 입구압력과 출구압력(조정압력)을 쓰시오.
(4) 단단 감압식 저압조정기 사용 시 장점과 단점을 각각 2가지씩 쓰시오.

해답 (1) 유출압력(공급압력) 조절로 안정된 연소를 도모하고, 소비가 중단되면 가스를 차단한다.
(2) 총 가스소비량의 150% 이상
(3) ① 입구압력 : 0.07~1.56MPa
② 출구압력(조정압력) : 2.3~3.3kPa
(4) 장점 ① 장치가 간단하다.
② 조작이 간단하다.
단점 ① 배관지름이 커야 한다.
② 최종 압력이 부정확하다.

해설 단단 감압식 저압조정기의 성능
(1) 최대폐쇄압력 : 3.5kPa 이하
(2) 안전장치 작동압력
① 작동표준압력 : 7.0kPa
② 작동개시압력 : 5.6~8.4kPa
③ 작동정지압력 : 5.04~8.4kPa

27

2단 감압식 2차 조정기에 대한 물음에 답하시오.

(1) 2단 감압식 조정기를 사용할 때 장점 4가지를 쓰시오.

(2) 2단 감압식 조정기를 사용할 때 단점 4가지를 쓰시오.

해답 (1) ① 입상배관에 의한 압력손실을 보정할 수 있다.
② 가스배관이 길어도 공급압력이 안정된다.
③ 중간배관이 가늘어도 된다.
④ 각 연소기구에 알맞은 압력으로 공급이 가능하다.

(2) ① 설비가 복잡하다.
② 조정기 수가 많아서 점검 개소가 많다.
③ 부탄의 경우 재액화의 우려가 있다.
④ 검사방법이 복잡하고 시설의 압력이 높아서 이음방식에 주의하여야 한다.

해설 일반용 LPG용 압력조정기의 종류
① 1단 감압식 : 저압 조정기, 준저압 조정기
② 2단 감압식 : 1차용 조정기(용량 10kg/h 이하, 10kg/h 초과), 2차용 조정기, 2차용 준저압 조정기
③ 자동 절체식 : 일체형 저압 조정기, 일체형 준저압 조정기, 일체형 준저압 조정기
④ 그 밖의 압력조정기

28

LPG 집합공급설비에 자동절체식 조정기를 사용할 때의 장점 4가지를 쓰시오.

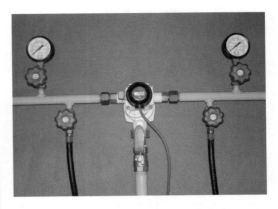

해답 ① 전체 용기의 수량이 수동교체식의 경우보다 적어도 된다.
② 잔액이 거의 없어질 때까지 소비된다.
③ 용기 교환주기의 폭을 넓힐 수 있다.
④ 분리형을 사용하면 단단 감압식 조정기의 경우보다 배관의 압력손실을 크게 해도 된다.

해설 자동절체식 조정기의 절체 성능 : 자동절체식 조정기의 경우에는 사용 쪽 용기 안의 압력이 0.1MPa 이상일 때 표시용량의 범위에서 예비 쪽 용기에서 가스가 공급되지 않아야 한다.

동영상 예상문제

29 예상문제

LPG 충전용기 집합장치에 대한 물음에 답하시오.

(1) 지시하는 부분의 명칭을 쓰시오.
(2) 집합장치에 설치된 LPG 충전용기의 명칭을 쓰시오.
(3) 이 용기는 원칙적으로 (   )장치가 설치되어 있는 시설에서만 사용이 가능하다. (   ) 안에 알맞은 내용을 쓰시오.
(4) 이 시설에 기체배관이 설치되어 있는데 기체배관 설치 시 제외되는 시설은 무엇인가?

기체 배관

해답 (1) 액자동절체기
(2) 사이펀 용기
(3) 기화
(4) 비상전력 공급설비

해설 액자동절체기 : 사용 측 용기의 LPG를 모두 소비하면 자동으로 예비 측 용기의 액을 공급하여 주는 기기로 LPG의 공급이 중단되지 않게 한다.

30 예상문제

LPG 기화장치에 대한 물음에 답하시오.

(1) 기화장치의 구성요소 3가지를 쓰시오.
(2) 기화장치에서 액화가스의 유출을 방지하기 위한 장치(기기)는 무엇인가?
(3) 온수가열방식과 증기가열방식은 기화기의 과열을 방지하기 위해 온수 및 증기의 온도를 얼마로 제한하는가?
(4) 기화기 사용 시 장점 4가지를 쓰시오.

해답 (1) ① 기화부 ② 제어부 ③ 조압부
(2) 액유출 방지장치 (또는 액유출 방지기구)
(3) ① 온수 : 80℃ 이하 ② 증기 : 120℃ 이하
(4) ① 한랭시에도 연속적인 가스 공급이 가능하다.
② 공급가스의 조성이 일정하다.
③ 설치면적이 좁아진다.
④ 기화량을 가감할 수 있다.
⑤ 설비비 및 인건비가 절약된다.

해설 고압가스용 기화장치의 성능
(1) 내압성능
① 내압시험은 물을 사용하여 설계압력의 1.3배 이상으로 실시한다.
② 질소 또는 공기 등을 사용하는 경우 설계압력의 1.1배의 압력으로 실시할 수 있다.
(2) 기밀성능
① 공기 또는 불활성가스를 사용하여 실시
② 기밀시험 압력 : 설계압력 이상의 압력

2. 도시가스 시설

문제 31~50

31 예상문제

아파트 외벽에 설치된 도시가스 입상관 및 밸브에 대한 물음에 답하시오.

(1) 지시하는 밸브의 설치높이는 바닥으로부터 얼마인가?
(2) 입상관에 어떤 표시를 하면 아파트 외벽과 같은 색상으로 도색할 수 있는가?

해답 (1) 1.6m 이상 2m 이내
(2) 바닥에서 1m 높이에 폭 3cm의 황색띠를 2중으로 표시

해설 도시가스 사용시설 입상관 밸브를 1.6m 이상 2m 이내에 설치하지 못할 경우 기준 〈신설 2016. 6. 16〉
(1) 입상관 밸브를 1.6m 미만으로 설치 시 보호상자 안에 설치한다.
(2) 입상관 밸브를 2.0m 초과하여 설치할 경우 다음 중 어느 하나의 기준을 따른다.
　① 입상관 밸브 차단을 위한 전용계단을 견고하게 고정, 설치한다.
　② 원격으로 차단이 가능한 전동밸브를 설치한다. 이 경우 차단장치의 제어부는 바닥으로부터 1.6m 이상 2.0m 이내에 설치하며, 전동밸브 및 제어부는 빗물을 받을 우려가 없도록 조치한다.

32 예상문제

아파트 외부 벽면에 설치된 도시가스 입상관에 대한 물음에 답하시오.

(1) 입상관의 정의를 쓰시오.
(2) 지시하는 "ㄷ"자 부분의 명칭은 무엇인가?
(3) 지시하는 부분의 장치를 설치하는 이유를 설명하시오.
(4) 아파트가 25층으로 가정할 때 지시하는 것은 몇 개를 설치하여야 하는가?

해답 (1) 수용가에 가스를 공급하기 위해 건축물에 수직으로 부착되어 있는 배관을 말하며, 가스의 흐름 방향과 관계없이 수직배관은 입상배관으로 본다.
(2) 신축흡수장치(또는 신축이음장치, 신축조인트, Expansion joint)
(3) 온도변화에 따른 배관의 열팽창(수축, 팽창)을 흡수하기 위하여
(4) 2개

해설 곡관수
① 10층 이하 : 무
② 11층 이상 20층 이하 : 1개 이상
③ 21층 이상 : 11층 이상 20층 이하 수에 10층마다 1개 이상의 수

33 예상문제

도시가스 사용시설에서 배관 이음부와 유지하여야 할 거리 기준 4가지를 쓰시오. (단, 용접 이음매는 제외한다.)

[해답] ① 전기계량기, 전기개폐기 : 60cm 이상
② 전기점멸기, 전기접속기 : 15cm 이상
③ 절연조치를 하지 않은 전선, 단열조치를 하지 않은 굴뚝 : 15cm 이상
④ 절연전선 : 10cm 이상

[해설] 도시가스 계량기와 유지거리
① 전기계량기, 전기개폐기 : 60cm 이상
② 단열조치를 하지 않은 굴뚝, 전기점멸기, 전기접속기 : 30cm 이상
③ 절연조치를 하지 않은 전선 : 15cm 이상

34 예상문제

도시가스 배관에 표시하여야 할 사항 3가지를 쓰시오.

[해답] ① 사용 가스명
② 최고사용압력
③ 가스의 흐름 방향

[해설] 배관설비 표시 기준
① 배관은 그 외부에 사용 가스명, 최고사용압력 및 가스의 흐름 방향을 표시한다. 다만, 지하에 매설하는 경우에는 흐름 방향을 표시하지 아니할 수 있다.
② 지상 배관은 부식방지도장 후 표면색상을 황색으로 도색한다.
③ 지하 매설 배관은 최고사용압력이 저압인 배관은 황색, 중압 이상인 배관은 적색으로 한다.
④ 지상 배관의 경우 건축물의 내·외벽에 노출된 것으로서 바닥(2층 이상 건물의 경우에는 각층의 바닥을 말한다)에서 1m의 높이에 폭 3cm의 황색띠를 2중으로 표시한 경우에는 표면색상을 황색으로 하지 아니할 수 있다.
⑤ 아연도금강관(백관)은 별도의 부식방지도장이 없어도 부식방지 조치를 한 것으로 본다.

도시가스 정압기에 대한 물음에 답하시오.

(1) 정압기의 기능 3가지를 쓰시오.
(2) 정압기 구성 요소 중 2차 압력을 감지하여 그 2차 압력의 변동을 메인밸브에 전달하는 부분의 명칭을 쓰시오.

해답 (1) ① 감압기능
　　　② 정압기능
　　　③ 폐쇄기능
　(2) 다이어프램

해설 (1) 정압기(governor)의 기능(역할)
　　① 감압기능 : 도시가스 압력을 사용처에 맞게 낮추는 기능
　　② 정압기능 : 2차측의 압력을 허용범위 내의 압력으로 유지하는 기능
　　③ 폐쇄기능 : 가스의 흐름이 없을 때는 밸브를 완전히 폐쇄하여 압력상승을 방지하는 기능
　(2) 정압기 구성 요소
　　① 다이어프램 : 2차 압력을 감지하고 2차 압력의 변동을 메인밸브에 전달하는 부분
　　② 스프링 : 조정할 압력(2차 압력)을 설정하는 부분
　　③ 메인밸브(조정밸브) : 가스의 유량을 밸브 개도에 따라서 직접 조정하는 부분

도시가스 정압기실에 대한 물음에 답하시오.

(1) 지시하는 부분의 기기 명칭을 쓰시오.
(2) ①번과 ③번 기기의 분해 · 점검 주기에 대하여 쓰시오.
(3) 정압기의 작동상황 점검 주기는 얼마인가?
(4) 정압기실의 조명도는 얼마인가?

해답 (1) ① 정압기
　　　② 긴급차단장치(또는 긴급차단밸브)
　　　③ 정압기 필터
　(2) ① 정압기 : 2년에 1회 이상
　　　③ 정압기 필터 : 가스 공급 개시 후 1개월 이내 및 가스 공급 개시 후 매년 1회 이상
　(3) 1주일에 1회 이상
　(4) 150룩스 이상

해설 정압기 점검 주기
　① 정압기 분해 점검 : 2년에 1회 이상
　② 필터 분해 점검 : 가스 공급 개시 후 1개월 이내 및 가스 공급 개시 후 매년 1회 이상
　③ 가스 사용 시설(단독 사용자 시설)의 정압기 및 필터 점검 주기 : 설치 후 3년까지는 1회 이상, 그 이후에는 4년에 1회 이상

37 예상문제

주 정압기에 설치되는 긴급차단장치의 작동압력은 얼마인가? (단, 상용압력이 2.5kPa이다.)

해답 3.6kPa 이하

해설 정압기에 설치되는 안전장치의 설정압력

구분		상용압력이 2.5kPa인 경우
이상압력 통보설비	상한값	3.2kPa 이하
	하한값	1.2kPa 이상
주 정압기에 설치되는 긴급차단장치		3.6kPa 이하
안전밸브		4.0kPa 이하
예비 정압기에 설치되는 긴급차단장치		4.4kPa 이하

참고 상용압력 2.5kPa 외의 그 밖의 경우 설정압력은 필답형 8-3장 도시가스 안전관리 예상문제 31번 해설을 참고하기 바랍니다.

38 예상문제

정압기실에 설치되는 가스누설검지 통보장치의 검지부에 대한 물음에 답하시오.

(1) 검지부 설치 수 기준을 쓰시오.
(2) 작동상황 점검 주기는 얼마인가?

해답 (1) 정압기실 바닥면 둘레 20m에 대하여 1개 이상
(2) 1주일에 1회 이상

해설 가스누출 경보기 검지부 설치 제외 장소
① 증기, 물방울, 기름 섞인 연기 등이 직접 접촉될 우려가 있는 곳
② 주위온도 또는 복사열에 의한 온도가 40℃ 이상이 되는 곳
③ 설비 등에 가려져 누출가스의 유통이 원활하지 못한 곳
④ 차량 그 밖의 작업 등으로 인하여 경보기가 파손될 우려가 있는 곳

39 예상문제

정압기실에 설치되는 기기의 명칭을 쓰시오.

(1)   (2)

(3)   (4)

 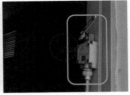

해답 (1) 이상압력 통보설비
    (2) 압력기록장치
    (3) 필터 차압계
    (4) 출입문 개폐 통보장치

해설 각 기기의 역할(기능)
    (1) 이상압력 통보설비 : 정압기 출구 측의 압력이 설정압력보다 상승하거나 낮아지는 경우에 이상유무를 상황실에서 알 수 있도록 경보음(70dB 이상) 등으로 알려주는 설비이다.
    (2) 압력기록장치 : 정압기 출구 가스의 압력을 측정·기록할 수 있는 장치로 일반적으로 정압기 입구 압력도 함께 측정, 기록한다.
    (3) 필터 차압계 : 정압기 입구에 설치하여 불순물을 제거하는 필터의 입구와 출구의 압력차를 지시하여 오염 여부를 판단한다.
    (4) 출입문 개폐 통보장치 : 정압기실 출입문을 허가되지 않은 사람이 개폐하였을 때 안전관리자가 상주하는 곳에 통보할 수 있는 경보설비이다.

40 예상문제

LNG를 사용하는 도시가스 정압기실에 대한 물음에 답하시오.

(1) 지시하는 정압기 안전밸브 방출관 높이는 지면에서 얼마인가? (단, 전기시설물과 접촉 등으로 인한 사고의 우려가 없는 장소이다.)
(2) 정압기실 경계책 높이는 얼마인가?
(3) 경계표시에 기재하여야 할 내용 3가지를 쓰시오.

해답 (1) 지면에서 5m 이상
    (2) 1.5m 이상
    (3) ① 시설명 ② 공급자 ③ 연락처

해설 안전밸브는 가스방출관이 설치된 것으로 하고 그 방출관의 주위에 불 등이 없는 안전한 위치로서 지면으로부터 5m 이상의 높이에 설치한다. 다만, 전기시설물과의 접촉 등으로 사고의 우려가 있는 장소에서는 3m 이상으로 할 수 있다.

참고 안전밸브 가스방출관과 기계환기설비(강제통풍시설) 배기구의 설치기준은 각각 적용되고 있다.

정압기실에 설치된 기기에 대한 물음에 답하시오.

(1) 지시하는 기기의 명칭과 역할을 쓰시오.
(2) 정압기 입구측 압력이 0.5MPa 이상일 때 분출부(방출관) 크기는 얼마인가?

[해답] (1) ① 명칭 : 정압기 안전밸브
　　　 ② 역할 : 정압기의 압력이 이상 상승하는 경우 자동으로 압력을 대기 중으로 방출하기 위한 밸브이다.
　　　 (2) 50A 이상

[해설] 정압기 안전밸브 분출부(방출관) 크기
　(1) 정압기 입구측 압력이 0.5MPa 이상 : 50A 이상
　(2) 정압기 입구측 압력이 0.5MPa 미만
　　 ① 정압기 설계유량이 1000Nm³/h 이상 : 50A 이상
　　 ② 정압기 설계유량이 1000Nm³/h 미만 : 25A 이상

지상에 설치된 도시가스 정압기실의 환기구 통풍가능면적 기준을 쓰시오.

[해답] 바닥면적 $1m^2$당 $300cm^2$ 이상

[해설] 자연환기설비 설치기준
　(1) 환기구 위치
　　 ① 공기보다 무거운 가스 : 바닥면에 접하도록 설치
　　 ② 공기보다 가벼운 가스 : 천장 또는 벽면 상부에서 30cm 이내
　　 ③ 사방을 방호벽 등으로 설치할 경우 환기구 방향은 2방향 이상으로 분산 설치
　(2) 외기에 면하는 환기구 면적
　　 ① 통풍가능 면적 합계 : 바닥면적 $1m^2$당 $300cm^2$의 비율 이상
　　 ② 1개 환기구의 면적 : $2400cm^2$ 이하

43 예상문제

공기보다 비중이 가벼운 도시가스의 공급시설이 지하에 설치된 경우의 통풍구조에 대한 물음에 답하시오.

(1) 배기구의 설치 위치는 천장면으로부터 얼마인가?
(2) 흡입구 및 배기구의 관경은 얼마인가?
(3) 배기가스 방출구 높이는 얼마인가?

해답 (1) 30cm 이내
(2) 100mm 이상
(3) 지면에서 3m 이상

해설 공기보다 비중이 가벼운 가스를 사용하는 정압기가 지하에 설치된 경우 환기설비 설치 예

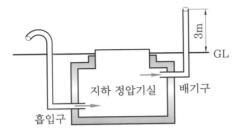

44 예상문제

정압기실에 자연환기설비를 설치할 수 없거나 공기보다 비중이 무거운 가스로서 정압기실이 지하에 설치된 경우에 설치하는 기계환기설비에 대한 물음에 답하시오.

(1) 통풍능력 기준은 얼마인가?
(2) 흡입구 및 배기구의 관경은 얼마인가?
(3) 배기가스 방출구 높이는 얼마인가?

해답 (1) 바닥면적 $1m^2$ 당 $0.5m^3$/분 이상
(2) 100mm 이상
(3) 지면에서 5m 이상

해설 (1) 공기보다 비중이 무거운 가스를 사용하는 정압기가 지하에 설치된 경우 환기구 설치 예

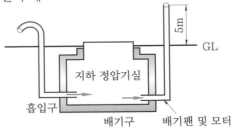

(2) 배기가스 방출구는 지면에서 5m 이상의 높이에 설치한다. 다만, 다음의 경우에는 배기가스 방출구를 지면에서 3m 이상의 높이에 설치한다.
① 공기보다 비중이 가벼운 배기가스인 경우
② 전기 시설물과의 접촉 등으로 사고의 우려가 있는 경우

45 예상문제

지시하는 것은 도시가스 정압기실 외부에 설치되는 장치이다.

(1) 지시하는 장치의 명칭을 쓰시오.
(2) 이 장치의 기능(역할)을 설명하시오.

해답 (1) RTU장치

(2) 정압기실의 상황(온도, 압력, 가스누설 유무 등)을 도시가스 상황실로 전송하여 정압기실을 무인으로 감시하는 통신시설 및 정전 시 비상전력을 공급할 수 있는 시설이 갖추어져 있다.

해설 도시가스 공급시설에 설치하는 정압기실 및 구역압력조정기실 개구부와 RTU (Remote Terminal Unit) 박스는 다음 기준에서 정한 거리 이상을 유지한다.

① 지구정압기, 건축물 내 지역정압기 및 공기보다 무거운 가스를 사용하는 지역정압기 : 4.5m 이상

② 공기보다 가벼운 가스를 사용하는 지역정압기 및 구역압력조정기 : 1m 이상

46 예상문제

공동주택 등에 압력조정기를 설치할 때 공급되는 가스압력이 중압이면 전체 세대 수는 얼마인가?

해답 150세대 미만

해설 압력조정기 설치 기준

(1) 공급압력에 따른 공급세대 수
① 중압 공급 : 150세대 미만
② 저압 공급 : 250세대 미만

(2) 사용시설 압력조정기 설치 기준

① 배관 내의 스케일, 먼지 등을 제거한 후 설치한다.

② 배관의 비틀림 또는 조정기 중량 등에 의하여 배관에 유해한 영향이 없도록 설치한다.

③ 조정기 입구쪽에 스트레이너(strainer) 또는 필터(filter)가 부착된 조정기를 설치한다. 다만, 압력조정기 입구쪽에 인접한 정압기에 스트레이너 또는 필터가 부착된 경우에는 그렇지 않다.

④ 릴리프식 안전장치가 내장된 조정기를 건축물 내에 설치하는 경우에는 가스방출구를 실외의 안전한 장소에 설치한다.

⑤ 지면으로부터 1.6m 이상 2m 이내에 설치한다. 다만, 격납상자에 설치하는 경우에는 그렇지 않을 수 있다.

LNG를 저장탱크로 이입 · 충전하는 과정 중의 한 부분이다. 물음에 답하시오.

(1) LNG의 주성분은 무엇인가?
(2) LNG 주성분에 해당하는 물질(탄화수소)의 비점과 분자량은 얼마인가?

해답 (1) 메탄(CH_4)
　　(2) ① 비점 : $-161.5℃$
　　　　② 분자량 : 16

해설 LNG 설비 사이의 거리
　① 고압인 가스공급시설의 안전구역 면적 : $20000m^2$ 미만
　② 안전구역 안의 고압인 가스공급시설과의 거리 : 30m 이상
　③ 2개 이상의 제조소가 인접하여 있는 경우 : 20m 이상
　④ 액화천연가스의 저장탱크와 처리능력이 20만m^3 이상인 압축기와의 거리 : 30m 이상
　⑤ 저장탱크와의 거리 : 두 저장탱크의 최대지름을 합산한 길이의 $\frac{1}{4}$ 이상에 해당하는 거리 유지(1m 미만인 경우 1m 이상의 거리 유지) → 물분무장치 설치 시 제외

LNG 저장탱크 주위에 액상의 가스가 누출된 경우 그 유출을 방지할 수 있는 방류둑을 설치하여야 하는 저장능력은 몇 톤인가?

해답 500톤 이상

해설 저장능력별 방류둑 설치 대상
　(1) 고압가스 특정제조
　　① 가연성가스 : 500톤 이상
　　② 독성가스 : 5톤 이상
　　③ 액화 산소 : 1000톤 이상
　(2) 고압가스 일반제조
　　① 가연성, 액화산소 : 1000톤 이상
　　② 독성가스 : 5톤 이상
　　③ 냉동제조 시설(독성가스 냉매 사용) : 수액기 내용적 10000 L 이상
　(3) 액화석유가스 충전사업 : 1000톤 이상
　(4) 도시가스
　　① 가스도매사업 : 500톤 이상
　　② 일반 도시가스사업 : 1000톤 이상

참고 LNG 저장시설이 설치되는 곳은 가스도매사업자 시설이다.

49

LNG를 기화시키는 기화장치에 대한 물음에 답하시오.

(1) 오픈 랙(open rack) 기화장치의 열매체로 사용하는 것은 무엇인가?

(2) 천연가스 연소열을 이용하므로 운전비용이 많이 소요되는 기화장치 명칭은?

해답 (1) 바닷물(또는 해수)
　　　(2) 서브머지드(submerged)법

해설 LNG 기화장치의 종류

① 오픈 랙(open rack) 기화법 : 베이스 로드용으로 수직 병렬로 연결된 알루미늄합금제의 핀튜브 내부에 LNG가 외부에 바닷물을 스프레이하여 기화시키는 구조이다. 바닷물을 열원으로 사용하므로 초기 시설비가 많으나 운전비용이 저렴하다.

② 중간매체법 : 베이스 로드용으로 프로판(C_3H_8), 펜탄(C_5H_{12}) 등을 사용한다.

③ 서브머지드(submerged)법 : 피크 로드용으로 액중 버너를 사용한다. 초기 시설비가 적으나 운전비용이 많이 소요된다. SMV(SubMerged Vaporizer)식이라 한다.

50

LNG를 기화시킨 후 부취제를 주입하는 정량 펌프에 대한 물음에 답하시오.

(1) 액체주입방식 3가지와 증발식 2가지를 쓰시오.

(2) 부취제의 착취농도(감지농도)는 공기 중에서 얼마인가?

(3) 정량 펌프를 사용하는 이유를 설명하시오.

해답 (1) ① 액체주입방식 : 펌프주입방식, 적하주입방식, 미터연결 바이패스 방식
　　　② 증발식 : 바이패스 증발식, 위크 증발식

(2) 1/1000 (또는 0.1%)

(3) 일정량의 부취제를 직접 가스 중에 주입하기 위하여

해설 부취제의 종류 및 특징

① TBM(Tertiary Butyl Mercaptan) : 양파 썩는 냄새가 나며 내산화성이 우수하고 토양의 투과성이 우수하며 토양에 흡착되기 어렵다. 냄새가 가장 강하다.

② THT(Tetra Hydro Thiophen) : 석탄가스 냄새가 나며 산화, 중합이 일어나지 않는 안정된 화합물이다. 토양의 투과성이 보통이며, 토양에 흡착되기 쉽다.

③ DMS(DiMethyl Sulfide) : 마늘 냄새가 나며 안정된 화합물이다. 내산화성이 우수하며 토양의 투과성이 아주 우수하며 토양에 흡착되기 어렵다. 일반적으로 다른 부취제와 혼합해서 사용한다.

3. 도시가스 배관

문제 51~75

51 예상문제

가스 배관에 사용되는 배관 종류이다. 각각의 명칭을 쓰시오.

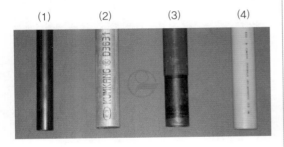

(1)　　(2)　　(3)　　(4)

해답 (1) 배관용 탄소강관 흑관
(2) 배관용 탄소강관 백관(또는 아연도금강관)
(3) 폴리에틸렌 피복강관(PLP관)
(4) 가스용 폴리에틸렌관(PE관)

해설 (1) 도시가스 배관 재료 선정 기준
① 배관 안의 가스 흐름이 원활한 것으로 한다.
② 내부의 가스압력과 외부로부터의 하중 및 충격하중 등에 견디는 강도를 가지는 것으로 한다.
③ 토양, 지하수 등에 대하여 내식성을 가진 것으로 한다.
④ 배관의 접합이 용이하고 가스의 누출을 방지할 수 있는 것으로 한다.
⑤ 절단 가공이 용이한 것으로 한다.
(2) 지하 매설 배관 재료
① KS D 3589 압출식 폴리에틸렌 피복강관
② KS D 3607 분말용착식 폴리에틸렌 피복강관
③ KS M 3514 가스용 폴리에틸렌관(PE관)

52 예상문제

가스용 폴리에틸렌관(PE)의 SDR값에 따른 압력범위(MPa)를 각각 쓰시오.

SDR 범위	압력범위
11 이하	①
17 이하	②
21 이하	③

해답 ① 0.4MPa 이하　② 0.25MPa 이하
③ 0.2MPa 이하

해설 (1) PE배관 접합 기준
① PE배관의 접합은 관의 재질, 설치조건 및 주위여건 등을 고려하여 실시하며 눈, 우천 시에는 천막 등으로 보호조치를 한 후 용착한다.
② PE배관은 수분, 먼지 등의 이물질을 제거한 후 접합한다.
③ PE배관의 접합 전에는 접합부를 접합전용 스크레이프 등을 사용하여 다듬질한다.
④ 금속관과의 접합은 T/F(transition fitting)를 사용한다.
⑤ 공칭 외경이 상이할 경우의 접합은 관이음매(fitting)를 사용하여 접합한다.
(2) $SDR = \dfrac{D(\text{바깥지름})}{t(\text{최소두께})}$
(SDR : Standard Dimension Ratio)

53 예상문제

가스용 폴리에틸렌관(PE관)의 이음방법 명칭을 쓰시오.

해답 맞대기 융착이음

해설 (1) 맞대기 융착이음(butt fusion) 기준
① 공칭외경 90mm 이상의 직관과 이음관 연결에 적용한다.
② 비드(bead)는 좌·우 대칭형으로 둥글고 균일하게 형성되도록 한다.
③ 비드의 표면은 매끄럽고 청결하도록 한다.
④ 접합면의 비드와 비드 사이의 경계부위는 배관의 외면보다 높게 형성되도록 한다.
⑤ 이음부의 연결오차는 배관두께의 10% 이하로 한다.
⑥ 시공이 불량한 융착이음부는 절단하여 제거하고 재시공한다.
(2) 공칭외경별 비드 폭은 다음 식에 의해 산출한 최소치 이상, 최대치 이하이어야 한다.
① 최소$=3+0.5t$
② 최대$=5+0.75t$ (t : 배관 두께)

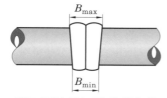

비드 폭의 최소 및 최대치 예

54 예상문제

가스용 폴리에틸렌관(PE관)의 이음방법의 명칭을 쓰시오.

해답 소켓 융착이음

해설 소켓 융착이음(socket fusion) 기준
① 용융된 비드는 접합부 전면에 고르게 형성되고 관 내부로 밀려나오지 않도록 한다.
② 배관 및 이음관의 접합은 일직선을 유지한다.
③ 비드 높이는 이음관의 높이 이하로 한다.
④ 융착작업은 홀더(holder) 등을 사용하고 관의 용융 부위는 소켓 내부 경계턱까지 완전히 삽입되도록 한다.
⑤ 시공이 불량한 융착이음부는 절단하여 제거하고 재시공한다.

55 예상문제

가스용 폴리에틸렌관(PE관)의 이음방법의 명칭을 쓰시오.

해답 새들 융착이음

해설 새들 융착이음(saddle fusion) 기준
① 접합부 전면에는 대칭형의 둥근 형상 이중비드가 고르게 형성되어 있도록 한다.
② 비드의 표면은 매끄럽고 청결하도록 한다.
③ 접합된 새들의 중심선과 배관의 중심선이 직각을 유지한다.
④ 비드의 높이는 이음관 높이 이하로 한다.
⑤ 시공이 불량한 융착이음부는 절단하여 제거하고 재시공한다.

56 예상문제

가스용 폴리에틸렌관(PE관)을 지하에 매설하는 과정에서 배관과 같이 설치하는 전선의 명칭은 무엇인가?

해답 로케팅 와이어

해설 로케팅 와이어(locating wire) 설치 기준
(1) 설치목적 : 가스용 폴리에틸렌관을 지하에 매설한 후 파이프 로케이터 사용에 의해 매설위치를 지상에서 탐지 및 관의 유지관리를 위하여 설치
(2) 탐지원리 : 전도체에 전기가 흐르면 도체 주변에 자장이 형성되는 원리를 이용
(3) 규격 : 단면적 $6mm^2$ 이상의 전선(나선은 제외)을 사용
(4) 배선 및 설치 방법
① 로케팅 와이어는 폴리에틸렌관을 따라 배선하며 로케이터용의 끝단부는 입상관을 따라 마감한다.
② 로케팅 와이어는 강관 및 주철관과 접속하면 부식의 우려가 있으므로 주의한다.
③ 로케팅 와이어는 폴리에틸렌관을 따라 다소 헐겁게 설치하며, 3~5m 정도의 간격으로 표시테이프 등으로 고정시킨다.

57 예상문제

가스용 폴리에틸렌관(PE배관) 부속 종류의 명칭을 쓰시오.

(1)

(2)

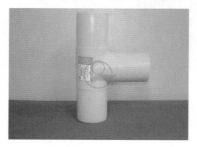

(3)

(4)

해답 (1) 엘보
(2) 티
(3) 리듀서(reducer)
(4) 캡

58 예상문제

지시하는 부분은 도시가스 매설배관 공사를 완료하고 관 내부의 이물질을 제거하는 것으로 이것의 명칭을 쓰시오.

해답 피그(pig)

해설 피그(pig) : 도시가스 매설배관 공사가 완료되고 내압시험 및 기밀시험을 하기 전에 피그를 공기압을 통해서 배관 내의 수분, 이물질, 먼지 등을 제거하는 것이다.

참고 제시되는 동영상에서는 그림과 같은 기구를 보여주고 있다.

59

도시가스 매설배관으로 사용할 수 있는 배관 재료(또는 배관 명칭) 2가지를 쓰시오.

해답 ① 가스용 폴리에틸렌관(PE관)
② 폴리에틸렌 피복강관(PLP관)
③ 분말 용착식 폴리에틸렌 피복강관

해설 도시가스 매설배관 기준
① 가스용 폴리에틸렌관은 최고사용압력 0.4MPa 이하의 경우에 사용할 수 있다.
② PE배관 설치장소 제한 : PE배관은 온도가 40℃ 이상이 되는 장소에 설치하지 않는다. 다만, 파이프 슬리브 등을 이용하여 단열조치를 한 경우에는 온도가 40℃ 이상이 되는 장소에 설치할 수 있다.
③ 배관의 기울기 : 배관의 기울기는 도로의 기울기를 따르고 도로가 평탄한 경우에는 $\frac{1}{500} \sim \frac{1}{1000}$ 정도의 기울기로 한다.
④ 지하 매설배관의 도색 : 최고사용압력이 저압인 배관은 황색, 중압 이상인 배관은 적색으로 한다.

60

도시가스 매설배관의 매설깊이 기준 4가지를 설명하시오. (단, 가스도매사업자의 경우는 제외한다.)

해답 ① 공동주택 등의 부지 내 : 0.6m 이상
② 폭 8m 이상의 도로 : 1.2m 이상
③ 폭 4m 이상 8m 미만의 도로 : 1m 이상
④ ① 내지 ③에 해당하지 않는 곳 : 0.8m 이상

해설 일반 도시가스사업 제조소 밖의 배관 매설깊이 기준
⑴ 공동주택 등의 부지 안에서는 0.6m 이상
⑵ 폭 8m 이상의 도로에서는 1.2m 이상. 다만, 도로에 매설된 최고사용압력이 저압인 배관에서 횡으로 분기하여 수요가에게 직접 연결되는 배관의 경우 1m 이상으로 할 수 있다.
⑶ 폭 4m 이상 8m 미만인 도로에서는 1m 이상. 다만, 다음 어느 하나에 해당하는 경우에는 0.8m 이상으로 할 수 있다.
 ① 호칭지름이 300mm(가스용 폴리에틸렌관의 경우 공칭외경 315mm를 말한다.) 이하로서 최고사용압력이 저압인 배관
 ② 도로에 매설된 최고사용압력이 저압인 배관에서 횡으로 분기하여 수요가에게 직접 연결되는 배관
 ③ ⑴부터 ⑶까지에 해당되지 아니한 곳에서는 0.8m 이상

61 예상문제

도시가스 배관을 지하에 매설할 때 보호판 시공에 대한 물음에 답하시오.

(1) 보호판의 설치 위치는 배관 정상부에서 얼마인가?
(2) 보호판에 구멍을 뚫어 놓는 이유를 설명하시오.

해답 (1) 30cm 이상
(2) 누출된 가스가 지면으로 확산되도록 하기 위하여

해설 보호판을 설치하여야 하는 경우
(1) 일반 도시가스사업
① 배관을 지하에 매설하는 경우에 배관의 외면과 상수도관, 하수관거, 통신케이블 등 타 시설물과는 0.3m 이상의 간격을 유지하지 못하는 경우
② 지하 구조물, 암반 그 밖의 특수한 사정으로 매설깊이를 확보할 수 없을 때
③ 도로 밑에 최고사용압력이 중압 이상인 배관을 매설하는 때
(2) 가스사용시설
① 배관을 지하에 매설하는 경우에 배관의 외면과 상수도관, 하수관거, 통신케이블 등 타 시설물과는 0.3m 이상의 간격을 유지하지 못하는 경우
② 지하 구조물, 암반 그 밖의 특수한 사정으로 매설깊이를 확보할 수 없을 때
③ 고압배관을 설치하는 경우

62 예상문제

도시가스 매설배관의 되메우기 작업 시 보호포를 시공하는 것에 대한 물음에 답하시오.

(1) 최고사용압력에 따른 보호포 바탕색을 구별하여 쓰시오.
(2) 보호포에 표시사항 3가지를 쓰시오.
(3) 배관을 도로에 매설하는 공정에서 보호포를 설치할 때 보호포 폭 기준을 설명하시오.

해답 (1) ① 저압 배관 : 황색
② 중압 이상 : 적색
(2) ① 가스명 ② 최고사용압력 ③ 공급자명
(3) 배관 호칭지름에 10cm를 더한 폭

해설 보호포 설치 기준
① 최고사용압력이 중압 이상인 배관의 경우에는 보호판의 상부로부터 30cm 이상 떨어진 위치에 설치한다.
② 최고사용압력이 저압인 배관으로서 매설깊이가 1.0m 이상인 경우에는 배관 정상부로부터 60cm 이상, 매설깊이가 1.0m 미만인 경우에는 배관 정상부로부터 40cm 이상 떨어진 곳에 설치한다.
③ 공동주택 등의 부지 안에 설치하는 배관의 경우에는 배관 정상부로부터 40cm 떨어진 곳에 설치한다.
④ 매설깊이를 확보할 수 없어 보호관 등을 사용한 경우에는 보호관 직상부에 보호포를 설치할 수 있다.

도시가스 매설배관의 누설을 탐지하는 차량에 사용되는 가스누출검지기의 명칭을 쓰시오.

탐지부 상세도

해답 수소불꽃 이온화 검출기 (또는 FID, 수소염 이온화 검출기)

해설 (1) 수소불꽃 이온화 검출기(FID : Flame Ionization Detector) : 불꽃으로 시료 성분이 이온화됨으로써 불꽃 중에 놓여진 전극간의 전기전도도가 증대하는 것을 이용한 것으로 탄화수소에서 감도가 최고이고 H_2, O_2, CO_2, SO_2 등은 감도가 없다.
(2) OMD(Optical Methane Detector) : 적외선 흡광방식으로 차량에 탑재하여 50km/h로 운행하면서 도로상 누출과 반경 50m 이내의 누출을 동시에 측정할 수 있고, GPS와 연동되어 누출지점 표시 및 실시간 데이터를 저장하고 위치를 표시하는 것으로 차량용 레이저 메탄 검지기(또는 광학 메탄 검지기)라 한다.

도시가스 배관을 시가지 외의 지역에 매설하였을 때 설치하는 표지판이다.

(1) 표지판은 몇 m 간격으로 설치하여야 하는가?
(2) 표지판의 규격(가로×세로)은 얼마인가?
(3) 표지판 재질은 무엇인가?

해답 (1) 200m 이내
(2) 200×150mm 이상
(3) 일반 구조용 압연강재(KS D 3503)

해설 (1) 매설배관 표지판 설치간격
① 가스도매사업 배관 : 500m 이내
② 일반 도시가스사업 배관 : 200m 이내
③ 고압가스 배관 : 지하에 설치된 배관은 500m 이하, 지상에 설치된 배관은 1000m 이하의 간격
(2) 일반 도시가스사업 표지판 설치기준
① 표지판은 배관을 따라 200m 간격으로 1개 이상으로 설치한다.
② 표지판의 가로치수는 200mm, 세로치수는 150mm 이상의 직사각형으로 한다.
③ 황색 바탕에 검정색 글씨로 도시가스 배관임을 알리는 뜻과 연락처 등을 표기한다.
④ 판의 재료는 KS D 3503(일반 구조용 압연강재)으로서 부식방지 조치를 한 것 또는 내식성 재료로 한다.

65 예상문제

도시가스 배관을 도로에 매설 시 표시하는 것에
대한 물음에 답하시오.

(1) 제시해 주는 것의 명칭을 쓰시오.
(2) 도시가스 배관이 직선으로 매설된 경우 설치
    간격은 몇 m 인가?
(3) 금속재를 제외한 종류 2가지를 쓰시오.

해답 (1) 라인마크
(2) 50m 이내
(3) ① 스티커형 라인마크
    ② 네일(nail)형 라인마크

해설 라인마크(line-mark) 설치 기준
① 도로법에 따른 도로 및 공동주택 등의
   부지 안 도로에 도시가스 배관을 매설하
   는 경우 설치한다.
② 라인마크 종류는 금속재 라인마크, 스티
   커형 라인마크 및 네일(nail)형 라인마크
   로 한다. 〈신설 2017. 5. 17〉
③ 라인마크는 배관길이 50m마다 1개 이
   상 설치하되 주요 분기점, 굴곡지점, 관
   말지점 및 그 주위 50m 안에 설치한다.
④ 금속재 라인마크 재료는 동합금봉, 황동
   주물 1종, 2종, 3종 또는 이와 동등 이상
   의 것을 사용하고, 라인마크 핀은 일반구
   조용 압연강재 또는 이와 동등 이상의 재
   료를 사용한다.

66 예상문제

도시가스 배관이 매설된 부분에 설치하는 라인
마크를 설명하시오.

(1)

(2)

해답 (1) 매설배관이 분기(삼방향)되는 곳
(2) 매설배관이 직선(직선방향)으로 매설된
    곳

해설 라인마크의 모양
① 직선방향

② 일방향

③ 양방향

④ 삼방향

⑤ 135° 방향

⑥ 관말지점

67

도시가스 배관을 움직이지 아니하도록 건축물에 고정부착하는 조치를 관지름에 따라 3가지 구분하여 고정장치 설치 간격을 쓰시오.

[해답] ① 관지름 13mm 미만 : 1m마다
② 관지름 13mm 이상 33mm 미만 : 2m마다
③ 관지름 33mm 이상 : 3m마다

[해설] 호칭지름 100mm 이상의 것에 적용하는 기준

호칭지름별 지지간격

호칭지름	지지간격
100A	8m
150A	10m
200A	12m
300A	16m
400A	19m
500A	22m
600A	25m

㈜ 호칭지름 600A를 초과하는 배관은 배관 처짐량의 500배 미만이 되는 지점마다 지지한다.

68

저전위 금속을 배관과 접속하여 애노드(anode)로 하고 피방식체를 캐소드(cathode)하여 부식을 방지하는 전기방식법의 명칭을 쓰시오.

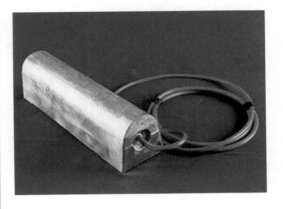

[해답] 희생양극법

[해설] 희생양극법(犧牲陽極法)의 원리 : 양극(anode)과 매설배관(cathode : 음극)을 전선으로 연결해 양극금속과 배관 사이의 전지작용(고유 전위차)에 의해서 부식을 방지하는 방법이다. 양극 재료로는 마그네슘(Mg), 아연(Zn)이 사용되며 토양 중에 매설되는 배관에는 마그네슘이 사용되고 있다.

도시가스 매설배관 시공 사진

69

땅속에 매설한 애노드(anode)에 강제전압을 가하여 피방식 금속체를 캐소드(cathode)하는 방식의 전기방식법 명칭은 무엇인가?

해답 외부전원법

해설 외부전원법(外部電源法)
① 원리 : 외부의 직류전원장치(정류기)로 부터 양극(+)은 매설배관이 설치되어 있는 토양에 설치한 외부전원용 전극(불용성 양극)에 접속하고, 음극(−)은 매설배관에 접속시켜 부식을 방지하는 방법으로 직류전원장치(정류기), 양극, 부속배선으로 구성된다.
② 정류기의 역할 : 한전의 교류 전원을 직류전원으로 바꾸어 주어 도시가스 배관에 방식전류를 흘려보내 배관부식을 방지한다.
③ 불용성 양극 재료 : 고규소철, 흑연봉, 자성산화철

70

다음은 직류전철이 운행하는 곳에 설치된 배류기이다. 배류기를 이용한 전기방식의 명칭은 무엇인가?

해답 배류법

해설 (1) 배류법의 원리 : 직류 전기철도의 레일에서 유입된 누설전류를 전기적인 경로를 따라 철도레일로 되돌려 보내서 부식을 방지하는 방법으로 전철이 가까이 있는 곳에 설치하며 배류기를 설치하여야 한다.
(2) 전기방식 시공
① 직류전철 등에 따른 누출전류의 영향이 없는 경우에는 외부전원법 또는 희생양극법으로 한다.
② 직류전철 등에 따른 누출전류의 영향을 받는 배관에는 배류법으로 하되, 방식효과가 충분하지 않을 경우에는 외부전원법 또는 희생양극법을 병용한다.

71 예상문제

전기방식의 전위측정용 터미널 박스에 대한 물음에 답하시오.

(1) 희생양극법 및 배류법에 따른 배관에는 설치 간격은 얼마인가?
(2) 외부전원법에 따른 배관에는 설치 간격은 얼마인가?

[해답] (1) 300m 이내 (2) 500m 이내

[해설] 전기방식 시설의 유지관리
① 전기방식 시설의 관대지전위(管對地電位) 등을 1년에 1회 이상 점검한다.
② 외부전원법에 따른 전기방식 시설은 외부전원점 관대지전위, 정류기의 출력, 전압, 전류, 배선의 접속상태 및 계기류의 확인 등을 3개월에 1회 이상 점검한다. 다만, 기준전극을 매설하고 데이터 로커 등을 이용하여 전위를 측정하고 이상이 없는 경우에는 6개월에 1회 이상 점검할 수 있다.
③ 배류법에 따른 전기방식 시설은 배류점 관대지전위, 배류기의 출력, 전압, 전류, 배선의 접속상태 및 계기류의 확인 등을 3개월에 1회 이상 점검한다. 다만, 기준전극을 매설하고 데이터 로커 등을 이용하여 전위를 측정하고 이상이 없는 경우에는 6개월에 1회 이상 점검할 수 있다.
④ 절연부속품, 역전류장치, 결선(bond) 및 보호절연체의 효과는 6개월에 1회 이상 점검한다.

72 예상문제

용접부 결함의 명칭을 각각 쓰시오.

(1)  (2)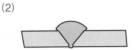

(3)  (4)

[해답] (1) 언더컷   (2) 오버랩
     (3) 용입불량 (4) 슬래그 혼입

73 예상문제

다음은 비파괴검사의 장비 및 방법을 나타낸 것이다. 각각의 명칭을 쓰시오.

(1)  (2)

(3)  (4)

[해답] (1) 침투탐상검사(PT)
     (2) 자분탐상검사(MT)
     (3) 초음파탐상검사(UT)
     (4) 방사선투과검사(RT)

74

방사선투과검사의 장점과 단점을 각각 3가지씩 쓰시오.

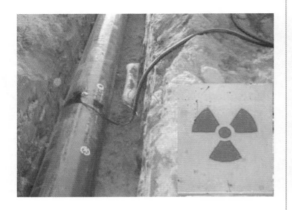

해답 (1) 장점
  ① 내부결함의 검출이 가능하다.
  ② 결함의 크기, 모양을 알 수 있다.
  ③ 검사 기록 결과가 유지된다.
 (2) 단점
  ① 장치의 가격이 고가이다.
  ② 고온부, 두께가 두꺼운 곳은 부적당하다.
  ③ 취급상 방호에 주의하여야 한다.
  ④ 선에 평행한 크랙 등은 검출이 불가능하다.

75

자석의 S극과 N극을 이용하여 결함 여부를 검사하는 비파괴검사 명칭은 무엇인가?

해답 자분탐상검사(MT)

해설 자분탐상검사(MT : Magnetic Particle Test) : 피검사물이 자화한 상태에서 표면 또는 표면에 가까운 손상에 의해 생기는 누설 자속을 사용하여 검출하는 방법이다. 비자성체는 검사를 하지 못하며 전원이 필요하다.

4. 가스 사용시설

문제 76~79

76

가스누출경보 자동차단장치의 구성 모습이다. 지시하는 장치의 명칭과 기능을 설명하시오.

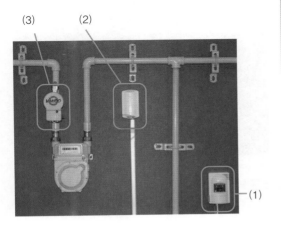

해답 (1) 제어부 : 차단부에 자동차단신호를 보내는 기능, 차단부를 원격 개폐할 수 있는 기능 및 경보 기능을 가진 것
 (2) 검지부 : 누출된 가스를 미리 설정된 가스농도(폭발하한계의 4분의 1 이하)에서 검지하여 제어부로 신호를 보내는 기능을 가진 것
 (3) 차단부 : 제어부로부터 보내진 신호에 따라 가스의 유로를 개폐하는 기능을 가진 것

해설 도시가스 사용시설의 가스누출 자동차단장치(또는 가스누출 자동차단기) 설치 장소
 ① 영업장 면적이 $100m^2$ 이상인 식품접객업소의 가스 사용시설
 ② 지하에 있는 가스 사용시설(가정용 제외)

77

가스누출검지 경보장치에 대한 물음에 답하시오.

(1) 경보장치의 종류 3가지를 쓰시오.
(2) 경보농도에 대하여 3가지로 구분하여 쓰시오.
(3) 경보장치 지시계 눈금범위에 대하여 3가지로 구분하여 쓰시오.

해답 (1) ① 접촉연소방식
 ② 격막갈바니 전지방식
 ③ 반도체 방식
 (2) ① 가연성가스 : 폭발하한계의 1/4 이하
 ② 독성가스 : TLV-TWA 기준농도 이하
 ③ 암모니아(실내 사용) : 50ppm
 (3) ① 가연성가스 : 0~폭발하한계 값
 ② 독성가스 : 0~TLV-TWA 기준농도의 3배 값
 ③ 암모니아(실내 사용) : 150ppm

해설 (1) 경보기의 정밀도
 ① 가연성가스 : ±25% 이하
 ② 독성가스 : ±30% 이하
 (2) 검지에서 발신까지 걸리는 시간 : 30초 이내 (단, 암모니아, 일산화탄소 : 1분 이내)

78

LPG 사용시설에 설치된 가스검지기의 설치 높이는 얼마인가?

해답 바닥면으로부터 검지부 상단까지 30cm 이하

해설 (1) LPG 사용시설의 검지부의 설치 기준
　① 설치 수 : 연소기 버너에서 수평거리 4m 이내에 검지부 1개 이상
　② 설치 높이 : 바닥면으로부터 검지부 상단까지 30cm 이하
(2) 도시가스 사용시설의 검지부 설치 기준
　① 공기보다 가벼운 경우 : 연소기에서 수평거리 8m 이내 1개 이상, 천장에서 30cm 이내
　② 공기보다 무거운 경우 : 연소기에서 수평거리 4m 이내 1개 이상, 바닥면에서 30cm 이내
(3) 검지부 설치 제외 장소
　① 출입구 부근 등으로서 외부의 기류가 통하는 곳
　② 환기구 등 공기가 들어오는 곳으로부터 1.5m 이내
　③ 연소기의 폐가스가 접촉하기 쉬운 곳

79

LPG 및 도시가스를 사용하는 연소기구에 대한 물음에 답하시오.

(1) 불완전연소 원인 4가지를 쓰시오.
(2) 불완전연소가 발생하였을 때 완전연소가 될 수 있도록 조절하는 것의 명칭을 쓰시오.
(3) 연소기구가 갖추어야 할 조건 3가지를 쓰시오.

해답 (1) ① 공기(산소) 공급량 부족
　② 배기 및 환기 불충분
　③ 가스 조성의 불량
　④ 가스 기구의 부적합
　⑤ 프레임 냉각
(2) 공기조절장치
(3) ① 가스를 완전연소시킬 수 있을 것
　② 연소열을 유효하게 이용할 수 있을 것
　③ 취급이 쉽고, 안전성이 높을 것

해설 연소방식의 분류
　① 적화(赤化)식 : 연소에 필요한 공기를 2차 공기로 취하는 방식
　② 분젠식 : 가스를 노즐로부터 분출시켜 주위의 공기를 1차 공기로 흡입하는 방식
　③ 세미분젠식 : 적화식과 분젠식의 혼합형 (1차 공기량 40% 미만 취함)
　④ 전 1차 공기식 : 연소용 공기를 송풍기로 압입하여 가스와 강제 혼합하여 필요한 공기를 모두 1차 공기로 하여 연소하는 방식

5. 가스 보일러

문제 80~85

 80 예상문제

도시가스용 가스보일러를 배기방식에 따른 명칭을 쓰시오.

(1)  (2)

해답 (1) 단독·반밀폐식·강제배기식
　　 (2) 단독·밀폐식·강제급배기식

해설 가스보일러 배기방식(KGS GC208 : 주거용 가스보일러의 설치·검사 기준)
① 단독·밀폐식·강제급배기식 : 하나의 가스보일러를 사용하는 배기시스템으로써 연소용 공기는 실외에서 급기하고, 배기가스는 실외로 배기하며, 송풍기를 사용하여 강제적으로 급기 및 배기하는 시스템을 말한다.
② 단독·반밀폐식·강제배기식 : 하나의 가스보일러를 사용하는 배기시스템으로써 연소용 공기는 가스보일러가 설치된 실내에서 급기하고, 배기가스는 실외로 배기하며(연돌을 통하여 배기하는 것을 포함한다), 송풍기를 사용하여 강제적으로 배기하는 시스템을 말한다.
③ 공동·반밀폐식·강제배기식 : 다수의 가스보일러를 사용하는 배기시스템으로써 연소용 공기는 가스보일러가 설치된 실내에서 급기하고, 배기가스는 연돌을 통하여 실외로 배기하며, 송풍기를 사용하여 강제적으로 배기하는 시스템을 말한다.

81 예상문제

가스보일러 안전장치 종류 4가지를 쓰시오.

해답 ① 소화 안전장치
② 동결 방지장치
③ 과열방지 안전장치
④ 정전 안전장치
⑤ 저가스압 차단장치
⑥ 역풍 방지장치

해설 소화 안전장치 : 파일럿 버너 또는 메인 버너의 불꽃이 꺼지거나 연소기구 사용 중에 가스 공급이 중단 또는 불꽃 검지부에 고장이 생겼을 때 자동으로 가스 밸브를 닫히게 하여 불이 꺼졌을 때 가스가 유출되는 것을 방지하는 안전장치이다. 종류에는 열전대식, 광전관식(UV-cell 방식), 플레임 로드(flame rod)식이 있다.

82

가스보일러를 전용 보일러실에 설치하지 않아도 되는 경우 3가지를 쓰시오.

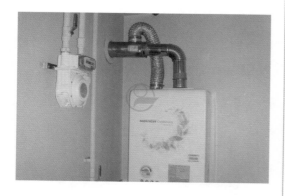

해답 ① 밀폐식 가스보일러

② 옥외에 설치한 가스보일러

③ 전용 급기통을 부착시키는 구조로 검사에 합격한 강제배기식 가스보일러

해설 가스보일러는 방, 거실 그 밖에 사람이 거처하는 곳과 목욕탕, 샤워장, 베란다 그 밖에 환기가 잘 되지 않아 가스보일러의 배기가스가 누출되는 경우 사람이 질식할 우려가 있는 곳에는 설치하지 아니한다. 다만, 밀폐식 보일러로서 다음 중 어느 하나의 조치를 한 경우에는 설치할 수 있다.

① 가스보일러와 연통의 접합은 나사식, 플랜지식 또는 리브식으로 하고, 연통과 연통의 접합은 나사식, 플랜지식, 클램프식, 연통일체형 밴드 조임식 또는 리브식 등으로 하여 연통이 이탈되지 아니하도록 설치하는 경우

② 막을 수 없는 구조의 환기구가 외기와 직접 통하도록 설치되어 있고, 그 환기구의 크기가 바닥면적 $1m^2$ 마다 $300cm^2$의 비율로 계산한 면적 이상인 곳에 설치하는 경우

③ 실내에서 사용 가능한 전이중 급배기통 (coaxial flue pipe)을 설치하는 경우

83

가스보일러 설치기준 중 (   ) 안에 알맞은 용어를 쓰시오.

> 가스보일러에 연료용 가스를 공급하기 위한 배관의 재료는 (①) 또는 가스용품검사에 합격한 (②)로 한다.

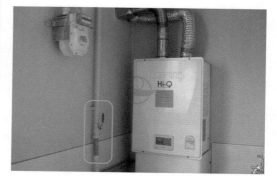

해답 ① 금속배관

② 연소기용 금속 플렉시블 호스

해설 가스보일러 재료 기준

① 배기통과 이음연통의 재료는 스테인리스강판 또는 배기가스 및 응축수에 내열, 내식성이 있는 것(콘덴싱 보일러의 연통의 경우 플라스틱을 포함한다)으로 한다.

② 플라스틱 재료는 기계적, 화학적 및 열적 부하에 대하여 내구력이 있는 것으로 한다.

③ 배기통과 이음연통은 한국가스안전공사 또는 공인시험기관의 성능인증을 받은 것으로 한다.

④ 가스보일러에 연료용 가스를 공급하기 위한 배관의 재료는 금속배관 또는 가스용품검사에 합격한 연소기용 금속 플렉시블 호스로 한다.

⑤ 라이너의 재료는 내화벽돌 또는 배기가스에 대하여 동등 이상의 내열 및 내식 성능을 가진 것으로 한다.

84 예상문제

단독 · 반밀폐식 · 강제배기식 가스보일러 설치 방법에 대한 내용 중 ( ) 안에 알맞은 내용을 쓰시오.

(1) 배기통 및 이음연통을 부득이 천장속 등의 은폐부에 설치하는 경우에는 배기통 및 이음연통을 (①)조치하고, 수리나 교체에 필요한 (②) 및 (③)를[을] 설치한다.

(2) 터미널 개구부로부터 ( )cm 이내에는 배기가스가 실내로 유입할 우려가 있는 개구부가 없도록 한다.

(3) 터미널의 상 · 하 · 주위 ( )cm 이내에는 가연성 구조물이 없도록 한다.

해답 (1) ① 단열 ② 점검구 ③ 외기 환기구
(2) 60
(3) 60

85 예상문제

공동 · 반밀폐식 · 강제배기식 가스보일러를 연돌의 터미널까지 단독 배기통을 설치하는 방법 중 ( ) 안에 알맞은 내용을 쓰시오.

(1) 배기통의 굴곡 수는 ( )개 이하로 한다.

(2) 배기통의 가로 길이는 ( )m 이하로서 될 수 있는 한 짧고 물고임이나 배기통 앞 끝의 기울기가 없도록 한다.

(3) 배기통의 입상높이는 원칙적으로 (①)m 이하로 한다. 다만, 부득이하여 입상높이가 (②)m를 초과하는 경우에는 보온조치를 한다.

(4) 터미널의 옥상돌출부는 지붕면으로부터 수직거리를 (①)m 이상으로 하고, 터미널 상단으로부터 수평거리 (②)m 이내에 건축물이 있는 경우에는 그 건축물의 처마보다 (③)m 이상 높게 설치한다.

해답 (1) 4
(2) 5
(3) ① 10 ② 10
(4) ① 1 ② 1 ③ 1

6. 배관 부속

문제 86~91

86 예상문제

다음 배관부속의 명칭을 쓰시오.

① ② ③
④ ⑤ ⑥
⑦ ⑧ ⑨

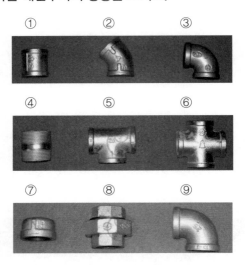

[해답] ① 소켓(socket) ② 45° 엘보 ③ 90° 엘보 ④ 니플(nipple) ⑤ 티(tee) ⑥ 크로스(cross) ⑦ 캡(cap) ⑧ 유니언(union) ⑨ 90° 엘보

[해설] 사용 용도에 의한 관 이음쇠의 분류
① 배관의 방향을 전환할 때 : 엘보(elbow), 벤드(bend)
② 관을 도중에 분기할 때 : 티(tee), 와이(Y), 크로스(cross)
③ 동일 지름의 관을 연결할 때 : 소켓(socket), 니플(nipple), 유니언(union)
④ 이경관을 연결할 때 : 리듀서(reducer), 부싱(bushing), 이경 엘보, 이경 티
⑤ 관 끝을 막을 때 : 플러그(plug), 캡(cap)
⑥ 관의 분해, 수리가 필요할 때 : 유니언, 플랜지

87 예상문제

다음 밸브에 대한 물음에 답하시오.

(1) 밸브의 명칭을 쓰시오.
(2) 용도를 '유로 개폐용', '유량 조절용' 중에 선택하여 답하시오.
(3) 특징 4가지를 쓰시오.

[해답] (1) 글로브 밸브 (또는 스톱 밸브, 옥형변)
(2) 유량 조절용
(3) ① 유체의 흐름에 따라 마찰손실(저항)이 크다.
② 주로 유량 조절용으로 사용된다.
③ 유체의 흐름 방향과 평행하게 밸브가 개폐된다.
④ 밸브의 디스크 모양은 평면형, 반구형, 원뿔형 등의 형상이 있다.
⑤ 슬루스 밸브에 비하여 가볍고 가격이 저렴하다.

[해설] 글로브 밸브(glove valve) : 구조상 디스크와 시트가 원추상으로 접촉되어 폐쇄하는 밸브로서 유체는 디스크 부근에서 상하 방향으로 평행하게 흐르므로 근소한 디스크의 리프트라도 예민하게 유량에 관계되므로 죔 밸브로서 유량조절에 사용되는 밸브이다. 디스크 형상에 따라 반구형, 원뿔형, 반원형으로 분류한다.

88

다음 밸브에 대한 물음에 답하시오.

(1) 밸브의 명칭을 쓰시오.
(2) 용도를 '유로 개폐용', '유량 조절용' 중에 선택하여 답하시오.
(3) 핸들을 조작하면 상하로 이동하여 유로를 개폐하는 부품의 명칭을 쓰시오.

해답 (1) 슬루스 밸브(또는 게이트 밸브, 사절변)
　　(2) 유로 개폐용
　　(3) 밸브 디스크

해설 슬루스 밸브(sluice valve)의 특징
① 게이트 밸브(gate valve) 또는 사절변이라 한다.
② 리프트가 커서 개폐에 시간이 걸린다.
③ 밸브를 완전히 열면 밸브 본체 속에 관로의 단면적과 거의 같게 된다.
④ 쐐기형의 밸브 본체가 밸브 시트 안을 눌러 기밀을 유지한다.
⑤ 유로의 개폐용으로 사용한다.
⑥ 밸브를 절반 정도 열고 사용하면 와류가 생겨 유체의 저항이 커지기 때문에 유량 조절에는 적합하지 않다.

89

다음은 배관에 설치되는 밸브의 한 종류이다. 물음에 답하시오.

(1) 명칭을 쓰시오.
(2) 기능(역할)을 설명하시오.
(3) 종류 2가지와 배관에 설치할 수 있는 경우를 설명하시오.

해답 (1) 체크 밸브 (또는 역지 밸브, 역류방지 밸브)
　　(2) 유체 흐름의 역류를 방지한다.
　　(3) ① 스윙식 : 수평, 수직 배관에 설치
　　　　② 리프트식 : 수평 배관에 설치

해설 체크 밸브(check valve)의 역할 및 종류
(1) 역할(기능) : 역류방지 밸브라 하며 유체를 한 방향으로만 흐르게 하고 역류를 방지하는 목적에 사용하는 밸브이다.
(2) 종류
① 스윙식(swing type) : 수평, 수직 배관에 사용
② 리프트식(lift type) : 수평 배관에 사용
③ 해머리스 체크 밸브(hammerless check valve) : 스모렌스키 체크 밸브라 하며 펌프 출구측의 체크 밸브용으로 사용되며, 워터해머(water hammer) 방지와 바이패스 밸브의 기능을 함께 한다.

90

LPG 및 도시가스 사용시설에 사용하는 부품의 명칭을 각각 쓰시오.

(1)	(2)

해답 (1) 퓨즈 콕   (2) 상자 콕

해설 콕의 종류 및 구조
- (1) 종류 : 퓨즈 콕, 상자 콕, 주물 연소기용 노즐 콕, 업무용 대형 연소기용 노즐 콕
- (2) 구조
  - ① 퓨즈 콕 : 가스 유로를 볼로 개폐하고, 과류차단 안전기구가 부착된 것으로서 배관과 호스, 호스와 호스, 배관과 배관 또는 배관과 커플러를 연결하는 구조이다.
  - ② 상자 콕 : 가스 유로를 핸들, 누름, 당김 등의 조작으로 개폐하고, 과류차단 안전기구가 부착된 것으로서 밸브 핸들이 반개방 상태에서도 가스가 차단되어야 하며, 배관과 커플러를 연결하는 구조이다. 〈개정 2013. 12. 31〉
  - ③ 주물 연소기용 노즐 콕 : 주물 연소기용 부품으로 사용하는 것으로 볼로 개폐하는 구조이다.
  - ④ 업무용 대형 연소기용 노즐 콕 : 업무용 대형 연소기용 부품으로 사용하는 것으로 가스 흐름을 볼로 개폐하는 구조이다.
- (3) 퓨즈 콕 표면에 표시된 ⑤ 1.2의 의미 : 과류차단 안전기구가 작동하는 유량이 1.2m³/h
- (4) 과류차단 안전기구 : 표시 유량 이상의 가스량이 통과되었을 경우 가스 유로를 차단하는 장치이다.

91

퓨즈 콕 구조에 대한 설명 중 (   ) 안에 알맞은 용어를 쓰시오.

- (1) 퓨즈 콕은 가스 유로를 (①)로 개폐하고, (②)가 부착된 것으로서 배관과 호스, 호스와 호스, 배관과 배관 또는 배관과 커플러를 연결하는 구조로 한다.
- (2) 콕의 핸들 등을 회전하여 조작하는 것은 핸들의 회전각도를 90°나 180°로 규제하는 (   )를 갖추어야 한다.
- (3) 콕을 완전히 열었을 때의 핸들의 방향은 유로의 방향과 (   )인 것으로 한다.
- (4) 콕은 닫힌 상태에서 (   )이 없이는 열리지 아니하는 구조로 한다.

해답 (1) ① 볼   ② 과류차단 안전기구
(2) 스토퍼
(3) 평행
(4) 예비적 동작

해설 콕의 재료
- ① 콕의 몸통 및 덮개의 재료는 KS D 5101(구리 및 구리합금봉)의 단조용 황동봉 및 쾌삭 황동봉을 사용한다. 다만, 업무용 대형 연소기용 노즐 콕의 몸통의 재료는 단조용 황동봉을 사용한다.
- ② 콕의 몸통 및 덮개 이외의 금속부품 재료는 내식성 또는 표면에 내식처리를 한 것을 사용한다.
- ③ 상자 콕은 ① 및 ②의 재료 이외에 주물 황동을 사용할 수 있다.

7. 계측기기

문제 92~95

92
예상문제

가스 크로마토그패피(gas chromatography) 장치에 대한 물음에 답하시오.

(1) 가스 크로마토그래피의 측정원리는 무엇인가?
(2) 이 분석기의 3대 구성요소를 쓰시오.
(3) 운반기체(carry gas)의 종류 4가지를 쓰시오.

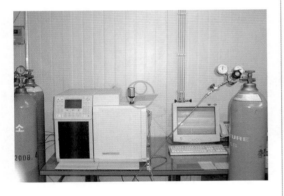

해답 (1) 가스의 확산속도 이용
　(2) ① 분리관(column)
　　② 검출기(detector)
　　③ 기록계
　(3) ① 수소(H_2)　② 헬륨(He)
　　③ 아르곤(Ar)　④ 질소(N_2)

해설 가스 크로마토그래피(gas chromatography) 특징
① 여러 종류의 가스를 분석할 수 있다.
② 선택성이 좋고, 고감도로 측정할 수 있다.
③ 미량 성분의 분석이 가능하다.
④ 응답속도가 늦으나 분리능력이 좋다.
⑤ 동일 가스의 연속 측정이 불가능하다.

93
예상문제

부르동관(bourdon tube) 압력계에 대한 물음에 답하시오.

(1) 부르동관의 재질을 저압용과 고압용으로 구분하여 쓰시오.
(2) 고압가스 설비에 설치하는 압력계의 최고 눈금범위 기준은?
(3) 탄성압력계의 종류 4가지를 쓰시오.

해답 (1) ① 저압용 : 황동, 인청동, 청동
　　② 고압용 : 니켈강, 스테인리스강
　(2) 상용압력의 1.5배 이상 2배 이하
　(3) ① 부르동관식
　　② 벨로스식
　　③ 다이어프램식
　　④ 캡슐식

해설 고압가스 설비에 설치하는 압력계는 상용압력의 1.5배 이상 2배 이하의 최고눈금이 있는 것으로 하고, 사업소에는 국가표준기본법에 의한 제품인증을 받은 압력계를 2개 이상 비치한다.

94

다이어프램 압력계(diaphragm gauge)에 대한 물음에 답하시오.

(1) 다이어프램의 재료 3가지를 쓰시오.
(2) 특징 4가지를 쓰시오.

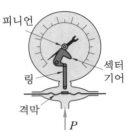

해답 (1) ① 고무 ② 인청동 ③ 스테인리스
(2) ① 응답속도가 빠르나 온도의 영향을 받는다.
② 극히 미세한 압력 측정에 적당하다.
③ 부식성 유체의 측정이 가능하다.
④ 압력계가 파손되어도 위험이 적다.
⑤ 먼지를 함유한 액체나 점도가 높은 액체의 측정에 적합하다.
⑥ 다이어프램의 재료로는 고무, 인청동, 스테인리스 등의 박판이 사용된다.
⑦ 통풍계(draft gauge)로 사용한다.
⑧ 측정범위는 20~5000mmH$_2$O 이다.

해설 압력계의 점검(검사) 기준
① 고압가스 일반제조 : 충전용 주관의 압력계는 매월 1회 이상, 그 밖의 압력계는 3월에 1회 이상 표준이 되는 압력계로 그 기능을 검사한다.
② 액화석유가스 용기충전 : 충전용 주관의 압력계는 매월 1회 이상, 그 밖의 압력계는 1년에 1회 이상 국가표준기본법에 따른 교정을 받은 압력계로 그 기능을 검사한다.

95

차압식 유량계의 단면을 나타낸 것으로 물음에 답하시오.

(1) 측정원리는 무엇인가?
(2) 종류 3가지를 쓰시오.
(3) 내부에 관 단면적을 축소시켜 압력차가 발생하게 하는 부품을 무엇이라 하는가?

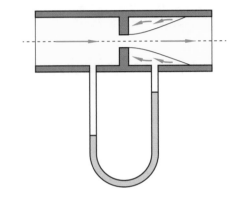

해답 (1) 베르누이 방정식
(2) ① 오리피스미터
② 플로노즐
③ 벤투리미터
(3) 조리개 기구(또는 오리피스)

해설 차압식 유량계의 특징
① 관로에 오리피스, 플로 노즐 등이 설치되어 있다.
② 규격품이라 정도(精度)가 좋다.
③ 유량은 압력차의 평방근에 비례한다.
④ 레이놀즈수가 10^5 이상에서 유량계수가 유지된다.
⑤ 고온 고압의 액체, 기체를 측정할 수 있다.
⑥ 유량계 전후의 동일한 지름의 직선관이 필요하다.
⑦ 통과 유체는 동일한 유체이어야 하며, 압력손실이 크다.

8. 가스미터

문제 96~101

96   예상문제

가스미터에 대한 물음에 답하시오.

(1) 명칭을 쓰시오.
(2) 특징 4가지를 쓰시오.
(3) 용도 2가지를 쓰시오.

해답 (1) 습식 가스미터
  (2) ① 계량이 정확하다.
    ② 사용 중에 오차의 변동이 적다.
    ③ 사용 중에 수위조정 등의 관리가 필요하다.
    ④ 설치면적이 크다.
  (3) ① 기준용
    ② 실험실용

해설 습식 가스미터의 측정원리 : 고정된 원통 안에 4개로 구성된 내부 드럼이 있고, 입구에서 반은 물에 잠겨 있는 내부 드럼으로 들어가 가스압력으로 밀어 올려 내부 드럼이 1회전하는 동안 통과한 가스체적을 환산한다.

97   예상문제

도시가스용에 사용되는 가스미터에 대한 물음에 답하시오.

(1) 명칭을 쓰시오.
(2) 특징 3가지를 쓰시오.
(3) 용도를 쓰시오.
(4) 가스미터에 표시된 "0.5L/rev"와 "MAX 1.5m³/h"를 설명하시오.

해답 (1) 막식 가스미터
  (2) ① 가격이 저렴하다.
    ② 설치 후의 유지관리에 시간을 요하지 않는다.
    ③ 대용량의 것은 설치면적이 크다.
  (3) 일반 수용가
  (4) ① 0.5L/rev : 계량실의 1주기 체적이 0.5L이다.
    ② MAX 1.5m³/h : 사용 최대유량이 시간당 1.5m³이다.

해설 막식 가스미터의 측정원리 : 가스를 일정 용적의 통속에 넣어 충만시킨 후 배출하여 그 횟수를 용적단위로 환산하여 적산한다.

98

도시가스 사용시설에 설치된 가스미터에 대한 물음에 답하시오.

(1) 바닥으로부터 설치높이는 얼마인가?
(2) 전기계량기와 이격거리는 얼마인가?
(3) 화기와의 우회거리는 몇 m 인가?

해답 (1) 1.6m 이상 2m 이내
　　 (2) 60cm 이상
　　 (3) 2m 이상

해설 가스계량기 설치기준
(1) 가스계량기(30m³/h 미만에 한한다)의 설치높이는 바닥으로부터 1.6m 이상 2.0m 이내에 수직, 수평으로 설치하고 밴드, 보호가대 등 고정장치로 고정한다. 다만, 보호상자 내에 설치, 기계실에 설치, 보일러실(가정에 설치된 보일러실은 제외한다)에 설치 또는 문이 달린 파이프 덕트(pipe shaft, pipe duct) 내에 설치하는 경우 바닥으로부터 2.0m 이내 설치한다.
(2) 가스미터와 유지거리
　① 전기계량기, 전기개폐기 : 60cm 이상
　② 단열조치를 하지 않은 굴뚝, 전기점멸기, 전기접속기 : 30cm 이상
　③ 절연조치를 하지 않은 전선 : 15cm 이상

99

도시가스 사용시설에 설치된 기기에 대한 물음에 답하시오.

(1) 지시하는 가스미터의 명칭을 쓰시오.
(2) 지시하는 부분의 명칭과 기능을 쓰시오.

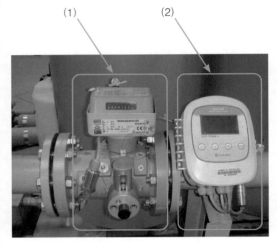

해답 (1) 터빈식 가스미터
　　 (2) ① 명칭 : 온도압력 보정장치
　　　　 ② 기능 : 가스계량기 내 온도와 압력을 측정하여 가스공급자의 기준 온도와 압력으로 부피를 보정하는 장치이다.

해설 터빈식 가스미터 : 날개에 부딪치는 유체의 운동량으로 회전체를 회전시켜 운동량과 회전량의 변화량으로 가스 흐름량을 측정하는 계량기로 유속식 유량계의 한 종류이다.

100

다기능 가스 안전계량기에 대한 물음에 답하시오.

(1) 다기능 가스 안전계량기에 대하여 설명하시오.
(2) 다기능 가스 안전계량기가 신호를 송신 또는 송수신하는 조건 4가지를 쓰시오.

해답 (1) 액화석유가스 또는 도시가스용으로 사용되는 가스계량기에 이상유량차단, 가스누출차단장치 등 가스안전기능을 수행하는 안전장치가 부착된 가스용품으로 '다기능 계량기'라 한다.

(2) ① 합계증가 차단한 경우 ② 연속사용시간 차단한 경우 ③ 미소누출 검지한 경우 ④ 전지전압저하 시 ⑤ 공급압력저하 차단 시 ⑥ 자동검침기능 작동 시 ⑦ 센터차단 시(차단기능이 있는 경우에만 적용)

해설 다기능 계량기의 구조
① 통상의 사용 상태에서 빗물, 먼지 등이 침입할 수 없는 구조로 한다.
② 차단밸브가 작동한 후에는 복원조작을 하지 아니하는 한 열리지 아니하는 구조로 한다.
③ 복원을 위한 버튼이나 레버 등은 다기능 계량기의 정면에서 쉽게 확인할 수 있고, 또한 복원조작을 쉽게 실시할 수 있는 위치에 있는 것으로 한다.
④ 사용자가 쉽게 조작할 수 없는 테스트차단기능(제어부로부터의 신호를 받아 차단하는 것만을 말한다)이 있는 것으로 한다.
⑤ 가스검지기능을 가지는 다기능 계량기의 검지부는 방수구조(가정용은 제외)로 한다.

101

다기능 가스 안전계량기의 작동 성능(기능) 4가지를 쓰시오. (단, 유량 계량 기능은 제외한다.)

해답 ① 유량차단 성능
② 미소사용유량등록 성능
③ 미소누출검지 성능
④ 압력저하차단 성능

해설 다기능 가스 안전계량기 작동 성능
(1) 유량차단 성능
① 합계 유량차단값(연소기구 소비량 총합의 1.13배)을 초과하는 가스가 흐를 경우 75초 이내에 차단
② 증가 유량차단값(연소기구 중 최대소비량의 1.13배)을 초과하여 유량이 증가하는 경우 차단
③ 연속사용시간차단은 유량이 변동 없이 장시간 연속하여 흐를 경우 차단
(2) 미소사용유량등록 성능 : 정상사용 상태에서 미소유량을 감지하여 오경보를 방지할 수 있는 것으로 한다. 다만, 미소유량은 40L/h 이하로 한다.
(3) 미소누출검지 성능 : 유량을 연속으로 30일간 검지할 때에 표시하는 기능
(4) 압력저하차단 성능 : 다기능계량기 출구쪽 압력저하를 감지하여 $0.6 \pm 0.1 kPa$에서 차단

9. 충전용기

문제 102~129

102 예상문제

LPG 충전용기에 대한 물음에 답하시오.

(1) 용기의 재질은 무엇인가?
(2) 제조방법에 의한 용기 명칭을 쓰시오.
(3) 탄소(C), 인(P), 황(S)의 화학 성분비는 얼마인가?

해답 (1) 탄소강
    (2) 용접 용기(또는 심 용기, 계목[繼目] 용기)
    (3) ① 탄소(C) : 0.33% 이하
      ② 인(P) : 0.04% 이하
      ③ 황(S) : 0.05% 이하

해설 LPG 충전용기
    ① 제조방법에 의한 분류 : 용접 용기
    ② 용접 용기 제조방법 : 심교 용기, 종계 용기
    ③ 몸체 재료 : KS D 3533(고압가스 용기용 강판 및 강대)의 재료 또는 동등 이상의 기계적 성질 및 가공성 등을 갖는 것으로 한다.
    ④ 용기 동판의 최대두께와 최소두께와의 차이는 평균두께의 10% 이하로 한다.

103 예상문제

프로텍터 내부에 밸브가 2개 설치된 용기에 대한 물음에 답하시오.

(1) 이 용기 명칭을 쓰시오. (단, 제조방법, 충전가스에 의한 명칭은 제외한다.)
(2) 용기밸브 핸들이 회색과 적색으로 부착되어 있는데 각각의 밸브에서 유출되는 것을 액체와 기체로 구분하여 답하시오.
(3) 이 용기는 원칙적으로 (　　)장치가 설치되어 있는 시설에서만 사용한다. (　　) 안에 알맞은 내용을 쓰시오.

해답 (1) 사이펀 용기
    (2) ① 회색 : 기체 ② 적색 : 액체
    (3) 기화장치

해설 사이펀 용기 : 액화석유가스 기체와 액체를 공급할 수 있도록 제조된 용기로 기화기가 설치되어 있는 시설에서만 사용할 수 있는 용기이다.
  ※ 동영상시험에 제시되는 사이펀 용기의 외부 및 내부 구조는 2020년 제4회 18번 **해설**을 참고하기 바랍니다.

104 예상문제

아세틸렌 용기에 각인된 기호는 무엇을 의미하는지 설명하시오.

(1) TP :   (2) TW :   (3) V :   (4) FP :

해답 (1) 내압시험압력(MPa)
(2) 용기의 질량에 다공물질, 용제 및 밸브의 질량을 합한 질량(kg)
(3) 내용적(L)
(4) 최고충전압력(MPa)

해설 충전용기 제품표시 사항
① 용기 제조업자의 명칭 또는 약호
② 충전하는 가스의 명칭
③ 용기의 번호
④ 내용적(기호 : V, 단위 : L)
⑤ 밸브 및 부속품(분리할 수 있는 것에 한한다)을 포함하지 아니한 용기의 질량(기호 : W, 단위 : kg)
⑥ 용기의 질량에 용기의 다공물질, 용제 및 밸브의 질량을 합한 질량(기호 : TW, 단위 : kg)
⑦ 내압시험에 합격한 연월
⑧ 내압시험압력(기호 : TP, 단위 : MPa)
⑨ 압축가스 충전의 경우 최고충전압력(기호 : FP, 단위 : MPa)
⑩ 내용적이 500L를 초과하는 용기의 경우 동판의 두께(기호 : t, 단위 : mm)

105 예상문제

아세틸렌 용기에 대한 물음에 답하시오.

(1) 용기 재질은 무엇인가?
(2) 다공물질의 종류 4가지를 쓰시오.
(3) 다공도 기준은 얼마인가?

해답 (1) 탄소강
(2) ① 규조토 ② 목탄 ③ 석회 ④ 산화철
⑤ 탄산마그네슘 ⑥ 다공 성플라스틱
(3) 75% 이상 92% 미만

해설 (1) 다공물질의 구비조건
① 고다공도일 것
② 기계적 강도가 클 것
③ 가스충전이 쉽고 안정성이 있을 것
④ 경제적일 것
⑤ 화학적으로 안정할 것
(2) 다공물질 성능검사
① 성능검사는 진동시험, 주위가열시험, 부분가열시험, 역화시험, 충격시험을 실시한다.
② 다공도 검사에 부적합 판정을 받은 경우에는 그 2배수의 용기를 채취하여 이에 대하여 1회에 한정하여 다공도시험을 다시 할 수 있다.

106

아세틸렌 충전작업에 대한 물음에 답하시오.

(1) 용기 내부에 충전하는 용제(용해제, 침윤제)의 종류 2가지를 쓰시오.

(2) 2.5MPa 이상의 압력으로 충전 시 첨가하는 희석제의 종류 4가지를 쓰시오.

(3) 최고충전압력은 얼마인가?

해답 (1) ① 아세톤[$(CH_3)_2CO$]

② 디메틸포름아미드(DMF)

(2) ① 질소(N_2) ② 메탄(CH_4)

③ 일산화탄소(CO) ④ 에틸렌(C_2H_4)

(3) 15℃에서 최고압력

해설 다공도 측정

① 다공질물(또는 다공물질)의 다공도는 다공질물을 용기에 충전한 상태로 20℃에서 아세톤, 디메틸포름아미드 또는 물의 흡수량으로 측정한다.

② 아세틸렌을 충전하는 용기는 밸브 바로 밑의 가스 취입, 취출부분을 제외하고 다공질물을 빈틈없이 채운다. 다만, 다공질물이 고형일 경우에는 아세톤 또는 디메틸포름아미드를 충전한 다음 용기벽을 따라 용기 직경의 1/200 또는 3mm를 초과하지 아니하는 틈이 있는 것은 무방하다.

③ 용해제 및 다공질물을 고루 채워 다공도를 75% 이상 92% 미만으로 한다.

107

아세틸렌 용기에 대한 물음에 답하시오.

(1) 지시하는 부분의 명칭을 쓰시오.

(2) 이것이 녹는 적정온도는 얼마인가?

(3) 아세틸렌 용기 재검사 시에 안전장치를 교체해야 하는 경우 4가지를 쓰시오.

해답 (1) 가용전식 안전밸브

(2) 105±5℃

(3) ① 내려앉음

② 찌그러짐

③ 마모

④ 손상

해설 (1) 가용전식 안전밸브의 특징

① 고온의 영향을 받는 곳에서는 사용이 불가능하다.

② 재료 : 납(Pb), 주석(Sn), 비스무트(Bi), 안티몬(Sb) 등

③ 가용전이 작동하면 재사용할 수 없다.

(2) 안전장치 교체 : 용기 몸체에 부착된 안전장치인 가용전(105±5℃에서 작동)은 분리하지 않고 검사하여 가용전에 이상(내려앉음, 찌그러짐, 마모, 손상 등)이 있는 경우에는 교체한다.

108

산소 충전용기에 대한 물음에 답하시오.

(1) 제조방법에 의한 용기 명칭을 쓰시오.
(2) 제조방법 3가지를 쓰시오.
(3) 이 용기의 화학 성분비(탄소 : 인 : 황)는 얼마인가?

해답 (1) 이음매 없는 용기 (또는 무계목[無繼目] 용기, 심리스 용기)
　(2) ① 만네스만식
　　② 에르하트식
　　③ 딥 드로잉식
　(3) ① 탄소(C) 0.55% 이하
　　② 인(P) 0.04% 이하
　　③ 황(S) 0.05% 이하

해설 충전용기의 화학 성분비

구분	탄소(C)	인(P)	황(S)
용접 용기	0.33% 이하	0.04% 이하	0.05% 이하
이음매 없는 용기	0.55% 이하	0.04% 이하	0.05% 이하

109

산소 충전시설에 대한 물음에 답하시오.

(1) 충전작업 시 주의사항 4가지를 쓰시오.
(2) 품질검사 시 산소의 순도와 압력은 얼마인가?
(3) 산소를 충전할 때 압축기와 충전용 지관 사이에 설치하여야 할 기기는 무엇인가?

해답 (1) ① 밸브와 용기 내부의 석유류, 유지류를 제거할 것
　　② 용기와 밸브 사이에 가연성 패킹을 사용하지 않을 것
　　③ 압력계는 산소 전용압력계를 사용할 것
　　④ 기름 묻은 장갑으로 취급을 금지할 것
　　⑤ 급격한 충전은 피할 것
　(2) ① 순도 : 99.5% 이상
　　② 압력 : 35℃에서 11.8MPa 이상
　(3) 수취기(drain separator)

해설 품질검사 순도 기준
　① 산소 : 99.5% 이상
　② 아세틸렌 : 98% 이상
　③ 수소 : 98.5% 이상

110

다음은 압축가스 충전시설이다. 지시하는 부분의 명칭을 쓰시오.

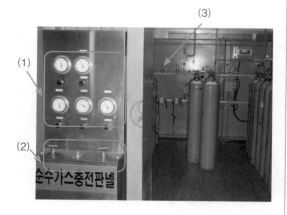

해답 (1) 충전용 주관 압력계
(2) 충전용 주관 밸브
(3) 방호벽

해설 박강판 방호벽과 후강판 방호벽의 구분
① 두께 3.2mm 이상인 박강판은 지주(기둥) 사이에 앵글강을 우물정(井)자 형태로 보강하였다.
② 두께 6mm 이상인 후강판은 지주(기둥)가 일정간격으로 세워져 있고 보강한 것이 없다.

111

산소 충전용기가 신규검사 후 경과 연수가 10년일 때 재검사 주기는 얼마인가?

해답 5년

해설 충전용기 재검사 주기
(1) 용접 용기(LPG용 용접용기 제외)

내용적	경과 연수		
	15년 미만	15년~20년 미만	20년 이상
500L 이상	5	2	1
500L 미만	3	2	1

(2) LPG용 용접 용기

내용적	경과 연수		
	15년 미만	15년~20년 미만	20년 이상
500L 이상	5	2	1
500L 미만	5		2

(3) 이음매 없는 용기

내용적	경과 연수
500L 이상	5년
500L 미만	신규검사 후 경과 연수가 10년 이하인 것은 5년, 10년을 초과한 것은 3년마다

112 예상문제

초저온 용기에 대한 물음에 답하시오.

(1) 초저온 용기의 정의를 쓰시오.
(2) 초저온 용기에 충전하는 가스의 종류 3가지를 쓰시오.
(3) 초저온 용기 재료 2가지를 쓰시오.
(4) 초저온 용기의 내통과 외통 사이를 진공상태로 만드는 이유를 설명하시오.

해답 (1) −50℃ 이하의 액화가스를 충전하기 위한 용기로서 단열재를 씌우거나 냉동설비로 냉각시키는 등의 방법으로 용기 내의 가스온도가 상용 온도를 초과하지 아니하도록 한 것
　(2) ① 액화산소
　　　② 액화질소
　　　③ 액화아르곤
　(3) ① 18-8 스테인리스강
　　　② 알루미늄합금
　(4) 진공에 의한 열전달을 차단하기 위하여

113 예상문제

초저온 용기를 저울에 올려놓고 수시로 밸브를 개방하면서 기체를 배출하는 조작을 하면서 무게를 확인하는 과정을 하는 것으로 초저온 용기에서만 행하는 시험의 명칭은 무엇인가?

해답 단열성능시험

해설 초저온 용기 단열성능시험
① 단열성능시험은 액화질소, 액화산소 또는 액화아르곤을 사용하여 실시한다.
② 합격기준

내용적 구분	침입열량	
	kcal/h · ℃ · L	J/h · ℃ · L
1000L 미만	0.0005 이하	2.09 이하
1000L 이상	0.002 이하	8.37 이하

③ 단열성능에 대한 재시험 : 단열성능검사에 부적합된 초저온 용기는 단열재를 교체하여 재시험을 행할 수 있다.

114

내용적 500L인 초저온 액화산소 용기이다. 200kg의 액화산소를 충전하고 20시간 동안 방치한 후 150kg이 되었을 때 단열성능시험 합격 여부를 판정하시오. (단, 시험용 액화산소의 비점은 −183℃, 액화산소의 증발잠열은 51kcal/kg, 외기온도는 20℃이며, 소숫점 5째 자리에서 반올림하여 4째 자리까지 계산하시오.)

풀이 ① 침입열량 계산

$$Q = \frac{W \cdot q}{H \cdot \Delta t \cdot V} = \frac{(200-150) \times 51}{20 \times (20+183) \times 500}$$

$$= 0.00125 ≒ 0.0013 \text{kcal/h} \cdot ℃ \cdot L$$

② 판정 : 0.0005kcal/h · ℃ · L를 초과하므로 불합격이다.

해답 불합격

해설 침입열량 계산식 시 시험용 액화가스의 기화잠열을 SI단위(J/kg)로 주어졌을 때 계산 및 판정 : 액화산소의 기화잠열은 213526 J/kg이다.

$$Q = \frac{W \cdot q}{H \cdot \Delta t \cdot V} = \frac{(200-150) \times 213526}{20 \times (20+183) \times 500}$$

$$= 5.259 ≒ 5.26 \text{J/h} \cdot ℃ \cdot L$$

∴ 판정 : 2.09 J/h · ℃ · L를 초과하므로 불합격이다.

115

초저온 용기 프로텍터 내부의 모습이다. 물음에 답하시오.

(1) 초저온 용기에 사용하는 안전밸브의 명칭을 쓰시오.
(2) 지시하는 부분의 명칭을 쓰시오.

해답 (1) 스프링식과 파열판식을 병용 설치
(2) ① 액면계
② 안전밸브
③ 압력계
④ 케이싱 파열판

해설 초저온 용기 상부 구조 및 명칭

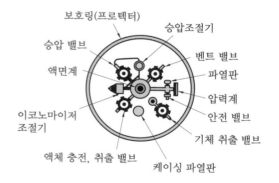

116 예상문제

초저온 용기에 충전된 액화산소에 대한 물음에 답하시오.

(1) 대기압 상태에서 비등점 얼마인가?
(2) 임계온도 및 임계압력은 얼마인가?
(3) 이동식 초저온 용기 취급 시 주의사항 4가지를 쓰시오.

해답 (1) −183℃
　(2) ① 임계온도 : −118.4℃
　　② 임계압력 : 50.1atm
　(3) ① 용기에 낙하, 외부의 충격을 금한다.
　　② 용기는 직사광선, 빗물, 눈 등을 피한다.
　　③ 습기, 인화성 물질, 염류 등이 있는 곳을 피하여 보관한다.
　　④ 통풍이 양호한 곳에 보관한다.
　　⑤ 기름 묻은 장갑, 면장갑을 사용하지 말고, 가죽장갑을 사용하여 취급한다.
　　⑥ 전선, 어스선 등 전기시설물 근처를 피하여 보관한다.

117 예상문제

에어졸 제조시설에 누출시험을 할 수 있는 온수 시험탱크의 온수 온도는 얼마인가?

해답 46℃ 이상 50℃ 미만

해설 에어졸 제조설비 설치
　① 에어졸 제조시설에는 정량을 충전할 수 있는 자동충전기를 설치하고, 인체에 사용하거나 가정에서 사용하는 에어졸의 제조시설에는 불꽃길이 시험장치를 설치한다.
　② 에어졸 제조시설에는 온도를 46℃ 이상 50℃ 미만으로 누출시험을 할 수 있는 에어졸 충전용기의 온수시험탱크를 설치한다.

118 예상문제

공업용 용기에 충전하는 가스 명칭을 쓰시오.

(1)

(2)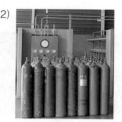

(3)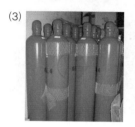

(4)

해답 (1) 아세틸렌(C_2H_2) (2) 산소(O_2)
    (3) 이산화탄소(CO_2) (4) 수소(H_2)

해설 용기의 도색 및 표시

가스 종류	용기 도색	
	공업용	의료용
산소(O_2)	녹색	백색
수소(H_2)	주황색	–
액화탄산가스(CO_2)	청색	회색
액화석유가스	밝은회색	–
아세틸렌(C_2H_2)	황색	–
암모니아(NH_3)	백색	–
액화염소(Cl_2)	갈색	–
질소(N_2)	회색	흑색
아산화질소(N_2O)	회색	청색
헬륨(He)	회색	갈색
에틸렌(C_2H_4)	회색	자색
사이클로프로판	회색	주황색
기타의 가스	회색	–

119 예상문제

LPG 용기 검사장비에 대한 물음에 답하시오.

(1) 이 검사장비의 명칭을 쓰시오.
(2) 이 검사장비의 특징 3가지를 쓰시오.
(3) 내압시험 결과 합격기준에 해당하는 영구증가율은 얼마인가?

해답 (1) 수조식 내압시험장치
    (2) ① 보통 소형 용기에 행한다.
        ② 내압시험압력까지 팽창이 정확히 측정된다.
        ③ 비수조식에 비하여 측정결과에 대한 신뢰성이 크다.
    (3) 10% 이하

해설 (1) 용접 용기 종류별 재검사 항목
        ① 초저온 용기 : 외관검사, 단열성능검사
        ② 아세틸렌 용기 : 외관검사, 다공질물 충전검사
        ③ 액화석유가스 용기 : 외관검사, 내압검사, 누출검사, 도장검사, 수직도검사
        ④ 그 밖의 용기 : 외관검사, 내압검사
    (2) 이음매 없는 용기 재검사 항목 : 외관검사, 음향검사, 내압검사

120

다음 LPG 용기 검사장비의 명칭을 쓰시오.

【해답】 기밀시험장치

【해설】 재검사에 불합격된 용기의 파기 방법
① 불합격된 용기는 절단 등의 방법으로 파기하여 원형으로 가공할 수 없도록 한다.
② 잔가스를 전부 제거한 후 절단한다.
③ 검사신청인에게 파기의 사유, 일시, 장소 및 인수시한 등을 통지하고 파기한다.
④ 파기하는 때에는 검사 장소에서 검사원에게 직접 실시하게 하거나 검사원 입회하에 용기 사용자에게 실시하게 한다.
⑤ 파기한 물품은 검사신청인이 인수시한(통지한 날부터 1개월 이내) 내에 인수하지 아니하는 때에는 검사기관에게 임의로 매각 처분하게 할 수 있다.

121

고압가스 충전용기 밸브의 충전구 형식을 쓰시오.

(1)

(2)

(3)

【해답】 (1) A형(숫나사)
(2) B형(암나사)
(3) C형(충전구 나사가 없는 것)

【해설】 충전용기 충전밸브
(1) 충전구 형식에 의한 분류
① A형 : 가스 충전구가 숫나사
② B형 : 가스 충전구가 암나사
③ C형 : 가스 충전구에 나사가 없는 것
(2) 충전구 나사 형식에 의한 분류
① 가연성가스 용기 : 왼나사(단, 액화브롬화메탄, 액화암모니아의 경우 오른나사)
② 기타 가스 용기 : 오른나사

122 예상문제

산소(O₂) 충전용기 밸브에 대한 물음에 답하시오.

(1) 안전밸브의 형식(종류)을 쓰시오.
(2) 안전밸브의 특징 4가지를 쓰시오.
(3) 밸브 몸체에 각인된 "PG"를 설명하시오.

해답 (1) 파열판식 안전밸브
(2) ① 구조가 간단하여 취급, 점검이 쉽다.
② 밸브 시트의 누설이 없다.
③ 한번 작동하면 재사용이 불가능하다.
④ 부식성 유체, 괴상물질을 함유한 유체에 적합하다.
(3) 압축가스 충전용기 부속품

123 예상문제

이산화탄소(CO₂) 충전용기 밸브에 대한 물음에 답하시오.

(1) 안전밸브의 형식(종류)을 쓰시오.
(2) 밸브 몸체에 각인된 "LG"를 설명하시오.
(3) 밸브 몸체에 각인된 "W"와 "TP"를 설명하시오.

해답 (1) 파열판식 안전밸브
(2) 액화석유가스 외의 액화가스 충전용기 부속품
(3) ① W : 질량(kg)
② TP : 내압시험압력(MPa)

124 예상문제

아세틸렌(C_2H_2) 충전용기 밸브에 대한 물음에 답하시오.

(1) 밸브 몸체에 각인된 "AG"를 설명하시오.
(2) 충전구 형식과 충전구 나사형식을 쓰시오.

해답 (1) 아세틸렌가스 충전용기 부속품
    (2) ① 충전구 형식 : B형
      ② 충전구 나사형식 : 왼나사

해설 (1) 아세틸렌 충전용기에는 가용전식 안전밸브를 사용하여 충전용기 밸브에는 안전장치가 부착되어 있지 않다. (가용전 용융온도 : 105±5℃)
    (2) 용기 밸브 재료의 화학성분 : 해당 재료 표준에 만족하는 것으로 한다. 다만, 아세틸렌 용기 밸브 재료가 동합금인 경우에는 동함유량이 62%를 초과하는 동합금이 아닌 것으로 한다.

125 예상문제

액화석유가스용 충전용기 밸브에 대한 물음에 답하시오.

(1) 안전밸브 형식(종류)을 쓰시오.
(2) 용기 밸브에 부착된 스프링식 안전밸브의 스프링을 고정하는 방법 2가지를 쓰시오.

해답 (1) 스프링식 안전밸브
    (2) ① 플러그형 ② 캡형

해설 (1) 스프링식 안전밸브의 특징
    ① 일반적으로 가장 널리 사용된다.
    ② 밸브 시트 누설이 있다.
    ③ 작동 후 압력이 정상으로 되돌아오면 재사용이 가능하다.
    ④ 작동압력은 내압시험압력의 $\dfrac{8}{10}$ 이하에서 작동한다.
    (2) LPG 용기 밸브
    ① 과류 차단형 용기 밸브 : 내용적 30L 이상 50L 이하의 액화석유가스 용기에 부착되는 것으로서 규정량 이상의 가스가 흐르는 경우에 가스 공급을 자동적으로 차단하는 과류차단기구를 내장한 용기 밸브이다.
    ② 차단 기능형 용기 밸브 : 내용적 30L 이상 50L 이하의 액화석유가스 용기에 부착되는 것으로서 가스충전구에서 압력조정기의 체결을 해체할 경우 가스 공급을 자동적으로 차단하는 차단기구가 내장된 용기 밸브이다.

필답형 예상문제

126

염소(Cl_2) 충전용기 밸브 몸체 재질과 스핀들 재질은 무엇인지 쓰시오.

해답 ① 몸체 재질 : 황동, 주강
② 스핀들 : 18-8 스테인리스강

해설 (1) 용기 부속품은 밸브 핸들이 부착되어 있거나 전용개폐기구를 사용하여 개폐하는 구조로 한다.
(2) 염소 충전용기에는 가용전식 안전밸브를 사용하여 충전용기 밸브에는 안전장치가 부착되어 있지 않다. (가용전 용융 온도 : 65~68℃)

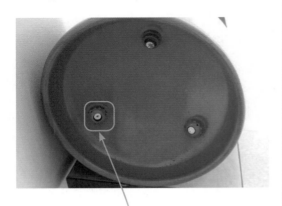

가용전식 안전밸브

참고 가용전식 안전밸브는 용기 아랫부분에 3개소 부착되어 있다.

127

공기액화 분리장치 폭발원인 4가지를 쓰시오.

해답 ① 공기 취입구로부터 아세틸렌(C_2H_2)의 혼입
② 압축기용 윤활유 분해에 따른 탄화수소의 생성
③ 공기 중 질소화합물의 혼입(NO, NO_2)
④ 액체공기 중에 오존(O_3)의 혼입

해설 폭발방지 대책
① 아세틸렌이 혼입되지 않는 장소에 공기 흡입구를 설치
② 양질의 압축기 윤활유 사용
③ 장치 내 여과기 설치
④ 장치는 1년에 1회 이상 사염화탄소(CCl_4)를 사용하여 세척

128

액화산소, 액화질소, 액화아르곤 등 초저온 액화가스용 저장탱크이다. 지시하는 부분의 명칭은 무엇인가?

해답 차압식 액면계 (또는 햄프슨식 액면계)

해설 (1) 액면계의 분류
① 직접식 액면계 : 유리관식, 부자식(플로트식), 검척식
② 간접식 액면계 : 압력식, 저항 전극식, 초음파식, 정전 용량식, 방사선식, 차압식(햄프슨식), 다이어프램식, 편위식, 기포식, 슬립 튜브식
(2) 차압식 액면계(햄프슨식 액면계) : 액화산소와 같은 극저온의 저장조의 상·하부를 U자관에 연결하여 차압에 의하여 액면을 측정하는 방식이다.

129

LNG 저장탱크의 단면 모형이다. 보랭재로 사용되는 것 3가지를 쓰시오.

해답 ① 펄라이트
② 경질폴리우레탄폼
③ 폴리염화비닐폼

해설 액화천연가스 저장탱크 용어(KGS AC115)
① 지상식 저장탱크 : 지표면 위에 설치하는 형태의 저장탱크
② 지중식 저장탱크 : 액화천연가스의 최고 액면을 지표면과 동등 또는 그 이하가 되도록 설치하는 형태의 저장탱크
③ 지하식 저장탱크 : 지하에 설치하는 구조로서 콘크리트 지붕을 흙으로 완전히 덮어버린 형태의 저장탱크
④ 1차 탱크 : 정상운전 상태에서 액화천연가스를 저장할 수 있는 것으로서 단일 방호식, 이중 방호식, 완전 방호식 또는 멤브레인식 저장탱크의 안쪽 탱크를 말한다.
⑤ 2차 탱크 : 액화천연가스를 담을 수 있는 것으로서 이중 방호식, 완전 방호식 또는 멤브레인식 저장탱크의 바깥쪽 탱크를 말한다.

10. 압축기 및 펌프

문제 130~135

130   예상문제

다단압축기에 대한 물음에 답하시오.

(1) 다단압축을 하는 목적 4가지를 쓰시오.
(2) 압축비 증대 시 영향 4가지를 쓰시오.

해답 (1) ① 1단 단열압축과 비교한 일량의 절약
② 이용효율의 증가
③ 힘의 평형이 좋아진다.
④ 가스의 온도 상승을 피할 수 있다.
(2) ① 소요동력이 증대한다.
② 실린더 내의 온도가 상승한다.
③ 체적효율이 저하한다.
④ 토출가스량이 감소한다.

131   예상문제

용적형 압축기의 단면을 나타낸 것이다. 물음에 답하시오.

(1) 압축기 명칭을 쓰시오.
(2) 특징 4가지를 쓰시오.

해답 (1) 나사압축기(screw compressor)
(2) ① 용적형이며, 무급유식 또는 급유식이
다.
② 흡입, 압축, 토출의 3행정을 가지고 있다.
③ 연속적으로 압축하고, 맥동현상이 없다.
④ 용량조정이 어렵고(70~100%), 효율
은 떨어진다.
⑤ 소음방지가 필요하다.
⑥ 두 개의 암(female), 수(male)의 치
형을 가진 로터의 맞물림에 의해 압축
한다.
⑦ 고속회전이므로 형태가 작고, 경량이
며 설치면적이 작다.

132

원심압축기에 대한 물음에 답하시오.

(1) 특징 4가지를 쓰시오.
(2) 구성 요소 3가지를 쓰시오.
(3) 용량제어방법 3가지를 쓰시오.

`해답` (1) ① 원심형 무급유식이다.
② 연속토출로 맥동현상이 적다.
③ 고속회전이 가능하므로 전동기와 직결사용이 가능하다.
④ 형태가 작고 경량이어서 기초, 설치면적이 적다.
⑤ 용량 조정범위가 좁고(70~100%) 어렵다.
⑥ 압축비가 적고, 효율이 좋지 않다.
⑦ 토출압력 변화에 의해 용량변화가 크다.
⑧ 운전 중 서징(surging) 현상이 발생할 수 있다.
(2) ① 임펠러
② 디퓨저
③ 가이드 베인
(3) ① 속도 제어에 의한 방법
② 토출밸브에 의한 방법
③ 흡입밸브에 의한 방법
④ 베인 컨트롤에 의한 방법
⑤ 바이패스에 의한 방법

133

다음 펌프의 명칭을 쓰시오.

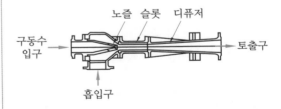

`해답` 제트펌프

`해설` (1) 제트펌프 : 노즐에서 고속으로 분출된 유체에 의하여 주위의 유체를 흡입하여 토출하는 펌프로 2종류의 유체를 혼합하여 토출하므로 에너지손실이 크고 효율(약 30% 정도)이 낮으나 구조가 간단하고 고장이 적은 이점이 있다.
(2) 3대 구성 요소
① 노즐
② 슬롯
③ 디퓨저

134 예상문제

원심펌프에서 발생하는 이상 현상 4가지를 쓰시오.

해답 ① 캐비테이션(cavitation) 현상
② 서징(surging) 현상
③ 수격작용(water hammering)
④ 베이퍼 로크(vapor lock) 현상

해설 원심펌프에서 발생되는 이상 현상
(1) 캐비테이션(cavitation) 현상 : 유수 중에 그 수온의 증기압력보다 낮은 부분이 생기면 물이 증발을 일으키고 기포를 다수 발생하는 현상이다.
(2) 서징(surging) 현상 : 맥동현상이라 하며 펌프 운전 중에 주기적으로 운동, 양정, 토출량이 규칙적으로 변동하는 현상으로 압력계의 지침이 일정범위 내에서 움직인다.
(3) 수격작용(water hammering) : 펌프에서 물을 압송하고 있을 때 정전 등으로 펌프가 급히 멈춘 경우 관내의 유속이 급변하면 물에 심한 압력변화가 생기는 현상이다.
(4) 베이퍼 로크(vapor lock) 현상 : 저비점 액체 등이 이송 시 펌프의 입구에서 발생하는 현상으로 액의 끓음에 의한 동요를 말한다.

135 예상문제

원심 펌프에서 발생하는 전동기 과부하의 원인 4가지를 쓰시오.

해답 ① 양정이나 수량이 증가한 때
② 액의 점도가 증가되었을 때
③ 액 비중이 증가되었을 때
④ 임펠러, 베인에 이물질이 혼입되었을 때

해설 펌프의 토출량이 감소하는 원인
① 임펠러 자체가 마모 또는 부식되었을 때
② 임펠러에 이물질이 혼입되었을 때
③ 공기를 혼입하였을 때
④ 송수관의 내면에 스케일 등이 부착하여 관로 저항이 증대하였을 때
⑤ 캐비테이션 현상이 발생하였을 때

11. 압축도시가스(CNG) 시설

문제 136~137

136 예상문제

고정식 압축도시가스 자동차 충전시설에 설치된 충전기에 대한 물음에 답하시오.

(1) 자동차 주입호스(충전호스) 길이는 얼마인가?
(2) 자동차의 충돌로부터 충전기를 보호하기 위한 보호대 높이는 얼마인가?
(3) 충전호스에는 충전 중 자동차의 오발진으로 인한 충전기 및 충전호스의 파손을 방지하기 위하여 설치하는 안전장치의 명칭을 쓰시오.

해답 (1) 8m 이하
(2) 80cm 이상
(3) 긴급분리장치

해설 (1) 긴급분리장치는 수평방향으로 당길 때 666.4N(68kgf) 미만의 힘으로 분리되는 것으로 한다.
(2) 충전기 보호대 규격 : 두께 12cm 이상의 철근콘크리트, 호칭지름 100A 이상의 KS D 3507(배관용 탄소강관) 또는 이와 동등 이상의 기계적 강도를 가진 강관으로 높이는 80cm 이상으로 한다.

137 예상문제

고정식 압축도시가스 충전시설에 설치된 저장설비의 안전밸브 방출구 위치(높이) 기준에 대하여 설명하시오.

해답 지상으로부터 5m 이상의 높이 또는 저장설비 정상부로부터 2m 이상의 높이 중 높은 위치

해설 과압 안전장치 작동압력
① 안전장치의 설정압력은 최고허용압력 또는 설계압력을 초과하지 아니하는 압력으로 한다.
② 고압설비에 부착하는 과압 안전장치는 내압시험압력의 10분의 8 이하의 압력에서 작동하는 것으로 한다.
③ 액화가스의 고압설비 등에 부착되어 있는 스프링식 안전밸브는 상용의 온도에서 해당 고압설비 안의 액화가스의 상용의 체적이 해당 고압설비 내의 내용적의 98%까지 팽창하게 되는 온도에 대응하는 해당 고압설비 내의 압력에서 작동하는 것으로 한다.

12. 폭발 및 방폭 설비

문제 138~143

138
예상문제

가연성 액체 저장탱크 주변에서 화재가 발생하여 기상부의 탱크가 국부적으로 가열되면 그 부분의 강도가 약해져 탱크가 파열된다. 이때 내부의 액화가스가 급격히 유출 팽창되어 화구(fire ball)를 형성하여 폭발하는 형태를 영문 약자로 적으시오.

해답 BLEVE

해설 (1) BLEVE(비등액체팽창 증기폭발)
: Boiling Liquid Expanding Vapor Explosion
(2) 액화석유가스 충전사업소 및 도시가스 사업소에서 폭발사고가 발생하였을 때 사업자가 한국가스안전공사에 통보할 때에 포함되어야 할 사항 (단, 속보로 통보할 때에는 ⑤, ⑥ 항목은 생략할 수 있다.)
① 통보자의 소속, 직위, 성명 및 연락처
② 사고 발생 일시
③ 사고 발생 장소
④ 사고 내용
⑤ 시설 현황
⑥ 피해 현황(인명 및 재산)

139
예상문제

정전기는 점화원이 될 수 있으므로 제거하여야 한다. 제거방법(방지대책) 4가지를 쓰시오.

정전기 제거용 접지선

해답 ① 대상물을 접지한다.
② 상대습도를 70% 이상 유지한다.
③ 공기를 이온화한다.
④ 절연체에 도전성을 갖게 한다.
⑤ 정전의, 정전화를 착용하여 대전을 방지한다.

해설 가연성가스 제조설비 등에서 발생하는 정전기를 제거하는 조치 기준
① 탑류, 저장탱크, 열교환기, 회전기계, 벤트 스택 등은 단독으로 접지하여야 한다. 다만, 기계가 복잡하게 연결되어 있는 경우 및 배관 등으로 연속되어 있는 경우에는 본딩용 접속선으로 접속하여 접지하여야 한다.
② 본딩용 접속선 및 접지접속선은 단면적 5.5mm^2 이상의 것(단선은 제외)을 사용하고 경납붙임, 용접, 접속금구 등을 사용하여 확실히 접속하여야 한다.
③ 접지 저항치는 총합 100Ω(피뢰설비를 설치한 것은 총합 10Ω)이하로 하여야 한다.

140

방폭구조의 종류 6가지와 그 기호를 각각 쓰시오.

해답 ① 내압 방폭구조 : d
② 압력 방폭구조 : p
③ 유입 방폭구조 : o
④ 안전증 방폭구조 : e
⑤ 본질안전 방폭구조 : ia, ib
⑥ 특수 방폭구조 : s

해설 방폭전기기기의 선정 및 설치
① 0종 장소에는 원칙적으로 본질안전 방폭구조의 것을 사용한다.
② 방폭전기기기 설비의 부속품은 내압 방폭구조 또는 안전증 방폭구조의 것으로 한다.
③ 내압 방폭구조의 방폭전기기기 본체에 있는 전선 인입구에는 가스의 침입을 확실하게 방지할 수 있는 조치를 하고, 그 밖의 방폭구조의 방폭전기기기의 본체에 있는 전선 인입구에는 전선관로 등을 통해 분진 등의 고형이물이나 물의 침입을 방지할 수 있는 조치를 한다.

141

방폭전기기기 명판에 표시된 "T6"에 대하여 설명하시오.

해답 방폭전기기기의 온도 등급(가연성가스의 발화도 범위 85℃ 초과 100℃ 이하)

해설 가연성가스의 발화도 범위에 따른 방폭전기기기의 온도 등급

가연성가스의 발화도(℃) 범위	방폭전기기기의 온도 등급
450℃ 초과	T1
300℃ 초과 450℃ 이하	T2
200℃ 초과 300℃ 이하	T3
135℃ 초과 200℃ 이하	T4
100℃ 초과 135℃ 이하	T5
85℃ 초과 100℃ 이하	T6

142

고압가스 설비에서 이상상태가 발생하는 경우 그 설비 내의 내용물을 설비 밖으로 긴급하고 안전하게 이송하는 설비이다.

(1) 설비 명칭을 쓰시오.
(2) 설비 높이를 가연성가스와 독성가스일 때 착지농도 기준으로 각각 설명하시오.
(3) 설비에서 가스 방출 시 작동압력에서 대기압까지의 방출 소요시간은 방출 시작으로부터 몇 분 이내로 하는가?

해답 (1) 벤트 스택
　　(2) ① 가연성가스 : 폭발하한계값 미만
　　　　② 독성가스 : TLV−TWA 기준농도값 미만
　　(3) 60분

해설 (1) 벤트 스택 지름 : 150m/s 이상 되도록
　　(2) 방출구 위치 : 작업원이 정상작업을 하는 장소 및 통행하는 장소로부터
　　　　① 긴급용 벤트 스택 : 10m 이상
　　　　② 그 밖의 벤트 스택 : 5m 이상

143

고압가스 설비에서 이상상태가 발생하는 경우 그 설비 내의 내용물을 설비 밖으로 긴급하고 안전하게 이송하여 연소에 의하여 처리하는 설비이다.

(1) 설비 명칭을 쓰시오.
(2) 설비 높이 및 위치는 지표면에 미치는 복사열(kcal/m² · h)을 얼마로 제한하는가?
(3) 역화 및 공기와 혼합폭발을 방지하기 위한 시설 또는 방법 4가지를 쓰시오.

해답 (1) 플레어 스택(flare stack)
　　(2) 4000 kcal/m² · h 이하
　　(3) ① liquid seal의 설치
　　　　② flame arrestor의 설치
　　　　③ vapor seal의 설치
　　　　④ purge gas(N₂, off gas 등)의 지속적인 주입
　　　　⑤ molecular seal의 설치

※ 2020년까지 시행된 동영상 시험은 배관 작업형을 치르는 일정에 시행되었고 일정에 따라 제시되는 문제는 다르게 출제되었습니다. 2021년부터 필답형과 동영상 시험으로 변경되면서 전국적으로 동일한 일정에 동일한 문제로 출제되었습니다.

2019년도 동영상 시행 문제

가스기능사 ▶ 2019. 3. 23 시행 (제1회)

01 주 다이어프램과 메인밸브를 고무 슬리브 1개를 공용으로 사용하는 매우 콤팩트한 구조로 이루어진 정압기의 명칭을 쓰시오.

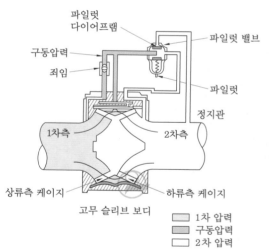

해답 AFV식 정압기(또는 액시얼 플로식 정압기)

02 가스용 폴리에틸렌관 부속품의 명칭을 쓰시오.

(1)

(2)

(3)

(4)

해답 (1) 엘보
(2) 티
(3) 이경티
(4) 리듀서

03 LPG 용기 저장실 지붕 재질의 구비조건 2가지를 쓰시오.

해답 ① 불연성일 것
② 가벼울 것

04 고압가스 충전용기에서 충전구 나사형식이 왼나사인 용기 번호를 쓰시오.

(1)

(2)

(3)

해답 (1)

05 긴급차단장치의 동력원 종류 4가지를 쓰시오.

해답 ① 액압
② 기압
③ 전기식
④ 스프링식

06 가스용 폴리에틸렌관을 맞대기 열융착 이음할 때 공정을 쓰시오.

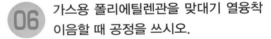

해답 ① 면취작업 공정
② 가압용융 공정
③ 가열유지 공정
④ 가열판 제거 공정
⑤ 압착 및 냉각 공정

07 도시가스 사용시설 입상관에 부착된 밸브의 설치높이 기준은 바닥으로부터 얼마인가?

해답 1.6m 이상 2m 이내(또는 1.6m~2m 이내)

09 도시가스 매설배관 용접부에 방사선투과검사를 하는 것이다. 방사선투과검사 영문약자를 쓰시오.

해답 RT

08 가연성가스 제조시설에 설치된 방폭전기기기 명판에 "ib"라 표시되어 있을 때 방폭구조의 명칭을 쓰시오.

해답 본질안전 방폭구조

10 LPG 용기 충전사업소에서 충전설비는 사업소 경계까지 얼마의 안전거리를 유지하여야 하는가?

해답 24m 이상

11 정압기 입구측 압력이 0.5MPa 미만이고 정압기 설계유량이 1000Nm³/h 이상일 때 정압기 안전밸브 방출관 크기는 얼마인가?

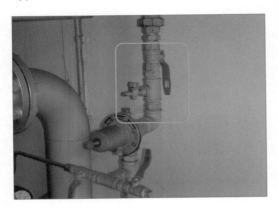

해답 50A 이상

13 도시가스 사용시설에 설치되는 기기에서 지시하는 것의 명칭을 쓰시오.

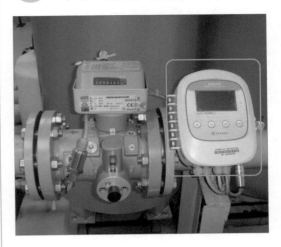

해답 온도 압력 보정장치

12 동영상에서 보여주는 것의 용도는 무엇인지 설명하시오.

해답 매설배관 전위 측정용 터미널 박스

14 고압가스 충전장소에서 지시하는 밸브의 명칭을 쓰시오.

해답 충전용 주관밸브

15 지시하는 것은 LPG 저장시설 배관에 설치된 안전장치이다. 명칭은 무엇인가?

해답 릴리프 밸브

16 도시가스 정압기실에 설치된 기기이다. 각각의 명칭을 쓰시오.

(1)

(2)

(3)

해답 (1) 정압기 필터
　　　(2) 가스누설검지기
　　　(3) 정압기 안전밸브

17 가스 크로마토그래피 분석장치에 사용하는 캐리어가스의 종류 2가지를 쓰시오.

해답 ① 수소
　　　② 헬륨
　　　③ 아르곤
　　　④ 질소

18 LPG 용기 집합장치에서 지시하는 부분의 명칭을 쓰시오.

해답 액자동절체기

19 충전용기 밸브에 각인된 "LG"의 의미를 설명하시오.

해답 액화석유가스 외의 액화가스를 충전하는 용기 부속품

20 LPG 용기 보관실의 통풍구 1개소의 최대크기는 얼마인가?

해답 $2400\,\mathrm{cm}^2$

21 도시가스 배관을 시가지 외의 지역에 매설할 때 설치하는 표지판의 규격(가로×세로)은 얼마인가?

해답 200mm×150mm 이상

22 도시가스 매설배관의 누설을 탐지하는 차량에 설치된 가스누출검지기의 명칭을 영문 약자로 쓰시오.

해답 FID

23 가연성가스를 취급하는 장소에 설치된 방폭등의 방폭구조 명칭을 쓰시오.

해답 안전증 방폭구조

24 액화산소에 대한 물음에 답하시오.

(1) 비등점은 얼마인가?
(2) 임계압력은 얼마인가?

해답 (1) −183℃
(2) 50.1atm

25 도시가스 정압기실에 설치되는 기기 중 지시하는 것의 명칭을 쓰시오.

해답 필터(또는 정압기 필터)

26 저온장치에 사용하는 보랭제의 구비조건 4가지를 쓰시오.

해답 ① 열전도율이 작을 것
② 흡습성, 흡수성이 적을 것
③ 시공성이 좋을 것
④ 부피, 비중(밀도)이 작을 것
⑤ 경제적일 것

27 도시가스 매설배관에 정류기를 사용하여 부식을 방지하는 전기방식법 명칭을 쓰시오.

해답 외부전원법

28 다음은 LPG 저장탱크와 함께 설치된 것으로 명칭과 이것을 사용하였을 때의 장점 2가지를 쓰시오.

해답 (1) 명칭 : 기화기
   (2) 장점
     ① 한랭시에도 연속적으로 가스공급이 가능하다.
     ② 공급가스의 조성이 일정하다.
     ③ 설치면적이 좁아진다.
     ④ 기화량을 가감할 수 있다.
     ⑤ 설비비 및 인건비가 절약된다.

29 가스용 폴리에틸렌관(PE관)을 제시하는 방법과 같이 융착이음하는 방식의 명칭을 쓰시오.

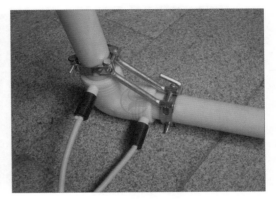

해답 전기식 소켓 융착이음

30 도시가스 정압기실의 내부 조명도는 얼마인가?

해답 150룩스 이상

31 지시하는 것은 지하에 매설된 LPG 저장탱크에 설치되는 것으로 명칭을 쓰시오.

해답 슬립 튜브식 액면계

32 압축가스 충전시설에서 지시하는 부분의 명칭을 쓰시오.

해답 방호벽

33 지시하는 것은 LPG 이입·충전에 사용하는 압축기이다. 압축기 형식을 쓰시오.

해답 왕복동식

34 지시하는 부분은 도시가스 정압기실에 설치된 것으로 이 장치의 명칭을 영문 약자로 쓰시오.

해답 RTU box

35 지상에 설치된 LPG 저장탱크 주위에 설치되는 방류둑 용량을 쓰시오. (단, 저장탱크가 2기 이상 설치된 집합 방류둑이 아니다.)

해답 저장능력 상당용적 이상

해설 방류둑 용량
① 액화가스 저장탱크 : 저장능력 상당용적 이상
② 액화산소 저장탱크 : 저장능력 상당용적의 60% 이상
③ 2기 이상의 저장탱크를 집합 방류둑 안에 설치한 저장탱크 : 저장탱크 중 최대저장탱크의 저장능력 상당용적에 잔여 저장탱크 총 저장능력 상당용적의 10% 용적을 가산할 것

 다음 밸브의 명칭을 쓰시오.

해답 체크 밸브(또는 역류방지 밸브)

37 도시가스 사용시설에 설치된 가스계량기가 보호상자 내에 설치되었을 때 설치높이는 얼마인가?

해답 바닥으로부터 2m 이내

해설 가스계량기 설치장소 기준
1. 가스계량기는 검침·교체·유지관리 및 계량이 용이하고 환기가 양호하도록 다음의 어느 하나의 조치를 한 장소에 설치하되 직사광선 또는 빗물을 받을 우려가 있는 곳에 설치하는 경우에는 보호상자 안에 설치한다. 〈개정 2015. 11.4〉
   ① 가스계량기를 설치한 실내의 상부(공기보다 무거운 가스의 경우 하부)에 50cm² 이상 환기구 등을 설치한 장소
   ② 가스계량기를 설치한 실내에 기계환기설비를 설치한 장소
   ③ 가스누출 자동차단장치를 설치하여 가스누출 시 경보를 울리고 가스계량기 전단에서 가스가 차단될 수 있도록 조치한 장소
   ④ 환기가 가능한 창문 등(개방 시 환기면적이 100cm² 이상에 한한다)이 설치된 장소 〈개정 2016. 6. 16〉
2. 가스계량기(30m³/h 미만에 한한다)의 설치높이는 바닥으로부터 1.6m 이상 2.0m 이내에 수직·수평으로 설치하고 밴드·보호가대 등 고정장치로 고정한다. 다만, 보호상자 내에 설치, 기계실에 설치, 보일러실(가정에 설치된 보일러 실은 제외한다)에 설치 또는 문이 달린 파이프 덕트 내에 설치하는 경우 바닥으로부터 2.0m 이내 설치한다.

가스기능사

01 LPG 이입·충전에 사용하는 압축기의 부속기기 명칭을 쓰시오.

해답 사방밸브(또는 사로밸브, 4way-valve)

02 도시가스 매설배관의 누설을 탐지하는 차량에 설치된 가스누출검지기의 명칭을 영문약자로 쓰시오.

해답 FID

03 다음과 같이 초저온 용기에서만 행하는 시험의 명칭은 무엇인가? (동영상에서 초저온 용기를 저울에 올려놓고 조작하는 과정을 보여 줌)

해답 단열성능시험

04 LPG 저장시설에 설치된 경계책 높이는 얼마인가?

해답 1.5m 이상

도시가스 매설배관에 사용되는 배관 종류이다. (1)번 배관의 명칭을 쓰시오.

(1)　　　　　　(2)

해답 폴리에틸렌 피복강관(또는 PLP관)

 다음 가스미터(계량기)의 명칭을 쓰시오.

(1)　　　　　　(2)

(3)

해답 (1) 막식 가스미터
(2) 터빈식 가스미터
(3) 로터리 피스톤식 가스미터

 LPG 저장시설의 배관 중에서 지시하는 부분의 명칭을 쓰시오.

(1)　　　　　　(2)

해답 (1) 체크 밸브
(2) 긴급차단장치(또는 긴급차단밸브)

08 방폭전기기기 명판에 "s"로 표시되어 있을 때 방폭구조의 명칭을 쓰시오.

해답 특수 방폭구조

09 가스용 폴리에틸렌관(PE관)과 금속관을 연결할 때 사용하는 부속품의 명칭을 쓰시오.

해답 이형질 이음관

10 [보기]에서 설명하는 방폭구조의 명칭을 쓰시오.

┌─ | 보기 | ─────────────────┐

용기 내부에 절연유를 주입하여 불꽃, 아크 또는 고온 발생 부분이 기름 속에 잠기게 함으로써 기름면 위에 존재하는 가연성 가스에 인화되지 아니하도록 한 구조로 탄광에서 처음으로 사용하였다.

└──────────────────────┘

해답 유입 방폭구조

11 다음과 같이 배관을 이음하는 것의 부속명칭을 쓰시오.

해답 유니언

12 LPG 사용시설에서 2단 감압식 조정기를 사용하였을 때의 장점과 단점을 각각 2가지씩 쓰시오.

해답 (1) 장점
　① 입상배관에 의한 압력손실을 보정할 수 있다.
　② 가스배관이 길어도 공급압력이 안정된다.
　③ 각 연소기구에 알맞은 압력으로 공급이 가능하다.
　④ 배관 지름이 가늘어도 된다.
(2) 단점
　① 설비가 복잡하다.
　② 조정기 수가 많아서 점검 개소가 많다.
　③ 부탄의 경우 재액화의 우려가 있다.
　④ 검사방법이 복잡하고 시설의 압력이 높아서 이음방식에 주의하여야 한다.

13 도시가스를 사용하는 연소기에서 불완전 연소가 발생하는 원인 2가지를 쓰시오.

해답 ① 공기 공급량 부족
② 배기 및 환기 불충분
③ 가스 조성의 불량
④ 가스기구의 부적합
⑤ 연소기구 프레임 냉각

14 동영상에서 보여주는 충전용기의 명칭을 쓰시오. (용기를 길이방향으로 절단하여 내부에 작은 관이 아래 부분까지 설치된 것을 볼 수 있는 동영상이 주어짐)

해답 사이펀 용기

15 공기액화 분리장치에 사용되는 원심식 압축기의 구성요소 3가지를 쓰시오.

해답 ① 임펠러
② 디퓨저
③ 가이드 베인

16 LPG 저장탱크에 설치된 안전밸브의 작동점검 주기는 얼마인가?

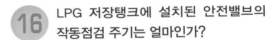

해답 2년에 1회 이상

17 도시가스 배관 중 내관의 호칭지름이 20A일 때 배관고정은 몇 m 이내의 간격으로 설치하는가?

해답 2m

18 자동차에 고정된 탱크로부터 LPG를 저장탱크로 이송할 때 차량 앞뒤에 설치하는 경계표지의 내용을 쓰시오.

해답 LPG 이·충전 작업 중, 절대금연

해설 경계표지
① 규격 : 60×45cm 이상
② 색상 : 흰색(바탕), 흑색(LPG 이·충전 작업 중), 적색(절대금연)
③ 수량 : 2개소 이상
④ 게시 위치 : 자동차에 고정된 탱크의 전·후

19 자유 피스톤식 압력계의 용도를 쓰시오.

해답 탄성식 압력계의 점검 및 교정용

해설 자유 피스톤식 압력계를 표준 분동식 압력계, 분동식 압력계, 부유 피스톤식 압력계 등으로 불려진다.

20 아세틸렌 충전용기에 사용하는 다공물질의 종류 5가지를 쓰시오.

해답 ① 규조토
② 목탄
③ 석회
④ 산화철
⑤ 탄산마그네슘
⑥ 다공성 플라스틱

21 LPG 용기 보관실에서 바닥면적 1m²마다 통풍구 크기 및 통풍구 1개의 최대 크기는 얼마인가?

해답 ① 통풍구 크기 : 300cm² 이상
② 통풍구 1개의 최대 크기 : 2400cm²

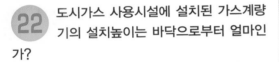 **22** 도시가스 사용시설에 설치된 가스계량기의 설치높이는 바닥으로부터 얼마인가?

해답 1.6m 이상 2m 이내

 23 다음 배관부속의 명칭을 쓰시오.

해답 크로스

 24 LPG를 이입·충전할 때 압축기를 사용할 경우 장점 3가지를 쓰시오.

해답 ① 펌프에 비하여 이송시간이 짧다.
② 잔가스 회수가 가능하다.
③ 베이퍼 로크 현상이 없다.

25 가스용 폴리에틸렌관(PE관)의 융착이음 명칭을 쓰시오.

해답 새들 융착이음

26 도시가스 가스미터(가스계량기)와 전기계량기의 이격거리는 얼마인가?

해답 60cm 이상

27 초저온 용기에서 지시하는 부분의 명칭을 쓰시오.

해답 (1) 안전밸브
(2) 케이싱 파열판

28 라이터 내부에 충전되어 있는 액체 물질성분과 공기 중에서의 폭발범위를 쓰시오.

해답 ① 물질 성분 : 부탄(C_4H_{10})
② 폭발범위 : 1.9~8.5%

29 도시가스 사용시설에 사용되는 가스용품으로 합계유량 차단, 증가유량 차단, 연속사용시간 차단 성능을 갖는 이 기기의 명칭을 쓰시오.

해답 다기능 가스 안전계량기

30 지시하는 것은 LPG 저장탱크가 지하에 매설된 부분 지상에 설치된 것이다. 명칭을 쓰시오.

해답 전기방식 전위측정용 터미널

31 LPG 저장탱크를 지하에 설치하는 경우 지상에 설치되는 시설물 중 지시하는 부분의 명칭을 쓰시오.

해답 검지관

해설 지하에 설치된 저장탱크실의 바닥은 저장탱크실에 침입한 물 또는 기온변화에 따라 생성된 물이 모이도록 구배를 가지는 구조로 하고, 바닥의 낮은 곳에 집수구를 설치하며, 집수구에 고인 물을 쉽게 배수할 수 있도록 한다.
① 집수구 크기 : 가로 30cm, 세로 30cm, 깊이 30cm 이상
② 집수관 : 80A 이상
③ 집수구 및 집수관 주변 : 자갈 등으로 조치, 펌프로 배수
④ 검지관 : 40A 이상으로 4개소 이상 설치

가스기능사

01 SDR값에 따른 가스용 폴리에틸렌관의 사용압력은 얼마인가?

(1) SDR 11 이하 :
(2) SDR 17 이하 :

해답 (1) 0.4MPa 이하
(2) 0.25MPa 이하

02 에어졸 용기의 누출시험을 할 때 온수 탱크의 온수온도는 얼마인가?

해답 46℃ 이상 50℃ 미만 (또는 46~50℃ 미만)

03 지상에 설치된 저장탱크에서 지시하는 것의 명칭을 쓰시오.

해답 스프링식 안전밸브

04 도시가스 사용시설에 설치된 막식 가스 계량기에서 명판에 표시된 "rev"에 대하여 설명하시오.

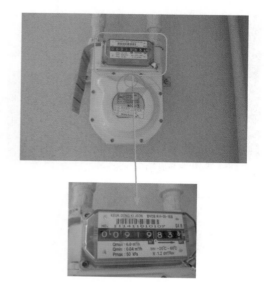

해답 계량실의 1주기 체적(L)

05 용접부 결함 명칭을 쓰시오.

(1)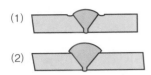

(2)

해답 (1) 언더컷 (2) 오버랩

06 지하에 설치된 정압기실의 강제통풍 시설 중 배기가스 방출구 높이는 얼마 인가? (단, 전기시설물과 접촉 등으로 사고 우려가 없는 경우이다.)

해답 3m 이상

해설 ① 정압기실을 지하에 설치할 수 있는 경우는 공기보다 비중이 가벼운 도시가스인 경우이다.

② 배기가스 방출구 높이는 기준이 5m 이상이지만, 공기보다 비중이 가벼운 배기가스인 경우 또는 전기시설물과의 접촉 등으로 사고 우려가 있는 경우 3m 이상으로 설치할 수 있다.

③ 정압기 안전밸브 방출관의 방출구는 주위에 불 등이 없는 안전한 위치로서 지면으로부터 5m 이상의 높이에 설치한다. 다만, 전기시설물과의 접촉 등으로 사고의 우려가 있는 장소에서는 3m 이상으로 할 수 있다.

07 LPG 자동차 용기 내부에 설치되는 안전장치는 내용적의 몇 %를 넘지 않도록 하는 장치인가?

해답 85%

08 도시가스 정압기실에 설치된 기기의 명칭을 쓰시오.

(1)  (2)

(3)  (4)

해답 (1) 자기압력 기록계
(2) 이상압력 통보설비
(3) 긴급차단장치
(4) 정압기 안전밸브

09 다음은 일반도시가스 사업자 공급관을 도로폭이 15m인 도로에 매설할 때 배관의 심도(깊이)가 적합한지 부적합한지 판정하고 그 이유를 쓰시오. [동영상에서 자로 매설깊이를 측정하여, 매설깊이 1.5m를 지시하고 있음]

해답 ① 판정 : 적합
② 이유 : 폭 8m 이상의 도로의 경우 매설 심도(깊이)가 1.2m 이상이기 때문에

10 유체 중에 인위적인 소용돌이를 발생시켜 유량을 측정하는 유량계 명칭은 무엇인가?

해답 와류식 유량계

11 가연성가스 또는 독성가스의 고압가스 설비에서 이상 상태가 발생한 경우 당해 설비 내의 내용물을 설비 밖 대기 중으로 방출시키는 장치의 명칭을 쓰시오.

해답 벤트 스택

12 도시가스 배관을 도로 밑 지하에 매설하는 작업에서 지시하는 것의 명칭을 쓰시오.

(1)   (2)

해답 (1) 보호판 (2) 보호포

13 고압가스를 운반하는 차량에 부착하는 경계표지 중 적색 삼각기의 가로, 세로 길이는 얼마인가?

해답 가로 40cm, 세로 30cm

15 LPG를 차량에 고정된 탱크에서 저장 탱크로 이송 작업할 때 로딩암이 연결된 모습이다. 정전기 제거용으로 사용되는 접지 접속선의 단면적 규격은 얼마인가?

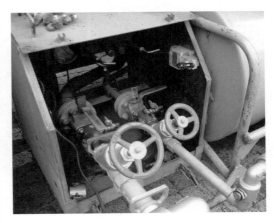

해답 $5.5mm^2$ 이상

14 가스용 폴리에틸렌관을 맞대기 열융착 이음할 때 공정을 쓰시오.

해답 ① 면취작업 공정
② 가압용융 공정
③ 가열유지 공정
④ 가열판제거 공정
⑤ 압착 및 냉각 공정

해설 맞대기 열융착이음의 3대 중요 공정 : 가열용융공정, 압착공정, 냉각공정

16 LPG 판매사업소 사무실은 용기 보관실에서 누출된 가스가 유입되지 않는 구조로 하여야 하며 면적은 얼마 이상으로 하여야 하는가?

해답 $9m^2$ 이상

해설 용기 보관실 면적은 '$19m^2$ 이상'으로 문제에서 묻고 있는 사무실 면적 '$9m^2$ 이상'과는 구별하길 바랍니다.

17 다음과 같이 배관을 나사이음할 때 사용하는 부속명칭을 쓰시오.

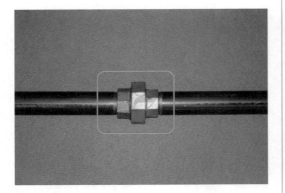

해답 유니언

19 도시가스 사용시설에 설치된 압력조정기의 점검주기는 얼마인가?

해답 1년에 1회 이상

18 LPG 이입·충전할 때 사용하는 압축기 실린더에서 이상음이 발생하는 원인 3가지를 쓰시오.

해답 ① 실린더와 피스톤이 닿는다.
② 피스톤링이 마모되었다.
③ 실린더 내에 액해머가 발생하고 있다.
④ 실린더에 이물질이 혼입되고 있다.
⑤ 실린더 라이너에 편감 또는 홈이 있다.

20 액화석유가스 사용시설에서 2단 감압식 조정기를 사용하였을 때의 장점 3가지를 쓰시오.

해답 ① 입상배관에 의한 압력손실을 보정할 수 있다.
② 가스 배관이 길어도 공급압력이 안정된다.
③ 각 연소기구에 알맞은 압력으로 공급이 가능하다.
④ 배관 지름이 가늘어도 된다.

21 자기압력 측정기록장치의 용도를 쓰시오. (단, 압력측정은 제외한다.)

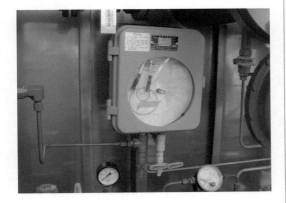

해답 기밀시험을 할 때 누설 여부를 측정한다.

23 충전용기 밸브에 각인된 "AG"의 의미를 설명하시오.

해답 아세틸렌가스를 충전하는 용기의 부속품

22 아세틸렌 충전용기 재료의 탄소 함유량은 얼마인가?

해답 0.33% 이하

24 지시하는 것은 LPG 저장탱크의 이입 및 송출하는 배관에 설치된 기기이다. 이 기기의 명칭을 쓰시오.

해답 긴급차단장치 (또는 긴급차단밸브)

25 도시가스 배관을 도로에 매설할 때 설치하는 보호판에 구멍을 뚫는 이유와 간격을 쓰시오.

해답 ① 이유 : 매설배관에서 누설된 가스가 지면으로 확산되도록 하기 위하여
② 간격 : 3m 이하

26 LPG 기화기의 구성요소 3가지를 쓰시오.

해답 ① 기화부
② 제어부
③ 조압부

27 충전용기 밸브에 각인된 "PG"의 의미를 설명하시오.

해답 압축가스 충전용기 부속품

28 가스용 폴리에틸렌관(PE)을 지하에 매설할 때 배관과 같이 설치한 전선의 명칭과 역할(기능)을 설명하시오.

해답 ① 명칭 : 로케팅 와이어
② 역할(기능) : 로케이터에 의하여 PE관의 매설 위치를 지상에서 탐지(확인)하고 관의 유지관리를 한다.

29 지시하는 것은 LPG 이입 · 충전시설에 설치된 것으로 정전기를 제거하는 어스선을 연결할 때 사용한다. 이것의 명칭을 쓰시오.

해답 접속금구(또는 접지코드, 접지탭)

30 자동차에 고정된 탱크에서 저장탱크로 LPG 이송작업할 때 사용하는 로딩암이다. 지시하는 부분에 흐를 LPG가 액체인지, 기체인지 구분하여 쓰시오.

(1) 지름이 큰 관   (2) 지름이 작은 관

해답 (1) 액체   (2) 기체

해설 로딩암에서 (1)과 같이 지름이 큰 쪽이 액체가 흐르는 관이고, (2)와 같이 지름이 작은 쪽이 기체가 흐르는 관이다.

31 지상에 설치된 LPG 저장탱크 저장능력이 15톤일 때 병원과 유지하여야 할 안전거리는 얼마인가?

해답 21m 이상

해설 ① 병원은 제1종 보호시설에 해당된다.
② 저장능력별 보호시설과의 안전거리

저장능력	제1종	제2종
10톤 이하	17m	12m
10톤 초과 20톤 이하	21m	14m
20톤 초과 30톤 이하	24m	16m
30톤 초과 40톤 이하	27m	18m
40톤 초과	30m	20m

[비고] 지하에 저장설비를 설치하는 경우에는 보호시설과의 안전거리의 1/2로 할 수 있다.

32 고압가스 충전용기에서 충전구 밸브 나사형식을 왼나사, 오른나사로 구분하여 쓰시오.

(1)

(2)

(3)

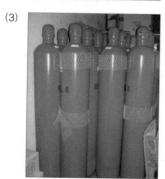

해답 (1) 오른나사
(2) 왼나사
(3) 오른나사

해설 충전구 나사 형식에 의한 분류
① 왼나사 : 가연성가스 용기(단, 액화암모니아, 액화브롬화메탄은 오른나사)
② 오른나사 : 가연성가스 외의 용기

33 충전용기 충전밸브의 충전구 형식에 대하여 쓰시오.

(1)

(2)

(3)

해답 (1) A형
(2) B형
(3) C형

해설 충전밸브 충전구 형식에 의한 분류
① A형 : 가스 충전구가 수나사
② B형 : 가스 충전구가 암나사
③ C형 : 가스 충전구에 나사가 없는 것

가스기능사

01 지하에 설치되는 정압기실의 강제통풍 장치의 통풍능력은 바닥면적 1m² 당 얼마인가?

해답 0.5m³/min 이상

02 도시가스 정압기실의 내부 조명도는 얼마인가?

해답 150룩스 이상

03 도시가스 입상관 중 지시하는 부분의 명칭을 쓰시오.

해답 신축흡수장치

04 초저온 용기의 내통과 외통 사이를 진 공상태로 만드는 이유를 설명하시오.

해답 진공에 의한 열전달(열침입)을 차단하 기 위하여

05 비파괴검사 방법 중 방사선투과검사의 장점 3가지를 쓰시오.

해답 ① 내부 결함의 검출이 가능하다.
② 결함의 크기, 모양을 알 수 있다.
③ 검사 기록 결과가 유지된다.

해설 단점
① 장치의 가격이 고가이다.
② 고온부, 두께가 두꺼운 곳은 부적당하다.
③ 취급상 방호에 주의하여야 한다.
④ 선에 평행한 크랙 등은 검출이 불가능하다.

06 개스킷(gasket)의 용도를 설명하시오.

해답 플랜지 이음을 할 때 2면의 플랜지 사이에 넣어 유체의 누설을 방지한다.

07 초저온 저장탱크와 함께 설치된 지시하는 것의 명칭을 쓰시오.

해답 기화기

08 지시하는 것은 도시가스 정압기실에 설치하는 것으로 이 장치의 명칭과 설치 위치에 대하여 쓰시오.

해답 ① 명칭 : 자기압력 기록계
② 설치 위치 : 정압기 2차측

09 도시가스 공급시설에 설치되는 정압기의 기능(역할) 3가지를 쓰시오.

해답 ① 감압기능
② 정압기능
③ 폐쇄기능

10 가스용 폴리에틸렌관을 맞대기 융착이음 후 시공의 적합 여부는 무엇을 보고 판단하는가?

해답 융착이음부의 비드(bead)

11 부취제를 주입하는 장치에서 정량 펌프를 사용하는 이유를 설명하시오.

해답 일정량의 부취제를 직접 가스 중에 주입하기 위하여

12 휴대용 가스검지기를 이용하여 도시가스 배관에서 누출 여부를 검사하는 것이다. 검지기의 경보농도는 얼마인가?

해답 폭발하한의 1/4 이하

13 지상에 설치된 LPG 저장탱크 주변에 설치되는 방호벽 설치 높이는 얼마인가?

해답 2m 이상

14 도시가스 사용시설에 설치된 가스계량기가 보호상자 내에 설치되었을 때 설치높이는 얼마인가?

해답 바닥으로부터 2m 이내

15 LPG 충전용기 충전밸브의 충전구 형식과 충전구 나사형식에 대하여 쓰시오.

해답 ① 충전구 형식 : B형
② 충전구 나사형식 : 왼나사

16 다음과 같이 도시가스 매설배관에 전기방식을 시공하는 전기방식법의 명칭을 쓰시오.

해답 희생양극법(또는 유전양극법, 전기양극법)

17 지상에 설치된 LPG 저장탱크에서 지시하는 부분의 명칭을 쓰시오.

해답 (1) 스프링식 안전밸브
(2) 안전밸브 방출구

18 지시하는 가스미터의 명칭을 쓰시오.

해답 로터리 피스톤식

19 도시가스를 사용하는 연소기구에서 1차 공기량이 부족할 경우, 연소반응이 충분한 속도로 진행되지 않을 때 불꽃의 끝이 적황색으로 되어 연소하는 현상을 무엇이라 하는가? [동영상에서 공기조절장치의 공기량을 줄이면서 불꽃이 적황색으로 변화하는 과정을 보여줌]

해답 옐로 팁[yellow tip](또는 황염)

해설 옐로 팁의 발생원인
① 연소반응이 충분한 속도로 진행되지 않을 때
② 1차 공기량 부족으로 불완전 연소가 되는 경우
③ 불꽃이 저온의 물체에 접촉하였을 때

20 동영상에서 보여주는 가스미터 명칭을 쓰시오.

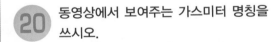

해답 막식 가스미터

21 다음은 연료용 가스를 사용하는 시설의 모습으로 지시하는 부분의 명칭을 쓰시오.

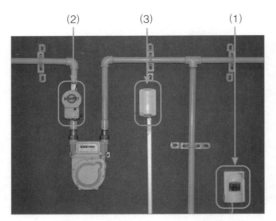

해답 (1) 제어부
(2) 차단부
(3) 검지부

22 LPG용 자동차에 고정된 탱크(LPG 탱크로리) 정차위치에 설치된 장치에 대한 물음에 답하시오.

(1) 지시하는 부분의 명칭을 쓰시오.
(2) 이 시설의 조작위치는 자동차에 고정된 탱크 외면으로부터 얼마 이상 떨어진 위치에 설치하여야 하는가?

해답 (1) 냉각살수장치
(2) 5m 이상

23 주거용 가스보일러를 공동·반밀폐식·강제배기식으로 연돌의 터미널까지 단독배기통을 설치할 때 배기통의 입상높이는 얼마로 하여야 하는가?

해답 10m 이하

24 LPG 자동차용 충전기(dispenser)의 충전호스에 부착하는 가스주입기의 형식을 쓰시오.

해답 원터치형

25 도시가스 사용시설에서 배관과 연소기를 연결하는 호스 길이는 얼마인가?

해답 3m 이내

26 도시가스 매설배관으로 사용하는 가스용 폴리에틸렌관(PE관)의 최고 사용압력은 얼마인가?

해답 0.4MPa

해설 SDR값에 따른 사용압력 범위

SDR	사용압력
11 이하	0.4MPa 이하
17 이하	0.25MPa 이하
21 이하	0.2MPa 이하

27 고압가스 충전용기를 차량에 적재하는 기준 설명이다. 옳은 것을 선택하시오.

> 충전용기를 차량에 적재하는 때에는 적재함에
> ① (세워서, 눕혀서, 2단으로) 적재하며, 납붙임 및 접합용기에 고압가스를 충전하여 차량에 적재할 때에는 그 용기의 이탈을 막을 수 있도록
> ② (보호망, 보호포, 보호상자)을[를] 적재함 위에 씌운다.

해답 ① 세워서   ② 보호망

28 LPG 자동차 충전소에 설치된 고정식 충전설비(dispenser)에서 지시하는 부분의 명칭을 쓰시오.

해답 가스주입기

29 도시가스배관을 지하에 매설하는 경우에 지면에 매설위치를 확인할 수 있는 라인마크를 설치하여야 할 곳 2가지를 쓰시오.

해답 ① 도로법에 따른 도로
② 공동주택 등의 부지 안 도로

30 아세틸렌 충전용기에 각인된 사항을 각각 설명하시오.

(1) TP :　　　　　(2) FP :
(3) TW :　　　　　(4) V :

해답 (1) 내압시험압력
(2) 최고충전압력
(3) 용기의 질량에 다공물질 및 용제, 밸브의 질량을 합한 질량(kg)
(4) 내용적(L)

31 지상에 설치된 LPG 저장탱크에 설치되는 액면계 상부와 하부에 설치된 밸브의 기능을 설명하시오.

해답 액면계 파손 및 검사 시에 LPG의 누설을 차단하기 위하여 설치

32 다음 밸브의 명칭을 쓰시오.

해답 체크 밸브(또는 역류방지 밸브)

33 LPG 충전용기 밸브에 부착하는 안전밸브 형식은 무엇인가?

해답 스프링식 안전밸브

34 최고사용압력이 중압인 도시가스 매설배관용으로 사용하는 폴리에틸렌 피복강관(KS D 3589)의 최고사용압력은 얼마인가?

해답 1MPa

35 LPG 저장탱크를 지하에 매설할 때 저장탱크실의 콘크리트 설계강도는 몇 MPa인가?

해답 21MPa 이상

36 방폭전기기기 명판에 표시되어 있는 "p"의 의미를 설명하시오.

해답 압력 방폭구조

2020년도 동영상 시행 문제

가스기능사 ▶ 2020. 4. 5 시행 (제1회)

01 지상에 설치된 LPG 저장탱크에 설치된 안전밸브 방출구 높이는 얼마인가?

[해답] 지면으로부터 5m 이상 또는 저장탱크 정상부에서 2m 이상 중 높은 위치

02 다음과 같이 배관을 나사이음할 때 사용하는 부속명칭을 쓰시오.

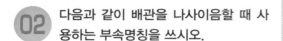

[해답] 유니언

03 지시하는 것은 LPG 이입·충전시설에 설치된 것으로 정전기를 제거하는 어스선을 연결할 때 사용한다. 이것의 명칭을 쓰시오.

[해답] 접속금구(또는 접지코드, 접지탭)

04 방폭전기기기 명판에 "s"로 표시되어 있을 때 방폭구조의 명칭을 쓰시오.

[해답] 특수 방폭구조

05 유체 중에 인위적인 소용돌이를 발생시켜 유량을 측정하는 유량계 명칭을 쓰시오.

해답 와류식 유량계

06 아세틸렌 충전용기에 각인된 사항을 각각 설명하시오.

(1) V :

(2) W :

(3) TW :

해답 (1) 용기 내용적(L)

(2) 용기의 질량(kg)

(3) 용기의 질량에 다공물질 및 용제, 밸브의 질량을 합한 질량(kg)

07 가스용 폴리에틸렌관(PE관)을 지하에 매설할 때 배관과 같이 설치한 전선의 명칭과 역할(기능)을 설명하시오.

해답 ① 명칭 : 로케팅 와이어

② 역할(기능) : 로케이터에 의하여 PE관의 매설 위치를 지상에서 탐지(확인)하고 관의 유지관리를 한다.

08 LPG 충전용기 보관장소의 방호벽 두께와 높이는 몇 mm인가? (동영상에서 보여주는 방호벽은 강판에 보강한 앵글강이 없이 지주만 설치되어 있음)

해답 ① 두께 : 6mm 이상

② 높이 : 2000mm 이상

해설 철판으로 만들어진 방호벽에 앵글강으로 보강한 것은 3.2mm 박강판이고, 앵글강으로 보강 없이 지주만 세워진 것은 6mm 이상의 후강판이다.

09 고압가스를 운반하는 차량에 부착하는 경계표지 중 적색 삼각기의 가로, 세로 길이는 얼마인가?

[해답] 가로 40cm, 세로 30cm

10 가스용 폴리에틸렌관 부속품의 명칭을 쓰시오.

(1)   (2)

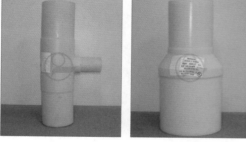

(3)   (4)

[해답] (1) 엘보 (2) 티 (3) 이경티 (4) 리듀서

11 가스설비에 사용되는 밸브 종류에서 (1)과 (3)의 명칭을 쓰시오.

(1)   (2)

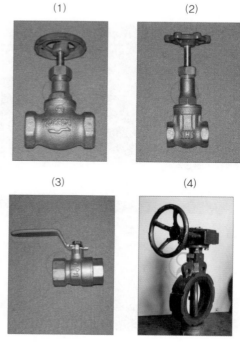

(3)   (4)

[해답] (1) 글로브 밸브(또는 스톱 밸브)
(3) 볼 밸브

[해설] ㉮ 플랜지 타입 밸브

글로브 밸브   슬루스 밸브

㉯ (2)번과 (4)번 밸브 명칭
(2) 슬루스 밸브(또는 게이트 밸브)
(4) 버터플라이 밸브

12 가스용 폴리에틸렌관(PE관)을 제시하는 방법과 같이 융착이음하는 방식의 명칭을 쓰시오.

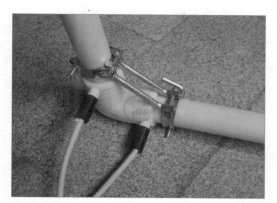

해답 전기식 소켓 융착이음

13 LPG 용기 보관실에서 바닥면적 1m²마다 통풍구 크기 및 통풍구 1개의 최대 크기는 얼마인가?

해답 ① 바닥면적 1m²마다 통풍구 크기 : 300cm² 이상
② 통풍구 1개의 최대 크기 : 2400cm²

14 가연성가스 또는 독성가스의 고압가스 설비에서 이상 상태가 발생한 경우 당해 설비 내의 내용물을 설비 밖 대기 중으로 방출시키는 장치의 명칭을 쓰시오.

해답 벤트 스택

15 자동차에 고정된 탱크에서 저장탱크로 LPG를 이송작업할 때 사용하는 로딩 암이다. 지시하는 부분에 흐르는 LPG가 액체인지, 기체인지 구분하여 쓰시오.

(1) 지름이 큰 관   (2) 지름이 작은 관

해답 (1) 액체
(2) 기체

16 액화산소, 액화질소 등을 충전하는 용기 명칭과 정의에 대하여 쓰시오.

해답 ① 명칭 : 초저온 용기
② 정의 : −50℃ 이하인 액화가스를 충전하기 위한 용기로서 단열재로 씌우거나 냉동설비로 냉각하는 등의 방법으로 용기 내의 가스 온도가 상용의 온도를 초과하지 아니하도록 한 것

18 고압가스 충전용기 외부 도색이 갈색인 용기에 충전하는 내용물은 무엇인가?

해답 액화염소(Cl_2)

17 도시가스 사용시설에 설치된 가스계량기가 보호상자(격납상자) 내에 설치되었을 때 설치높이는 얼마인가?

해답 바닥으로부터 2m 이내

19 다음과 같이 초저온 용기에서만 행하는 시험의 명칭은 무엇인가? (동영상에서 초저온 용기를 저울에 올려놓고 밸브를 개방하여 기체를 배출하는 과정을 보여주고 있음)

해답 단열성능시험

20 도시가스 매설배관에 전기방식을 유지하기 위한 방식 전위값의 상한값과 하한값은 얼마인가? (단, 전기 철도 등의 영향을 받는 곳이 아니며 포화황산동 기준 전극으로 측정된 값이다.)

해답 ① 상한값 : −0.85V 이하
② 하한값 : −2.5V 이상

21 방폭등 명판에 방폭전기기기의 온도 등급을 나타내는 것으로 "T4"로 기재되어 있을 때 가연성가스의 발화도 범위를 쓰시오.

해답 135℃ 초과 200℃ 이하

22 방폭전기기기 명판에 "p"로 표시되어 있을 때 방폭구조의 명칭을 쓰시오.

해답 압력 방폭구조

23 LPG 사용시설에 설치된 가스검지기의 설치높이 기준은 얼마인가?

해답 바닥면에서 30cm 이내

24 지시하는 것은 도시가스 매설배관 내부의 이물질을 제거하는 것이다. 이 기기의 명칭을 쓰시오.

해답 피그

25 지시하는 가스미터의 명칭을 쓰시오.

해답 터빈식 가스미터

26 고압가스 충전용기에 충전된 가스 명칭을 쓰시오.

(1)

(2)

(3)

(4)

해답 (1) 산소
(2) 이산화탄소
(3) 아세틸렌
(4) 수소

27 지시하는 것은 도시가스 정압기실에 설치된 것으로 명칭을 쓰시오. (동영상에서 정압기실 출입문 문틀에 부착된 기기를 보여주고 있음)

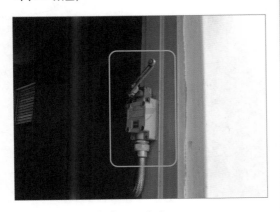

해답 출입문 개폐통보장치

28 도시가스 매설배관의 누설을 탐지하는 차량에 설치된 가스누출검지기의 명칭을 영문 약자로 쓰시오.

해답 FID

29 LPG를 기화기에서 기화시켜 다량으로 사용하는 곳에 공급하는 배관에 설치된 기기이다. 지시하는 부분의 기기 명칭을 각각 쓰시오.

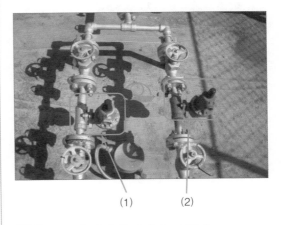

(1)　　　(2)

해답 (1) 2단 감압식 사용측 조정기
　　　 (2) 2단 감압식 예비측 조정기

30 액화염소 충전용기의 안전장치인 가용전이 용융되는 최저온도는 얼마인지 쓰시오.

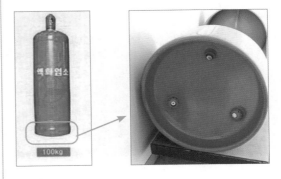

해답 65℃

해설 염소용기 가용전 용융온도 : 65~68℃

31 고압가스 충전용기를 제조방법에 따른 명칭을 쓰시오.

해답 무계목 용기(또는 이음매 없는 용기)

32 베이스 로드용 LNG 기화장치에서 사용되는 열매체는 무엇인가? (동영상에서 바닷가 인근에 설치된 시설을 보여주고 있음)

해답 바닷물(또는 해수)

33 자동차에 고정된 탱크로부터 LPG를 저장탱크로 이송할 때 차량 앞뒤에 설치하는 경계표지의 내용을 쓰시오.

해답 LPG 이·충전 작업 중, 절대금연

34 LPG 저장탱크에 설치되는 안전장치의 종류 3가지를 쓰시오.

해답 ① 스프링식 안전밸브
② 릴리프 밸브
③ 자동압력 제어장치

35 가스용 폴리에틸렌관을 맞대기 열융착 이음할 때 공정을 쓰시오.

해답 ① 면취작업 공정
② 가압용융 공정
③ 가열유지 공정
④ 가열판제거 공정
⑤ 압착 및 냉각 공정

해설 맞대기 열융착이음의 3대 중요 공정 :
가열용융 공정, 압착 공정, 냉각 공정

36 도시가스 사용시설에 설치된 가스계량기의 설치높이는 바닥으로부터 얼마인가?

해답 1.6m 이상 2m 이내

37 도시가스 매설배관에 다음과 같은 방법으로 시공하는 전기방식법의 명칭을 쓰시오. (동영상에서 백색으로 된 부분 외면에 '전기양극'이라는 문구를 보여줌)

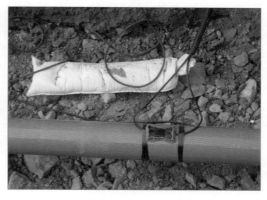

해답 희생양극법(또는 유전양극법, 전기양극법, 전류양극법)

38 라이터 내부에 충전되어 있는 액체 물질 성분과 공기 중에서의 폭발범위를 쓰시오.

해답 ① 물질 성분 : 부탄(C_4H_{10})
② 폭발범위 : 1.9~8.5%

39 매설된 도시가스 배관에 희생양극법으로 전기방식을 설치했을 때 전위측정용 터미널 설치간격은 얼마인가?

해답 300m 이내

해설 전위측정용 터미널 설치간격
① 희생양극법 및 배류법 : 300m 이내
② 외부전원법 : 500m 이내

40 LPG를 이입 · 충전할 때 차량에 고정된 탱크에 접지선을 연결하는 이유를 설명하시오.

접지선

해답 정전기를 제거하기 위하여

가스기능사 ▶ 2020. 6. 14 시행 (제2회)

01 LPG를 차량에 고정된 탱크에서 저장
탱크로 이송 작업할 때 로딩암이 연결
된 모습이다. 정전기 제거용으로 사용되는 접지
접속선의 단면적 규격은 얼마인가?

해답 $5.5mm^2$ 이상

02 가스 크로마토그래피 분석장치에 사용하
는 캐리어가스의 종류 2가지를 쓰시오.

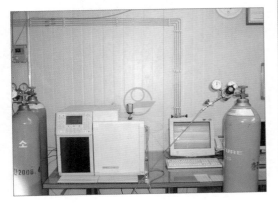

해답 ① 수소
② 헬륨
③ 아르곤
④ 질소

03 도로폭이 20m인 곳에 도시가스 배관
을 매설할 때 매설깊이는 얼마인가?

해답 1.2m 이상

04 지시하는 것은 LPG 저장탱크의 이입
및 송출하는 배관에 설치되는 기기이
다. 이 기기의 명칭과 기능(역할)을 쓰시오.

해답 ① 명칭 : 긴급차단장치(또는 긴급차단
밸브)
② 기능(역할) : LPG를 이입·충전 및 송
출하는 경우 이상 상태가 발생하였을 때
원격으로 밸브를 차단하여 사고를 방지
하는 기기이다.

05 가스용 폴리에틸렌관(PE관)의 융착이음 명칭을 쓰시오.

해답 새들 융착이음

07 정압기 입구측 압력이 0.5MPa 미만이고, 정압기 설계유량이 1000Nm³/h 이상일 때 정압기 안전밸브 방출관 크기는 얼마인가?

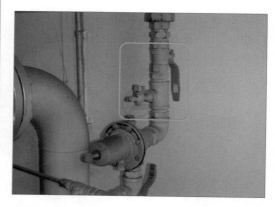

해답 50A 이상

06 다음과 같이 가스관에 황동제 볼밸브를 설치하였을 때 부식이 먼저 발생되는 곳은 "A", "B" 중 어느 곳인가?

A : 볼밸브   B : 가스관(아연도금관)

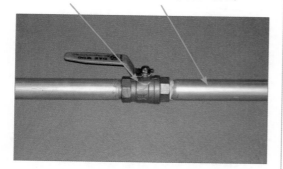

해답 B : 가스관

08 초저온 용기에 충전할 수 있는 액화가스 종류 2가지를 쓰시오. (단, 액화질소는 제외한다.)

해답 ① 액화산소
② 액화아르곤

09 LPG 자동차용 충전기(dispenser)에 과도한 인장응력이 작용하였을 때 충전기와 주입기가 분리되는 안전장치의 명칭을 쓰시오.

해답 세이프티 커플링(safety coupling)

10 지시하는 것은 LPG 저장탱크가 지하에 매설된 부분에 설치된 것이다.

(1) 명칭을 쓰시오.
(2) 용도를 설명하시오.

해답 (1) 맨홀(manhole)
　(2) 정기검사 및 수리, 점검을 위하여 저장탱크 내부로 작업자가 들어가기 위한 것이다.

11 동영상에서 제시하는 충전용기에 충전하는 가스 명칭을 쓰시오.

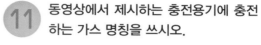

해답 이산화탄소(또는 탄산가스, CO_2)

12 산소에 대한 물음에 답하시오.

(1) 대기압 상태에서 비등점은 얼마인가?
(2) 임계압력은 얼마인가?

해답 (1) $-183℃$
　(2) 50.1atm

13 지시하는 것은 액화석유가스 용기충전의 시설에서 배관 중에 설치된 안전밸브이다. 이 안전밸브는 설정압력 이하의 압력에서 작동하도록 조정하는 주기는 얼마인가?

해답 2년에 1회 이상

14 지상에 설치된 LPG 저장탱크에서 지시하는 것의 명칭을 쓰시오.

해답 클린카식 액면계

15 도시가스 사용시설에 설치된 막식 가스계량기에서 명판에 표시된 "rev"에 대하여 설명하시오.

해답 계량실 1주기의 체적(L)

16 LPG 판매시설에서 용기보관실을 안전하게 유지관리하기 위한 내용 중 (   ) 안에 알맞은 내용을 쓰시오.

⑴ 용기보관실 주위의 우회거리 (   )m 이내에는 화기취급을 하거나 인화성 물질과 가연성 물질을 두지 아니한다.
⑵ 용기보관실에서 사용하는 휴대용 손전등은 (   )으로 한다.

해답 ⑴ 2   ⑵ 방폭형

17 상용압력이 2MPa인 고압가스시설에 설치된 압력계의 최고눈금범위는 얼마인가?

해답 3MPa 이상 4MPa 이하

해설 압력계의 최고눈금범위 : 상용압력의 1.5배 이상 2배 이하

18 다음 밸브의 명칭을 쓰시오.

해답 체크 밸브(또는 역류방지 밸브)

19 LPG를 이입 · 충전할 때 사용하는 압축기에서 지시하는 부분의 명칭과 기능을 쓰시오.

해답 ① 명칭 : 사방밸브(또는 4로 밸브, 4-way valve)
② 기능 : 압축기의 흡입측과 토출측을 전환하여 액이송과 가스회수를 동시에 할 수 있다.

20 유체 중에 인위적인 소용돌이를 발생시켜 그 주파수의 특성이 유속과 비례관계를 유지하는 것을 이용하여 유량을 측정하는 유량계 명칭을 쓰시오.

해답 와류식 유량계

충전용기 밸브에 각인된 "PG"의 의미를 설명하시오.

해답 압축가스 충전용기 부속품

 LPG 저장탱크에 설치된 안전밸브 방출구 높이는 얼마인가?

해답 지면으로부터 5m 이상 또는 저장탱크 정상부에서 2m 이상 중 높은 위치

 고압가스 충전용기 등을 적재한 차량은 주정차할 때 제1종 보호시설과는 얼마의 거리를 두고 하여야 하는가?

해답 15m 이상

 기화기의 구성 요소 3가지를 쓰시오.

해답 ① 기화부
② 제어부
③ 조압부

25 지하에 설치된 정압기실 강제통풍을 위한 흡입구 및 배기구에 대한 물음에 답하시오.

⑴ 흡입구 및 배기구의 관지름은 얼마인가?

⑵ 배기가스 방출구 높이는 지면에서 얼마인가? (단, 공기보다 비중이 가벼운 경우이다.)

해답 ⑴ 100mm 이상 ⑵ 3m 이상

해설 도시가스 정압기실 흡입구 및 배기구에 관한 내용은 2018년 제4회 37번 해설을 참고하기 바랍니다.

26 도시가스 매설배관 용접부에 대하여 실시하는 비파괴 검사법 중 방사선투과검사의 영문약자를 쓰시오.

해답 RT

27 LPG 자동차 충전기의 충전호스 길이는 얼마인가?

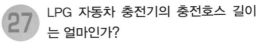

해답 5m 이내

28 초저온 용기에서 지시하는 부분의 명칭을 쓰시오.

해답 ⑴ 안전밸브
⑵ 케이싱 파열판

29 나사이음할 때 사용하는 배관용 부속에서 지시하는 것의 명칭을 쓰시오.

해답 (1) 캡
(2) 소켓

30 LPG 소형 저장탱크의 저장능력이 1000kg일 때 가스충전구로부터 건축물 개구부까지 유지하여야 할 거리는 얼마인가?

해답 3.0m 이상

31 지상에 설치된 액화석유가스 저장설비의 저장능력이 15톤일 때 병원과 유지해야 할 안전거리는 얼마인가?

해답 21m 이상

해설 보호시설과의 안전거리 유지기준

저장능력	제1종	제2종
10톤 이하	17m	12m
10톤 초과 20톤 이하	21m	14m
20톤 초과 30톤 이하	24m	16m
30톤 초과 40톤 이하	27m	18m
40톤 초과	30m	20m

[비고] 지하에 저장설비를 설치하는 경우에는 상기 보호시설과의 안전거리의 $\frac{1}{2}$로 할 수 있다.

※ 병원은 제1종 보호시설에 해당된다.

32 동영상에서 제시하는 고압가스 충전용기 중 아세틸렌을 충전하는 것의 번호를 쓰시오.

(1)

(2)

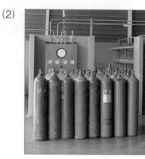

(3)

(4)

해답 (1)

33 내용적 500L인 초저온 액화산소용기이다. 200kg의 액화산소를 충전하고 20시간 동안 방치한 후 150kg이 되었을 때 단열성능시험 합격 여부를 판정하시오. (단, 시험용 액화산소의 비점은 −183℃, 액화산소의 기화잠열은 213526J/kg, 외기온도는 20℃ 이다.)

해답 ① 침입열량 계산

$$Q = \frac{W \cdot q}{H \cdot \Delta t \cdot V} = \frac{(200-150) \times 213526}{20 \times (20+183) \times 500}$$

$$= 5.259 = 5.26 \text{J/h} \cdot ℃ \cdot \text{L}$$

② 판정 : 2.09 J/h · ℃ · L 이상이므로 불합격이다.

해설 초저온 용기 단열성능시험 합격기준

내용적	침입열량	
	kcal/h · ℃ · L	J/h · ℃ · L
1000L 미만	0.0005 이하	2.09 이하
1000L 이상	0.002 이하	8.37 이하

주거용 가스보일러의 안전장치 종류 5
가지를 쓰시오.

해답 ① 소화안전장치
② 과열방지장치
③ 동결방지장치
④ 저가스압 차단장치
⑤ 자동차단밸브
⑥ 정전 및 재통전 시의 안전장치

 주거용 가스보일러에서 지시하는 부분
의 명칭을 쓰시오.

(1)　　　　　(2)

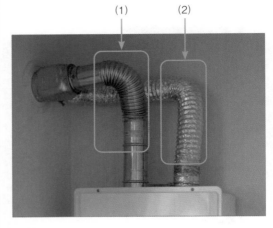

해답 (1) 배기통
(2) 연소용 공기 공급용 플렉시블 호스

가스기능사

01 다음 밸브의 명칭을 쓰시오.

해답 체크 밸브(또는역류방지 밸브)

03 가연성가스를 취급하는 시설에서 베릴륨 합금제 공구를 사용하는 이유를 설명하시오.

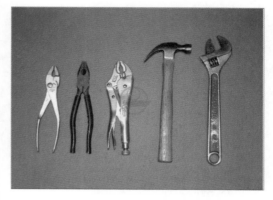

해답 충격, 마찰에 의한 불꽃이 발생하지 않기 때문에

02 도시가스 사용시설 입상관에 부착된 밸브의 설치높이 기준은 바닥으로부터 얼마인가?

해답 1.6m 이상 2m 이내
(또는 1.6m~2m 이내)

04 지시하는 것은 LPG 저장시설 배관에 설치된 안전장치이다. 명칭을 쓰시오.

해답 릴리프 밸브

05 가스 크로마토그래피 분석장치에 사용하는 캐리어가스의 종류 4가지를 쓰시오.

해답 ① 수소
② 헬륨
③ 아르곤
④ 질소

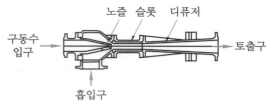
06 도로에 매설된 도시가스 배관의 누출 여부를 검사하는 장비로 적외선 흡광 특성을 이용한 방식으로 차량에 탑재하여 메탄의 누출 여부를 탐지하는 것은?

해답 OMD (또는 차량용 레이저 메탄 검지기, 광학 메탄 검지기)

07 [보기]에서 설명하는 방폭구조의 명칭을 쓰시오.

---| 보기 |---

용기 내부에 절연유를 주입하여 불꽃, 아크 또는 고온 발생 부분이 기름 속에 잠기게 함으로써 기름면 위에 존재하는 가연성가스에 인화되지 아니하도록 한 구조로 탄광에서 처음으로 사용하였다.

해답 유입 방폭구조

08 다음 펌프의 명칭을 쓰시오.

노즐 슬롯 디퓨저

구동수 입구 → 토출구

흡입구

해답 제트 펌프

09 도시가스 배관을 시가지 외의 지역에 매설하였을 때 설치하는 표지판의 설치간격은 얼마인가?

해답 200m 이내

10 도시가스 정압기실에 설치된 가스방출관의 높이는 얼마인가? (단, 전기시설물과의 접촉사고 우려가 없다.)

해답 지면에서 5m 이상

해설 문제에서 제시된 정압기실은 지상에 설치된 것이기 때문에 기계환기설비(강제통풍장치)가 필요없고, 지시된 것은 정압기 안전밸브 가스방출관이다.

11 LPG 자동차용 충전기(dispenser)에 과도한 인장력이 작용하였을 때 충전기와 주입기가 분리되는 안전장치의 명칭은 무엇인가?

해답 세이프티 커플링(safety coupling)

12 도시가스를 사용하는 연소기에서 불완전연소가 발생하는 원인 2가지를 쓰시오.

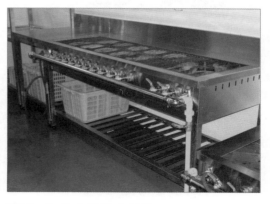

해답 ① 공기 공급량 부족
　　　② 배기 및 환기 불충분
　　　③ 가스조성의 불량
　　　④ 가스기구의 부적합
　　　⑤ 연소기구의 프레임 냉각

13 충전용기 밸브에 각인된 "AG"의 의미를 설명하시오.

해답 아세틸렌가스를 충전하는 용기의 부속품

14 도시가스 배관을 매설하는 모습이다. 지시하는 배관 명칭을 쓰시오.

해답 (1) 폴리에틸렌 피복강관(PLP관)
(2) 가스용 폴리에틸렌관(PE관)

15 자기압력 측정기록장치의 용도를 쓰시오. (단, 압력측정은 제외한다.)

해답 기밀시험 시 누설 여부를 측정한다.

16 압축가스 충전시설에 설치하는 방호벽의 높이는 몇 m 인가?

해답 2m 이상

17 지시하는 부분은 도시가스 정압기실에 설치된 것으로 이 장치의 명칭을 영문 약자로 쓰시오.

해답 RTU box

18 플랜지를 볼트&너트로 조립할 때 와셔 (washer)를 사용하는 이유를 설명하시오.

해답 너트가 풀리지 않도록 하기 위하여

19 다음 가스미터(가스계량기)의 명칭을 쓰시오.

(1)

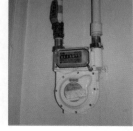

(2)

(3)

해답 (1) 막식 가스미터
     (2) 터빈식 가스미터
     (3) 로터리 피스톤식 가스미터

20 긴급차단장치의 동력원 종류 4가지를 쓰시오.

해답 ① 액압   ② 기압
     ③ 전기식   ④ 스프링식

용접부에 대한 비파괴검사 명칭을 쓰시오.

(1)

(2)

(3)

(4)

해답 (1) 초음파탐상검사
(2) 방사선투과검사
(3) 침투탐상검사
(4) 자분탐상검사

 PE관의 SDR값이 11일 때 허용압력은 얼마인가?

해답 0.4MPa 이하

23 도시가스 배관을 시가지 외의 지역에 매설할 때 설치하는 표지판의 규격(가로×세로)은 얼마인가?

해답 200mm×150mm 이상

24 동영상에서 제시해 주는 압축기의 명칭을 쓰시오.

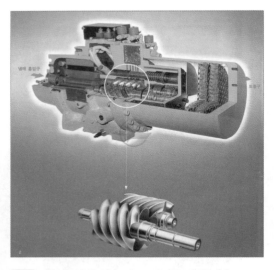

해답 나사 압축기(또는 스크루 압축기(screw compressor))

25 지시하는 것은 LPG 자동차용기 충전 사업소의 자동차에 고정된 탱크(탱크로리) 정차 위치에 설치된 것으로 이 장치의 명칭을 쓰시오.

해답 냉각살수장치

26 도시가스 사용시설에 설치된 압력조정기의 점검주기는 얼마인가?

해답 1년에 1회 이상

27 지시하는 것의 명칭과 어떤 장소에 설치하는지 쓰시오.

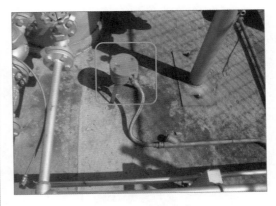

해답 ① 명칭 : 가스누설검지기
② 장소 : 지하에 매설된 LPG 저장탱크의 지상 배관시설 부분

28 동영상에서 보여주는 것의 용도는 무엇인지 설명하시오.

해답 매설배관 전위 측정용 터미널 박스

29 동영상에서 제시해 주는 펌프 중에서 진흙탕이나 모래가 많은 물 또는 특수 약액을 이송하는데 적합한 것으로 고무막을 상하로 운동시켜 액체를 이송하는 것을 번호로 답하시오.

(1)

(2)

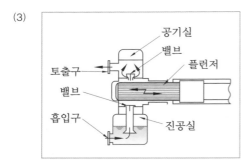

(3)

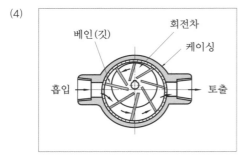

(4)

베인(깃) 회전차 케이싱
흡입 토출

해답 (2)

30 도시가스 정압기실에 설치된 기기의 명칭을 각각 쓰시오.

(1)  (2)

(3) (4)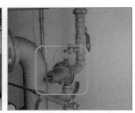

해답 (1) 자기압력기록계
(2) 이상압력 통보설비
(3) 긴급차단장치
(4) 정압기 안전밸브

31 아세틸렌을 충전용기에 사용하는 다공 물질의 종류 5가지를 쓰시오.

해답 ① 규조토 ② 목탄
③ 석회 ④ 산화철
⑤ 탄산마그네슘 ⑥ 다공성 플라스틱

32 가스용 폴리에틸렌관을 맞대기 열융착 이음할 때 중요 공정 3가지를 쓰시오.

해답 ① 가열용융 공정
② 압착 공정
③ 냉각 공정

33 가연성가스를 취급하는 장소에 설치된 방폭등의 방폭구조 명칭을 쓰시오.

해답 안전증 방폭구조

34 공기액화 분리장치에서 원료공기 중에 포함된 이산화탄소(CO_2)가 미치는 영향과 제거방법을 설명하시오.

해답 ① 영향 : 장치 내에서 고형의 드라이아이스가 밸브 및 배관을 폐쇄하여 장애(障礙)를 발생한다.
② 제거방법 : 이산화탄소 흡수탑에서 가성소다($NaOH$) 수용액을 사용하여 제거한다.

해설 가성소다를 이용한 이산화탄소 제거 반응식 : $2NaOH + CO_2 \rightarrow Na_2CO_3 + H_2O$

35 도시가스 배관 중 내관의 호칭지름이 20A일 때 배관고정은 몇 m 이내의 간격으로 설치하는가?

해답 2m

36 가스용 폴리에틸렌관을 융착이음 후 시공의 적합 여부는 무엇을 보고 판단하는가?

해답 융착이음부의 비드(bead)

37 LPG를 차량에 고정된 탱크에서 저장설비로 이송(移送)하는 방법 3가지를 쓰시오.

해답 ① 차압에 의한 방법
② 액펌프에 의한 방법
③ 압축기에 의한 방법

38 아세틸렌 충전용기에 각인된 사항을 각각 설명하시오.

(1) TP :   (2) FP :
(3) TW :   (4) V :

해답 (1) 내압시험압력
(2) 최고충전압력
(3) 용기의 질량에 다공물질 및 용제, 밸브의 질량을 합한 질량(kg)
(4) 내용적(L)

가스기능사 ▶ 2020. 11. 29 시행 (제4회)

01 다음 배관부속의 명칭을 쓰시오.

해답 크로스

02 가스배관과 호스 사이에 설치하는 가스용품으로 호스가 파손되는 것 등에 의해 가스가 누출할 때의 이상과다 유량을 감지하여 가스를 차단하는 이것의 명칭을 쓰시오.

해답 퓨즈 콕

03 제시해 주는 것의 명칭과 용도를 쓰시오.

해답 ① 명칭 : 터미널 박스
② 용도 : 매설배관의 전위 측정용

04 도시가스 배관을 도로에 매설할 때 설치하는 보호판에 구멍을 뚫는 이유와 간격을 쓰시오.

해답 ① 이유 : 매설배관에서 누설된 가스가 지면으로 확산되도록 하기 위하여
② 간격 : 3m 이하

05 고압가스 충전용기에 충전된 가스 명칭을 쓰시오.

(1)
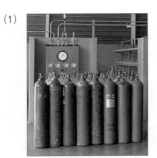

(2)
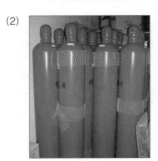

(3)

(4)

해답 (1) 산소
  (2) 이산화탄소
  (3) 아세틸렌
  (4) 수소

06 LPG 자동차 충전소에 설치된 고정식 충전설비(dispenser)에서 지시하는 부분의 명칭을 쓰시오.

해답 가스주입기

07 도시가스 정압기실 외부에 설치되는 시설이다. 이 시설의 명칭과 기능을 쓰시오.

해답 ① 명칭 : RTU장치
  ② 기능 : 정압기실(또는 정압기지)의 상황(온도, 압력, 가스누설 유무 등)을 도시가스 상황실로 전송하여 정압기실을 무인감시하는 통신시설 및 정전 시 비상전력을 공급할 수 있는 시설이 갖추어져 있다.

08 지시하는 것은 지상에 설치된 LPG 저장탱크에 설치된 것으로 명칭과 설치 위치를 각각 쓰시오.

해답 ① 명칭 : 스프링식 안전밸브
② 설치 위치 : 저장시설(저장탱크) 기상부에 설치

10 지상에 설치된 LPG 저장탱크에서 지시하는 부분의 명칭과 지면에서 높이는 얼마인가?

해답 ① 명칭 : 안전밸브 방출구
② 높이 : 5m 이상

해설 안전밸브 방출구 높이 : 지면으로부터 5m 이상 또는 저장탱크 정상부에서 2m 이상 중 높은 위치

09 LPG 이입 · 충전에 사용하는 압축기에서 지시하는 부분의 명칭을 쓰시오.

해답 사방밸브(또는 사로밸브, 4-way valve)

11 LPG 자동차 고정식 충전설비(dispenser)에서 충전호스에 부착하는 가스주입기의 형식을 쓰시오.

해답 원터치형

12 다음 밸브의 명칭을 쓰시오.

(1)

(2)

(3)

(4)

해답 (1) 게이트 밸브(또는 슬루스 밸브)
　　 (2) 스톱 밸브(또는 글로브 밸브)
　　 (3) 볼 밸브
　　 (4) 퓨즈 콕

13 도로에 매설된 도시가스 배관의 누출 여부를 검사하는 장비로 적외선 흡광 특성을 이용한 방식으로 차량에 탑재하여 메탄의 누출 여부를 탐지하는 것은?

해답 OMD

14 LPG 사용시설에 설치된 가스누출 검지경보장치 검지부의 설치높이 기준은 얼마인가?

해답 바닥면에서 30cm 이내

15 방폭등의 방폭구조 명칭을 쓰시오. [동영상에서 방폭등 명판에 "Exd"로 표시된 부분을 보여주고 있음]

해답 내압 방폭구조

16 충전용기 밸브에 각인된 "AG"의 의미
를 설명하시오.

해답 아세틸렌가스를 충전하는 용기의 부속
품

17 지시하는 것은 LPG 저장시설 배관
에 설치된 안전장치이다. 명칭은 무엇
인가?

해답 릴리프 밸브

18 동영상에서 보여주는 충전용기의 명칭
을 쓰시오. (단, 제조방법 및 충전하는
가스명칭에 따른 명칭은 제외한다.)

해답 사이펀 용기

해설 동영상에서 보여주는 용기는 그림과 같
이 길이방향으로 절단하여 내부에 작은 관
이 아래 부분까지 설치된 것을 보여주고
있음

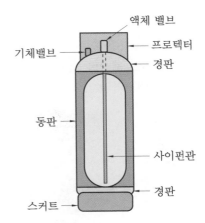

19 액화산소, 액화질소 등을 충전하는 용기 명칭과 정의에 대하여 쓰시오.

해답 ① 명칭 : 초저온 용기
② 정의 : -50℃ 이하인 액화가스를 충전하기 위한 용기로서 단열재로 씌우거나 냉동설비로 냉각하는 등의 방법으로 용기 내의 가스 온도가 상용의 온도를 초과하지 아니하도록 한 것

20 도시가스 배관을 지하에 매설할 때 상수도 배관과의 이격거리는 얼마인가?

해답 0.3m 이상

21 가스 사용시설에 설치되는 가스누출경보 차단장치에서 지시하는 부분의 명칭을 쓰시오.

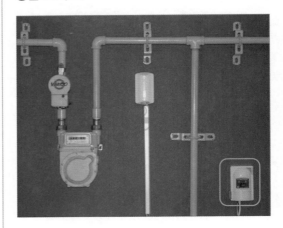

해답 제어부

22 부탄(C_4H_{10}) 가스를 사용하는 연소기구에서 가스를 노즐로부터 분출시켜 그 제트에 의하여 주위의 공기를 1차 공기로 흡입하고, 부족한 공기는 불꽃 주위에서 2차 공기를 취해 연소하는 방식은 무엇인가?

해답 분젠식

23 지시하는 것은 LPG를 차량에 고정된 탱크에 충전할 때 사용하는 것으로 명칭과 차량의 정차위치 중심으로부터 몇 m 떨어져 설치하여야 하는가?

해답 ① 명칭 : 접속금구(또는 접지코드, 접지탭)
② 수평거리 8m 이상

해설 접속금구 등 접지시설은 차량에 고정된 탱크 정차위치 중심 및 저장탱크, 가스설비, 기계실 개구부 등의 외면으로부터 8m 이상 거리를 두고 설치한다. 다만, 방폭형 접속금구의 경우에는 8m 이내에 설치할 수 있다.

24 도시가스 입상관 중 지시하는 부분의 명칭을 쓰시오.

해답 신축흡수장치

25 가스 크로마토그래피(gas chromatography) 분석장치의 3대 구성요소를 쓰시오.

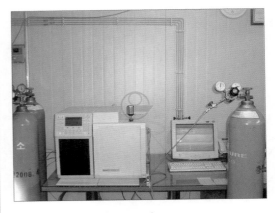

해답 ① 분리관(column)
② 검출기(detector)
③ 기록계

26 자유 피스톤식 압력계의 용도를 쓰시오.

해답 탄성식 압력계의 점검 및 교정용

27 지시하는 것은 도시가스 매설배관 내부의 이물질을 제거하는 것이다. 이 기기의 명칭을 쓰시오.

해답 피그

해설 제시되는 동영상에서는 그림과 같은 기구를 보여주고 있다.

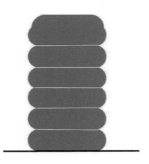

28 다음 가스미터(계량기)의 명칭을 쓰시오.

(1)

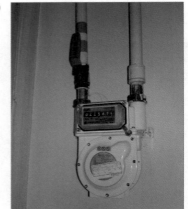

(2)

(3)

해답 (1) 막식 가스미터
(2) 터빈식 가스미터
(3) 로터리피스톤식 가스미터

29 충전용기 밸브에 각인된 "LG"의 의미를 설명하시오.

해답 액화석유가스 외의 액화가스를 충전하는 용기 부속품

30 LPG 자동차 충전설비의 충전호스 길이는 얼마인가?

해답 5m 이내

31 용접부에 대한 비파괴검사 명칭을 쓰시오.

(1)

(2)

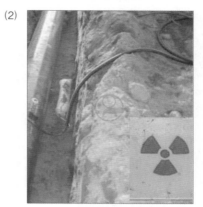

해답 (1) 침투탐상검사
(2) 방사선투과검사

2021년도 동영상 시행 문제

★ 2021년부터 실기시험 방법이 변경되면서 동영상 시험은 필답형을 치른 후 동일 시간에 동일한 문제가 제시되었습니다.

가스기능사 ▶ 2021. 4. 3 시행 (제1회)

01 휴대용 레이저 메탄검지기를 이용하여 확인하는 것은 무엇인가? (동영상에서 RMLD와 레이저 메탄검지기라 표시된 기기를 이용하여 레이저 포인트를 배관 용접부를 비추는 장면을 보여주고 있음)

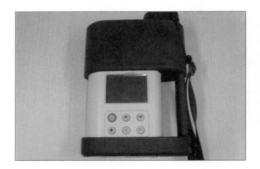

해답 용접부에서 메탄가스 누설검사를 하고 있음

해설 ① 레이저 메탄검지기 : 가변 다이오드 레이저 흡수 분광법이라고 하는 레이저 기술을 이용한 것으로 레이저가 가스 누출층을 통과할 때 메탄이 레이저를 흡수하게 되면 RMLD가 탐지하는 원리를 이용한 것으로 가스누출 예상현장에 가까이 접근하지 않고도 메탄가스 누출상태를 탐지가 가능하며, 최대 30m 밖에서 일정 구역(원지름 56cm 정도)의 검지가 가능하다. 메탄에만 선택적으로 반응하므로 다른 가연성가스에는 사용이 불가능하다.
② RMLD : Remote Methane Leak Detector

02 도시가스 사용시설에 설치된 가스계량기와 화기 사이에 유지하여야 할 우회 거리는 얼마인가?

해답 2 m 이상

03 도시가스 정압기실에 설치하는 가스누설검지기 설치기준을 쓰시오.

해답 바닥면 둘레 20m마다 1개 이상

04 도시가스 정압기실의 기기 중에서 지시하는 것의 명칭과 용도를 쓰시오.

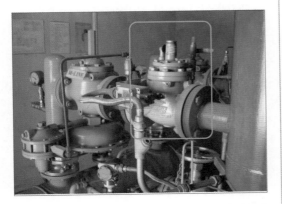

해답 ① 명칭 : 긴급차단장치(또는 긴급차단밸브)
② 용도 : 정압기의 이상발생 등으로 출구측의 압력이 설정압력보다 이상 상승하는 경우 입구측으로 유입되는 가스를 자동차단하는 장치이다.

05 가스용 폴리에틸렌관(PE관)을 열융착 이음하는 것이다. 이음방법의 명칭을 쓰시오. (동영상에서 300A 정도의 PE관 끝을 면취하고, 관을 맞대어 융착이음하는 과정을 보여주고 있음)

해답 맞대기 융착이음

06 내용적 47L인 무계목 용기가 신규검사 후 10년이 경과하였을 때 재검사 주기는 얼마인가?

해답 3년

해설 ① 충전용기 재검사 주기는 [동영상 예상문제] 111번 해설을 참고하기 바랍니다.
② 문제에서 '신규검사 후 10년이 경과하였을 때'로 주어졌으므로 10년이 초과된 것으로 판단하여 재검사 주기는 '3년'으로 하였음

07 부탄이 충전된 에어졸 용기에 대한 검사 명칭을 쓰시오. (동영상에서 부탄이 충전된 에어졸 용기가 컨베어 벨트에 의하여 온수시험탱크로 들어가는 과정을 보여주고 있음)

해답 누출시험

08 1종 위험장소에 설치하는 등기구의 방폭구조는?

[해답] 내압방폭구조

[해설] 위험장소에 따른 등기구 방폭구조

구분		1종 장소	2종 장소	
		내압	내압	안전증
백열 전등	정착등	○	○	○
	이동등	△	○	
형광등		○	○	○
고압 수은등		○	○	○
전지 내장제 전등		○	○	
표시등류		○	○	○

[비고] "○"표시는 적합한 것, "△"표시는 사용해도 지장은 없으나 가능하면 피하는 것이 좋은 것을 나타낸다.

09 매설된 도시가스 배관의 전기방식을 외부전원법으로 할 때 전위 측정용 터미널(TB) 설치간격은 얼마인가?

[해답] 500m 이내

[해설] 전위 측정용 터미널 설치간격
① 외부전원법 : 500m 이내
② 희생양극법 및 배류법 : 300m 이내

10 비파괴검사 방법 중 방사선투과검사의 장점 3가지를 쓰시오.

[해답] ① 내부 결함의 검출이 가능하다.
② 결함의 크기, 모양을 알 수 있다.
③ 검사 기록 결과가 유지된다.

[해설] 단점
① 장치의 가격이 고가이다.
② 고온부, 두께가 두꺼운 곳은 부적당하다.
③ 취급상 방호에 주의하여야 한다.
④ 선에 평행한 크랙 등은 검출이 불가능하다.

11 LPG 자동차용 충전기(dispenser)의 충전호스에 부착하는 가스주입기의 형식을 쓰시오.

[해답] 원터치형

12 LPG 용기보관실의 통풍구 1개소의 최대 크기는 얼마인가?

[해답] 2400 cm^2

예상 적중 모의고사

01 지상에 설치된 LPG 저장탱크의 침하 상태 측정주기는 얼마인가?

해답 1년에 1회 이상

02 도시가스 공급시설에 설치되는 정압기 의 기능 3가지를 쓰시오.

해답 ① 감압기능
② 정압기능
③ 폐쇄기능

03 지시하는 것은 LPG 저장탱크의 이입 및 송출배관에 설치되는 기기로 명칭 을 쓰시오.

해답 긴급차단장치 (또는 긴급차단밸브)

04 LPG를 이입·충전할 때 압축기를 사 용할 경우 장점 3가지를 쓰시오.

해답 ① 펌프에 비하여 이송시간이 짧다.
② 잔가스 회수가 가능하다.
③ 베이퍼 로크 현상이 없다.

05 가스계량기와 단열조치를 하지 않은 굴뚝과 유지하여야 할 거리는 얼마인가?

해답 30cm 이상

07 아세틸렌 충전용기의 재질을 쓰시오.

해답 탄소강

06 제시되는 배관 이음방법 명칭을 쓰시오.

해답 플랜지 이음

08 LNG 저장탱크에 보랭재를 사용하는 이유를 설명하시오.

해답 외부에서 내부로 열이 전달되는 것을 차단하여 LNG가 기화되는 것을 방지한다.

09 배관을 플랜지 이음할 때 절연 볼트&너트를 사용하는 이유를 설명하시오.

해답　이종금속 간의 접촉 등에 의하여 부식이 발생하는 것을 방지하기 위하여

10 부탄을 사용하는 용기내장형 가스난방기에 사용하는 버너의 형식은?

해답　적외선방식(세라믹 버너) 또는 촉매연소방식

해설　용기내장형 가스난방기의 구조 기준 (KGS AB 232) : 난방기의 버너는 적외선방식(세라믹 버너) 또는 촉매연소방식의 버너를 사용한다.

11 가스용 폴리에틸렌관(PE관)의 SDR값이 17일 때 사용압력(MPa)은 얼마인가?

해답　0.25MPa 이하

참고　'사용압력'을 '허용압력'으로 표현할 수도 있음

12 LPG 자동차 충전소에 설치된 방폭등의 방폭구조 명칭을 쓰시오.

해답　안전증 방폭구조

가스기능사 ▶ 2021. 8. 22 시행 (제3회)

01 동영상에서 제시되는 유량계의 명칭을 쓰시오.

해답 터빈식 유량계(또는 터빈식 가스미터)

02 가스크로마토그래피 분석장치에 사용하는 운반기체(carrier gas)의 종류 2가지를 쓰시오.

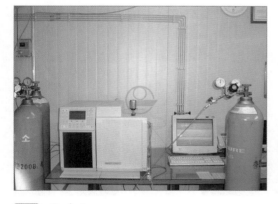

해답 ① 수소
② 헬륨
③ 아르곤
④ 질소

03 고압가스 저장설비에 설치하는 경계책 설치기준 중 1가지를 쓰시오.

해답 ① 경계책 높이는 1.5m 이상으로 한다.
② 경계책의 재료는 철책, 철망으로 한다.
③ 경계책 주위에는 외부사람이 무단출입을 금하는 내용의 경계표지를 보기 쉬운 장소에 부착한다.
④ 경계책 안에는 누구도 화기, 발화 또는 인화하기 쉬운 물질을 휴대하고 들어갈 수 없도록 필요한 조치를 강구한다.

04 도시가스 배관에 고무판, 플라스틱 등을 부착하여 지지대나 U볼트와 직접 접촉하지 않도록 하는 이유를 설명하시오.

해답 부식(전식)을 방지하기 위하여 절연조치를 한 것이다.

05 가스계량기와 전기접속기가 유지하여야 할 거리는 얼마인가?

[해답] 30cm 이상

[해설] 가스미터와 유지거리 기준
① 전기계량기, 전기개폐기 : 60cm 이상
② 단열조치를 하지 않은 굴뚝, 전기점멸기, 전기접속기 : 30cm 이상
③ 절연조치를 하지 않은 전선 : 15cm 이상

06 고압가스 충전장소에서 지시하는 밸브의 명칭을 쓰시오.

[해답] 충전용 주관밸브

07 LPG 자동차용 용기 및 소형저장탱크에 액화석유가스를 충전할 때 충전량은 내용적의 몇 %를 넘지 아니하도록 충전하는가?

[해답] 85%

08 LPG를 이입 · 충전할 때 사용하는 장치에 대한 물음에 답하시오.
(1) 지시하는 장치의 명칭을 쓰시오.
(2) 이 장치를 사용할 때 장점 2가지를 쓰시오.

[해답] (1) 왕복동식 압축기
(2) ① 펌프에 비하여 이송시간이 짧다.
② 잔가스 회수가 가능하다.
③ 베이퍼 로크 현상이 없다.

09 도시가스 배관을 매설할 때 배관 내부의 이물질을 제거하기 위하여 사용하는 것의 명칭을 쓰시오.

해답 피그

10 유량계 내부에 설치되는 부품의 명칭을 쓰시오. [동영상에서 오리피스미터 내부에 설치된 원형판에 작은 구멍이 뚫려 있는 것을 보여 주고 있음]

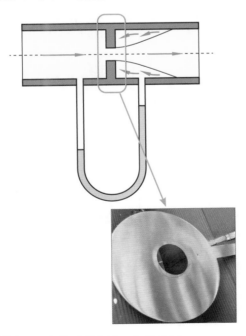

해답 조리개 기구(또는 오리피스)

11 충전용기에 아세틸렌을 충전할 때 사용하는 다공물질의 종류 4가지를 쓰시오.

해답 ① 규조토 ② 목탄 ③ 석회 ④ 산화철
⑤ 탄산마그네슘 ⑥ 다공성 플라스틱

12 지시하는 것은 LPG 저장탱크의 이입 및 송출하는 배관에 설치되는 기기이다. 이 기기의 명칭과 기능(역할)을 쓰시오.

해답 ① 명칭 : 긴급차단장치(또는 긴급차단밸브)
② 기능(역할) : LPG를 이입·충전 및 송출하는 경우 이상 상태가 발생하였을 때 원격으로 밸브를 차단하여 사고를 방지하는 기기이다.

01 지상에 설치된 LPG 저장탱크의 액면계의 용도를 설명하시오.

해답　저장탱크 내 LPG 액면을 지시하여 잔량 상태를 확인하고, 이입·충전 시 과충전을 방지한다.

02 지시하는 것은 LPG 저장탱크의 이입 및 송출배관에 설치되는 기기로 명칭을 쓰시오.

해답　긴급차단장치(또는 긴급차단밸브)

03 동영상에서 보여주는 충전용기의 명칭과 용도를 쓰시오.

해답　① 명칭 : 사이펀 용기
　　② 용도 : 기화장치가 설치된 LPG 사용시설에서 가스를 공급한다.

해설　동영상에서 보여주는 용기는 그림과 같이 길이방향으로 절단하여 내부에 작은 관이 아래 부분까지 설치된 것을 보여주고 있다.

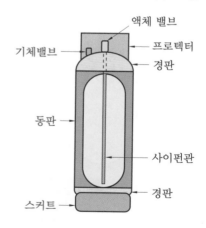

04 유량계 내부에 설치되는 부품의 명칭을 쓰시오. [동영상에서 오리피스미터 내부에 설치된 원형판에 작은 구멍이 뚫려 있는 것을 보여 주고 있음]

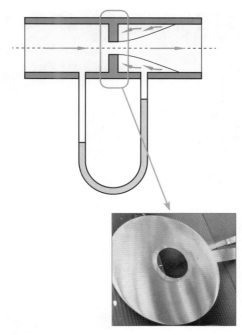

해답 조리개 기구(또는 오리피스)

05 지하에 설치된 정압기실에 강제통풍을 하기 위한 흡입구 및 배기구의 관지름은 얼마인가?

해답 100mm 이상

06 가스용 폴리에틸렌관(PE관)을 융착이음할 때 사용하는 부속 명칭을 쓰시오.

해답 새들(saddle)

해설 배관 시공현장에서는 '서비스티'로 불려지고 있다.

07 다음과 같은 갈색의 고압가스 용기에 충전하는 가스 명칭을 쓰시오.

해답 액화염소

08 지시하는 가스미터의 명칭을 쓰시오.

해답 터빈식 가스미터

09 충전용기 밸브에 각인된 "LG"의 의미를 설명하시오.

해답 액화석유가스 외의 액화가스를 충전하는 용기 부속품

10 LPG 자동차용 충전기(dispenser)의 충전호스에 부착하는 가스주입기의 형식을 쓰시오.

해답 원터치형

11 부탄이 충전된 에어졸 용기에 대한 검사 명칭을 쓰시오. [동영상에서 부탄이 충전된 에어졸 용기가 컨베어 벨트에 의하여 온수시험탱크로 들어가는 과정을 보여주고 있음]

해답 누출시험

12 LPG 집합장치에서 지시하는 부분의 기기 역할을 각각 쓰시오.

(1)   (2)

해답 (1) 사용측 용기의 가스를 모두 소비하면 예비측 용기에서 가스를 공급하는 자동절체식 분리형 조정기이다.
　　(2) 조정압력을 1차로 낮춰 가스를 공급하는 2단 감압식 1차 조정기이다.

2022년도 동영상 시행 문제

가스기능사 ▶ 2022. 3. 20 시행 (제1회)

01 동영상에서 제시되는 PE관의 이음방법 명칭과 이음을 적용할 수 있는 공칭 외경은 얼마인가?

해답 ① 이음방법 명칭 : 맞대기 융착이음
② 공칭 외경 : 90mm 이상

02 도시가스 매설배관 용접부에 대하여 실시하는 비파괴 검사법 중 방사선투과검사의 영문약자를 쓰시오.

해답 RT

03 도시가스 사용시설에 설치된 가스계량기가 보호상자(격납상자) 안에 설치되었을 때 설치높이는 바닥으로부터 얼마인가?

해답 2m 이내

04 지시하는 것은 도시가스 입상관에 설치된 것으로 명칭과 기능을 설명하시오.

해답 ① 명칭 : 신축흡수장치
② 기능 : 온도변화에 따른 배관의 열팽창(수축, 팽창)을 흡수하기 위하여

동영상 시행문제

05 액화석유가스 사용시설에서 2단 감압식 조정기를 사용하였을 때의 장점 3가지를 쓰시오.

해답 ① 입상배관에 의한 압력손실을 보정할 수 있다.
② 가스배관이 길어도 공급압력이 안정된다.
③ 각 연소기구에 알맞은 압력으로 공급이 가능하다.
④ 배관 지름이 가늘어도 된다.

06 액화석유가스 저장탱크에 설치된 부속장치의 명칭을 각각 쓰시오.

(1)   (2)

해답 (1) 긴급차단장치(또는 긴급차단밸브)
② 긴급차단장치 조작밸브

07 LPG 용기 저장실 지붕 재질의 구비조건 2가지를 쓰시오.

해답 ① 불연성일 것
② 가벼울 것

08 LPG용 가스검지기의 설치높이 기준은 얼마인가?

해답 바닥면에서 30cm 이내

09 지시하는 것은 도시가스 정압기실에 설치된 기기로 명칭과 기능을 쓰시오.

해답 ① 명칭 : 이상압력 통보장치
② 기능 : 정압기 출구 측의 압력이 설정압력보다 상승하거나 낮아지는 경우에 이상유무를 상황실에서 알 수 있도록 경보음 등으로 알려주는 설비이다.

10 방폭등 명판에 "T4"라는 기호가 표시되었을 때 이 기호는 무슨 등급을 나타내는 것인가?

해답 방폭전기기기의 온도 등급

해설 T4 : 가연성가스의 발화도(℃) 범위가 135℃ 초과 200℃ 이하를 나타낸다.

11 지시하는 것은 도시가스 배관을 도로에 매설할 때 설치하는 보호판으로 설치 위치는 배관 정상부에서 얼마인가?

해답 30cm 이상

12 주거용 가스보일러와 연통을 접합하는 방법 2가지를 쓰시오.

해답 ① 나사식 ② 플랜지식 ③ 리브식

해설 주거용 가스보일러 설치기준(KGS GC208)은 동영상 예상문제 82번 해설을 참고하길 바랍니다.

01 가스용 폴리에틸렌관(PE배관)의 SDR 값이 17일 때 사용압력(MPa)은 얼마인가?

해답 0.25MPa 이하

참고 '사용압력'을 '허용압력'으로 표현할 수도 있다.

02 도시가스 사용시설에 설치된 가스미터(가스계량기)와 전기계량기의 이격거리는 얼마인가?

해답 60cm 이상

03 LPG 이입·충전시설에 접속금구를 설치하는 목적을 쓰시오. (단, 접지는 제외한다.)

해답 정전기를 제거하기 위하여

04 베이스 로드용 LNG 기화장치에서 사용되는 열매체는 무엇인가? [동영상에서 바닷가 인근에 설치된 시설을 보여주고 있음]

해답 바닷물(또는 해수)

05 동일한 지름의 배관을 직선으로 이음 하고, 분해할 수 있는 배관 부속 명칭을 쓰시오. (단, 나사이음 부속에 한한다.)

해답 유니언

해설 용접이음의 경우에는 '플랜지'가 해당 된다.

06 가스크로마토그래피 분석장치의 구성 요소 3가지를 쓰시오.

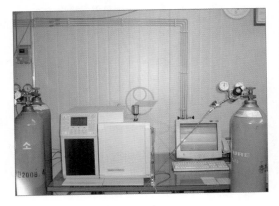

해답 ① 분리관(column)
② 검출기(detector)
③ 기록계

07 동영상에서 보여주는 아크용접의 영문 명칭을 약자로 쓰시오. [동영상에서 용접기와 아르곤 충전용기가 함께 있는 것을 보여 주고 있음]

해답 TIG

08 가스사용시설에 설치되는 가스누출경보 차단장치에서 지시하는 부분의 명칭을 쓰시오.

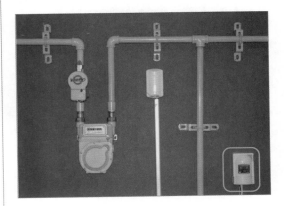

해답 제어부

09 도시가스배관 매설공사 중에 사용하는 피그의 역할을 쓰시오.

해답 배관 내부의 이물질을 제거한다.

10 LPG 자동차용 충전기(dispenser)에 과도한 인장력이 작용하였을 때 충전기와 주입기가 분리되는 안전장치의 명칭을 쓰시오.

해답 세이프티 커플링(safety coupling)

11 다음과 같은 저전위 금속을 배관과 접속하여 애노드(anode)로 하고, 피방식체를 캐소드(cathode)로 하여 부식을 방지하는 전기방식법의 명칭을 쓰시오.

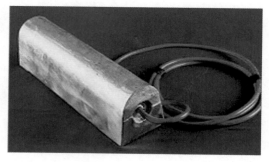

해답 희생양극법(또는 유전양극법, 전기양극법)

12 LNG 저장탱크 등에 사용하는 보랭재의 구비조건 중 가장 중요한 것은 무엇인가?

해답 열전도율이 작아야 한다.

해설 보랭재(保冷材) 구비조건
① 열전도율이 작을 것
② 흡습, 흡수성이 작을 것
③ 적당한 기계적 강도를 가질 것
④ 시공성이 좋고, 경제적일 것
⑤ 탄력성이 있고 비중(밀도)이 작을 것(가벼울 것)
⑥ 내약품성이 있을 것
⑦ 복사열의 투과에 대한 저항성이 있을 것

가스기능사 ▶ 2022. 8. 14 시행 (제3회)

01 다음과 같이 배관을 나사이음할 때 사용하는 부속 명칭을 쓰시오.

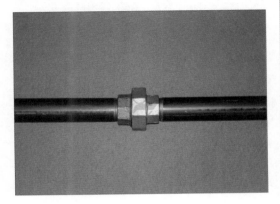

해답 유니언

02 동영상에서 제시하는 충전용기에 충전하는 가스 명칭을 쓰시오.

해답 이산화탄소(또는 탄산가스, CO_2)

03 가연성가스 제조시설에 설치된 방폭전기기기 명판에 "ib"라 표시되어 있을 때 방폭구조의 명칭을 쓰시오.

해답 본질안전 방폭구조

04 LPG를 이입·충전할 때 차량에 고정된 탱크에 접지선을 연결하는 이유를 설명하시오.

접지선

해답 정전기를 제거하기 위하여

05 매설된 도시가스 배관에 희생양극법으로 전기방식을 설치하였을 때 전위측정용 터미널 설치간격은 얼마인가?

해답 300m 이내

해설 전위측정용 터미널 설치간격
① 희생양극법 및 배류법 : 300m 이내
② 외부전원법 : 500m 이내

06 LPG를 차량에 고정된 탱크에서 저장탱크로 이송작업을 하기 위하여 로딩암을 연결할 때 접지선도 함께 연결한다. 이때 사용하는 접지 접속선의 단면적 규격에 대하여 쓰시오.

해답 5.5mm^2 이상

07 도시가스 공급시설에 설치된 정압기의 분해 · 점검 주기는 얼마인가?

해답 2년에 1회 이상

해설 점검 주기
① 공급시설 정압기 : 2년에 1회 이상
② 공급시설 정압기 필터 : 가스 공급 개시 후 1개월 이내, 가스 공급 개시 후 매년 1회 이상
③ 가스사용 시설(단독사용자 시설)의 정압기 및 필터 : 설치 후 3년까지는 1회 이상, 그 이후에는 4년에 1회 이상
④ 공급시설 압력조정기 : 6개월에 1회 이상
⑤ 사용시설 압력조정기 : 1년에 1회 이상

08 다음과 같은 단면을 갖는 차압식 유량계의 명칭을 쓰시오.

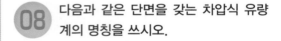
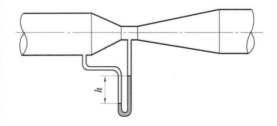

해답 벤투리미터

09 동영상에서 보여주는 충전용기의 명칭을 쓰시오. (단, 제조방법 및 충전하는 가스명칭에 따른 것은 제외한다.)

해답 사이펀 용기

해설 동영상에서 보여주는 용기는 그림과 같이 길이방향으로 절단하여 내부에 작은 관이 아래 부분까지 설치된 것을 보여주고 있다.

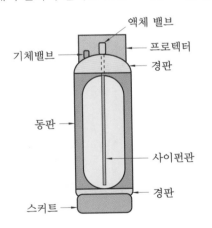

10 진흙탕이나 모래가 많은 물 또는 특수 약액을 이송하는 데 적합한 것으로 고무막을 상하로 운동시켜 액체를 이송하는 펌프를 제시해 주는 펌프 중에서 선택하여 번호로 답하시오.

(1)

(2)

(3)

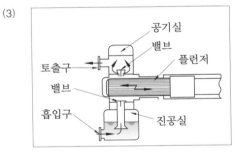

(4)

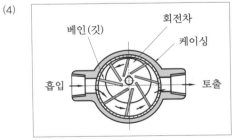

해답 (2)

해설 (1) 원심 펌프 (2) 다이어프램 펌프
(3) 플런저 펌프 (4) 베인 펌프

LPG 저장설비실과 가스설비실에 대한 물음에 답하시오.

(1) 자연환기설비를 설치할 때 바닥면적이 100m²이면 환기구의 통풍 가능 면적의 합계는 얼마인가?

(2) 용기보관실의 온도는 얼마 이하로 유지하여야 하는가?

해답 (1) 30000cm² 이상

(2) 40℃ 이하

해설 자연환기설비의 환기구의 통풍 가능 면적의 합계는 바닥면적 1m²마다 300cm²의 비율로 계산한 면적 이상으로 한다.

 산소에 대한 물음에 답하시오.

(1) 대기압 상태에서 비등점은 얼마인가?

(2) 연소성에 따른 분류를 쓰시오.

해답 (1) −183℃

(2) 조연성(또는 지연성)

가스기능사 ▶ 2022. 11. 6 시행 (제4회)

01 지시하는 것은 LPG저장탱크에 부속된 기기로 각각의 명칭을 쓰시오.

(1)   (2)

해답 (1) 체크밸브
(2) 긴급차단장치(또는 긴급차단밸브)

02 산소에 대한 물음에 답하시오.
(1) 공업적 제조법 2가지를 쓰시오.
(2) 대기압 상태에서 비등점은 얼마인가?

해답 (1) ① 물의 전기분해
② 공기의 액화분리
(2) −183℃

03 1종 위험장소에 설치하는 등기구의 방폭구조는?

해답 내압 방폭구조

해설 위험장소에 따른 등기구 방폭구조

구분		1종 장소	2종 장소	
		내압	내압	안전증
백열전등	정착등	○	○	○
	이동등	△	○	
형광등		○	○	○
고압수은등		○	○	○
전지 내장제 전등		○	○	
표시등류		○	○	○

[비고] "○" 표시는 적합한 것, "△" 표시는 사용해도 지장은 없으나 가능하면 피하는 것이 좋은 것을 나타낸다.

동영상 시행 문제

04 소형 저장탱크에 의한 LPG 사용시설의 기화장치에 대한 물음에 답하시오.

(1) 기화장치 출구측 압력은 얼마가 되어야 하는가?

(2) 소형 저장탱크 외면으로부터 기화장치까지 우회거리를 3m 이내로 유지할 수 있는 조건을 쓰시오.

해답 (1) 1MPa 미만
　　 (2) 기화장치를 방폭형으로 설치하는 경우

해설 ① 기화장치의 출구측 압력은 1MPa 미만이 되도록 하는 기능을 갖거나, 1MPa 미만에서 사용한다.
② 소형 저장탱크는 그 외면으로부터 기화장치까지 3m 이상의 우회거리를 유지한다. 다만, 기화장치를 방폭형으로 설치하는 경우에는 3m 이내로 유지할 수 있다.

05 도시가스 정압기실에 설치된 기기 중 지시하는 것의 명칭을 쓰시오.

해답 정압기 필터

06 고압가스 충전용기 등을 적재한 차량은 주정차할 때 제1종 보호시설과는 얼마의 거리를 두고 하여야 하는가?

해답 15m 이상

07 가스계량기(30m³/h 미만)와 단열조치를 하지 않은 굴뚝과 유지하여야 할 거리는 얼마인가?

해답 30cm 이상

08 도시가스 매설배관의 누설을 탐지하는 차량에 설치된 가스누출검지기의 명칭을 영문 약자로 쓰시오.

해답 FID

09 수소를 충전하는 용기의 재질을 쓰시오.

해답 탄소강

해설 수소용기는 40℃ 이하에서 취급되어 수소취성이 발생할 가능성이 없어 일반적으로 탄소강으로 만들어진다.

10 도시가스 사용시설에 사용되는 가스용품으로 합계유량 차단, 증가유량 차단, 연속사용시간 차단 성능 등을 갖는 이 기기의 명칭을 쓰시오.

해답 다기능 가스안전계량기

11 지시하는 부분과 같이 용접부에 대하여 실시하는 비파괴검사의 명칭을 영문 약자로 쓰시오.

해답 PT

12 아파트 외벽에 설치된 도시가스 입상관에서 온도변화에 의하여 발생하는 열팽창을 흡수하기 위하여 설치하는 신축이음의 명칭을 쓰시오.

해답 루프형

2023년도 동영상 시행 문제

가스기능사 ▶ 23년 3월 26일 시행 (제1회)

01 휴대용 레이저 메탄검지기를 이용하여 확인하는 것은 무엇인가? (동영상에서 RMLD와 레이저 메탄검지기라 표시된 기기를 이용하여 레이저 포인트를 배관 용접부를 비추는 장면을 보여주고 있음)

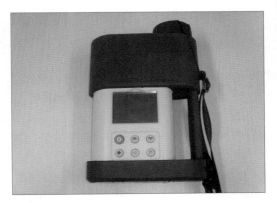

해답 용접부에서 메탄가스 누설검사를 하고 있음

해설 ① 레이저 메탄검지기 : 가변 다이오드 레이저 흡수 분광법이라고 하는 레이저 기술을 이용한 것으로 레이저가 가스 누출층을 통과할 때 메탄이 레이저를 흡수하게 되면 RMLD가 탐지하는 원리를 이용한 것으로 가스누출 예상현장에 가까이 접근하지 않고도 메탄가스 누출상태를 탐지가 가능하며, 최대 30m 밖에서 일정 구역(원지름 56cm 정도)의 검지가 가능하다. 메탄에만 선택적으로 반응하므로 다른 가연성가스에는 사용이 불가능하다.
② RMLD : Remote Methane Leak Detector

02 방폭전기기기 명판에 "p"로 표시되어 있을 때 방폭구조의 명칭은 무엇인가?

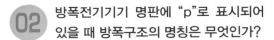

해답 압력방폭구조

03 공동주택 등에 도시가스를 공급하기 위하여 압력조정기를 설치할 때 공급압력이 저압인 경우 공급 세대수는 얼마인가?

해답 250세대 미만

해설 문제에서 저압인 경우 '최대 공급 세대수'로 문게 되면 '249세대'가 되는 것입니다.

04 도시가스 사용시설에 설치된 막식 가스계량기에서 명판에 표시된 "rev"에 대하여 설명하시오.

해답 계량실 1주기 체적(L)

05 다음 배관용 부속의 명칭을 쓰시오.

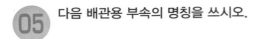

해답 ① 캡
② 유니언
③ 90도 엘보
④ 소켓

06 지상에 설치된 LPG 저장탱크에서 지시하는 것의 명칭을 쓰시오.

해답 스프링식 안전밸브

07 지시하는 것은 LPG 저장탱크가 지하에 매설된 부분에 설치된 것이다.
(1) 명칭을 쓰시오.
(2) 용도를 설명하시오.

해답 (1) 맨홀(manhole)
(2) 정기검사 및 수리, 점검을 위하여 저장탱크 내부로 작업자가 들어가기 위한 것이다.

08 LPG 저장설비실과 가스설비실에 자연환기설비를 설치할 때 다음 물음에 답하시오.
(1) 바닥면적이 100m²라면 환기구의 통풍 가능 면적의 합계는 얼마인가?
(2) 통풍구 1개의 면적은 얼마로 하여야 하는가?

해답 (1) 30000cm² 이상
(2) 2400cm² 이하

해설 자연환기설비의 환기구 통풍 가능 면적의 합계는 바닥면적 1m²마다 300cm²의 비율로 계산한 면적 이상으로 하고, 환기구 1개의 면적은 2400cm² 이하로 한다.

09 동영상에서 제시하고 있는 가스분석기기의 명칭과 원리를 쓰시오.

[해답] ① 명칭 : 가스크로마토그래피
② 원리 : 흡착제를 충전한 관속에 혼합시료를 넣고, 용제를 유동시키면 흡수력 차이(시료의 확산속도 차이)에 따라 성분의 분리가 일어나고 검출기에서 측정된다.

10 가스용 폴리에틸렌관을 맞대기 융착이음 후 시공의 적합 여부는 무엇을 보고 판단하는가?

[해답] 융착이음부의 비드(bead)

11 동영상에서 제시해 주는 압축기의 명칭을 쓰시오.

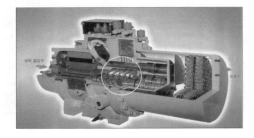

[해답] 나사 압축기(또는 스크루 압축기)

12 도시가스 배관을 도로 밑 지하에 매설하는 작업 과정 중 지시하는 것에 대한 물음에 답하시오.
(1) 명칭을 쓰시오.
(2) 최소 두께는 얼마인가?
(3) 매설된 배관의 압력을 구별하면?

[해답] (1) 보호포
(2) 0.2mm
(3) 중압 이상

[해설] 보호포 재질 및 규격 : KGS FS551
① 보호포는 폴리에틸렌수지 · 폴리프로필렌수지 등 잘 끊어지지 않는 재질로 직조한 것으로서 두께는 0.2mm 이상으로 한다.
② 보호포의 폭은 15cm 이상으로 한다.
③ 보호포의 바탕색은 최고사용압력이 저압인 관은 황색, 중압 이상인 관은 적색으로 하고 가스명 · 사용압력 · 공급자명 등을 표시한다.
※ 보호포는 호칭지름에 10cm를 더한 폭으로 설치한다.

동영상 관련 자료문제

가스기능사 ▶ 23년 6월 10일 시행 (제2회)

01 LPG 저장탱크에 설치된 물분무장치의 조작위치는 탱크 외면으로부터 몇 m 떨어진 위치에 설치하여야 하는가? (단, 저장탱크에는 방류둑이 설치되지 않았다.)

해답 15m 이상

해설 역할 및 조작위치
① 물분무장치 : 저장탱크 주변에서 화재가 발생하였을 때 사용하는 스프링클러, 소화전으로 조작위치는 15m 이상 떨어진 곳에 설치한다.
② 냉각살수장치 : 여름철에 저장탱크가 직사광선을 받아 온도가 상승될 때 수시로 물을 뿌릴 수 있는 스프링클러와 소화전으로 조작위치는 5m 이상 떨어진 곳에 설치한다.

02 도시가스 사용시설에서 배관과 연소기를 연결하는 호스 길이는 얼마인가?

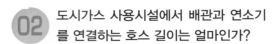

해답 3m 이내

03 도시가스 정압기실에 설치하는 가스누설검지기 설치기준을 쓰시오.

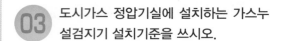

해답 바닥면 둘레 20m마다 1개 이상

04 초저온용기 상부의 프로텍터 안에 부착된 기기 중 지시하는 부분의 명칭을 쓰시오.

해답 액면계

05 LPG 용기보관실의 환기를 자연환기설비에 의하여 실시할 때 외기에 면하여 설치된 환기구(통풍구) 1개소의 최대 크기는 얼마인가?

해답 $2400cm^2$

해설 환기구(통풍구) 1개소의 크기 기준으로 묻게 되면 '$2400cm^2$ 이하'가 되어야 한다.

06 도시가스 매설배관에 시용되는 배관 종류이다. (2)번 배관의 명칭을 쓰시오.

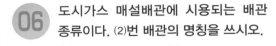

(1)   (2)

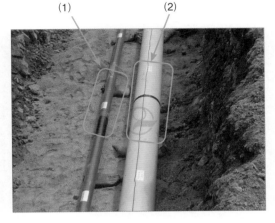

해답 가스용 폴리에틸렌관(또는 PE배관)

해설 ① (2)번 배관의 재질을 묻는 것으로 판단한 경우도 있는데 재질은 '폴리에틸렌(polyethylene)'이다.
② (1)번 배관은 '폴리에틸렌 피복강관(또는 PLP관)'이다.

07 지시하는 부분과 같이 용접부에 대하여 실시하는 비파괴검사의 명칭을 영문 약자로 쓰시오. [동영상에서 용접부에 스프레이를 분사하는 과정을 보여주고 있음]

해답 PT

용접 및 비파괴검사

08 아세틸렌 용기에 각인된 사항을 각각 설명하시오.

(1) V :   (2) W :   (3) TW

해답 (1) 용기 내용적(L)
(2) 용기의 질량(kg)
(3) 용기의 질량에 다공물질 및 용제, 밸브의 질량을 합한 질량(kg)

09 지시하는 것은 도시가스 정압기실에 설치된 기기로 명칭과 기능을 쓰시오.

해답 ① 명칭 : 이상압력 통보장치
② 기능 : 정압기 출구 측의 압력이 설정압력보다 상승하거나 낮아지는 경우에 이상 유무를 상황실에서 알 수 있도록 경보음 등으로 알려주는 설비이다.

해설 경보음은 70dB 이상이다.

10 충전용기에 대한 물음에 대한 답하시오.

(1) 동영상에서 제시된 용기를 제조방법에 따른 명칭을 쓰시오.
(2) 충전구 나사형식이 왼나사인 것 번호를 쓰시오.

A   B

C

해답 (1) 이음매 없는 용기(또는 이음새 없는 용기, 무계목 용기, 심리스 용기)
(2) A

해설 제시된 용기에 충전하는 가스명칭
① A 용기 : 수소(H_2)
② B 용기 : 탄산가스(CO_2)
③ C 용기 : 산소(O_2)

11 액화석유가스 자동차에 고정된 용기충전 사업소에 설치된 저장탱크 저장능력이 2.9톤일 때 사업소경계까지 유지하여야 할 안전거리는 얼마인가?

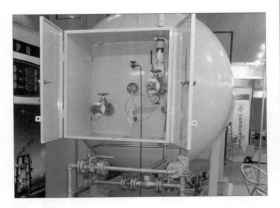

해답 24m 이상

해설 저장능력별 사업소 경계와의 거리(KGS FP332) : 사업소 경계까지 다음 거리 이상을 유지(단, 저장설비를 지하에 설치하거나 지하에 설치된 저장설비 안에 액중펌프를 설치하는 경우에는 사업소 경계와의 거리에 0.7을 곱한 거리)

저장능력	유지거리
10톤 이하	24m
10톤 초과 20톤 이하	27m
20톤 초과 30톤 이하	30m
30톤 초과 40톤 이하	33m
40톤 초과 200톤 이하	36m
200톤 초과	39m

12 산소와 아세틸렌(또는 LPG) 화염을 이용하여 강재를 절단하거나 용접하는 시설에서 지시하는 것의 명칭을 쓰시오.

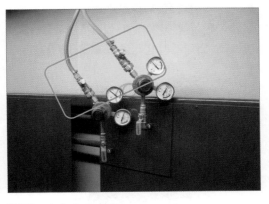

해답 역화방지장치

해설 ① 일반적으로 역화방지장치는 아세틸렌(또는 LPG) 라인(적색호스)에 설치한다.
② 제시된 이미지에서 압력계가 부착된 기기는 '압력조정기'로 아래 부분(오른쪽) 압력계는 고압(충전용기 압력)을 나타내고, 위에 부분(왼쪽) 압력계는 공급되는 압력을 나타낸다.

가스기능사

01 압력측정범위가 넓고 정밀도가 높아 탄성식 압력계의 점검 및 교정용으로 사용되는 압력계의 명칭을 쓰시오.

해답 분동식 압력계

해설 동영상에서 제시해주는 분동식 압력계는 '표준분동식 압력계', '자유피스톤식 압력계', '부유피스톤식 압력계' 등으로 불려진다.

03 압축가스 충전시설에서 지시하는 부분의 명칭을 쓰시오.

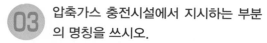

해답 방호벽

02 도시가스 배관을 지하에 매설할 때 상수도 배관과의 이격거리는 얼마인가?

해답 0.3m 이상

04 도시가스 가스미터(가스계량기)와 전기계량기의 이격거리는 얼마인가?

해답 60cm 이상

05 도시가스 정압기실의 기기 중에서 지시하는 것의 명칭과 용도를 쓰시오.

해답 ① 명칭 : 긴급차단장치 (또는 긴급차단 밸브)
② 용도 : 정압기의 이상발생 등으로 출구측의 압력이 설정압력보다 이상 상승하는 경우 입구측으로 유입되는 가스를 자동차단하는 장치이다.

해설 제시되는 이미지(사진)에서 오른쪽 빨간색 배관이 1차(고압)측이고, 왼쪽 노란색 배관이 2차(저압)측 배관이다.

06 대기압 상태에서 산소의 비등점과 연소성에 따른 분류에 대하여 각각 쓰시오.

해답 ① 비등점 : −183℃
② 연소성에 따른 분류 : 조연성(또는 지연성)

07 가스도매사업자 시설의 액화가스 저장탱크에 설치된 긴급차단장치 조작위치는 저장탱크 외면으로 얼마인가?

해답 10m 이상

해설 긴급차단장치 조작 위치
① 가스도매사업, 고압가스 특정제조 : 10m 이상
② 일반도시가스 사업, 고압가스 일반제조, 액화석유가스 시설 : 5m 이상

08 가스용 폴리에틸렌관(PE배관)의 융착 이음 명칭을 쓰시오.

해답 새들 융착이음

09 아파트 외벽에 설치된 도시가스 입상 관에 'ㄷ'자 모양으로 설치된 것은 온도 변화에 의하여 발생하는 신축을 흡수하기 위한 것으로 형식에 따른 종류를 쓰시오.

해답 루프형

해설 신축흡수장치 종류 : 루프(loop)형, 슬 리브형, 벨로스형, 스위블 이음, 상온 스프 링, 볼 조인트

10 정압기 입구측 압력이 0.5MPa 미만이 고, 정압기 설계유량이 1000Nm³/h 이 상일 때 정압기 안전밸브 방출관 크기는 얼마인 가?

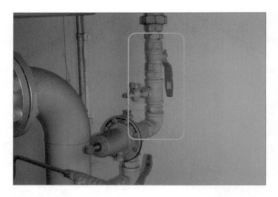

해답 50A 이상

해설 정압기 안전밸브 방출관 크기 기준은 동 영상 예상문제 41번 해설을 참고하길 바랍 니다.

11 지시하는 부분과 같이 용접부에 대하 여 실시하는 비파괴검사의 명칭을 영 문 약자로 답하시오.

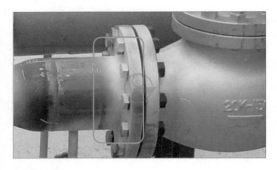

해답 PT

12 가스배관을 플랜지 이음할 때 절연 볼 트&너트 및 와셔를 사용하는 이유는 무엇때문인가?

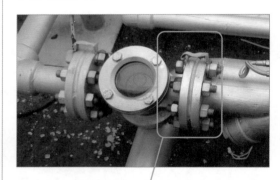

해답 부식방지

가스기능사   ▶ **23년 11월 19일 시행 (제4회)**

01 LPG 자동차 충전소에 설치된 방폭등의 방폭구조 명칭을 쓰시오.

해답 안전증 방폭구조

02 LPG 용기보관실에 자연환기설비를 설치할 때 바닥면적 $1m^2$마다 외기를 향하게 설치된 환기구의 크기 및 환기구 1개의 면적 기준에 대해서 쓰시오.

해답 ① 환기구 크기 : $300cm^2$ 이상
② 환기구 1개의 면적 : $2400cm^2$ 이하

참고 2018년 1회 06번 등에 설명된 '통풍구'와 '환기구'는 같은 의미로 사용되는 것이다.

03 LPG 자동차 충전설비의 충전호스 길이는 얼마인가?

해답 5m 이내

04 LPG를 이입·충전할 때 차량에 고정된 탱크에 접지선을 연결하는 이유를 설명하시오.

접지선

해답 정전기를 제거하기 위하여

05 LNG 기화장치에서 베이스 로드용으로 사용되는 열매체는 무엇인가? [동영상에서 바닷가 인근에 설치된 시설을 보여주고 있음]

해답 바닷물(또는 해수)

07 도시가스 사용시설에 설치된 가스미터(가스계량기)와 전기계량기의 이격거리는 얼마인가?

해답 60cm 이상

06 LPG를 이입·충전할 때 압축기를 사용할 경우 장점 3가지를 쓰시오.

해답 ① 펌프에 비하여 이송시간이 짧다.
② 잔가스 회수가 가능하다.
③ 베이퍼 로크 현상이 없다.

08 충전용기 밸브에 각인된 "LG"의 의미를 설명하시오.

해답 액화석유가스 외의 액화가스를 충전하는 용기 부속품

09 도시가스 배관 중 내관의 호칭지름이 20A일 때 배관고정은 몇 m 이내의 간격으로 설치하는가?

해답 2m

11 지시하는 부분과 같이 용접부에 대하여 실시하는 비파괴검사의 명칭을 영문 약자로 쓰시오. [동영상에서 용접부에 적색, 백색 스프레이를 뿌리는 과정을 보여주고 있음]

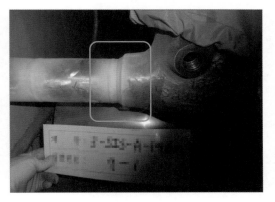

해답 PT

10 가스용 폴리에틸렌관(PE배관)을 제시하는 방법과 같이 융착이음하는 방식의 명칭을 쓰시오.

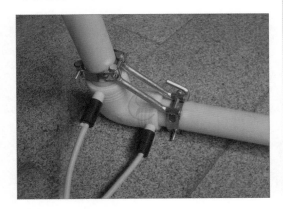

해답 전기식 소켓 융착이음

12 산소와 질소를 공업적으로 제조하는 장치의 명칭을 쓰시오. [동영상에서 액화산소 저장탱크 등 관련 시설을 보여주고 있음]

해답 공기액화분리장치

가스기능사 실기

2009년 1월 25일 1판 1쇄
2023년 2월 25일 5판 3쇄
2024년 1월 15일 6판 1쇄

저자 : 서상희
펴낸이 : 이정일

펴낸곳 : 도서출판 **일진사**
www.iljinsa.com
04317 서울시 용산구 효창원로 64길 6
대표전화 : 704-1616, 팩스 : 715-3536
이메일 : webmaster@iljinsa.com
등록번호 : 제1979-000009호(1979.4.2)

값 38,000원

ISBN : 978-89-429-1912-3